分析化学

甘　峰　主编

科 学 出 版 社
北　京

内 容 简 介

本书主要介绍化学分析部分，内容包括绪论、化学定量分析法概述、定量分析数据处理、酸碱滴定法、配位滴定法、氧化还原滴定法、沉淀重量分析法、沉淀滴定法、分光光度法、分离与富集方法。此外还包含两个附录，附录 A 是相关的物理和化学基本常数，附录 B 提供了若干 Octave 程序，可用于辅助教学。本书力求做到通过严格的数学描述并配以准确绘制的图形来阐述化学定量分析的原理。为方便教师教学和学生自学，本书配套有电子课件，部分习题配有参考答案。

本书可作为高等理工院校、综合性院校和师范院校化学、应用化学、生命科学、环境科学等专业本科生的分析化学教材，也可供分析测试工作者和自学者参考。

图书在版编目(CIP)数据

分析化学/甘峰主编. —北京：科学出版社, 2019.12

ISBN 978-7-03-063519-8

Ⅰ.①分… Ⅱ.①甘… Ⅲ.①分析化学-高等学校-教材 Ⅳ.①O65

中国版本图书馆 CIP 数据核字(2019) 第 264603 号

责任编辑: 赵晓霞 李丽娇 / 责任校对: 何艳萍
责任印制: 张 伟 / 封面设计: 迷底书装

科学出版社出版
北京东黄城根北街 16 号
邮政编码: 100717
http://www.sciencep.com
北京凌奇印刷有限责任公司 印刷
科学出版社发行 各地新华书店经销
*
2019 年 12 月第 一 版 开本: 787×1092 1/16
2023 年 3 月第三次印刷 印张: 17 1/4 插页: 1
字数: 420 000

定价: 58.00 元

前　言

分析化学是化学的重要分支学科之一。尽管在很长的一段时期内分析化学作为一门技术被化学家广泛地使用，然而不能否认的是，化学正是依靠分析化学逐步实现了知识的发现与积累。分析化学在过去、现在和将来都将是一门研究自然现象的、理论与应用并重的重要学科。对于化学及相关专业的本科生而言，通过学习分析化学可以更好地树立“量”的观念，充分理解分析化学的科学性，这对于化学和其他学科的学习以及未来的工作也会有很大的帮助。

本书内容的编排遵循了目前分析化学的主流教学内容范围，并将其控制在一学期课程的时间跨度内。本书在内容上具有如下的特点：

(1) 充分强调了分析化学中“量”的重要性。这首先体现在第 3 章中以数据的读取方式为切入点，引入了测量过程中如何得到最科学的测量值。在具体内容的阐述方面尽可能进行严格的数学处理，借助于相应的计算程序，最大限度地减少近似计算。

(2) 强调理论对于实践的重要性。对某些代表性的方法，以严格的理论计算结果为基础阐述其实验步骤。例如，在阐述铵盐的含氮量测定时，通过各种情况下滴定方程的计算得到滴定曲线，详细展示每个具体操作步骤的必然性。

(3) 尝试对已有内容引入新的阐述方式。例如，本书引入了酸碱滴定通式，它原则上可以以严格的数学模型处理任何复杂的酸碱滴定体系。相对于原有的酸碱滴定体系的阐述方式，引入酸碱滴定通式后的计算能力显然更强大。

不能否认，复杂的数学表达式会给计算带来一定的困难。在本书的附录 B 中提供了部分方程式的 Octave 代码，供学习之用，请参阅附录 B 的相关说明。我还开发了基于 Windows 系统的计算程序，有兴趣的读者可以发邮件到 analchemchina@163.com 索取。

本书由我主编，朱芳和方萍萍参编。我编写了第 1~8 章，朱芳编写了第 9 章，方萍萍编写了第 10 章。全书由我进行统一的格式编排处理。书中标注“*”的内容供选学。

在本书的编写过程中，参阅了相关的文献和一些分析化学教材。书末列出了这些参考资料，便于有兴趣的读者查找。

最后，感谢中山大学化学学院对于本书的编写及出版给予的大力支持。

甘　峰

2019 年 9 月于广州中山大学

目　　录

第1章　绪　　论

化学学科一般分为无机化学、有机化学、物理化学和分析化学四个分支，每个分支均有其不同的研究内容和应用领域。对于分析化学而言，一般认为其主要关注物质的组成形式及各组成成分的含量问题。这两个问题实际上也是整个化学领域中最基本的问题。只有弄清楚一个化学体系中有什么物质存在，才有进一步开展化学研究的物质基础。并且，也只有在知道化学体系中存在的物质的量的准确值的基础上，才构成对该体系进行量化研究的基础，以及在此基础上构建化学理论的可能性。因此，尽管在很长的一段时期内分析化学作为一门技术被化学家广泛地用于化学研究，但是不能否认的是，化学正是依靠分析化学逐步实现了知识的发现与积累。分析化学在过去、现在和将来都将是一门研究自然现象的理论与应用并重的重要学科。

1.1　分析化学的定义、任务和作用

分析化学的定义有很多，国内普遍采用的定义是：分析化学是以发展和运用各种方法、仪器及策略并在时间和空间的维度里获得有关物质组成和性质的信息的一门科学。这个定义的一个关键点是强调了分析化学是一门科学而非技术。其他许多有关分析化学的定义也包含了这层含义。这个定义中包含的另外一个关键词是“发展”，即分析化学不但要运用各种方法，还要改进现有的方法，以及开发新的方法。也正是有了这样一种使命，才使得分析化学成为一门科学，而非仅仅是一门技术。

从这个定义中还可以看到，分析化学要“获得有关物质组成和性质的信息”，这可以视为分析化学的任务。如果将其进一步具体化，则分析化学的任务是确定物质的化学组成、测量物质各组成成分的含量，以及表征物质的化学结构、形态等。针对不同的任务，分析化学被进一步划分为定性分析、定量分析、结构分析、形态分析等。

分析化学已经深入人类活动的各个领域，从日常的人类生活、生产实践到科学研究等，均广泛而频繁地应用分析化学技术。这也给人造成一种错觉，即分析化学就是日常的化学分析，这是导致分析化学被视为技术的因素之一。但是，分析化学与日常的化学分析是不同的，后者只能视为已有分析化学技术的具体应用，而分析化学自身还承担着“发展各种方法、仪器及策略”的任务，担负着建立新的分析方法的使命，这可视为分析化学在更高层次上的作用。分析化学的作用不仅仅表现在日常的人类实践活动，它其实在一次又一次的科学发展的关键时刻发挥着重要的作用。在此用两个重要的历史事件来展示分析化学在科学发展中的作用。

(1) 氩元素的发现。瑞利 (Third Baron Rayleigh) 在用化学分析法测定氮的密度时发现，从空气中得到的氮气的密度大于从亚硝酸铵中生成的氮气的密度。虽然两个密度值的差别在1%以内，但瑞利认为这个差别不应该归属于实验误差，而是存在一种新的物质。瑞利与化学家拉姆齐 (William Ramsay) 经过深入的研究最终发现这种新的物质，并将其命名为氩。这是人类历史上发现的第一种稀有气体元素。

(2) 20 世纪末启动的人类基因组计划，其最终目标是建立人类基因的完整序列。该计划最

初由美国能源部于 1986 年实施，1990 年正式启动。在该计划的初期，采用的测序技术是桑格 (Sanger) 法，分析成本高且费时，无法在预定的 2005 年完成全部的测序工作。1992 年，马蒂斯 (Richard A. Mathies) 教授的课题组在微流控芯片上实现了高速 DNA 测序系统，使测序工作得以快速进行。最终，这个被称为人类第三大工程的工作于 2003 年 4 月 14 日正式完成。

1.2　分析化学发展简史

了解一个学科的较为有效的方法之一是研究它的历史，对于分析化学而言也不例外。由于分析化学的发展过程与其他学科的发展过程紧密结合，要严格区分分析化学的发展历史还是其他学科的发展历史确实不太容易。即便如此，对分析化学在其发展过程中的若干重要节点进行介绍还是有益的。

1.2.1　分析化学的发展初期

分析化学是在人类认识世界的过程中逐渐建立起来的一门科学。自然界中许多反复发生的现象引起了早期人类的关注，如“丹砂烧之成水银”、对矿石的“以火烧之，紫青烟起”等。在中国，道教学派的道士对自然界中众多的化学反应进行了观察、总结，是人类认识世界的重要知识财富。不幸的是，他们把这些神奇的化学反应错当成能够让他们从普通人变成“神仙”的途径，执着于炼制能够让自己长生不老的所谓“仙丹”，并不关注其实用价值。他们的化学实践没有推动化学学科的形成，反而使化学反应神秘化。

与中国的道士不同的是，西方的炼金术士关注的是如何“点石成金”，希望找到快速致富的途径。这种徒劳的努力固然没有使炼金术士都成为富人，但他们的辛勤工作和深入思考却为人类开拓了知识的领域。他们深入研究不同物质的成分，总结不同物质之间的转化规律，发明了各种实验器具，如熔化炉、整流器、烧杯等。他们的探索催生了化学学科的建立，所以英语中的化学 (chemistry) 与炼金术 (alchemy) 包含相同的词根“chem”。而在化学学科建立的过程中，分析化学一直相伴而行，是进行物质鉴定的基本技术手段。

进入 18 世纪后，冶金、机械工业迅速发展，要求提供数量更大、品种更多的矿石，这极大地推动了地质学、地球化学的发展，而这些学科的发展往往又是以分析化学的发展为前提的。为了降低生产成本，合理使用原材料及提高产品质量，对分析检验工作提出了更高的要求，18 世纪前积累的零散的分析检验知识已经远远不能适应新形势的需求，迫切需要新的分析化学技术。此外，由于分析检验的项目范围逐步扩大，所遇到的分析问题的复杂程度加深，这就促使化学家更广泛、更系统地研究各种元素的化学反应，促使定性分析也以更快的速度发展起来，并逐步走向系统化，建立元素分析体系。

18 世纪末期，确立了使用天平的定量分析理论，这主要归功于拉瓦锡 (Antoine-Laurent de Lavoisier) 的贡献。拉瓦锡在研究“水能否变成土”这个问题时，使用了天平这一工具。他通过准确的测量发现，放置在密闭容器中的水在经过长时间加热之后，整个装置的质量并不会改变。其中的水并不会转化为土，而仅仅是溶解了少许的玻璃。他的这一研究工作不仅否定了“四元素”学说，也因此建立了科学的化学研究方法，即准确的定量分析。

定量分析的建立，促进了人们研究化合物的组成以及在化合物形成过程中反应物之间和反应物与生成物之间的量的关系，使人们对化学反应从定性的了解向定量的认识迈进。借助于定量分析，相继建立了各种化学反应基本定律，极大地推进了化学学科的发展。

1.2.2　分析化学的三次变革

进入 20 世纪，分析化学经历了三次巨大的变革。第一次变革发生在 20 世纪初期，物理化学的溶液理论为分析化学提供了理论基础。例如，对于反应体系中各组分浓度变化的准确描述，使得分析化学能够建立起滴定分析理论体系，并对滴定的准确度进行评价等。这使分析化学从一门技术发展为一门科学。

第二次变革发生在第二次世界大战时期，物理学及相关的电子技术的发展促进了各种仪器分析方法的建立，改变了分析化学以化学分析法为主的局面，使分析效率得到了极大的提高。

自 20 世纪 70 年代以来，随着计算机技术在分析化学中的普遍应用，分析化学出现了第三次变革，促使分析化学从单纯地提供数据，转而成为如何从分析测量结果中最大限度地获取有关物质的信息，从而使分析化学走进信息科学时代。

分析化学的每一次变革，都是在当代科学技术的最新成就 (包括化学、物理学、生物学等) 的基础上进行的。在每一次的变革中，分析化学都充分利用了物质的性质，建立新的分析方法和测量技术，不断开拓新的研究和应用领域，使分析化学迈向更高的台阶。

1.2.3　分析化学的前沿领域

在人类征服自然的过程中，有越来越多的分析化学问题亟待解决，这极大地扩充了现代分析化学的内涵，同时也使得分析化学与现代科学的前沿领域并肩前行。从这个意义上说，分析化学的前沿领域包括生命科学中的分析化学，环境科学中的分析化学，材料与信息科学中的分析化学，过程化学中的分析化学，化学计量学与现代分析化学等。可以毫不夸张地说，自然科学的前沿领域，也是分析化学的前沿领域。

1.3　分析化学的分类

分析化学的分类方式繁多，随着研究领域和应用领域的不断扩展，其分类方式也有越来越细化的趋势，本节只列出其部分的分类方式。

1.3.1　根据方法原理分类

当前的分析化学被划分为化学分析法和仪器分析法。化学分析法是以物质之间的化学反应为基础的分析方法，这种方法严格基于反应物质之间或者物质的组成原子之间的计量关系。最初的分析方法均采用这样的原理，因此又将化学分析法称为经典分析方法。化学分析法只需测量质量和体积，这两个量有直接的国际基准，因此有时又称其为绝对定量分析方法。化学分析法的特点是准确度高、分析成本低，是分析常量组分时的首选方法。

仪器分析法是以物质的物理和物理化学性质为基础的分析方法，这类方法由于需要用到特殊的仪器而称为仪器分析法。仪器分析法根据其物理原理的不同，又分为光学分析法、电化学分析法、热分析法、质谱法、色谱法等。仪器分析法的特点是灵敏度高、选择性好、分析迅速，是分析微量或痕量组分的首选方法。

在现代分析化学中，仪器分析法已经成为主流分析方法，新的方法和仪器越来越多地涌现出来，推动着分析化学的快速发展。与之相反，越来越多的化学分析法逐步被仪器分析法所取代。然而，仪器分析法也有诸多不足，尚不能完全取代化学分析法。例如，仪器分析法需要待测物的标准品作为基准校正测量信号。如果没有标准品，则仪器分析无法进行；如果标准品价格昂贵，则仪器分析法的成本将会非常高。许多行业分析方法涉及的样品成分简单、含量高，用化学分析法就可以得到很好的结果。因此，化学分析法和仪器分析法二者可互为补充，不应偏废。

1.3.2　根据分析任务分类

根据分析任务，传统的分析化学被划分为定性分析、定量分析和结构分析。定性分析的任务是发现某个样品中存在哪些元素、原子团或化合物。定性分析通常是化学分析的第一步，只有在明确知道一个样品中存在哪些成分时，才可进行后续的分析工作。定量分析的任务是测定某个样品中感兴趣的待测物的含量。相对于定性分析而言，定量分析的复杂程度更高，要求也更高。例如，临床上救治患者时，有时候必须准确知道患者血液中钾的含量，并根据此数值及患者的病况补钾或脱钾，否则就可能引起生命危险。结构分析的任务是确定待测物的分子结构，为在分子层面去把握化学反应提供空间结构信息，或者为分子的生物学活性提供结构信息，等等。

近年来，由于科研和生产的需要，又提出了形态分析、能态分析等。以形态分析为例，它是随着人们对元素的不同存在形态在环境化学、营养学、药物学及化学和生物学中所表现出的特性的深入认识的基础上被提出来的，更关注物质中元素的形态对物质的生物活性或环境行为的影响。例如，汞离子对生物体有很高的毒性，而甲基汞的毒性又远高于无机汞。并且，甲基汞具有很高的生物相容性，很容易与生物组织相结合，导致其在整个生物链中传播。20 世纪 50 年代发生在日本熊本县水俣市的“水俣病”就是由于工业排放的甲基汞被鱼类食用，而这些鱼类又被当地居民食用，由此转移到人体中，给当地居民的健康造成严重影响。

1.3.3　根据应用领域分类

根据其应用领域，分析化学可被划分为药物分析、食品分析、工业分析、刑侦分析、临床分析、环境分析等。分析化学在药物分析中的作用表现在药物的质量控制、新药研制、手性药物分析等。分析化学在药物分析中具有必要性的一个典型实例是 20 世纪 50~60 年代发生的“反应停”事件。“反应停”是药品沙利度胺的俗称，该药品因为能够缓解孕妇妊娠反应而曾经被欧洲的孕妇大量使用。不幸的是，该药物导致了 1 万多名新生儿畸形。分析结果表明，沙利度胺是一个外消旋混合物，包含右旋异构体和左旋异构体，其中的右旋异构体具有镇静作用，而左旋异构体则会导致胎儿畸形。这个例子也表明结构分析的重要性。更为戏剧性的是，经过科学家的不懈努力，这个曾经的“罪魁祸首”被证明能够治疗某些肿瘤疾病。2006 年，美国 FDA (食品药品管理局) 批准沙利度胺可用于多发性骨髓瘤的治疗。

分析化学在食品分析中具有必要性的一个典型实例是 2008 年发生在我国的“三聚氰胺”事件。三聚氰胺是一种化工原料，但是却被某些人添加进牛奶中，导致许多婴幼儿患肾结石。添加三聚氰胺的目的是“骗过”当前食品工业中测量食品中蛋白质含量时常用的凯氏定氮法。该法是将含氮化合物统一转化为无机铵盐，通过测量无机铵盐的含量反推食品中的蛋白质含量。这种方法本身并不能区分食品中究竟含有什么样的含氮化合物，不法分子将低劣奶粉伪造成合格产品正是利用了这个“漏洞”。这个事件表明，为食品分析建立新的分析方法是非常必要的。

1.4 相关术语

由于分析化学与实践紧密相关，许多术语与日常语言中的某些词汇通用，这难免会导致人们对于一些术语的理解不够准确。本节将对分析化学中的若干术语做出说明，以便与日常使用词汇的含义有所区分。现将主要的术语列举如下，并附上相应的英文，便于阅读文献时确保理解上的一致性。

分析化学中的“分析”(analysis) 特指提供关于某个样品的化学或物理信息的完整过程。这些信息是指该样品中人们所感兴趣的组分的化学和物理信息，这些组分称为“待测物”(analytes)。对一个实际样品而言，其成分非常复杂，除了待测物外，还有其他的很多组分。如果这些组分属于当前的分析工作中不感兴趣的物质，则称这些组分构成该样品的“基体”(matrix)。一个分析过程就是要实现对待测组分的特征、浓度或其他属性的“测定”(determination)。而要实现这个“测定”，必须对待测组分的一种或多种化学或物理属性进行“测量”(measurement)。“测定”有“确定”的含义，如测定血液中胆固醇的浓度。而要想得到血液中胆固醇浓度的具体数值，必须经过实验测量。这里的胆固醇浓度称为“被测量”(measurand)，测量得到的具体数值称为“测得的量值”(measured quantity value)，简称“测得值”(measured value)。

分析化学中的测量主要是基于化学原理和物理原理进行的，这些原理构成了分析一个样品的“技术”(technique)。例如，钡离子与硫酸根离子反应可以形成硫酸钡沉淀，反应式如下：

$$Ba^{2+}(aq) + SO_4^{2-}(aq) \Longrightarrow BaSO_4(s)$$

这个化学反应原理构成了测定溶液中钡离子 (或硫酸根离子) 的可能性。要想把这个原理用于具体的化学分析，还必须针对具体的样品构建分析“方法”(method)。一种分析方法是针对样品特殊的基体而建立的针对特定的待测物构建起来的分析步骤。同一个原理用于不同的样品时，所采用的方法通常并不相同。例如，测量钡含量确实可以采用硫酸钡沉淀，但是，如果钡离子存在于土壤中、水体中或者体液中，则所采用的具体方法会不同。有一点必须明确，当我们发现一个新的化学或物理原理时，这些原理仅仅构成了一种技术，并不能直接用于具体样品的分析。要将化学或物理原理转化为实际可用的分析方法，还需要科学家广泛而深入的研究工作。

一种建立起来的分析方法通常具有相对广泛的适用性，可用于许多领域，只要在实际的分析过程中能够最终实现它所要求的条件。因此，不同的机构在使用这些方法时会根据它们自身的特殊需求来建立详细的指导原则，这个指导原则称为“操作规程”(procedure)。操作规程中除了详细说明如何将方法用于特定的待测组分外，还需要详细说明采样、干扰物处理及如何评价测定结果。

由类似官方机构正式编撰的操作规程称为“程序文件”(protocol)。程序文件通常由某些管理机构制定，其内容包含严格的书面指引，指明必须严格遵守的操作规程。例如，对于一个实验室而言，必须有实验室安全的程序文件，有使用分析仪器的程序文件，等等。每个程序文件必须专注于特定的方面。当多个实验室共同开展一项普查工作时，所有的实验室都必须遵守相同的程序文件。

第 2 章　化学定量分析法概述

化学定量分析法是基于物质之间的化学反应及其计量关系而建立起来的各种定量分析方法的统称。物质之间的化学反应是人类所处世界中的一种普遍现象，而将这种现象提升到以定量的方式来刻画这个世界，则是人类的巨大贡献。对于基于原子和分子层级的化学反应而言，其显著特点是反应前后的物质之间存在严格的计量关系，这就使得各种物质进行数量的比较成为可能。本章对化学定量分析法的一些内容进行概述。

2.1　化学定量分析方法分类

本书沿用当前对于化学定量分析法的一般分类方式，即化学定量分析法主要分为重量分析法和滴定分析法两大类。重量分析法主要使用天平称量技术，是最为经典的定量分析方法。滴定分析法除了要使用天平称量技术外，还需要使用体积测量技术以及其他特殊技术。

这里所讨论的重量分析法虽然是通过天平称量的方式进行定量分析，从形式上看与普通的物理方法相同，但是当将其与化学反应技术相结合时，就衍生出多种具有化学特性的定量分析方法。

2.1.1　重量分析法

重量分析法是仅使用天平称量技术进行测量的定量分析方法的总称，它包括沉淀重量分析法、电重量分析法、挥发重量分析法、微粒物重量分析法等。沉淀重量分析法是通过化学反应将待测物质沉淀下来，然后对沉淀进行处理、称量，并根据沉淀的化学组成对待测物质进行定量分析。电重量分析法是通过电极收集待测物质，继而通过称量电极质量的改变量计算待测物质的质量。挥发重量分析法是通过加热等方式使得某些挥发性物质气化，然后通过称量样品的质量改变量对待测物质进行定量分析。微粒物重量分析法则是通过将微粒物从基体中分离出来的方式对其进行定量分析。

本书仅介绍沉淀重量分析法，对其他几种重量分析法不做进一步的讨论。一种沉淀重量分析法的例子是：

$$Ba^{2+}(aq) + SO_4^{2-}(aq) \rightleftharpoons BaSO_4(s)$$

该反应的特点是钡离子与硫酸根离子之间按照 1:1 的比例进行反应，且生成的 $BaSO_4$沉淀的溶解度很小，只要将该沉淀分离出来，通过称量就可以计算出样品中钡离子 (或硫酸根离子) 的含量。要强调的是，虽然重量分析法不是现代定量分析的主流方法，但它是一种绝对定量分析方法，是化学定量分析法的源头，一种定量分析方法必须以某种方式溯源到重量分析法才能成为可信任的方法。

2.1.2　滴定分析法

滴定分析法是通过测量物质之间定量反应完全之后所消耗的体积来进行定量分析的方法，因而在历史上也称滴定分析法为容量分析法。根据物质之间化学反应类型的不同，滴定分析法又分为酸碱滴定法、配位滴定法、氧化还原滴定法和沉淀滴定法。

例如，HCl 与 NaOH的反应是典型的酸碱反应，反应方程式如下：

$$\mathrm{NaOH(aq)+HCl(aq) == NaCl(aq)+H_2O(l)}$$

这个反应的特点是 HCl 与 NaOH 之间的反应是按照 1:1 的比例进行，因此只要根据消耗的 HCl 的量，就可以计算出 NaOH 的量，反之亦然。对于一般的化学反应，可以用下面的式子来表示：

$$a\mathrm{S}+b\mathrm{T}\longrightarrow c\mathrm{P}$$

如果 S 是待测物质，可以取一定量的该物质的溶液，用已知浓度的 T 与之反应，根据消耗的 T 溶液的体积，以及二者之间的计量系数 a 和 b，就可以计算出 S 的含量。

如果仅从化学反应的角度来看，一个化学反应只要满足了以下几个条件，即可用于滴定分析法：① 参与化学反应的各组分之间必须具备确定的化学计量关系；② 反应必须定量地进行完全；③ 反应速率必须足够快。

相对于重量分析法，滴定分析法表现出更为广泛的适用性和应用的灵活性。同时，滴定分析法可以通过某种方式直接追溯到重量分析法，因而也是一种绝对定量分析方法。本书将以更多的篇幅介绍滴定分析法。

2.2　常用的量和单位

国际单位制 SI 对于量及其单位做出了规定，以七个基本量为基础，建立了完善的量和单位体系。表 2.1 所示为 SI 基本量和单位。

表 2.1　SI 基本量和单位

量的名称	单位名称	单位符号
长度	米	m
质量	千克	kg
时间	秒	s
电流	安 [培]	A
热力学温度	开 [尔文]	K
物质的量	摩 [尔]	mol
发光强度	坎 [德拉]	cd

在 SI 基本单位的基础上又建立了导出单位体系，用于不同的领域及不同的需求。导出单位是用基本单位以代数形式表示的单位。本节中对化学定量分析中的有关单位进行简单的介绍。有关量和单位的详细内容请参阅国家标准《量和单位》(GB 3100~3102—1993)。

2.2.1　质量

质量是 SI 基本量之一，质量的符号为 m，其法定基本单位是千克 (kilogram)。千克的单位符号为 kg，在化学定量分析中常使用的是克 (g)、毫克 (mg)、微克 (μg)、纳克 (ng)。它们之间的关系为

$$1\ \mathrm{kg}=1\times10^3\ \mathrm{g}=1\times10^6\ \mathrm{mg}=1\times10^9\ \mathrm{\mu g}=1\times10^{12}\ \mathrm{ng} \tag{2.1}$$

1889 年国际计量大会制定了质量的基准物，即国际千克原器。它是一个直径和高度均为 39.00 mm 的铂 (90%)–铱 (10%) 合金制品，如图 2.1 所示。除此之外，还有 6 个复制品一同保存在法国巴黎的国际计量局总部。以国际千克原器为基准建立的复制品送往世界各国，作为其替代品使用。

然而，尽管国际千克原器置于严格的条件下进行保存，但它还是由于表面受到污染而增重。在 20 世纪 70 年代，英国国家物理实验室的基布尔 (Bryan Peter Kibble) 博士发明了瓦特天平，通过测定普朗克常量的方式来间接定义千克。图 2.2 所示为瓦特天平，为了纪念基布尔博士的贡献，人们也将瓦特天平称为基布尔秤。2018 年 11 月 16 日，国际计量大会决定改用以普朗克常量为基准来重新定义千克。这个新标准于 2019 年 5 月 20 日正式实施。

图 2.1　保存在法国巴黎的国际计量局总部的国际千克原器

图 2.2　国际计量局的基布尔秤
图片来自国际计量局网站

2.2.2　体积

物体的体积是物体自身所占有的空间的度量，它以长度的立方为基础，SI 符号为 V。常用的倍数单位和分数单位为立方千米 (km^3)、立方分米 (dm^3)、立方厘米 (cm^3)、立方毫米 (mm^3)，它们之间的关系为

$$1\ m^3 = 1\times 10^3\ dm^3 = 1\times 10^6\ cm^3 = 1\times 10^9\ mm^3 \tag{2.2}$$

1964 年国际计量大会宣布“升”可以作为立方分米的专门名称①，其符号为 L 或 l。由于小写字母易与数字 1 混淆，因此建议使用 L。在化学定量分析中还常用毫升为单位，其符号为 mL，它与升之间的关系为

$$1\ L = 1000\ mL \tag{2.3}$$

① 同时也建议在高精度测量时不要使用升作为单位。

2.2.3　相对原子质量

相对原子质量是元素的平均原子质量与核素 ^{12}C 原子质量的 1/12 之比，符号为 A_r。采用相对原子质量的原因是元素的平均原子质量非常小，在日常的使用过程中不方便。例如，氢原子质量为 1.674×10^{-27} kg，碳原子质量为 1.9938×10^{-26} kg，等等。国际物理和应用物理协会选定碳的同位素 ^{12}C 的原子质量的 1/12 作为度量原子的质量单位的标准，称为原子质量单位，用符号 amu 或 u 表示，其数值约为 1.6605402×10^{-27} kg。某元素的平均原子质量与该值之比，即为该元素的相对原子质量。

在这个定义之下，氢的相对原子质量为

$$A_r(\mathrm{H})=\frac{1.674\times10^{-27}\ \mathrm{kg}}{1.6605402\times10^{-27}\ \mathrm{kg}}=1.008 \tag{2.4}$$

氧的相对原子质量为

$$A_r(\mathrm{O})=\frac{2.657\times10^{-26}\ \mathrm{kg}}{1.6605402\times10^{-27}\ \mathrm{kg}}=16.00 \tag{2.5}$$

这里有三点需要说明：① 在这两个例子中，A_r 后面括号中的内容表示基本单元，当它是具体的元素或化学式时，将它们放在括号中并与摩尔质量的符号基线水平一致 (即不作为下标表示)，这是国际标准中的约定做法。② 当采用某个符号来代替具体的物质以说明一般性情形时，可以将该符号放在下标位置。③ 具体的量都是带单位的，正规情况下都必须带单位进行计算。由于化学定量分析中所涉及的量相对比较固定，单位也不会太过复杂，因此在不会产生混淆的情况下有时会忽略单位的表述，只在最终结果中列出单位。然而，由于带单位计算时可以明确判定量纲是否一致，对于计算会有很大的好处，因此建议养成带单位进行计算的习惯。

2.2.4　相对分子质量

相对分子质量是物质的分子的平均质量与核素 ^{12}C 原子质量的 1/12 之比，符号为 M_r。根据这个定义，可以计算氧分子的相对分子质量：

$$M_r(\mathrm{O_2})=\frac{2\times2.657\times10^{-26}\ \mathrm{kg}}{1.6605402\times10^{-27}\ \mathrm{kg}}=2\times A_r(\mathrm{O})=2\times16.00=32.00 \tag{2.6}$$

从这个计算过程来看，相对分子质量实际上就是构成分子的所有原子的相对原子质量的总和。例如，氢氧化钠的相对分子质量为

$$M_r(\mathrm{NaOH})=22.99+16.00+1.008=40.00 \tag{2.7}$$

2.2.5　物质的量

物质的量是基于系统中基本单元数目的一个物理量。设系统中有物质 A，当 A 的基本单元就是 A 时，如果基本单元的数目为 N_A，则物质 A 的物质的量为

$$n_A=\frac{1}{L}\times N_A \tag{2.8}$$

式中，L 为阿伏伽德罗常量，约为 $6.0221367\times10^{23}\ \mathrm{mol^{-1}}$，因此物质的量以摩尔为单位。从这个式子可以看到，物质的量实际上是通过“数”基本单元的数目来定义的。也就是说，如果 A 的基本单元的数目等于 6.0221367×10^{23} 个，则称 A 的物质的量为 1 mol。

这里所说的基本单元可以是原子、分子、离子、电子等，也可以是这些粒子的特定组合。这个特定的组合可以是客观存在的，也可以是根据化学反应的计量关系拟定的；可以是整数的粒子组合，也可以是非整数的粒子组合。例如，硫酸的真实形态是 H_2SO_4，通常是以 H_2SO_4 来表示硫酸的物质的量。在此情况下，1 mol 的硫酸包含了 6.0221367×10^{23} 个 H_2SO_4 分子。但是，有时候硫酸涉及的化学反应的计量系数并不为 1，此时如果将整体进行“拆分”，对于建立整个反应的简单的化学计量关系有很大的好处。例如，如果将一个硫酸分子“拆分”成“两个”硫酸分子来看待，此时的基本单元为 $\frac{1}{2}H_2SO_4$，而该基本单元对应的“粒子数”也变成了真实形态的 2 倍。

2.2.6　摩尔质量

摩尔质量是 1 mol 特定物质的质量。由于 1 mol 包含了 6.0221367×10^{23} 个基本单元，因此摩尔质量可以通过下式计算：

$$M(\mathrm{A}) = m(\mathrm{A}) \times 6.0221367 \times 10^{23} \tag{2.9}$$

式中，$m(\mathrm{A})$ 为基本单元 A 的质量。例如，1 个氧原子的质量为 2.657×10^{-26} kg，那么氧的摩尔质量为

$$\begin{aligned} M(\mathrm{O}) &= 2.657 \times 10^{-26}\ \mathrm{kg} \times 6.0221367 \times 10^{23}\ \mathrm{mol}^{-1} \\ &= 1.600 \times 10^{-2}\ \mathrm{kg/mol} \\ &= 16.00\ \mathrm{g/mol} \end{aligned} \tag{2.10}$$

摩尔质量的 SI 单位为 kg/mol，当采用 g/mol 为单位时，它在数值上与相对原子质量相等。利用这个规律，可以通过原子的摩尔质量计算分子的摩尔质量。例如，HCl 的摩尔质量为

$$M(\mathrm{HCl}) = 1.008\ \mathrm{g/mol} + 35.453\ \mathrm{g/mol} = 36.461\ \mathrm{g/mol} \tag{2.11}$$

通过物质的摩尔质量，可以容易地计算出物质的量。对于物质 A，其物质的量的计算式如下：

$$n(\mathrm{A}) = \frac{m(\mathrm{A})}{M(\mathrm{A})} \tag{2.12}$$

式中，$n(\mathrm{A})$、$m(\mathrm{A})$ 和 $M(\mathrm{A})$ 分别为物质 A 的物质的量、质量和摩尔质量。

例 2.1　实验室用浓盐酸溶液中含有 35% 的 HCl，溶液的密度为 1.179 $\mathrm{g/cm^3}$。计算 1.0 mL 该浓盐酸中 HCl 的物质的量。

解　1.0 mL 该浓盐酸溶液中含有 HCl 的物质的量为

$$n(\mathrm{HCl}) = \frac{1.0\ \mathrm{mL} \times 1.179\ \mathrm{g/cm^3} \times 35\%}{36.461\ \mathrm{g/mol}} = 0.011\ \mathrm{mol}$$

2.2.7　物质的量浓度

设有物质 A，其物质的量为 n_A，物质 A 的物质的量浓度的定义为

$$c_A = \frac{n_A}{V} \tag{2.13}$$

式中，c_A 为物质 A 的物质的量浓度，其 SI 单位为摩尔每立方米，化学中习惯使用 mol/L 作为单位。物质 A 的物质的量浓度也称为 A 的摩尔浓度，有时也简称为 A 的浓度。

例 2.2　已知实验室用浓硫酸溶液中含有 95% 的 H_2SO_4，在 25°C 时其密度为 1.826 g/cm^3。计算该浓硫酸的摩尔浓度。

解　1 L 该溶液中含有 H_2SO_4 的质量为

$$m(H_2SO_4) = 1000\ \text{mL} \times 1.826\ \text{g/cm}^3 \times 95\% = 1.7 \times 10^3\ \text{g}$$

硫酸的物质的量为

$$n(H_2SO_4) = \frac{1.7 \times 10^3\ \text{g}}{98.078\ \text{g/mol}} = 17\ \text{mol}$$

因此，该硫酸溶液的摩尔浓度为

$$c(H_2SO_4) = \frac{17\ \text{mol}}{1\ \text{L}} = 17\ \text{mol/L}$$

同样地，物质的量浓度也是一个与基本单元相关的量，在应用时必须指明基本单元。如果基本单元发生了改变，则物质的量浓度的数值也应做出适当的改变。例如，如果 $c(H_2SO_4) = 0.10$ mol/L，则 $c\left(\frac{1}{2}H_2SO_4\right) = 0.20$ mol/L。

这里要说明的是，在分析化学中物质 A 的物质的量浓度 c_A 也称为物质 A 的摩尔分析浓度，简称物质 A 的分析浓度，它表示 1 L 溶液中物质 A 的总物质的量，因此有时又简称为 A 的总摩尔浓度。之所以赋予物质的量浓度上述这些术语，主要是为了追溯化学物质的原始型体。例如，H_2SO_4 的原始型体就是 H_2SO_4，但是当它溶于水中时，形成的溶液中仅存在 HSO_4^- 和 SO_4^{2-} 这两种型体，并不存在 H_2SO_4 这种型体。为了表达这类物质在平衡状态下各种特殊型体的浓度，引入了摩尔平衡浓度(或平衡浓度) 这个术语，对应地采用方括号来表示平衡浓度。例如，硫酸氢根离子的平衡浓度为 $[HSO_4^-]$，而硫酸根离子的平衡浓度为 $[SO_4^{2-}]$，它们的单位依然是 mol/L。这两种型体平衡浓度的加和等于硫酸的摩尔分析浓度。

例 2.3　将 0.3256 g 硫酸氢钠溶于 250.0 mL 水中，计算溶液中各型体的平衡浓度。它们与总浓度有什么关系？已知 HSO_4^- 的解离度为 10.0%。

解　硫酸氢钠的物质的量为

$$n(NaHSO_4) = \frac{0.3256\ \text{g}}{120.06\ \text{g/mol}} = 0.002712\ \text{mol}$$

由于硫酸氢钠会完全解离，而形成的硫酸氢根离子又会发生 10.0% 的解离，因此

$$n(HSO_4^-) = 0.002712\ \text{mol} \times (100\% - 10.0\%) = 2.441 \times 10^{-3}\ \text{mol}$$

$$n(SO_4^{2-}) = 0.002712\ \text{mol} \times 10.0\% = 2.712 \times 10^{-4}\ \text{mol}$$

故有

$$[HSO_4^-] = \frac{2.441 \times 10^{-3}\ \text{mol}}{250.0 \times 10^{-3}\ \text{L}} = 9.764 \times 10^{-3}\ \text{mol/L}$$

$$[SO_4^{2-}] = \frac{2.712 \times 10^{-4}\ \text{mol}}{250.0 \times 10^{-3}\ \text{L}} = 1.085 \times 10^{-3}\ \text{mol/L}$$

硫酸氢钠的总浓度为

$$c(NaHSO_4) = \frac{0.002712\ \text{mol}}{250.0 \times 10^{-3}\ \text{L}} = 1.085 \times 10^{-2}\ \text{mol/L}$$

计算结果表明：

$$c(NaHSO_4) = [HSO_4^-] + [SO_4^{2-}]$$

2.3 计量平衡关系

化学定量分析法涉及的都是基于原子、离子或分子水平上的化学反应，因而通常直接采用这些型体描述物质的量之间的关系。另外，由于物质的量是基于粒子数基础之上，因而可以根据具体的情况构造合适的基本单元来描述反应体系中各组分的计量关系，即便这些基本单元并非实际的物质形态。化学反应体系所具有的这种特性，实际上是基于化学反应中物质的原子并不会发生改变，它只会从一种物质转移到另一种物质。利用化学反应体系的这种特征，可以构造各种计量平衡关系。

2.3.1 物质的量平衡

物质的量平衡是描述化学反应体系中某个物质的量与另一个物质的量之间的一种计量关系。例如，高锰酸钾与草酸在酸性溶液中会发生以下的反应：

$$KMnO_4(aq) + H_2C_2O_4(aq) + H_2SO_4(aq) \longrightarrow K_2SO_4(aq) + MnSO_4(aq) + CO_2(g) + H_2O(l)$$

由于反应前后所有元素的原子数目必须相等，据此可以得到配平的反应式：

$$\begin{aligned} 2\,KMnO_4(aq) + 5\,H_2C_2O_4(aq) + 3\,H_2SO_4(aq) =\!=\!= K_2SO_4(aq) + 2\,MnSO_4(aq) \\ + 10\,CO_2(g) + 8\,H_2O(l) \end{aligned}$$

由此可以得到高锰酸钾的物质的量与草酸的物质的量之间的平衡关系：

$$2\ \text{mol}\,KMnO_4 \sim 5\ \text{mol}\,H_2C_2O_4 \tag{2.14}$$

上述反应式还可以用另一种方式重新表达：

$$1 \times 2KMnO_4(aq) + 1 \times 5H_2C_2O_4(aq) + 1 \times 3H_2SO_4(aq) =$$

$$1 \times K_2SO_4(aq) + 1 \times 2MnSO_4(aq) + 1 \times 10CO_2(g) + 1 \times 8H_2O(l)$$

在上面这个表达方式中，对不同的物质采用了不同的基本单元，从表面上看似乎增加了复杂性。但是，它却为物质的量平衡关系提供了更为简洁的表达方式，因为此时物质之间的计量系数均为 1，可以很方便地建立物质的量平衡关系。例如，如果将高锰酸钾的物质的量表达为 $n(2\,KMnO_4)$，而将草酸的物质的量表达为 $n(5\,H_2C_2O_4)$，则

$$1 \times n(2KMnO_4) = 1 \times n(5H_2C_2O_4) \tag{2.15}$$

例 2.4 菠菜中的草酸含量可以通过高锰酸钾法测得。用溶剂从菠菜中提取出含草酸的提取液，将浓度为 0.02000 mol/L 的高锰酸钾溶液加入该提取液中，消耗 12.28 mL 该高锰酸钾溶液才使草酸完全反应。求该提取液中草酸的质量。

解 消耗的高锰酸钾的量为

$$n(KMnO_4) = 12.28 \times 10^{-3}\ L \times 0.02000\ mol/L = 2.456 \times 10^{-4}\ mol$$

则

$$\begin{aligned} n(2KMnO_4) &= \frac{1}{2} \times n(KMnO_4) \\ &= \frac{1}{2} \times 2.456 \times 10^{-4}\ mol \\ &= 1.228 \times 10^{-4}\ mol \end{aligned}$$

由于有

$$n(5H_2C_2O_4) = n(2KMnO_4)$$

因此，提取液中草酸的物质的量为

$$\begin{aligned} n(H_2C_2O_4) &= 5 \times n(5H_2C_2O_4) \\ &= 5 \times n(2KMnO_4) \\ &= 5 \times 1.228 \times 10^{-4}\ mol \\ &= 6.140 \times 10^{-4}\ mol \end{aligned}$$

该提取液中草酸的质量为

$$m(H_2C_2O_4) = 6.140 \times 10^{-4}\ mol\ \times 90.04\ g/mol = 0.05528\ g$$

2.3.2 质量平衡

质量平衡也称为物料平衡，常用于描述某个物质的组成部分在反应前后的计量平衡关系。

例如，对于以下燃烧反应：

$$C_4H_{10}(g) + O_2(g) \longrightarrow CO_2(g) + H_2O(l)$$

在燃烧完全之后，C_4H_{10} 中的碳原子和氢原子全部转化为 CO_2 和 H_2O。如果三者的物质的量分别为 $n(C_4H_{10})$、$n(CO_2)$ 和 $n(H_2O)$，则质量平衡表示如下：

$$4 \times n(C_4H_{10}) = 1 \times n(CO_2) \tag{2.16}$$

$$10 \times n(C_4H_{10}) = 2 \times n(H_2O) \tag{2.17}$$

尽管式 (2.16) 和式 (2.17) 也可以通过配平反应式得到，但是如果通过化学反应中某个元素的原子总数不会发生改变这个原理则更容易建立。在上述反应中，一个 C_4H_{10} 基本单元中包含了 4 个碳原子，可以通俗地理解为将 4 个碳原子“挤压”到一个 C_4H_{10} 分子中，但是碳原子的总数还是 4。因此，如果 C_4H_{10} 的物质的量为 $n(C_4H_{10})$，则实际的对应于碳原子的物质的量为 $4 \times n(C_4H_{10})$，它与生成的 CO_2 的碳原子的物质的量 $n(CO_2)$ 应该相等。

质量平衡原理也可以用于原子团作基本单元的情况。例如，$(NH_4)_2Fe(SO_4)_2 \cdot 6\,H_2O$ 中的原子团 NH_4^+ 可以作为一个基本单元，该基团的质量平衡为

$$2 \times n[(NH_4)_2Fe(SO_4)_2 \cdot 6\,H_2O] = 1 \times n(NH_4^+) \tag{2.18}$$

例 2.5　为测定涂料中氧化镁含量，取该涂料试样，经过溶解、沉淀、过滤、干燥后得到 0.3226 g 的 $MgNH_4PO_4$。计算该涂料中 MgO 的质量。

解　根据镁原子的质量平衡，可得如下关系：

$$1 \times n(MgO) = 1 \times n(MgNH_4PO_4)$$

所以涂料中氧化镁的质量为

$$\begin{aligned} m(MgO) &= n(MgO) \times M(MgO) \\ &= n(MgNH_4PO_4) \times M(MgO) \\ &= \frac{0.3226\ g}{137.32\ g/mol} \times 40.30\ g/mol \\ &= 0.09468\ g \end{aligned}$$

2.3.3　电荷平衡

自然界中的物质通常是电中性体。有些易电离的物质溶于水中时会发生解离，此时在溶液中就会出现正离子和负离子。由于产生的正离子所带的总正电荷数量与负离子所带的总负电荷数量相等，因此整个溶液从宏观的角度来看依然保持电中性。溶液体系的这一特征，成为约束其中各种型体浓度关系的电荷平衡条件。

设有形如 AB 的分子，在水溶液中存在如下解离平衡：

$$AB(aq) \rightleftharpoons A^+(aq) + B^-(aq)$$

因为电荷平衡要求：

$$A^+\text{的粒子数} = B^-\text{的粒子数} \tag{2.19}$$

注意，这里之所以采用溶液体系中的型体的形式进行表达，是因为它们才是携带正、负电荷的主体。由于粒子数目等同于物质的量，因此

$$[A^+] = [B^-] \tag{2.20}$$

又如，有形如 A_2B 的分子，在溶液中存在如下平衡：

$$A_2B(aq) \rightleftharpoons 2A^+(aq) + B^{2+}(aq)$$

因为电荷平衡要求：

$$A^+\text{ 的粒子数} = 2\text{ 倍的 }B^{2-}\text{的粒子数} \tag{2.21}$$

所以

$$[A^+] = 2[B^{2-}] \tag{2.22}$$

上述情况可推广到溶液中有多种物质的情形。设溶液中存在 A_2B、AC 和 A_3D 三种物质，每一种物质都按照自己的平衡方程进行解离，溶液总体的电中性要求下式成立：

$$[A^+] = 2[B^{2-}] + [C^-] + 3[D^{3-}] \tag{2.23}$$

再来看一个具体的实例。化合物 $Ca_3(PO_4)_2$ 在水溶液中存在如下解离平衡：

$$Ca_3(PO_4)_2(aq) \rightleftharpoons 3Ca^{2+}(aq) + 2PO_4^{3-}(aq)$$

根据物质的量平衡关系，可以直接得到：

$$1 \times n(3Ca^{2+}) = 1 \times n(2PO_4^{3-}) \tag{2.24}$$

由于

$$[(3Ca^{2+})] = \frac{1}{3}[Ca^{2+}] \tag{2.25}$$

$$[(2PO_4^{3-})] = \frac{1}{2}[PO_4^{3-}] \tag{2.26}$$

因此，对于 $Ca_3(PO_4)_2$ 的水溶液体系，存在如下电荷平衡关系：

$$2 \times \left[Ca^{2+}\right] = 3 \times \left[PO_4^{3-}\right] \tag{2.27}$$

电荷平衡在处理酸碱滴定体系中的问题时具有优势，将在第 4 章中做进一步的讨论。

2.3.4 电子数守恒

氧化还原反应的显著特点是电子的转移。例如，对于如下反应：

$$Cr_2O_7^{2-}(aq) + Fe^{2+}(aq) \longrightarrow Cr^{3+}(aq) + Fe^{3+}(aq)$$

Fe^{2+} 变成了 Fe^{3+}，电子显然从 Fe^{2+} 流出了。与此同时，因为 Cr^{6+} 变成了 Cr^{3+}，电子流入 $Cr_2O_7^{2-}$。至于电子是如何转移的，我们且不关心它。但是有一点可以肯定：作为物质实体的电子是不会消失的，它只能从一种物质转移到另外一种物质，并且其总数不会改变。上述反应中相关组分的电子得失如下：

$$Fe^{2+}(aq) - e^- \longrightarrow Fe^{3+}(aq)$$

$$Cr_2O_7^{2-}(aq) + 6e^- \longrightarrow 2Cr^{3+}(aq)$$

如果 Fe^{2+} 的物质的量为 $n(Fe^{2+})$ mol，则完全反应之后有 $n(Fe^{2+})$ mol 的电子被转移出去。类似地，如果重铬酸根离子的物质的量为 $n(Cr_2O_7^{2-})$ mol，则完全反应之后有 $6n(Cr_2O_7^{2-})$ mol 的电子被转移进来。由于在这个反应中电子的得失总数应该相等，因此有

$$1 \times n(Fe^{2+}) = 6 \times n(Cr_2O_7^{2-}) \tag{2.28}$$

式 (2.28) 即为电子数守恒。利用电子数守恒的规律可以快速建立氧化还原反应体系中相关的物质的量之间的关系。

例 2.6　称取含 MnO_2 的样品 0.1914 g，加入稀硫酸和 0.3237 g 的草酸钠，加热使反应完全。过量的草酸钠用浓度为 0.02000 mol/L 的高锰酸钾处理，消耗 25.60 mL。求样品中 MnO_2 的质量分数。

解　相关组分的电子得失情况为

$$MnO_2(s) + 2e^- \longrightarrow Mn^{2+}(aq)$$

$$C_2O_4^{2-}(aq) - 2e^- \longrightarrow 2CO_2(g)$$

$$MnO_4^-(aq) + 5e^- \longrightarrow Mn^{2+}(aq)$$

根据题意，草酸钠的物质的量等于二氧化锰的物质的量与高锰酸钾物质的量的总和，即

$$2 \times n(Na_2C_2O_4) = 2 \times n(MnO_2) + 5 \times n(KMnO_4)$$

因此

$$\begin{aligned} n(MnO_2) &= n(Na_2C_2O_4) - \frac{5}{2} \times n(KMnO_4) \\ &= \frac{0.3237\ \text{g}}{134.00\ \text{g/mol}} - \frac{5}{2} \times 25.60 \times 10^{-3}\ \text{L} \times 0.02000\ \text{mol/L} \\ &= 0.001136\ \text{mol} \end{aligned}$$

二氧化锰的质量分数为

$$w(\mathrm{MnO_2}) = \frac{0.001136\ \mathrm{mol} \times 86.94\ \mathrm{g/mol}}{0.1914\ \mathrm{g}} \times 100\% = 51.60\%$$

2.4　化学定量分析的一般步骤

一个完整的化学定量分析过程一般包含采样、样品的处理、样品的测量和结果的表示与评价四个步骤。

2.4.1　采样

分析采样是实施具体分析过程的第一步，其正确与否将直接影响最终的结论。实际定量分析过程中遇到的样品种类繁多，可用样品的量也有多有少。对于样品量少的情况，基本没有选择的余地，必须将全部样品用于分析。但是，如果样品量特别多，则显然又不能将所有的样品用于分析，否则分析成本太高。因此，必须根据样品的类型，从可提供的样品中采集适当量的样品用于实验室内分析。

通常情况下采样得到的样品量会远远小于实际提供的样品量，但又必须通过测量这个小的样品量来反映所提供样品全体的真实信息，这就要求所采集的样品具有代表性。对于溶液或气体样品而言，如果混合均匀，则从总样品中取出的部分试样总是可以代表样品全体，这里不做进一步的讨论。对于固体样品，获得有代表性样品的一种简单方式是随机采样，如图 2.3 所示。

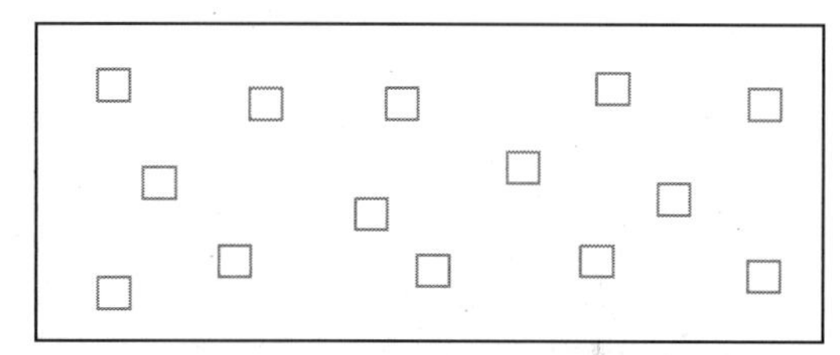

图 2.3　随机采样示意图

这里要说明的是，随机采样不是任意采样，而是在随机理论指导下进行的样品采集。图 2.3 所示的采样位置，是根据二维随机数给定的值在一个平面区域设置的采样点。对于有多个采样单元的样品，如一列车的铁矿石，还需要采用分步采样的方式。

除了样品的采集方式，采集样品的数量也必须经过严格的计算确定下来。统计学的研究结果表明，如果采样导致的不确定度太大，则会对测定结果的准确度产生很大的影响，甚至引导分析人员得出错误的结论。由于采样涉及的理论已经超出本书范围，本书不做进一步的讨论。

2.4.2　样品的处理

采样得到的样品通常称为总试样，这些试样带回实验室之后，还需将其制备成实验室用样品。对于固体样品而言，要将其制备成实验室用样品需要经过样品的破碎和缩分等步骤。原因在于，采集的固体样品通常并不均匀，且样品量相对较大，通常不能直接用于测量步骤。对采集的样品首先要经过多次的破碎、研磨、过筛，使样品颗粒达到一定的粒径，以此来保证样品总体的均匀性。

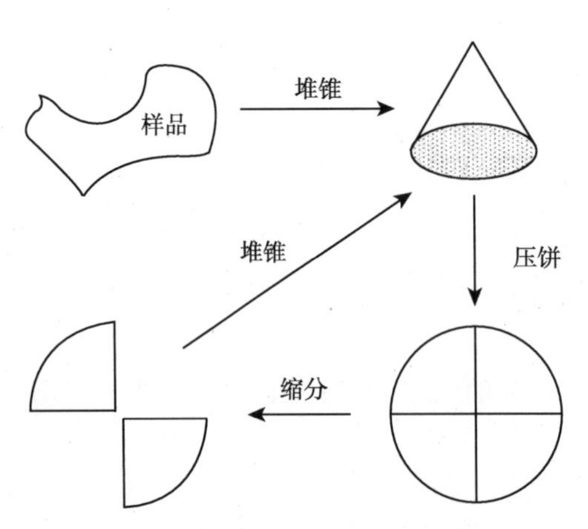

图 2.4　固体样品制备的一般过程

研磨均匀的样品还要进行缩分，以获得可进行测量的最小量。常用的缩分方式是四分法，其做法是将样品混匀后堆成锥形，然后压成圆饼，通过中心将其分为四等份，弃去对角的两份，将保留的两份继续缩分，直至达到一定的量。图 2.4 所示为固体样品制备的一般过程。

上述样品制备过程可能要进行多个循环才能达到要求，最终试样的最小质量可用下式进行估计：

$$m_Q \geqslant kd^2 \tag{2.29}$$

式中，m_Q 为所需试样的最小质量 (kg)；d 为试样的最大粒径 (mm)；k 为缩分常数，通常取值范围为 $0.05 \sim 1\ \mathrm{kg/mm^2}$。

例 2.7　有试样 20 kg，要求最终的样品粒径不大于 3.36 mm，应缩分几次？已知 $k = 0.2\ \mathrm{kg/mm^2}$。

解　最小质量数为

$$m_Q \geqslant kd^2 = 0.2\ \mathrm{kg/mm^2} \times (3.36\ \mathrm{mm})^2 = 2.26\ \mathrm{kg}$$

缩分三次剩余的试样量为 $20\ \mathrm{kg} \times 0.5^3 = 2.5\ \mathrm{kg}$，与 2.26 kg 接近，故应缩分三次。

从样品制备过程中获得的样品通常包含待测组分和其他的杂质，它们的存在形式往往也很复杂，在进行定量分析之前，通常要将此样品进行处理，使待测组分定量地转入溶液中，并设法消除各种可能存在的干扰，这一过程通常称为样品的预处理。

对样品进行预处理的方式有很多，通常要根据样品的形态和分析的目的选择合适的预处理方式。对于无机固体样品，通常采用溶解法或熔融法对样品进行分解。溶解法采用的溶剂有水、酸、碱和混合酸，样品与溶剂作用后从而使其溶解。例如，盐酸通常可用于溶解纯金属类样品，也可溶解以碱土金属为主的矿石。熔融法通常采用某些固体化合物作为熔剂，使其与样品在高温下熔融，再用水或酸浸取熔块。例如，测定土壤中的硅含量时，通常将 KOH 与土壤样品共熔，熔块经溶解后再进行滴定分析。

对于有机固体样品，通常可采用干式灰化法或湿式消化法。干式灰化法是将样品置于马弗炉中高温分解，待有机物燃烧完后将留下的无机物残渣以酸提取制备成分析试样。湿式消化法是将硝酸和硫酸混合物作为溶剂与样品一同加热煮沸分解。

2.4.3　样品的测量

样品的测量应该兼顾分析的准确度与速度两个方面。当待测组分含量较高时，要求测量的准确度也较高。例如，当组分含量在 50% ~ 100% 的范围时，要求测量的相对误差为 0.1% ~ 0.3%，重量分析法和滴定分析法都可满足这一要求。当组分含量在 0.01% ~ 1% 的范围时，对准确度的要求可放宽至相对误差为 2% ~ 10%，此时宜采用仪器分析法。

分析速度也是实际分析过程中需要考虑的问题。例如，现代化的化工厂通常是大规模的连续生产，其中每一个工段的制成品的质量是否合格都将直接影响整个工厂的正常运转，这就需要采用快速的分析方法，以便在短时间内测定中间制成品的组分含量，为工况参数的调整提供依据。

2.4.4　结果的表示与评价

样品中的待测组分的实际存在形式有时会与其测量形式不同，这就涉及分析结果的表示形式的问题。例如，当铁矿石中的铁为待测组分时，其可能的存在形式有 Fe_2O_3、FeO 等。而在实际的测量过程中，有时将样品中所有存在形式的铁都转化为 Fe^{3+} 的形式后再进行测量。这里就涉及最终结果用 Fe_2O_3 的形式来表示，还是用 FeO 的形式来表示的问题。这个问题实际上在化学定量分析中普遍存在，通常需要根据具体情况来决定。

在确定了表示形式之后，又涉及使用物质的量、物质的量浓度还是其他的单位来表达测量结果的问题。对于固体样品，分析结果通常以质量分数表示：

$$w_{\mathrm{B}} = \frac{m_{\mathrm{B}}}{m_{\mathrm{S}}} \tag{2.30}$$

式中，w_{B} 为待测组分 B 的质量分数；m_{B} 为待测组分 B 的质量；m_{S} 为样品的质量。

当 m_{B} 和 m_{S} 的单位一致时，w_{B} 通常以百分数的形式表示。当目标组分的含量非常低时，可用 μg/g、ng/g 和 pg/g 表示。对于液体样品，分析结果通常是以待测组分的物质的量浓度表示，有时也以质量分数、体积分数等表示。对于气体样品，分析结果通常以体积分数表示。

例 2.8　称取铁矿石试样 0.5000 g，将其溶解且使全部铁还原为亚铁离子。用浓度为 0.01500 mol/L 的高锰酸钾溶液与之反应完全时消耗 33.45 mL。求试样中铁的质量分数，分别以 Fe 和 Fe_2O_3 的形式表示分析结果。

解　$K_2Cr_2O_7$ 与 Fe^{2+} 的反应如下：

$$\mathrm{Cr_2O_7^{2-}(aq) + 6\,Fe^{2+}(aq) + 14\,H^+(aq) =\!=\!= 2\,Cr^{3+}(aq) + 6\,Fe^{3+}(aq) + 7\,H_2O(l)}$$

反应的计量关系为

$$n(\mathrm{Fe^{2+}}) = 6 \times n(\mathrm{K_2Cr_2O_7})$$

即

$$\frac{m(\mathrm{Fe^{2+}})}{M(\mathrm{Fe})} = 6 \times c(\mathrm{K_2Cr_2O_7})V(\mathrm{K_2Cr_2O_7})$$

所以

$$\begin{aligned} m(\mathrm{Fe^{2+}}) &= 6 \times c(\mathrm{K_2Cr_2O_7})V(\mathrm{K_2Cr_2O_7})M(\mathrm{Fe}) \\ &= 6 \times 0.01500\ \mathrm{mol/L} \times 33.45 \times 10^{-3}\ \mathrm{L} \times 55.85\ \mathrm{g/mol} \\ &= 0.1681\ \mathrm{g} \end{aligned}$$

当以 Fe 的形式表示分析结果时，质量分数为

$$
\begin{aligned}
w(\mathrm{Fe}) &= \frac{m(\mathrm{Fe}^{2+})}{m_\mathrm{S}} \times 100\% \\
&= \frac{0.1681\ \mathrm{g}}{0.5000\ \mathrm{g}} \times 100\% \\
&= 33.63\%
\end{aligned}
$$

当以 Fe_2O_3 的形式表示分析结果时，由于对同一试样存在如下的计量关系：

$$
n(\mathrm{Fe}) = 2 \times n(\mathrm{Fe_2O_3})
$$

因此质量分数为

$$
\begin{aligned}
w(\mathrm{Fe_2O_3}) &= \frac{n(\mathrm{Fe_2O_3}) \times M(\mathrm{Fe_2O_3})}{m_\mathrm{S}} \times 100\% \\
&= \frac{1}{2} \times \frac{m(\mathrm{Fe}^{2+})}{M(\mathrm{Fe})} \times \frac{M(\mathrm{Fe_2O_3})}{m_\mathrm{S}} \times 100\% \\
&= \frac{1}{2} \times \frac{0.1681\ \mathrm{g}}{55.85\ \mathrm{g/mol}} \times \frac{159.7\ \mathrm{g/mol}}{0.5000\mathrm{g}} \times 100\% \\
&= 48.08\%
\end{aligned}
$$

定量分析通常涉及多个步骤，每一个步骤都会引入一定的误差，而这些误差最终会传递到最后的结果中。因而，如何评价每一个步骤的误差及最终结果的可信度，是定量分析必不可少的步骤。这部分的内容将在第 3 章中介绍。

2.5 滴定分析法简介

滴定分析法有其独特的内容体系，本节对此做简要的介绍。

2.5.1 滴定过程及相关术语

滴定是将一种已知准确浓度的试剂，加入含有待测物质的溶液中的过程。这个已知准确浓度的试剂称为滴定剂或标准溶液，详见 2.5.2 小节。加入滴定剂的方式是通过滴定管逐滴加入，这也是滴定这一术语的由来。

随着滴定剂的加入，体系中待测物浓度会发生变化，这个变化的过程通常用图示的方式来展示，称为滴定曲线。滴定曲线的横坐标通常用滴定剂的消耗量表示，而纵坐标常用待测物平衡浓度的负对数值表示。在滴定曲线的中间一段，常常看到待测物浓度发生突变，这种现象称为滴定突跃。在滴定突跃的范围内存在一个位置，称之为滴定的化学计量点，此时加入滴定剂的物质的量与待测物的物质的量之比达到两者的化学计量比。

从理论上说，如果知道化学计量点的位置，就可以根据加入的滴定剂的量和化学计量关系计算出待测物的量。然而，由于滴定过程本身并不能知道这个位置，必须从外界引入一种称为指示剂的物质，利用其颜色变化来告知这个位置。当指示剂的颜色发生突变时，滴定过程随即被终止，此时的滴定反应位置称为滴定终点。对于实际体系而言，指示剂颜色发生变化

时，滴定终点往往并不会与化学计量点完全一致，滴定终点与化学计量点之间的偏差导致滴定误差。

2.5.2　标准溶液

标准溶液是指其中的组分浓度已知的溶液，在滴定分析中通常用作滴定剂。滴定分析法中需要用到标准溶液，其本质上等同于重量分析法中需要用到砝码，从这个意义上说，滴定分析法实质上是重量分析法在溶液体系中的拓展。当然，并非所有的化学物质都能用于配制标准溶液，只有某些较为特殊的化学物质才能用于配制标准溶液。

滴定分析法中，能直接用于配制标准溶液的物质称为基准物质，它应满足如下要求：① 基准物质的组成与化学式完全相符，如果该物质含有结晶水，其结晶水的含量应与化学式相符；② 基准物质的主要成分的含量应在 99.9% 以上；③ 基准物质应有很好的稳定性，不易与空气中的物质发生化学反应，也不易吸附空气中的物质；④ 基准物质的摩尔质量要大。常用的基准物质是纯金属或纯化合物，表 2.2 中列出了常用的基准物质。

表 2.2　常用的基准物质

名称	分子式	干燥后的组成	干燥条件	标定对象
碳酸钠	Na_2CO_3	Na_2CO_3	270 ~ 300℃	酸
硼砂	$Na_2B_4O_7 \cdot 10H_2O$	$Na_2B_4O_7 \cdot 10H_2O$	放在装氯化钠和蔗糖饱和溶液的密闭容器中	酸
碳酸氢钾	$KHCO_3$	$KHCO_3$	270 ~ 300℃	酸
草酸	$H_2C_2O_4 \cdot 2H_2O$	$H_2C_2O_4 \cdot 2H_2O$	室温空气中	碱或高锰酸钾
邻苯二甲酸氢钾	$KHC_8H_4O_4$	$KHC_8H_4O_4$	110 ~ 120℃	碱
重铬酸钾	$K_2Cr_2O_7$	$K_2Cr_2O_7$	140 ~ 150℃	还原剂
溴酸钾	$KBrO_3$	$KBrO_3$	130℃ 左右	还原剂
碘酸钾	KIO_3	KIO_3	130℃ 左右	还原剂
铜	Cu	Cu	室温干燥器中保存	还原剂
三氧化二砷	As_2O_3	As_2O_3	室温干燥器中保存	氧化剂
草酸钠	$Na_2C_2O_4$	$Na_2C_2O_4$	130℃ 左右	氧化剂
碳酸钙	$CaCO_3$	$CaCO_3$	110℃ 左右	EDTA
锌	Zn	Zn	室温干燥器中保存	EDTA
氧化锌	ZnO	ZnO	900 ~ 1000℃	EDTA
氯化钠	NaCl	NaCl	500 ~ 600℃	$AgNO_3$
硝酸银	$AgNO_3$	$AgNO_3$	500 ~ 600℃	氯化物

配制标准溶液的常用方法是直接配制法和标定法。直接配制法是用天平准确称取一定量的某种基准物质，溶解于适量水中，然后完全转入容量瓶中定容。根据称取的质量及容量瓶的体积计算标准溶液的浓度。标定法用于直接配制法无法进行的情况，通常是因为试剂不能满足基准物质的要求。例如，市售的盐酸中 HCl 的准确含量难以确定，因此无法直接将其配制成标准溶液。要配制 HCl 的标准溶液，可先用浓盐酸溶液稀释到需配制的浓度附近，然后用硼砂或已经标定过的 NaOH 标准溶液进行标定，以此求得该盐酸溶液的准确浓度。

2.5.3　常用的滴定方式

从理论上说，所有的化学反应都可以用于滴定分析。但是由于实际条件的限制，只有某些反应最终成为有效的滴定分析方法。可以用于滴定分析的化学反应应该满足三个条件：① 滴定剂与待测物之间必须有确定的化学计量关系，否则无法根据消耗的滴定剂的量计算待测物的量。② 反应速率要足够快。这不仅是实际滴定分析的需要，也是滴定反应本身的需要。如果反应本身很慢，则很容易导致滴定剂过量，从而产生正误差。③ 必须有合适的指示剂指示滴定终点。

为了最大限度地应用化学反应进行滴定分析，科学家建立了四种滴定方式，分别为直接滴定法、返滴定法、置换滴定法和间接滴定法。凡是能够满足上述三个条件的化学反应，都可以采用直接滴定的方式进行定量分析。例如，EDTA 与镁离子可以发生如下反应：

$$\mathrm{EDTA(aq)} + \mathrm{Mg^{2+}(aq)} = \mathrm{Mg^{2+}\text{-}EDTA(aq)}$$

该反应的计量系数是 1:1 的关系，反应速率也很快，并且可以用铬黑 T 作为指示剂来指示化学计量点，因而 EDTA 可以用于直接滴定镁离子。

如果一个待测物无法用直接滴定方式进行定量分析，则可以根据具体情况，采用其他的滴定方式。例如，样品中的甲醛含量可以采用滴定分析法测定，其中涉及的主要反应是：

$$\mathrm{CH_2O(aq)} + \mathrm{I_3^-(aq)} + 3\,\mathrm{OH^-(aq)} \rightleftharpoons \mathrm{HCOO^-(aq)} + 3\,\mathrm{I^-(aq)} + 2\,\mathrm{H_2O(l)}$$

但是，这是一个慢反应，因此不能直接用 I_3^- 进行滴定分析，此时可以采用返滴定法。首先加入已知量的、过量的 I_3^-，由此可以加速反应进行。然后再用硫代硫酸钠滴定过量部分的碘分子。

返滴定法的核心原理是先让某个试剂过量，然后再滴定该试剂的过量部分。返滴定法的另一个例子是 EDTA 滴定铝离子。该反应本身在常温下速度很慢，铝离子对于能够使用的指示剂均有封闭现象，且铝离子又可能发生复杂的水解反应。因此，在滴定铝离子时，首先加入过量的、已知量的 EDTA 标准溶液，调节酸度在 pH 3.5，且煮沸溶液。在这样的条件下，铝离子可以完全转化为稳定的 EDTA-Al 配合物。然后再用锌离子标准溶液滴定过量的 EDTA，据此计算铝离子的含量。

有时候，待测物与常用的滴定剂反应生成的化合物不稳定 (或者没有确定的化学计量关系)，此时既不能用直接滴定法，也不能用返滴定法测定该物质。可以借助化学反应中的置换反应，从其他化合物中置换等物质的量的某种物质，而此物质可以用直接滴定方式进行测定，由此实现对原待测物的测定。例如，银离子与 EDTA 生成的配合物不稳定，不能直接测定。此时可以在银离子溶液中加入 $Ni(CN)_4^{2-}$，发生如下置换反应：

$$2\mathrm{Ag^+(aq)} + \mathrm{Ni(CN)_4^{2-}(aq)} = 2\mathrm{Ag(CN)_2^-(aq)} + \mathrm{Ni^{2+}(aq)}$$

被置换出来的 Ni^{2+} 可以用 EDTA 标准溶液滴定，由此可以计算银离子的含量。这类滴定方式也称为置换滴定法。

还有一种情况是，某些物质表面上看无法用滴定分析法进行定量分析，但是可以通过化学反应逐步生成可进行滴定分析的物质。例如，要测定样品中硫的含量，无法直接采用直接滴定的方式，此时可以采用间接滴定的方式。首先，将样品燃烧，使硫转化为二氧化硫：

$$\mathrm{S(s)} + \mathrm{O_2(g)} \rightleftharpoons \mathrm{SO_2(g)}$$

生成的二氧化硫用过氧化氢处理：

$$SO_2(g) + H_2O_2(aq) \rightleftharpoons H_2SO_4(aq)$$

生成的硫酸可以用氢氧化钠标准溶液进行测定，即可计算样品中的硫含量。

习　　题

2.1　什么是标准溶液？标准溶液的配制有哪些方法？

2.2　什么是基准物质？作为基准物质应具备哪些条件？

2.3　下列情况将对分析结果产生哪种影响：A. 正误差；B. 负误差；C. 无影响；D. 无法确定。

(1) 标定 HCl 溶液的浓度时，使用的基准物质 Na_2CO_3 中含有少量 $NaHCO_3$；

(2) 加热使基准物质溶解后，溶液未经冷却即转移至容量瓶中并稀释至刻度，摇匀，立即进行标定；

(3) 配制标准溶液时未将容量瓶内溶液摇匀；

(4) 用移液管移取试样溶液时，事先未用待移取溶液润洗移液管。

2.4　针对下述情景，怎样采集具有代表性的样品？

(1) 小溪中的水；

(2) 化工厂生产的聚合物薄膜；

(3) 药瓶中的阿司匹林药片；

(4) 两楼之间的草坪中的土壤；

(5) 建筑物外墙面的陈旧涂料；

(6) 为研究杀虫剂而解剖的动物组织。

2.5　试说明固体样品准备过程中减小其粒径的重要性。

2.6　求下列物质的量浓度。

(1) 0.200 L 的氢氧化钠溶液中含 6.000 g 的 NaOH，求 $c(NaOH)$；

(2) 1000 mL 溶液中含 $AgNO_3$ 3.398 g，求 $c(AgNO_3)$；

(3) 用 4.740 g 高锰酸钾配制成 750 mL 溶液，求 $c\left(\frac{1}{5}KMnO_4\right)$；

(4) 称取 $CuSO_4 \cdot 5H_2O$ 试样 4.560 g，配制成 500 mL 溶液，求 $c(CuSO_4)$。

2.7　市售浓硝酸溶液中含有 HNO_3 约为 69.2%，密度为 1.42 g/mL。计算该溶液的摩尔浓度。

2.8　为了测定某个含 $C_{10}H_{20}N_2S_4$ 样品中的硫含量，称取该样品 0.4613 g，通过氧化反应将其中的硫全部转化为二氧化硫，然后将二氧化硫通入过氧化氢溶液中生成硫酸，最后将生成的硫酸与浓度为 0.02500 mol/L 的氢氧化钠溶液反应完全，消耗氢氧化钠 34.85 mL。求硫的质量分数。

2.9　现有高锰酸钾溶液，其浓度为 0.04000 mol/L。要配制草酸钠溶液，使得它在酸性条件下与前述高锰酸钾可以等体积地完全反应，配制草酸钠溶液的浓度为多少？

2.10　准确称取 $K_2Cr_2O_7$ 1.2258 g，在 150 mL 烧杯中用蒸馏水溶解，然后转移至 250.0 mL 容量瓶中，用蒸馏水稀释至刻度。准确移取此溶液 25.00 mL 于锥形瓶中，加入 HCl 及过量的 KI 溶液，以淀粉溶液作指示剂，用待标定的 $Na_2S_2O_3$ 溶液滴定至终点，消耗 24.95 mL。求 $Na_2S_2O_3$ 溶液的浓度。

2.11　称取约 1.700 g 的 EDTA 二钠盐固体，配制成溶液。将该溶液与 25.00 mL 浓度为 0.01000 mol/L 的锌离子溶液反应，消耗 EDTA 的体积为 24.98 mL 时反应完全。求 EDTA 溶液的浓度。(EDTA 与 Zn 的反应是 1:1 关系)。

2.12　称取铁矿石 0.4185 g，溶于酸中，并用还原柱将其中的 Fe^{3+} 全部还原为 Fe^{2+}。将该铁溶液与浓度为 0.02500 mol/L 的高锰酸钾溶液反应完全时消耗后者 41.27 mL。计算铁矿石中铁的质量。

第3章　定量分析数据处理

化学定量分析的目的是得到待测组分的含量。当该组分确实存在时，可以认定该组分的含量必须不为零，且具有一个确定的值，通常称之为该组分含量的真值，习惯上用希腊字母 μ 表示。由于化学体系的复杂性，往往不能直接得到待测组分的含量值，必须先通过对某些相关的量进行测量，利用这些量的测量值计算出待测组分的含量值。在化学定量分析中经常要测量的量是质量和体积，这两个量可分别通过称量样品的质量和度量其体积得到。但是，测量过程中存在许多的干扰因素，导致测量得到的质量数和体积数是否为真值也存在一定的不确定性，最终影响待测组分的含量值的计算。本章将讨论在化学测量过程中存在的影响因素及测量数据的处理方法。

3.1　影响测量的因素

影响测量的因素很多，有些因素源自客观环境，有些则是源自分析人员的主观性。正确地理解和掌握各种因素对测量结果的影响方式，是获得好的测量结果的关键。所有的测量均需要读取数据，以下就从测量数据的读取方式展开讨论。

3.1.1　测量数据的读取方式

定量分析中最常使用的设备是分析天平、量筒、容量瓶、移液管、滴定管等，正确地读取这些设备的读数是实现正确定量分析的重要步骤。根据所使用的测量工具不同，对于测量数据的读取方式也会不同。一般而言，对于测量结果的读取方式可以分为完整读取和估计读取。

以单托电子天平称量示例来说明测量数据的完整读取方式，如图 3.1 所示。当采用该天平称量某个样品时，一般步骤如下：

(1) 开启天平，显示 0.0000 g 的数字。如果不显示这个数字，则按清零键使得读数归零 (如果按清零键仍无法归零，则表明这台天平需要校正)。

(2) 将一个干燥的小烧杯放到托盘上，此时会显示小烧杯的质量读数，按清零键清零，此时天平的读数再度变成 0.0000 g。

(3) 将一药匙样品加入小烧杯中，关闭天平的玻璃门。待读数稳定后，看到一个读数 1.0610 g。

注意：在上述步骤中的一个重要实验细节是：通常会发现天平的读数不稳定，图 3.1 中显示 1.0610 g，其最后一位读数会波动! 那么先来问两个问题：

(1) 应该如何记录称量的读数? 是记录 1.061 g 还是 1.0610 g?

(2) 在读数稳定前，天平读数的最后一位数字会波动，该如何记录其中的一个数字作为该化合物的质量数? 是记录 1.0610 g? 还是 1.0609 g? 或者是 1.0611 g?

对于第一个问题的回答是：应该完整读取天平所显示的所有数值 1.0610 g。有些学生会提出异议，他们认为最后一位数字为 0，表明没有质量，因而不该记录。尽管最后一位数字是 0，但它是仪器所能提供的全部测量信息。这个信息反映出天平本身的准确程度。天平给出的数值越多，表明天平给出的质量数的准确度越高。因此，如果少读了一位数字，意味着人为地将测量的准确度降低了一个数量级。

对于第二个问题的回答是：记录天平稳定下来的数值。对于校正过的天平而言，其准确度毋庸置疑，因为它最终可以追溯到国际千克原器 (或者是最新的千克标准)。而通常情况下，天平最后一位读数的正常波动应围绕着某个值进行，不应该出现单向性的波动。围绕某个值出现的忽高、忽低的波动，是整个体系中的某些因素的微小波动所导致的，这个波动称为随机波动。最后一位数值的波动，意味着称量值差异在 ±0.1 mg，对于常量分析而言，这样的准确度已经足够。

再举一个读取量筒读数的例子，如图 3.2 所示。这是一个 50 mL 的量筒，当前溶液的体积没有达到一个明确的刻度线上，而是位于刻度 44 mL 和 45 mL 之间。由于在 44 mL 和 45 mL 之间再无刻度，因而有人简单地将读数定为 44 mL，或者是 45 mL。

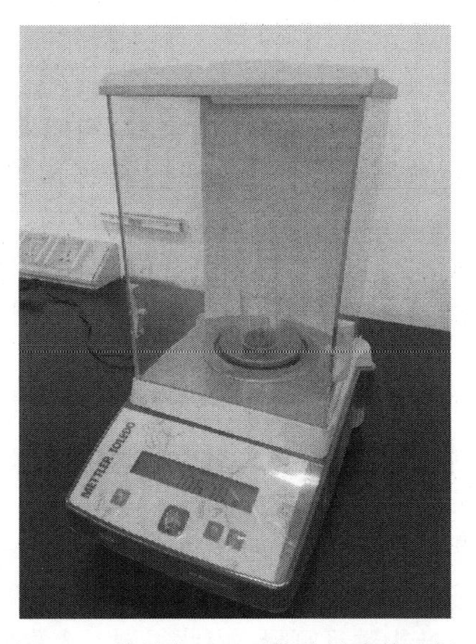

图 3.1　单托电子天平的称量读数示例

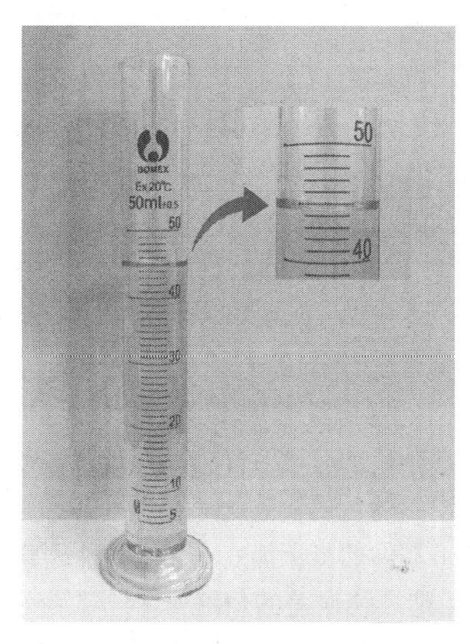

图 3.2　量筒读数示例

很显然，这样的做法是错误的！理由很简单，溶剂的体积已经超出了 44 mL，但却没有达到 45 mL，这是不争的事实。但是，超出的部分该如何记录呢？量筒的刻度没有做得更细致，所以只能去估计！一个合理的估计值是 44.5 mL，它的最后一位数值的具体值将取决于测量者个人的判断，不同的人会给出不同的估计，但是合理的估计值应该不会相差太远。在本例中，如果将读数估计为 44.4 mL 也是可以的。但是，如果估计为 44.1 mL 则不恰当！

无论采用哪种方式读取测量数据，其本质均是对被测量的真实值的一个估计。得到的测量值的全部数字称为有效数字，它包含所有可以准确读取的数值，如天平的读数 1.0610 g；或者是在准确读取的基础上再增加一位估计的数值，如量筒读数 44.5 mL。对有效数字的详细讨论将在 3.5 节进行。

3.1.2　测量中的系统误差

在 3.1.1 小节的称量示例中提到影响称量准确性的一个重要因素是天平本身的准确度。如果一台天平没有经过严格的校准，那么测量值与真值之间必然存在一个差值，我们称此差值为系统误差。如果测量值用 x 表示，系统误差用 ξ 表示，则系统误差可表示为

$$\xi = x - \mu \tag{3.1}$$

系统误差是由测量过程中存在的确定性的影响因素所导致的，它具有如下特点：

(1) 重复性——在重复测量过程中，系统误差会重复出现。

(2) 单向性——系统误差或者表现为正误差，或者表现为负误差。

(3) 可测性——对于确定的系统而言，系统误差的值基本上是固定的。

在化学定量分析中，产生系统误差的因素主要有：

(1) 方法误差。它是由定量分析方法本身在理论上和具体的操作步骤上存在不完善之处造成的。例如，滴定分析中反应的不完全或存在副反应，指示剂的变色点不与化学计量点重叠，重量分析法中沉淀不完全，灼烧不当导致挥发损失等，都会导致测定结果整体高于 (或低于) 真值。

(2) 仪器或试剂误差。仪器误差来源于仪器本身的缺陷或没有按规定条件使用仪器，如仪器的零点不准，仪器未调整好，没有采取措施控制外界环境 (光线、温度、湿度、电磁场) 等。容量器皿刻度不准确、天平所使用的砝码磨损等也归入仪器误差的范畴。试剂误差通常来源于试剂的纯度达不到定量分析的要求。

(3) 操作误差。它通常是由分析人员没有按正确的操作规程进行操作而引起的误差。例如，采样过程不规范，所采得样品不具备代表性；灼烧沉淀时温度过高或过低，灼烧后的沉淀未冷却至室温即进行称量等。

(4) 主观误差。它通常是由分析人员自身的一些主观因素造成的。例如，在滴定分析中，对于指示剂颜色的分辨，有的人会偏深，有的人会偏浅，有的人总喜欢根据前一次的滴定结果下意识地控制随后的滴定过程，从而导致测量结果整体偏高或偏低。

对于具体的测量而言，上述各种因素产生的系统误差是叠加在一起的。如果测量的条件保持不变，则系统误差的值通常不会改变，可以通过校正的方式来扣除其影响。校正的一般做法是：用标准物作为样品，按照测量实际样品的过程对标准物进行测量，由此得到一个测量值，此测量值与标准物的真值之间的差值即为系统误差值。

3.1.3 测量中的随机误差

在 3.1.1 小节的称量示例中，曾指出天平读数的最后一位会有波动，最可能出现的读数值为 1.0609 g、1.0610 g 和 1.0611 g。出现这些情况的原因在于电子天平本身并非完全稳定，它会受到各种因素的影响，如测定过程中周围环境的温度、湿度、气压的微小变化，仪器的电流和电压的微小波动，等等。这些因素最终会使得天平内部的电信号产生一定程度的波动，并且这种波动是以一种随机的方式发生的。由各种因素的随机波动所导致的测量值对真值的偏离称为随机误差，其数学表示如下：

$$\varepsilon = x - \mu \tag{3.2}$$

式中，ε 为随机误差。随机误差的一个显著特性是其取值和符号均不确定。如果对某个量进行了 n 次测量，所有的随机误差可表示为

$$\varepsilon_i = x_i - \mu, \quad i = 1, 2, \cdots, n \tag{3.3}$$

式中，下标 i 为第 i 次测量。并且 $\varepsilon_i \neq \varepsilon_j, \forall\, i \neq j$。随机误差的这种属性使得人们无法用校正的方法将其扣除。

3.1.4　测量中的总误差

测量过程中的系统误差和随机误差往往是共存的，因此测量值应该用下面的式子来描述：

$$x = \mu + \xi + \varepsilon \tag{3.4}$$

如果将随机误差与系统误差合并为总误差，则测量值的数学模型可以简化为

$$x = \mu + \epsilon \tag{3.5}$$

式中，$\epsilon = \xi + \varepsilon$ 称为总误差。总误差反映了实际的测量值与真值之间真实的差异程度，也称为绝对误差。从另一个角度看，总误差其实也表征了测量值与真值之间的接近程度，这种接近程度常用准确度这个概念来描述。测量值越接近真值，则称测量值越准确，对应的绝对误差值越小；反之，如果测量值偏离真值程度越大，则越不准确，对应的绝对误差值也越大。

将绝对误差除以真值，可以定义一个称为相对误差的参数：

$$\epsilon_{\mathrm{r}} = \frac{\epsilon}{\mu} \times 100\% \tag{3.6}$$

式中，ϵ_{r} 为相对误差。相对误差让我们从测量值本身及待测量的真值两个方面来重新审视测量误差。用下面的例子来说明引入相对误差概念的必要性。

例 3.1　两个分析人员对两份 NaCl 样品进行分析，这两份样品中 NaCl 的真实含量分别为 0.15 g 和 0.10 g，这两个分析人员的测定值分别为 0.14 g 和 0.09 g，计算他们测量值的绝对误差和相对误差。

解　绝对误差为

$$\epsilon_1 = m_1 - \mu_1 = 0.14\ \mathrm{g} - 0.15\ \mathrm{g} = -0.01\ \mathrm{g}$$
$$\epsilon_2 = m_2 - \mu_2 = 0.09\ \mathrm{g} - 0.10\ \mathrm{g} = -0.01\ \mathrm{g}$$

相对误差为

$$\epsilon_{\mathrm{r}_1} = \frac{\epsilon_1}{\mu_1} \times 100\% = \frac{-0.01\ \mathrm{g}}{0.15\ \mathrm{g}} = -7\%$$
$$\epsilon_{\mathrm{r}_2} = \frac{\epsilon_2}{\mu_2} \times 100\% = \frac{-0.01\ \mathrm{g}}{0.10\ \mathrm{g}} = -10\%$$

从这个例子可以看到，两个分析人员的绝对误差是相同的。然而，如果因此判定二者的测量具有相同准确度则似乎又不恰当，因为二者所分析的样品中 NaCl 含量不同。对于第二个分析人员而言，虽然他也是错失了 0.01 g 的 NaCl，但它所占样品总量 0.10 g 的相对份额却更大，因而第二个分析人员测量的准确度不如第一个分析人员。因此，从相对误差的角度可以更好地评价测量的准确度。

3.2 测量值的分布规律

误差的存在所导致的测量值的不确定性，使人们很难相信一次测量的结果，这就迫使人们必须采用多次测量。但是，多次测量会产生多个测量值，同样也会面临这样一种困难，即如何根据这些测量值对真实值做出合理的估计。本节将讨论从测量值来发现隐藏在测量数据背后的规律。

3.2.1 频数分布

日常经验告诉我们，如果某个事件反复出现，则这个事件的可信度就会高一些。类似地，当进行多次测量时，如果反复得到某个测量值，则同样也会认为这个测量值更为可信。基于这种经验对某个合金中的铁含量进行了大量的测量，得到表 3.1 所示的结果。很显然，从这个表中很难直接得出结论。

表 3.1 合金中铁含量值 (mg/L)

1.27	1.30	1.31	1.32	1.32	1.34	1.34	1.34	1.34	1.35
1.35	1.35	1.36	1.36	1.36	1.36	1.36	1.36	1.37	1.37
1.37	1.37	1.37	1.37	1.37	1.37	1.38	1.38	1.38	1.39
1.39	1.39	1.39	1.39	1.39	1.39	1.39	1.39	1.40	1.40
1.40	1.40	1.40	1.40	1.40	1.41	1.41	1.41	1.41	1.41
1.41	1.41	1.42	1.42	1.42	1.42	1.42	1.42	1.42	1.42
1.42	1.42	1.42	1.42	1.42	1.42	1.42	1.43	1.43	1.43
1.43	1.43	1.44	1.44	1.44	1.44	1.44	1.45	1.45	1.45
1.45	1.45	1.45	1.45	1.46	1.46	1.46	1.46	1.46	1.47
1.47	1.47	1.48	1.48	1.48	1.48	1.49	1.50	1.53	1.55

一种最简单的做法是对表 3.1 中的数值做一个统计，计算每个值出现的频率，并用图示的方式展示出来，如图 3.3 所示。图中的每条棒对应于一个测量值，其高度为该测量值出现的频数，即该值出现的次数除以数据的总数，故也称为频率。在总数很大的情况下，频数也被视为概率。由于最大频数对应的值为 1.42，因此该值最为可信。那么是否可以将该值当作真值的最好估计呢？似乎把握并不大，它毕竟只占总数的 15% 左右。随着测量数据的增加，必然会得到更多的值，我们不知道当前的某个值是否会取代 1.42 的地位。更为糟糕的是，如果测量次数趋于无穷，则测量值的数目会趋于无穷大，此时每个值的概率就会变成零!

数学家采用另一条途径来避开这个问题，他们提出了采用频数分布的方式来描述测量数据。所谓频数分布是指测量值出现在某些区段的频率 (或计数)。频数分布的构建方法如下：

(1) 求测量数据集中测量值的极差，它等于最大值与最小值的差，通常用 R 表示。

(2) 根据测量值的总数确定组段数和组距。所谓组段数是指将测量值分隔成多少个区间，通常取 10，此时的组距等于 $R/10$。

(3) 根据组距计算每个组段的范围，设其下限值为 L、上限值为 U，测量值 x 的归组方式统一规定为 $L \leqslant x < U$。

(4) 统计区段内测量值 x 出现的次数，并做出汇总表，如表 3.2 所示。

表 3.2　合金中铁含量频数分布

组段	频数 (f)	组中值 (x_M)	$f \times x_M$
1.270 ~ 1.298	1	1.28	1.28
1.298 ~ 1.326	4	1.31	5.25
1.326 ~ 1.354	7	1.34	9.38
1.354 ~ 1.382	17	1.37	23.26
1.382 ~ 1.410	23	1.40	32.11
1.410 ~ 1.438	20	1.42	28.48
1.438 ~ 1.466	17	1.45	24.68
1.466 ~ 1.494	8	1.48	11.84
1.494 ~ 1.522	1	1.51	1.51
1.522 ~ 1.550	2	1.54	3.07
合计	100	14.10	140.86

从表 3.2 中可以看到，测量值出现在 1.354 ~ 1.466 区间的数目居多，这表明真值出现在该区域的概率最大。表 3.2 所示的结果也可以用图示的方法表示，称为频数分布图，如图 3.4 所示。从图中可以看到测量值表现出一定的趋中性和对称性，即在最大和最小测量值的范围内，测量值出现在中间位置上的数目更多。同时，也看到测量数据呈现一定程度的分散，并且两侧测量值出现的次数快速减少。

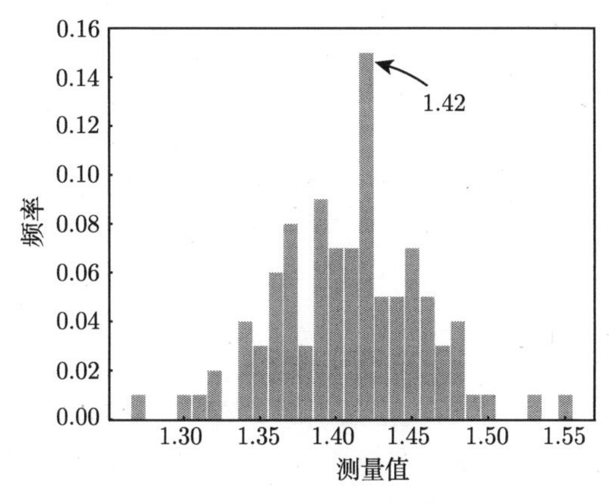

图 3.3　测量值的频率统计图

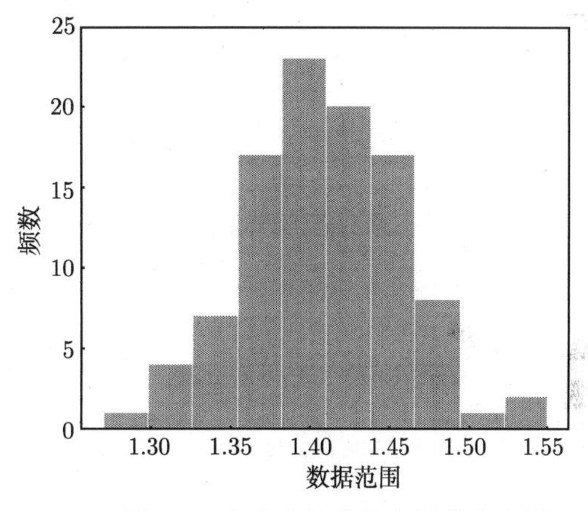

图 3.4　合金中铁含量的频数分布图

图 3.4 中所展现出的测量值的分布规律，本质上也是测量误差的分布规律，因为测量值本质上是真值与测量误差的加和，如式 (3.5) 所示。从这个意义上说，测量误差也呈现“钟形分布”，即小误差出现的次数多而大误差出现的次数少。并且，由于真实值出现在中心部位的概率大于其他部位，因而测量误差实际上有可能是正值，也有可能是负值。

3.2.2　正态分布

3.2.1 小节的测量值的频数分布揭示了测量值在大规模测量过程中的分布规律。科学家发现这种规律具有普遍性，因而对其进行了广泛的研究。由于测量值的分布总是呈现类似图 3.4 所示的分布形态，有点像钟的形状，因而也称这类分布为“钟形分布”。并且，由于这类分布形态总会出现，因此也认为出现这样的形态是一种正常的情况，由此形成了正态分布的概念。高

斯 (Johann Carl Friedrich Gauss) 对正态分布进行了详细的研究，建立了大样本情况下的正态分布理论，因而正态分布有时又称为高斯分布。

正态分布可以表述为：对于随机变量 X，其概率密度为

$$f(x)=\frac{1}{\sqrt{2\pi}\sigma}\mathrm{e}^{-\frac{(x-\mu)^2}{2\sigma^2}},\quad -\infty<x<+\infty \tag{3.7}$$

式中，μ 为真值，也称为总体均值。σ^2 称为方差，也称为总体方差。方差的开方为 σ，称为标准差，也称为标准不确定度。

这里要简要说明一下，随机变量是一个统计学的概念，但不妨将其理解为通常涉及的物理量，如质量、体积等。与随机变量 X 对应的小写字母 x 称为随机变量的取值。虽然有些时候会把两者混用，但是更多的时候做适当的区分还是有必要的。

正态分布常记作 $X\sim N(\mu,\sigma^2)$，其中参数 $-\infty<\mu<\infty$，$\sigma>0$。正态分布 $N(\mu,\sigma^2)$ 的分布函数 $F(X)$ 为

$$F(X)=P(X\leqslant x)=\frac{1}{\sqrt{2\pi}\sigma}\int_{-\infty}^{x}\mathrm{e}^{-\frac{(x-\mu)^2}{2\sigma^2}}\mathrm{d}x \tag{3.8}$$

式中，$P(X\leqslant x)$ 为随机变量 X 取值 x 时的累积概率。注意：随机变量不存在点概率，在某个取值处的概率为 0。如果某个测量值 x 出现在区间 $(a,b]$，则该测量值出现在该区间内的概率为

$$P(a<x\leqslant b)=\frac{1}{\sqrt{2\pi}\sigma}\int_{a}^{b}\mathrm{e}^{-\frac{(x-\mu)^2}{2\sigma^2}}\mathrm{d}x \tag{3.9}$$

图 3.5 为正态分布概率密度函数的图形，从中可以看到正态分布的几个特点：① 正态分布受到两个参数 μ 和 σ 的控制，μ 决定正态曲线的中心位置；② 标准差 σ 是曲线拐点处的宽度，它决定了正态曲线的陡峭或扁平程度。

由于存在如下的约束：

$$\int_{-\infty}^{+\infty}f(x)\mathrm{d}x=1 \tag{3.10}$$

因此，正态分布曲线的高度会随着 σ 的增大而减小，如图 3.6 的虚线所示。该特征表明标准差是反映测量值离散程度的一个重要指标，标准差越大则测量数据越离散。从测量的角度看，测量值的离散程度越大，意味着测量精度越差，因而 σ 是衡量测量精密度的指标。

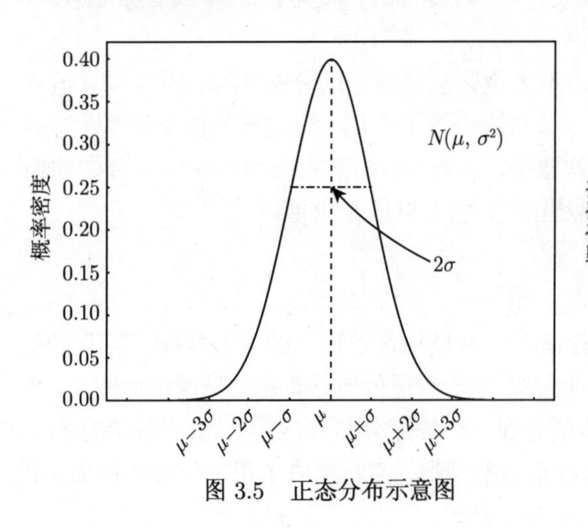

图 3.5　正态分布示意图

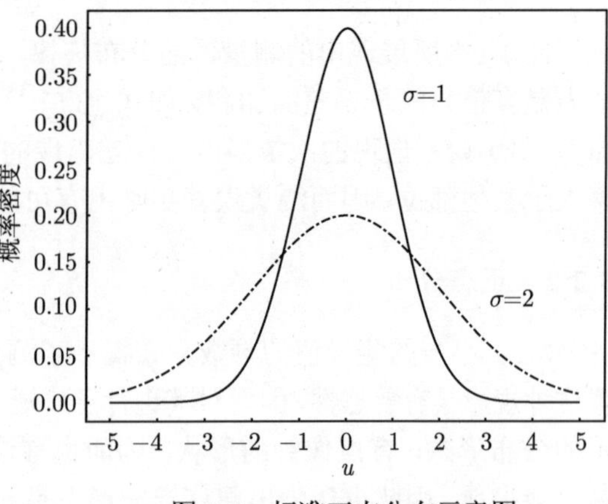

图 3.6　标准正态分布示意图

如果定义随机变量 U 有如下的形式：

$$U = \frac{X - \mu}{\sigma} \tag{3.11}$$

则其取值 u 的累积概率为

$$F_U(u) = P(U \leqslant u) = P\left(\frac{X-\mu}{\sigma} \leqslant u\right) = P(X \leqslant \mu + \sigma u) = F_X(\mu + \sigma u) \tag{3.12}$$

如果 U 的概率密度函数为 $\phi(u)$，则有

$$\phi(u) = \frac{\mathrm{d}}{\mathrm{d}u}F_U(u) = \frac{\mathrm{d}}{\mathrm{d}u}F_X(\mu + \sigma u) = f_X(\mu + \sigma u) \times \sigma = \frac{1}{\sqrt{2\pi}}\mathrm{e}^{-\frac{u^2}{2}} \tag{3.13}$$

因此，随机变量 U 的概率密度满足分布 $N(0,1)$，称之为标准正态分布，其图形如图 3.6 中实线所示。式 (3.11) 称为标准变换，任何的正态分布都可以通过标准变换成为标准正态分布，因而通过标准正态分布可以得到普适性的结果。在实际的应用中，常根据标准正态分布将正态变量不同取值时的累积概率做成表格供简化计算之用，如表 3.3 所示。

表 3.3　标准正态分布概率表

$\|u\|$	面积	$\|u\|$	面积	$\|u\|$	面积
0.0	0.0000	1.0	0.3413	2.0	0.4773
0.1	0.0398	1.1	0.3643	2.1	0.4821
0.2	0.0793	1.2	0.3849	2.2	0.4861
0.3	0.1179	1.3	0.4032	2.3	0.4893
0.4	0.1554	1.4	0.4192	2.4	0.4918
0.5	0.1915	1.5	0.4332	2.5	0.4938
0.6	0.2258	1.6	0.4452	2.6	0.4953
0.7	0.2580	1.7	0.4554	2.7	0.4965
0.8	0.2881	1.8	0.4641	2.8	0.4974
0.9	0.3159	1.9	0.4713	3.0	0.4987

表 3.4 为 u 在三个不同的取值区间时，计算得到的对应的测量值区间概率。从表 3.4 中可以看到，测量值出现在真值的 $\pm 2\sigma$ 范围内的概率高达 95.5%，这是一个大概率事件。如果接受这样一种断言，即在随机误差控制下的测量中有 95% 的测量值是可信赖的，那么我们也就有信心相信可以从测量值对真值做出估计，并且这种估计的可信度也会很高。尽管如此，从测量值对真值做出估计依然存在一定程度的不确定性，对这一点必须有清晰的认识。

表 3.4　测量值的区间概率

u 取值	测量值出现的区间	区间概率
$u \pm 1.0$	$x = \mu \pm 1\sigma$	68.3%
$u \pm 2.0$	$x = \mu \pm 2\sigma$	95.5%
$u \pm 3.0$	$x = \mu \pm 3\sigma$	99.7%

3.2.3　正态分布参数的数值特征

正态分布包含两个参数，即 μ 与 σ^2。很显然，这两个参数与随机变量的取值有密不可分的关系。为了更明晰地展示这种关系，首先引入数学期望值的概念。定义随机变量 X 的如下

两个数学期望：

$$E[X]=\int_{-\infty}^{+\infty} xf(x)\mathrm{d}x \tag{3.14}$$

$$E[(X-E[X])^2]=\int_{-\infty}^{+\infty}(x-\mu)^2 f(x)\mathrm{d}x \tag{3.15}$$

式中，$E[\cdot]$ 为数学期望运算。

前已述及，如果随机变量 X 的分布为 $N(\mu,\sigma^2)$，则通过变换 $U=\dfrac{X-\mu}{\sigma}$ 可将其变换为标准正态分布 $N(0,1)$，其概率密度函数为 $\phi(u)=\dfrac{1}{\sqrt{2\pi}}\mathrm{e}^{-\frac{u^2}{2}}$。为了方便后续的讨论，先计算随机变量 U 的数学期望：

$$E[U]=\int_{-\infty}^{+\infty}u\phi(u)\mathrm{d}u=\int_{-\infty}^{+\infty}\frac{u}{\sqrt{2\pi}}\mathrm{e}^{-\frac{u^2}{2}}\mathrm{d}u=0 \tag{3.16}$$

并且

$$E[(U-E[U])^2]=\int_{-\infty}^{+\infty}(u-0)^2\frac{1}{\sqrt{2\pi}}\mathrm{e}^{-\frac{u^2}{2}}\mathrm{d}u=1 \tag{3.17}$$

由于 $X=\mu+U\sigma$，因此 X 的期望值为

$$E[X]=E[\mu+U\sigma]=E[\mu]+E[U\sigma]=\mu \tag{3.18}$$

类似地，有

$$E[(X-E[X])^2]=E[(\mu+U\sigma-\mu)^2]=E[U^2\sigma^2]=\sigma^2E[U^2]=\sigma^2 \tag{3.19}$$

由于积分是加和的极限形式，因此式 (3.18) 等同于：

$$\mu=\lim_{n\to\infty}\sum_{i=1}^{n}x_i f(x_i)=\lim_{n\to\infty}\sum_{i=1}^{n}x_i\times\frac{n_i}{N}=\lim_{n\to\infty}\frac{\sum_{i=1}^{n}x_i n_i}{N} \tag{3.20}$$

式中，n_i 为测量值 x_i 出现的次数，且 $N=n_1+\cdots+n_n$。式 (3.20) 实际表明，当 N 的取值很大时，真值 μ 是测量值的算术平均值，即

$$\mu=\frac{\sum_{j=1}^{N}x_j}{N} \tag{3.21}$$

类似地，有

$$\sigma^2=\lim_{n\to\infty}\sum_{i=1}^{n}(x_i-\mu)^2 f(x_i) \tag{3.22}$$

即

$$\sigma^2=\frac{\sum_{j=1}^{N}(x_j-\mu)^2}{N} \tag{3.23}$$

上述结果表明，真值可以用测量值的算术平均值来表征，而方差可以用误差平方和的算术平均值来表征。这里要强调的是，上述结论只在 N 取很大的值的时候才成立。

3.2.4　样本均值的抽样分布

实际的定量分析过程中只能进行有限次的测量，得到有限数量的测量值。因此，理论上式 (3.21) 和式 (3.23) 应该不能应用于实际的情况。但是，如果把有限次的测量看作是对无限次测量的一个采样，则情况又有不同。为了便于理解统计学中采样的含义，首先引入总体与样本的概念。

所谓总体是指研究对象所有个体的集合。例如，要调查广州市所有高校学生的身高分布，则广州市所有高校的学生身高就构成了总体。如果从这些高校抽取一部分学生进行身高测量，得到的测量值就是总体中的一个样本，测量值的数目称为样本容量。很显然，样本既包含了总体的信息，又不是总体的完整信息。如何从样品信息中去推测总体的信息就显得非常重要了。

不失一般性，假设某个随机变量 X 的分布为 $N(\mu,\sigma^2)$，从中抽取的样本的具体取值为 $x_1,x_2,\cdots,x_n$。由于该样本不包含总体的完整信息，因此式 (3.21) 和式 (3.23) 对该样本应该不成立。但是，可以定义一个新的统计量：

$$\bar{x}=\frac{\sum_{i=1}^{n}x_i}{n} \tag{3.24}$$

式中，$\bar{x}$ 为样本均值。当用样本均值取代真值时，可以定义一个类似方差的统计量：

$$s_n^2=\frac{\sum_{j=1}^{n}(x_j-\bar{x})^2}{n} \tag{3.25}$$

式中，s_n^2 为样本方差，其算术平方根 $s_n=\sqrt{s_n^2}$ 为样本标准差，或称为样本标准偏差，习惯上简称为标准偏差。

为了演示样本信息与总体信息的关系，对表 3.1 所示的数据集 (不妨假定它就是一个总体) 进行 10 次随机采样，得到容量均为 6 的 10 个样本，如表 3.5 所示。每个样本的均值和标准偏差示于表 3.5 的最后两列。

表 3.5　抽样数据及统计量

样本	抽样数据						均值	标准偏差
1	1.53	1.37	1.41	1.46	1.35	1.34	1.41	0.07
2	1.48	1.41	1.39	1.43	1.42	1.39	1.42	0.03
3	1.42	1.45	1.46	1.44	1.34	1.37	1.41	0.05
4	1.35	1.46	1.41	1.36	1.42	1.37	1.40	0.04
5	1.41	1.42	1.44	1.47	1.37	1.41	1.42	0.03
6	1.45	1.41	1.39	1.45	1.44	1.27	1.40	0.07
7	1.45	1.46	1.43	1.39	1.41	1.38	1.42	0.03
8	1.44	1.41	1.42	1.32	1.45	1.45	1.42	0.05
9	1.34	1.47	1.37	1.48	1.45	1.47	1.43	0.06
10	1.55	1.36	1.34	1.34	1.38	1.49	1.41	0.09

从这个表中的均值可以计算出 10 个样本均值的均值为 $\bar{\bar{x}}=1.41$，10 个样本均值的标准偏差为 $s_{\bar{x}}=0.01$。作为比较，计算出表 3.1 中的总体均值和总体标准差分别为 $\mu=1.41$ 和 $\sigma=0.05$。从这些结果可以看到，抽样均值的平均值是与总体的均值相一致的，而抽样均值的标准差则小于总体的标准差。图 3.7 为从表 3.1 中有放回地采集 1000 个样本，每个样本容量为 6，计算得到 $\bar{x}$ 的频率分布图。从图形的展开范围来看，均值的分布更窄。图中的虚线是根据分布进行拟合得到的正态分布曲线，其对应的参数为 $\mu=1.41$ 和 $\sigma^2=0.02^2$。

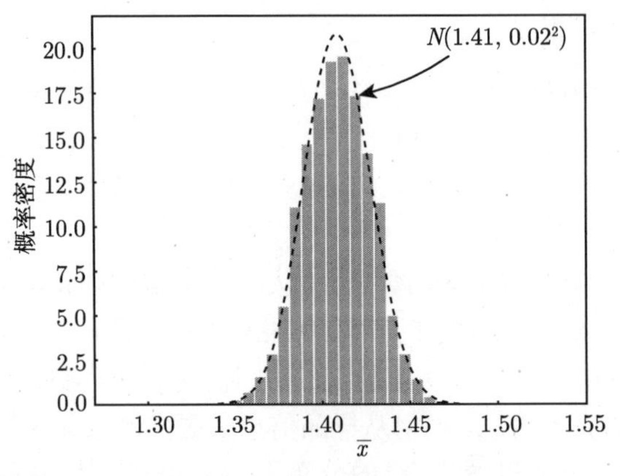

图 3.7　样本均值的抽样分布

可以证明均值 $\bar{x}$ 满足正态分布 $N(\mu, \sigma^2/n)$，即以均值为变量的正态分布的均值为真值，而该正态分布的方差为 σ^2/n。相应的统计量为

$$\bar{\bar{x}} = \frac{\sum_{i=1}^{n} \bar{x}_i}{n} = \mu \tag{3.26}$$

$$\sigma_{\bar{x}}^2 = \frac{\sum_{i=1}^{n} (\bar{x}_i - \bar{\bar{x}})^2}{n} = \frac{\sigma^2}{n} \tag{3.27}$$

式 (3.27) 进一步表明了以均值来表征真值更为可信，因为此时的标准不确定度变成 $\frac{\sigma}{\sqrt{n}}$。由于 σ 未知，实际应用中可以用 s_n 来代替。然而，研究表明当测量值较少时应该用下式来取代 σ^2：

$$s^2 = \frac{\sum_{i=1}^{n} (x_i - \bar{x})^2}{n-1} \tag{3.28}$$

式中，$n-1$ 称为自由度。对式 (3.28) 的通俗理解是：在计算均值时用到了 n 个测定值 (已假定各 x_i 相互独立)，因此在计算 s^2 时由于 $\bar{x}$ 的引入导致只有 $n-1$ 个测量值是独立的 (或自由的)。

采用 s^2 代替总体方差 σ^2，是因为前者是后者的无偏估计量。习惯上仍称 s^2 为样本方差，其算术平方根 s 为标准偏差。以均值为统计量的不确定度为 $s/\sqrt{n}$。在实际的应用过程中，还经常会用到一个称为相对标准偏差的量，用于描述数据的离散程度相对于均值的程度，其定义如下：

$$s_{\mathrm{r}} = \frac{s}{\bar{x}} \times 100\% \tag{3.29}$$

采用相对标准偏差来反映数据的分散程度，其效果类似于相对误差，能够更好地揭示出测量的精度水平。限于篇幅，在此不做进一步讨论，请参阅习题 3.8。

3.2.5　三大抽样分布简介

正态分布及其推论在很多情况下都是成立的，这使得它在建立之后很快成为科学家处理测量数据的基本工具。但是，实际的测量实践中也发现正态分布并不总是成立的，因而统计学家针对不同的应用领域建立了不同的分布。在统计学中有三个重要的抽样分布对于处理测量数据非常有帮助，它们是 χ^2 分布、t 分布和 F 分布。以下分别对三个分布做简要的介绍。

历史上最早发现 χ^2 分布的是物理学家麦克斯韦 (James Clerk Maxwell)，他在研究分子运动速度时发现速度的模的平方服从正态分布的平方和。当时还未出现 χ^2 分布这个术语。皮尔逊 (Karl Pearson) 在研究生物学数据时发现，大量的数据并不符合正态分布，他对此进行了深入的研究，于 1900 年发现 χ^2 分布，并且建立了以 χ^2 拟合优度检验分布的方法。利用 χ^2 分布可以检验实际的数据分布情况与理论的分布情况是否相同。

设随机变量 $X_1, X_2, \cdots, X_n$ 相互独立，且具有同样的分布 $N(0,1)$，则 $Q = X_1^2 + X_2^2 + \cdots + X_n^2$ 的分布是自由度为 n 的 χ^2 分布，记为 $Q \sim \chi^2(n)$，其密度函数为

$$f(Q) = \frac{(1/2)^{\frac{n}{2}}}{\Gamma(n/2)} Q^{\frac{n}{2}-1} \mathrm{e}^{-\frac{Q}{2}}, \quad Q > 0 \tag{3.30}$$

式中，Γ 为伽马函数。图 3.8 所示为 χ^2 的分布图形，从中可以看到它是一个偏态分布。随着 n 的增加，其形态逐渐变成正态分布。

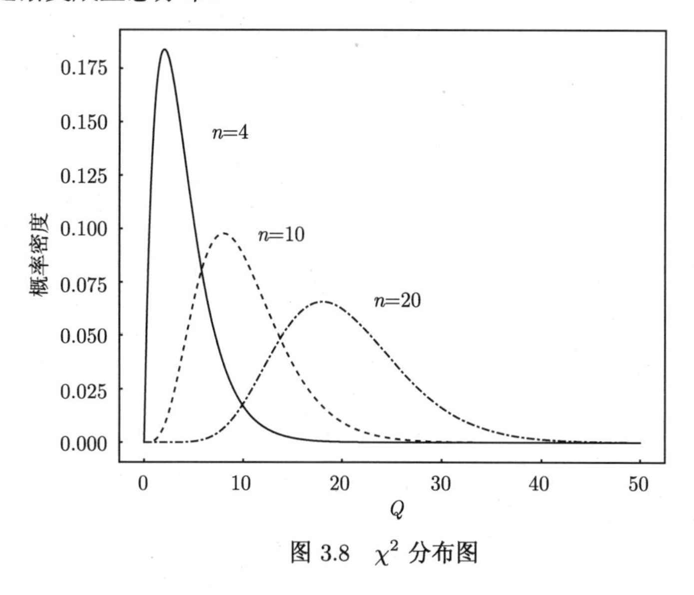

图 3.8　χ^2 分布图

从这个分布可以得到一些重要结论。例如，如果从正态总体 $N(\mu, \sigma^2)$ 得到一个抽样 $x_1, x_2, \cdots, x_n$，则样本方差与总体方差构造的如下统计量满足 χ^2 分布：

$$\frac{(n-1)s^2}{\sigma^2} \sim \chi^2(n-1) \tag{3.31}$$

与皮尔逊研究大数据不同，在啤酒厂工作的戈塞 (William Sealy Gosset) 的日常工作只与小样本数据打交道，得到的测量数据通常不会多于 5 个。他发现小数据也不能很好地符合正态分布，因而产生了研究小样本分布的想法。后来他师从皮尔逊学习统计学，最终提出了著名的 t 分布，开创了小样本分析的先河。

设随机变量 X_1 与 X_2 独立且 $X_1 \sim N(0,1)$ 和 $X_2 \sim \chi^2(n)$，则称 $t = \dfrac{X_1}{\sqrt{X_2/n}}$ 的分布为自由度为 n 的 t 分布，记为 $t \sim t(n)$，其密度函数为

$$f(t) = \frac{\Gamma\left(\dfrac{n+1}{2}\right)}{\sqrt{n\pi}\,\Gamma\left(\dfrac{n}{2}\right)} \left(1 + \frac{t^2}{n}\right)^{-\frac{n+1}{2}}, \quad -\infty < t < +\infty \tag{3.32}$$

式中，n 为自由度。当 $n \geqslant 30$ 时，t 分布可以用 $N(0,1)$ 分布近似。

图3.9中的实线是 t 分布的概率密度图形。将标准正态分布的图形也画在该图中作为对照，从中可以看到两种分布确实存在一些比较显著的差异。例如，t 分布的中心收得比较窄，而两侧明显有抬高。

从 t 分布可以得到两个重要的推论，现做一个简要的介绍。对于来自 $N(\mu,\sigma^2)$ 的一个样本 $x_1,x_2,\cdots,x_n$，如果其样本均值和样本方差分别为 $\bar{x}$ 和 s_x^2，则

$$t=\frac{\bar{x}-\mu}{s_x/\sqrt{n}}\sim t(n-1) \tag{3.33}$$

这个推论常被用于检验均值与真值的差别是否显著。如果在前述总体分布下得到另外一个样本为 $y_1,y_2,\cdots,y_m$，其样本均值和样本方差分别为 $\bar{y}$ 和 s_y^2，记为

$$s_w^2=\frac{(n-1)s_x^2+(m-1)s_y^2}{m+n-2} \tag{3.34}$$

则有

$$\frac{(\bar{x}-\bar{y})}{s_w\sqrt{\dfrac{1}{n}+\dfrac{1}{m}}}\sim t(m+n-2) \tag{3.35}$$

这个推论常被用于比较两组测量结果的均值之间是否存在显著性的差别。

费希尔 (Ronald Aylmer Fisher) 在研究戈塞的推导过程时发现其中存在漏洞，并给出正确的推导过程。并且，在戈塞的论文中最初是以字符 z 表示统计量，而费希尔将其改为字符 t，这也是 t 分布这个名称的由来。

费希尔更大的贡献是提出了以其姓氏首字母 F 命名的 F 分布。他认为如果两个随机变量 X_1 与 X_2 相互独立且满足不同自由度的 χ^2 分布，即 $X_1\sim\chi^2(m)$，$X_2\sim\chi^2(n)$，则统计量 $F=\dfrac{X_1/m}{X_2/n}$ 的分布密度函数为

$$f(F)=\frac{\Gamma\left(\dfrac{m+n}{2}\right)\left(\dfrac{m}{n}\right)^{\frac{m}{2}}}{\Gamma\left(\dfrac{m}{2}\right)\Gamma\left(\dfrac{n}{2}\right)}F^{\frac{m}{2}-1}\left(1+\frac{m}{n}F\right)^{-\frac{m+n}{2}} \tag{3.36}$$

上述分布称为自由度为 m 与 n 的 F 分布，记为 $F\sim F(m,n)$，其中 m 称为分子自由度，n 称为分母自由度。图3.10所示为 F 分布的概率密度图，从中可以看到它也是属于偏态分布，但是随着自由度的增加，它也逐渐转变为正态分布形态。

F 分布可以用于比较两个样本的方差之间是否存在显著的差异。例如，如果 $x_1,x_2,\cdots,x_m$ 是来自 $N(\mu_1,\sigma_1^2)$ 的样本，而 $y_1,y_2,\cdots,y_n$ 是来自 $N(\mu_2,\sigma_2^2)$ 的样本，且两个样本是相互独立的，则有如下结论：

$$\frac{s_x^2/\sigma_1^2}{s_y^2/\sigma_2^2}\sim F(m-1,n-1) \tag{3.37}$$

特别地，当 $\sigma_1^2=\sigma_2^2$ 时，有

$$\frac{s_x^2}{s_y^2}\sim F(m-1,n-1) \tag{3.38}$$

这个关系式可以用于比较源自同一总体的两组测量值的方差的差异性，这也是常用的对测量值进行 F 检验的理论基础。费希尔的这一工作可视为方差分析的雏形，虽然他当时并未明确提出“方差分析”这个术语。

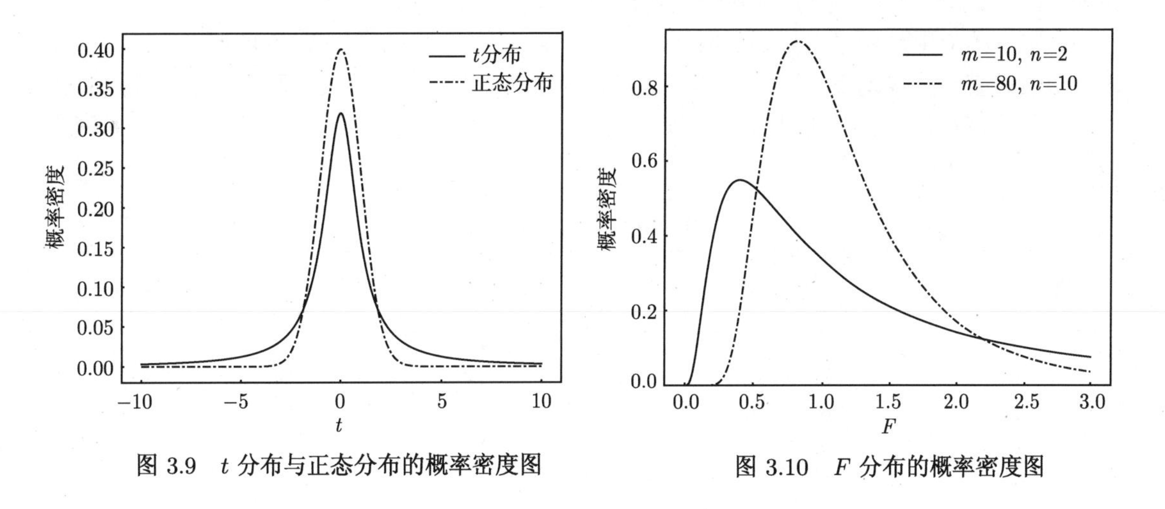

图 3.9　t 分布与正态分布的概率密度图　　图 3.10　F 分布的概率密度图

3.3　测量数据的处理方法

从前面的内容中已经知道，由于测量误差的存在，因此不能只测量一次而必须测量多次。多次测量得到一组测量值，可视为总体测量值的一个样本。从这个样本中计算得到的样本均值和样本方差可以用来衡量总体真值及其可能的范围。但是，前提条件是这组测量值应满足正态分布。所以，正确的做法是要先对这组测量值的正态性进行检验。限于篇幅，在此不做展开讨论。

导致测量值偏离正态分布的因素很多，如分析人员的操作不当、实验条件或仪器偏离预设参数等。即便对于一个精心准备好的实验，上述因素仍然可能导致一组测量结果中的某个(或若干个) 测量值与大多数测量值相比显得较大或较小，这些测量值称为离群值。实践表明，如果剔除这些离群值，则剩余的数据通常是满足正态性的。由于剔除离群值的方法相对简单，通常采用这种方法将一组测量值调整到满足正态性。

3.3.1　剔除离群值

剔除离群值的方法有很多种，如拉依达法、Q 检验法 (狄克松检验法)、肖维特法、格鲁布斯检验法、t 检验法、极差法等，国际标准化组织 (ISO) 推荐的方法是格鲁布斯检验法，该法也被国标推荐使用。格鲁布斯检验法采用的统计量为

$$G=\frac{|x_{\mathrm{dub.}}-\bar{x}|}{s} \tag{3.39}$$

式中，$x_{\mathrm{dub.}}$ 为可疑值；$\bar{x}$ 和 s 分别为数据集 (包含了可疑值) 的均值和标准偏差。

设定一个置信度 (或置信水平)，由此可以得到一个 G 统计量的临界值 $G_{\mathrm{crit.}}$，如果 $G>G_{\mathrm{crit.}}$，则认定 $x_{\mathrm{dub.}}$ 是离群值，应该剔除。$G_{\mathrm{crit.}}$ 的计算公式如下：

$$G_{\text{crit.}}=\frac{n-1}{\sqrt{n}}\sqrt{\frac{t^2_{(\alpha/2n,n-2)}}{n-2+t^2_{(\alpha/2n,n-2)}}} \tag{3.40}$$

式中，n 为样本容量；α 为与置信度相关的参数，置信度$P=1-\alpha$。

在实际的应用过程中可以通过查表的方式得到 G 的临界值，如表3.6所示。由于格鲁布斯检验法是基于样本均值和样本标准差，因此其准确度更高。离群值的剔除过程涉及反复计算均值和样本标准差，手工计算较为烦琐，附录 B 中提供了一个计算和剔除离群值的程序 del_outliers_grubbs.m。

表 3.6　$G_{P,n}$ 临界值

测定次数 n	置信度 P		测定次数 n	置信度 P	
	95%	99%		95%	99%
3	1.15	1.15	12	2.29	2.55
4	1.46	1.49	13	2.33	2.61
5	1.67	1.75	14	2.37	2.66
6	1.82	1.94	15	2.41	2.71
7	1.94	2.10	16	2.44	2.75
8	2.03	2.22	17	2.47	2.79
9	2.11	2.32	18	2.50	2.82
10	2.18	2.41	19	2.53	2.85
11	2.23	2.48	20	2.56	2.88

例 3.2　对某 NaOH 溶液的浓度进行了 6 次平行测定，结果为 0.1049 mol/L、0.1050 mol/L、0.1042 mol/L、0.1086 mol/L、0.1063 mol/L 和 0.1064 mol/L。判定该数据集中是否存在可疑值。设定置信度 $P=95\%$。

解　计算得：$\bar{x}=0.1059\ \text{mol/L},\quad s=0.0016\ \text{mol/L}$。

如果存在可疑值，则 0.1042 mol/L 和 0.1086 mol/L 的可能性最大，二者对应的 G 值为

$$G_{0.1042\ \text{mol/L}}=\frac{0.1059\ \text{mol/L}-0.1042\ \text{mol/L}}{0.0016\ \text{mol/L}}=1.06$$

$$G_{0.1086\ \text{mol/L}}=\frac{0.1086\ \text{mol/L}-0.1059\ \text{mol/L}}{0.0016\ \text{mol/L}}=1.69$$

查表 3.6 可得，$G_{0.95,6}=1.82$，所以该数据集中不存在离群值。

3.3.2　表达测量结果

在剔除离群值后，一组测量数据可视为已经满足正态分布，通过该组数据计算得到样本均值可视为对真值的无偏估计，而样本方差可视为对总体方差的无偏估计。因此，一种简单的做法是直接用这两个统计量去表征测量量的真值及测量本身的精度：

$$\bar{x}(s,n) \tag{3.41}$$

式中，$\bar{x}$、s 和 n 分别为均值、标准偏差和样本容量。

上述表达测量结果的方法由于简便易行而在当前仍被广泛使用，但是它提供的信息毕竟不完善。实际的测量过程中总是存在不确定性的，上述表达方式中没有把这个信息充分地表达出来。统计学中的区间估计的理论可较好地解决这个问题。区间估计，简言之就是以一定的信任度给定统计量的一个可能范围。这里的信任度用置信水平或置信度表达。如果从一组测量值中计算得到的样本均值为 $\bar{x}$，样本标准偏差为 s，真值的置信区间为

$$\bar{x}-t_{\alpha,\nu}\times\frac{s}{\sqrt{n}}\leqslant\mu\leqslant\bar{x}+t_{\alpha,\nu}\times\frac{s}{\sqrt{n}} \tag{3.42}$$

式中，n 为样本容量；α 为置信水平，它与置信度的关系为 $\alpha=1-P$；自由度 $\nu=n-1$。

当前推荐的做法是采用均值、不确定度或扩展不确定度的方式表达测量结果。扩展不确定度用符号 U 表示，其定义如下：

$$U=ku \tag{3.43}$$

式中，u 为标准不确定度，且 $u=s/\sqrt{n}$；k 为置信因子，可查表 3.7 得到。

表 3.7　正态分布情况下概率 P 与置信因子 k

P	0.50	0.68	0.90	0.95	0.9545	0.99	0.9973
k	0.675	1	1.645	1.960	2	2.576	3

测量结果表示如下：

$$\bar{x}\pm U \tag{3.44}$$

注意：当用扩展不确定度代替标准不确定度来表达测量结果时，需要同时对 U、u、ν、P 和 k 做出说明。

例 3.3　对某铜合金中的铜含量进行 10 次重复测量，得到铜含量值 (%) 为：69.95、71.12、65.41、70.26、69.63、69.91、68.66、69.26、68.76 和 69.21。请正确表达测量结果。

解　首先检验数据集中是否存在离群值，它们可能是最小值 65.41%，或者是最大值 71.12%。计算得该数据集的均值为 $\bar{x}=69.22\%$，标准偏差 $s=1.52\%$。G 统计量为

$$G_{65.41\%}=\frac{69.22\%-65.41\%}{1.52\%}=2.50$$

$$G_{71.12\%}=\frac{71.12\%-69.22\%}{1.52\%}=1.25$$

由于 $G_{65.41\%}>G_{0.95,10}=2.18$，因此最小值为离群值，将其剔除。剔除之后对数据集进行检验，此时已经不存在离群值。基于剩余数据计算得到 $\bar{x}=69.64\%$，　$s=0.78\%$。铜合金中铜含量的置信区间为

$$(69.64\pm0.51)\%$$

标准不确定度 $u=0.26\%$。在置信度 95% 下取置信因子为 $k=1.96$，扩展不确定度 $U=0.51\%$，自由度 $\nu=8$。

3.4 测量误差的传递规律

在化学定量分析中，除了某些被测量，如质量、体积等，可以直接测量外，还有许多量无法直接测量，如物质的量浓度，它通常是通过质量、体积等的测得值经过计算得到的。由于每一个测得值本身都包含误差，这些误差必然会通过某种方式“传递”到最终的计算结果中去。本节对此做一些介绍。

3.4.1 一般原理

假设一个定量分析涉及 m 个被测量 X_1，X_2，$\cdots$，X_m，最终需要得到的量为 Y，它与被测量之间有如下的关系：

$$Y = g(X_1, X_2, \cdots, X_m) \tag{3.45}$$

如果被测量的真值为 μ_1，μ_2，$\cdots$，μ_m，则在真值附近做泰勒展开并保留一阶项，得

$$Y = g(\mu_1, \mu_2, \cdots, \mu_m) + \sum_{i=1}^{m} \left(\frac{\partial g}{\partial X_i}\right)\bigg|_{\mu_1, \mu_2, \cdots, \mu_m} (X_i - \mu_i) \tag{3.46}$$

为便于表达，设

$$a_0 = g(\mu_1, \mu_2, \cdots, \mu_m), \quad a_i = \left(\frac{\partial g}{\partial X_i}\right)\bigg|_{\mu_1, \mu_2, \cdots, \mu_m} \tag{3.47}$$

求 Y 的期望值：

$$\begin{aligned}
\mu_Y &= E[Y] \\
&= E\left[a_0 + \sum_{i=1}^{m} a_i (X_i - \mu_i)\right] \\
&= a_0 + \sum_{i=1}^{m} a_i E[X_i] - \sum_{i=1}^{m} a_i \mu_i \\
&= a_0
\end{aligned} \tag{3.48}$$

求 $(Y - \mu_Y)^2$ 的期望值：

$$\begin{aligned}
\sigma_Y^2 &= E\left[(Y - \mu_Y)^2\right] \\
&= E\left[\left(\sum_{i=1}^{m} a_i (X_i - \mu_i)\right)^2\right] \\
&= E\left[\left(\sum_{i=1}^{m} a_i (X_i - \mu_i)\right)\left(\sum_{j=1}^{m} a_j (X_j - \mu_j)\right)\right] \\
&= E\left[\sum_{i=j} a_i^2 (X_i - \mu_i)^2 + \sum_{i=1}^{m} \sum_{j=1, j\neq i}^{m} a_i a_j (X_i - \mu_i)(X_j - \mu_j)\right]
\end{aligned}$$

$$=\sum_{i=1}^{m}a_i^2E[(X_i-\mu_i)^2]+\sum_{i=1}^{m}\sum_{j=1,j\neq i}^{m}a_ia_jE[(X_i-\mu_i)(X_j-\mu_j)]$$

$$=\sum_{i=1}^{m}a_i^2\sigma_i^2+\sum_{i=1}^{m}\sum_{j=1,j\neq i}^{m}a_ia_j\sigma_{ij} \tag{3.49}$$

当 $X_i(i=1,2,\cdots,m)$ 互不相关时，则 $\sigma_{ij}=0$，所以有

$$\sigma_Y^2=\sum_{i=1}^{m}a_i^2\sigma_i^2 \tag{3.50}$$

如果每一个被测量 X_i 的标准不确定度为 u_i，则被测量 Y 的不确定度为

$$u_Y^2=\sum_{i=1}^{m}a_i^2u_i^2 \tag{3.51}$$

由于 Y 的不确定度是由各被测量的不确定合并而成，因此也将其称为合并不确定度。如果各分量的自由度为 ν_i，则合并不确定度的自由度为

$$\nu=\frac{u_Y^4}{\sum_{i=1}^{m}\frac{u_i^4}{\nu_i}} \tag{3.52}$$

求得合并不确定度之后，可通过 t 分布求得置信因子。鉴于计算合并不确定度较为烦琐，一般可直接取 $k=2\sim3$。这里要说明的是，由于不确定度所涉及的内容较多，本书不展开讨论，有兴趣的读者可参阅相关的标准文档和专著。在后续的各节中，将主要讨论加减法和乘除法的运算过程中的误差传递问题，这些知识对于将来应用到不确定度的估计上也是大有裨益的。

3.4.2　加减法

设 Y 是三个测量值 A、B 和 C 相加减的结果，计算式如下：

$$Y=g(A,B,C)=A+mB-C \tag{3.53}$$

由于

$$\frac{\partial g}{\partial A}=1,\quad \frac{\partial g}{\partial B}=m,\quad \frac{\partial g}{\partial C}=-1 \tag{3.54}$$

因此

$$\sigma_R^2=\sigma_A^2+m^2\sigma_B^2+\sigma_C^2 \tag{3.55}$$

例 3.4　用于滴定分析的滴定管都标注有精度公差，它是由其制造商提供的有关该滴定管可能的最大测量误差。如果该滴定管标注的公差为 s，完成一次滴定的标准偏差是多少？

解　完成一次滴定需要两次读取滴定管上的读数，其差值为最终消耗的体积数。设两次读数分别为 V_1 和 V_2，则消耗体积数 V 为

$$V=g(V_1,V_2)=V_2-V_1$$

由于

$$\frac{\partial g}{\partial V_1} = -1, \qquad \frac{\partial g}{\partial V_2} = 1$$

因此

$$s_V = \sqrt{s^2 + s^2} = \sqrt{2}s$$

3.4.3 乘除法

设 Y 是 A、B、C 三个测量值相乘除的结果，计算式如下：

$$Y = g(A, B, C) = \frac{AB}{C} \tag{3.56}$$

偏微分可得

$$\frac{\partial g}{\partial A} = \frac{B}{C}, \quad \frac{\partial g}{\partial B} = \frac{A}{C}, \quad \frac{\partial g}{\partial C} = -\frac{AB}{C^2} \tag{3.57}$$

因此

$$\begin{aligned}\sigma_Y^2 &= \left(\frac{\partial g}{\partial A}\right)^2 \sigma_A^2 + \left(\frac{\partial g}{\partial B}\right)^2 \sigma_B^2 + \left(\frac{\partial g}{\partial C}\right)^2 \sigma_C^2 \\ &= \left(\frac{B}{C}\right)^2 \sigma_A^2 + \left(\frac{A}{C}\right)^2 \sigma_B^2 + \left(-\frac{AB}{C^2}\right)^2 \sigma_C^2\end{aligned} \tag{3.58}$$

整理得

$$\frac{\sigma_Y^2}{Y^2} = \frac{\sigma_A^2}{A^2} + \frac{\sigma_B^2}{B^2} + \frac{\sigma_C^2}{C^2} \tag{3.59}$$

例 3.5　用移液管移取 NaOH 溶液 25.00 mL，用 0.1000 mol/L 的 HCl 标准溶液滴定，用去 30.00 mL。已知用移液管量取溶液时的标准偏差 $s_1 = 0.02$ mL，每次读取滴定管读数时的标准偏差 $s_2 = 0.01$ mL。假设 HCl 溶液的浓度是准确的，计算标定 NaOH 溶液时的标准偏差。

解　NaOH 溶液的浓度为

$$c(\text{NaOH}) = \frac{c(\text{HCl})V(\text{HCl})}{V(\text{NaOH})} = \frac{0.1000\ \text{mol/L} \times 30.00\ \text{mL}}{25.00\ \text{mL}} = 0.1200\ \text{mol/L}$$

移液管的操作是一次读数，其读数的标准偏差即为 s_1。滴定管的操作是两次读数，则滴定管的读数的标准偏差为 $\sqrt{2}s_2$。

标定 NaOH 溶液时的标准偏差按如下方式计算：

$$\frac{s^2(\text{NaOH})}{c^2(\text{NaOH})} = \frac{s_1^2}{V^2(\text{NaOH})} + \frac{2s_2^2}{V^2(\text{HCl})}$$

因此

$$s(\text{NaOH}) = 0.1200\ \text{mol/L} \times \sqrt{\left(\frac{0.02\ \text{mL}}{25.00\ \text{mL}}\right)^2 + 2\left(\frac{0.01\ \text{mL}}{30.00\ \text{mL}}\right)^2} = 0.0001\ \text{mol/L}$$

3.4.4　其他运算方法

其他运算方法的误差传递规律也可以根据上述方式得到，这里直接将几种常用的公式示于表 3.8 中。

表 3.8　几种误差传递公式

计算方式	s_Y^2
$Y=\ln A$	$\dfrac{1}{A^2}s_A^2$
$Y=\mathrm{e}^A$	$Y^2 s_A^2$
$Y=A^k$	$k^2\dfrac{Y^2}{A^2}s_A^2$

3.5　有效数字及其运算规律

有效数字是实际上能够测量到的数字，它包含全部准确测量的数字以及最后一位估计的数字。有效数字反映了测量过程的准确程度，只有正确掌握有效数字的记录方式与运算方式才能确保最终分析结果的可靠性。

有效数字来源于所使用的测量工具。例如，万分之一的天平可以读到小数点后面的第四位，即 0.1 mg。在称量的过程中，最后一位的读数常会有变动，这意味着最后一位的读数具有不确定性。尽管如此，最后一位数字毕竟是物质的质量的反映，它应该被记录下来。最后一位数字的变动性，通常反映了称量过程中的随机误差，在对测量过程中的误差进行估计时具有重要的意义。

例如，称量某物质时天平的读数为 0.2152 g，其真实的含义是指物质的实际质量应为 0.2152 g ± 0.0001 g，此时可能引入的最大相对误差为

$$\frac{\pm 0.0002}{0.2152}\times 100\%=\pm 0.09\% \tag{3.60}$$

如果将天平的读数只记录为 0.215 g，则意味着该物质的实际质量为 0.215 ± 0.001 g，此时可能引入的最大相对误差为

$$\frac{\pm 0.002}{0.215}\times 100\%=\pm 0.9\% \tag{3.61}$$

显然，有效数字的位数越多，结果的准确度越高。但是，如果有效数字的位数超出了测量的准确度范围，则过多的位数不但没有意义，而且在概念上也是错误的。

3.5.1　有效数字位数

有效数字的位数首先取决于仪器的准确度，数字中的最后一位为估计值。例如，称量物体时，天平读数为 0.2152 g，则表示有四位有效数字。又如，滴定管读数为 15.36 mL 时，表示有四位有效数字。下面是一些有效数字的示例：

1.0008, 43081　　五位有效数字；

0.1000, 10.98%　　四位有效数字；

0.0382, 1.08×10^{-10}　　三位有效数字；

0.0054, 0.40　　两位有效数字；

0.5, 0.02%　　一位有效数字。

从上面的有效数字中可以看到,“0”所在的位置不同，它所起的作用也不同。当它排在末尾或非零数字之间时,“0”是实际的有效数字；而当它排在所有的非零数字之前时,“0”只起定位的作用。有些数字在变更单位时,“0”的数目会改变，此时应确保有效数字位数不变。例如，以克作单位时，0.0100 g 有三位有效数字，如果改为以毫克为单位，则应该写成 10.0 mg；而如果改为以微克为单位，则应该写成 1.00×10^4 μg，切不可写为 10000 μg，因为这种表示方式的有效数字位数很含糊。实际上，如果直接给出 10000 μg 的结果，则其有效数字位数被认定为 1 位! 所以，涉及这类以“0”结尾的数字时，应正确地标注出小数点的位置。

在化学定量分析中经常涉及 pH、pM、$\lg K$ 等对数值，其有效数字的位数取决于尾数部分的位数，因为其整数部分对应于该数的方次。例如，pH = 11.20 是两位有效数字，换算成 H^+ 浓度时，应为 $[H^+] = 6.3 \times 10^{-12}$ mol/L。

对于非测量所得的数字，如倍数、分数关系、π、e 等，不具体限定其有效数字的位数，而是根据具体情况来决定其取值位数。

分析化学中一般按下述规则来记录有效数字：

(1) 记录测定结果时，只保留一位可疑数字，如分析天平的称量值 $0.328\underline{1}$ g；滴定管体积 $28.3\underline{9}$ mL；pH $2.8\underline{7}$。

(2) 含量大于 10% 的组分的测定，一般要求四位有效数字；含量在 1% ~ 10% 的组分的测定，一般要求三位有效数字；含量小于 1% 的组分的测定，通常只要求两位有效数字。

(3) 计算结果的误差通常取 1 ~ 2 位有效数字，如相对误差 0.02%、标准差 0.23 等。

3.5.2　有效数字的修约规则

在数据的处理过程中，常常会有不同有效数字位数的数字相加减或乘除运算的情况，由于不同的有效数字位数反映的测量准确度不同，为了使最终的结果的准确度有意义，就必须对有效数字进行修约。修约是指在完整的计算结果的基础上确定正确的有效数字位数。其做法是：① 写出完整的计算结果；② 根据正确的有效数字位数找到最后一位有效数字；③ 观察这个有效数字之后的数字 (称为尾数)，根据修约规则决定进位或舍去。

有效数字的修约规则的总原则是四舍六入五成双：

(1) 当尾数 $\leqslant 4$ 时，舍弃该尾数及其后的所有数字 (舍去操作)。

(2) 当尾数 $\geqslant 6$ 时，最后一位有效数字加 1(进位操作)，同时舍去尾数及其之后的所有数字。

(3) 当尾数 = 5 时，按如下情况：① 数字 5 之后仅为 0 值且其之前为奇数时，做进位操作；② 数字 5 之后仅为 0 值且其之前为偶数时，做舍弃操作；③ 当 5 之后还有不为零的任何数字时，做进位操作。

下面的例子是将左边的数字修约为四位有效数字：

$0.32554 \longrightarrow 0.3255$

$0.42605 \longrightarrow 0.4260$

$15.4565 \longrightarrow 15.46$

$150.650 \longrightarrow 150.6$

$16.0851 \longrightarrow 16.09$

3.5.3　有效数字的运算规则

在化学定量分析的计算过程中包含不同的测量量，每个测量量的误差水平通常会不同，最终计算结果的误差水平应该是所有误差的传递结果。对于式 (3.46)，如果令 $\Delta Y = Y - g(\mu_1, \mu_2, \cdots, \mu_m)$，且 $\Delta X_i = X_i - \mu_i$，则该式可以重写如下：

$$\Delta Y = \sum_{i=1}^{m} \left(\frac{\partial g}{\partial X_i} \right) \Bigg|_{\mu_1, \mu_2, \cdots, \mu_m} \Delta X_i \tag{3.62}$$

当某个量 R 是 A、B 和 C 三个测量值按如下方式相加减时：

$$R = A + mB - C \tag{3.63}$$

计算 R 的绝对误差为

$$\Delta R = \Delta A + m\Delta B - \Delta C \tag{3.64}$$

从式 (3.64) 中可以看到，最终的误差大小将由其中绝对误差最大的那一项决定。所以，加减运算中最终计算结果的有效数字位数，由绝对误差最大的数字的最后一位决定。

例 3.6　求：$135.621 + 0.33 + 21.2163 =?$

解　如果直接计算，结果为

$$R = 135.621 + 0.33 + 21.2163 = 157.1673$$

由于其中的 0.33 的绝对误差最大，为 ± 0.01，即小数点后第二位已经为可疑值，所以计算结果中应该修约到小数点后第二位，即

$$R = 135.621 + 0.33 + 21.2163 = 135.62 + 0.33 + 21.22 = 157.17$$

当 R 是 A、B 和 C 三个测量值按下式相乘除时：

$$R = g(A, B, C) = \frac{AB}{C} \tag{3.65}$$

由于有

$$\frac{\partial g}{\partial A} = \frac{B}{C}, \quad \frac{\partial g}{\partial B} = \frac{A}{C}, \quad \frac{\partial g}{\partial C} = -\frac{AB}{C^2} \tag{3.66}$$

所以

$$\Delta R = \frac{B}{C}\Delta A + \frac{A}{C}\Delta B - \frac{AB}{C^2}\Delta C \tag{3.67}$$

整理得

$$\frac{\Delta R}{R} = \frac{\Delta A}{A} + \frac{\Delta B}{B} - \frac{\Delta C}{C} \tag{3.68}$$

式 (3.68) 表明，最终计算结果相对误差的大小由各测量值中相对误差最大的那一项决定。所以，在乘除运算中，最终计算结果的有效数字位数由相对误差最大的有效数字的位数决定。

例 3.7 求：$0.0121 \times 25.64 \times 1.05782 = ?$

解 各数字的相对误差如下：

数字	相对误差
0.0121	$\dfrac{\pm 0.0001}{0.0121} \times 100\% = \pm 0.8\%$
25.64	$\dfrac{\pm 0.01}{25.64} \times 100\% = \pm 0.04\%$
1.05782	$\dfrac{\pm 0.00001}{1.05782} \times \% = \pm 0.00009\%$

其中，相对误差最大的数字是 0.0121，它是三位有效数字。因此，计算结果应该保留三位有效数字，即

$$R = 0.0121 \times 25.64 \times 1.05782 = 0.0121 \times 25.6 \times 1.06 = 0.328$$

在乘除法的运算过程中，经常会遇到第一个数字是 8 或 9 的数，如 9.00、8.92 等，它们虽然只有三位有效数字，但是由于它们与 10.00 相当接近，因此通常也将这类数字当作四位有效数字来处理。

3.5.4 有效数字运算中的一个约定*

历史的原因使化学中许多测量量的准确度和精密度受到当时仪器设备的限制，许多数据的有效数字位数较少。如果在计算过程中将这些数字的有效数字位数纳入有效数字计算规则的对象范围，则很容易导致最终计算结果的有效数字位数太少，不能反映现状。这种情况在后续章节中会明显地表现出来。为了避免出现这种情况，本书做出如下约定：

(1) 一些化学参数，如稳定常数等，其有效数字位数不列入有效数字规则范围，原则上认定其为常数。

(2) 计算过程中一些非主要量的有效数字位数，如 pH 等，其有效数字位数不列入有效数字规则范围，原则上将其视为常数。除非有特殊的要求。

(3) 计算过程中涉及的质量、体积等可测量，均根据具体测量值给出不少于四位的有效数字。后续的计算过程中有效数字主要以这些可测量的有效数字为准。

3.6 定量分析结果的评价

定量分析结果的评价包含很丰富的内容，通常需要根据具体的目的制定合适的评价方法。从统计学角度看，定量分析结果的评价属于假设检验的范畴，其涉及的内容在深度和广度上均超出了本课程的范围，在此不做展开讨论。对于定量分析而言，很多情况下更为关注的是样本均值与真值的关系，以及两个样本均值之间的关系，本节中仅讨论这两种情况。

* 本书在这里加入一小节，提出一个约定，且该约定仅限于本书范围。

3.6.1　评价均值与真值

在介绍 t 分布时引入了如下计算式：

$$t=\frac{|\bar{x}-\mu|}{s_x/\sqrt{n}}\sim t(n-1) \tag{3.69}$$

式中，$\bar{x}$ 为样本均值；s 为样本标准偏差；n 为样本容量；μ 为总体均值 (或真值)。

前已述及，如果测量值仅受到随机误差的影响，则 $\bar{x}$ 是对 μ 的无偏估计，式 (3.69) 构建的统计量 t 应满足 t 分布。按照式 (3.69) 对样本均值偏离真值的程度进行检验的做法称为 t 检验法。

图 3.11 为 t 检验法的示意图，阴影区域包含了 5% 的概率区域，而中央区域包含了 95% 的概率区域，因此计算出来的 t 值在 0 值附近应该属于大概率事件。据此，可以划定关于 t 值的 95% 的概率区域，而这个概率区域的边界则构成了 t 值的临界点。当 t 值在这个临界点以内时，则认为 t 值与 0 值没有显著性差异；一旦 t 值超过这个临界点，则认为 t 值与 0 存在显著性差异。因而，评价测量均值 $\bar{x}$ 与真值 μ 之间是否存在显著性差别就转换为评价计算得到的 t 值是否大于临界点的 t 值。

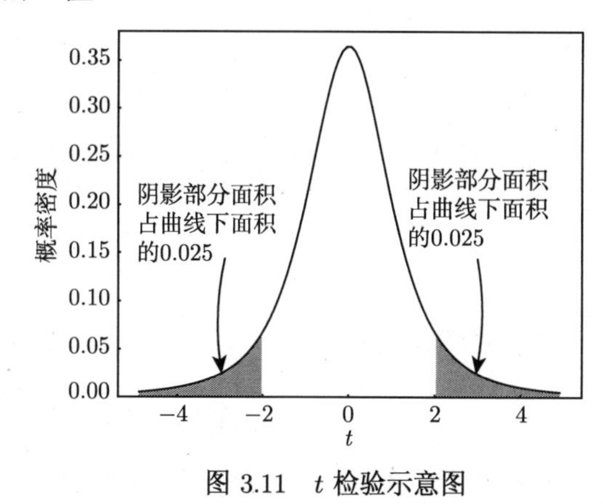

图 3.11　t 检验示意图

临界点的 t 值通常表达为 $t_{\alpha,\nu}$，这里 α 是显著性水平，通常设 $\alpha=0.05$，对应于 95% 的置信度；$n-1$ 是自由度，它等于样本容量减去 1。如果 $t>t_{\alpha,\nu}$，说明均值与真值之间在统计上存在显著性差异；如果 $t<t_{\alpha,\nu}$，则均值与真值之间无显著性差异。

例 3.8　采用某种新方法测量基准明矾中铝的质量分数，得到下列 9 个分析结果：10.74%, 10.77%, 10.77%, 10.77%, 10.81%, 10.82%, 10.73%, 10.86%, 10.81%。已知明矾中铝含量的标准值为 10.77%。采用该新方法后，是否引入系统误差？显著性水平设为 0.05。

解　计算得 $\bar{x}=10.79\%$，$s=0.042\%$，$n-1=9-1=8$。

$$\begin{aligned}t&=\frac{|\bar{x}-\mu|}{s}\times\sqrt{n}\\&=\frac{10.79\%-10.77\%}{0.042\%}\times\sqrt{9}\\&=1.4\end{aligned}$$

查表得 $P = 0.95$、$n - 1 = 8$ 时，$t_{0.05,8} = 2.31$。由于 $t < t_{0.05,8}$，所以 $\bar{x}$ 与 μ 之间不存在显著性差异。即采用新方法后，没有引入系统误差。

例 3.9　对一根标识为 10 mL 的 A 级移液管进行了 10 次测量，得到如下结果 (mL): 10.002, 9.993, 9.984, 9.996, 9.989, 9.983, 9.991, 9.990, 9.988, 9.999。该移液管是否需要校正?

解　计算得到 $\bar{x} = 9.992$ mL 和 $s = 0.006$ mL。

格鲁布斯统计量为

$$G_{9.983\ \mathrm{mL}} = \frac{9.992\ \mathrm{mL} - 9.983\ \mathrm{mL}}{0.006\ \mathrm{mL}} = 1.4$$

$$G_{10.002\ \mathrm{mL}} = \frac{10.002\ \mathrm{mL} - 9.992\ \mathrm{mL}}{0.006\ \mathrm{mL}} = 1.7$$

两者均小于临界值，因此不存在离群值。为了评价均值与标准值 (通常假定为真值) 之间是否存在显著性差异，计算 t 统计量如下：

$$t = \frac{|9.992\ \mathrm{mL} - 10.00\ \mathrm{mL}|}{0.006\ \mathrm{mL}/\sqrt{10}} = 4.4 > t_{0.05,9} = 1.83$$

这个结果表明，均值与标准值之间存在显著性差异，该移液管需要校正。

3.6.2　评价两组均值

评价两组均值可以有非常丰富的内涵。例如，当建立一种新的定量分析方法时，通常要将新方法的测量结果与已有的方法的测量结果进行比较，以此确定新方法能否取代已有方法。基本做法是: ① 将新方法和已有方法同时用于测量相同的样品，各自得到一组测量值; ② 计算两组测量值的样本均值和样本标准差; ③ 利用两组样本的均值进行 t 检验，如果在统计学上不显著，则认为新方法与已有方法无显著性差异，可根据需要用新方法替换已有方法。否则，则不能替换。

评价两组均值的 t 统计量为

$$t = \frac{\bar{x}_1 - \bar{x}_2}{s_{\mathrm{pool}}} \tag{3.70}$$

式中，$\bar{x}_1$ 和 $\bar{x}_2$ 分别为两种方法得到的均值; s_{pool} 称为合并标准差。其计算式为

$$s_{\mathrm{pool}} = \sqrt{\frac{(m-1)s_1^2 + (n-1)s_2^2}{m+n-2}\left(\frac{1}{m} + \frac{1}{n}\right)} \tag{3.71}$$

式中，s_1 和 s_2 为两种方法的样本标准差; t 检验的自由度为 $m + n - 2$。

要说明的是，在应用式 (3.70) 时，要先采用 F 检验法检验 s_1 和 s_2 之间是否存在显著性差异。如果它们两者之间无显著性差异，则可使用式 (3.71) 计算合并标准差，否则要使用其他的计算公式。在此不做深入讨论。

例 3.10　用两种不同的方法测量某合金中铌的质量分数，所得结果如下：

第一法	1.26%	1.25%	1.22%	
第二法	1.35%	1.31%	1.33%	1.34%

两种方法之间是否有显著性差异？显著性水平设为 0.05。

解　两组测定值的相关统计量为

$n_1=3$	$\bar{x}_1=1.24\%$	$s_1=0.02\%$
$n_2=4$	$\bar{x}_2=1.33\%$	$s_2=0.02\%$

因此

$$F=\frac{(0.02\%)^2}{(0.02\%)^2}=1$$

查表可得，$\nu_{大}=2$ 和 $\nu_{小}=3$ 时 $F(2,3)=9.55>F$。因此合并标准差为

$$\begin{aligned}s_{\text{pool}}&=\sqrt{\frac{(n_1-1)s_1^2+(n_2-1)s_2^2}{(n_1-1)+(n_2-1)}\left(\frac{1}{n_1}+\frac{1}{n_2}\right)}\\&=\sqrt{\frac{2\times(0.02\%)^2+3\times(0.02\%)^2}{2+3}\left(\frac{1}{3}+\frac{1}{4}\right)}\\&=0.02\%\end{aligned}$$

t 统计量：

$$t=\frac{\bar{x}_1-\bar{x}_2}{s_{\text{pool}}}=\frac{1.33\%-1.24\%}{0.02\%}=4.5$$

由于 $t>t_{0.05,5}=2.57$，因此两种分析方法之间存在显著性差异。

3.7　线性相关分析

在化学定量分析中需要测量许多的量，而量与量之间可能存在相关性，也可能完全无关；可能存在线性相关性，也可能存在非线性相关性。在本书中只讨论两个测量量之间的线性相关问题。

3.7.1　数学模型

设有两个量 y 和 x，它们之间存在如下线性关系：

$$y=\beta_1x+\beta_0+\varepsilon \tag{3.72}$$

式中，β_1 为直线的斜率，它在具体的场合也被解释为具体的效应。例如，如果 y 是仪器的响应值，则 β_1 也称为仪器的灵敏度。β_0 为直线的截距，在定量分析中，它往往源自测量体系中固有的系统误差，如试剂空白导致的误差。ε 为测量过程中的随机误差，通常假设其分布为

$N(0,\sigma^2)$。测量量 x 实际上也存在测量误差，为了简化数学分析过程，通常假设该误差相对于 y 的测量误差而言小很多而被忽略。

式 (3.72) 是对两个量 y 和 x 进行相关分析的数学模型，要建立这个模型的具体形式需要从实际测量数据中求得 β_1 和 β_0 的数值。求取这两个取值可以采用多种统计学方法，其中最简单的是一元线性回归法。

3.7.2　一元线性回归

通过测量得到 x 的一组数据 $x_1, x_2, \cdots, x_n$，对应地也测得 y 的一组数据 y_1，y_2，$\cdots$，y_n。

在得到这两组数据之后，通常先用图示的方式来初步分析这两组数据之间的关系，如图 3.12 所示。从该图上可以看到，这些数据点并不在一条直线上，但是也可以看到它们之间存在线性关系。导致测量数据点不在一条直线上的原因主要是随机误差 ε 值的不同。随机误差 ε 也有一组数值 $\varepsilon_1, \varepsilon_2, \cdots, \varepsilon_n$，只是不知道每个 ε 的具体取值。但是有一点可以肯定，每个数据点都满足式 (3.72)，即

$$y_i = \beta_1 x_i + \beta_0 + \varepsilon_i, \quad i = 1, 2, \cdots, n \tag{3.73}$$

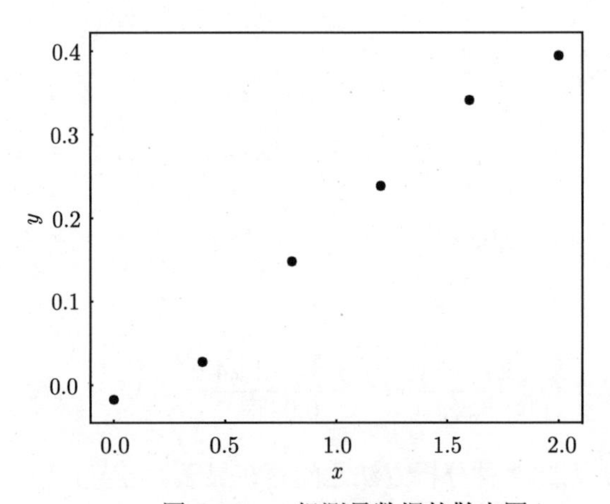

图 3.12　一组测量数据的散点图

式 (3.73) 给我们造成了一个困扰，因为它表达的其实是 n 条直线。这显然不是我们需要的情形，也不符合实际情况。我们不能随意指定某条直线来代表真实情况，较为合理的做法是通过这些数据点找到一条最具有代表性的直线，要做到这一点可以采用最小二乘原理。

将式 (3.73) 重写：

$$\varepsilon_i = y_i - (\beta_1 x_i + \beta_0), \quad i = 1, 2, \cdots, n \tag{3.74}$$

式 (3.74) 表达测量过程中的误差。要得到最具有代表性的直线方程，实际上就是要寻找能够使得总误差最小的直线方程。由于理论上 $\sum\limits_{i=1}^{n} \varepsilon_i = 0$，因此构造如下的总误差形式较为合适：

$$Q(\beta_1, \beta_0) = \sum_{i=1}^{n} \varepsilon_i^2 = \sum_{i=1}^{n} [y_i - (\beta_1 x_i + \beta_0)]^2 \tag{3.75}$$

现在的任务是找到一组 $(\hat{\beta}_1, \hat{\beta}_0)$ 使得

$$Q(\hat{\beta}_1, \hat{\beta}_0) = \min Q(\beta_1, \beta_0) \tag{3.76}$$

将 Q 分别对 β_1 和 β_0 求导，得

$$\frac{\partial Q}{\partial \beta_1}=\sum_{i=1}^{n}-2(y_i-\beta_1 x_i-\beta_0)x_i \tag{3.77}$$

$$\frac{\partial Q}{\partial \beta_0}=\sum_{i=1}^{n}-2(y_i-\beta_1 x_i-\beta_0) \tag{3.78}$$

当 $\beta_1=\hat{\beta}_1$，$\beta_0=\hat{\beta}_0$ 时，Q 达到最小值，即

$$\left.\frac{\partial Q}{\partial \beta_1}\right|_{\beta_1=\hat{\beta}_1,\beta_0=\hat{\beta}_0}=\sum_{i=1}^{n}-2(y_i-\hat{\beta}_1 x_i-\hat{\beta}_0)x_i=0 \tag{3.79}$$

$$\left.\frac{\partial Q}{\partial \beta_0}\right|_{\beta_1=\hat{\beta}_1,\beta_0=\hat{\beta}_0}=\sum_{i=1}^{n}-2(y_i-\hat{\beta}_1 x_i-\hat{\beta}_0)=0 \tag{3.80}$$

解得

$$\hat{\beta}_0=\frac{\sum_{i=1}^{n} y_i}{n}-\hat{\beta}_1\frac{\sum_{i=1}^{n} x_i}{n}=\bar{y}-\hat{\beta}_1\bar{x} \tag{3.81}$$

$$\hat{\beta}_1=\frac{\sum_{i=1}^{n} y_i x_i-\dfrac{\left(\sum_{i=1}^{n} x_i\right)\left(\sum_{i=1}^{n} y_i\right)}{n}}{\sum_{i=1}^{n} x_i x_i-\dfrac{\left(\sum_{i=1}^{n} x_i\right)^2}{n}} \tag{3.82}$$

如果模型式 (3.72) 成立，从统计学上可得

$$\hat{\beta}_0\sim N\left\{\beta_0,\left[\frac{1}{n}+\frac{\bar{x}^2}{\sum_{i=1}^{n}(x_i-\bar{x})^2}\right]\sigma^2\right\} \tag{3.83}$$

$$\hat{\beta}_1\sim N\left[\beta_1,\frac{\sigma^2}{\sum_{i=1}^{n}(x_i-\bar{x})^2}\right] \tag{3.84}$$

对于给定的 x 变量的具体值 x_0，有

$$\hat{y}_0=\hat{\beta}_0+\hat{\beta}_1 x_0\sim N\left\{\beta_0+\beta_1 x_0,\left[\frac{1}{n}+\frac{(x_0-\bar{x})^2}{\sum_{i=1}^{n}(x_i-\bar{x})^2}\right]\sigma^2\right\} \tag{3.85}$$

3.7.3　回归方程的显著性检验

从数学上看，只要给定 y 与 x 的一组数据，总是可以通过式 (3.81) 和式 (3.82) 建立一个线性方程，无论 y 与 x 之间是否真的存在线性关系。因此，建立线性方程之后，还必须对这个方程是否真的有意义进行统计检验。进行该项统计检验的方法通常有三种，分别为 F 检验法、t 检验法和相关系数检验法。对于一元线性方程而言，这三种方法是等价的。限于篇幅，这里主要讨论 F 检验法。

采用 F 检验法对回归方程的显著性进行检验时涉及若干统计量。第一个统计量是总偏差平方和，其定义如下：

$$S_{\mathrm{T}}=\sum_{i=1}^{n}(y_i-\bar{y})^2 \tag{3.86}$$

S_{T} 反映了测量值的总的变动程度的大小。按照式 (3.72)，测量值的变动应该来自两个方面：一方面是 x 的变动引起的 y 的变动；另一方面是测量误差引起的 y 的变动。对于前者，定义如下的统计量来描述：

$$S_{\mathrm{R}} = \sum_{i=1}^{n} (\hat{y}_i - \bar{y})^2 \tag{3.87}$$

式中，S_{R} 为回归平方和，它反映出用回归方程计算的 y 值的总体变动程度的大小。回归方程不一定就是真实的方程，因为用回归方程计算得到的 $\hat{y}$ 与真实的 y 之间可能存在一定的差异，这个差异可以用残差平方和来表示：

$$S_{\mathrm{e}} = \sum_{i=1}^{n} (y_i - \hat{y}_i)^2 \tag{3.88}$$

通过残差平方和可以构造如下统计量：

$$\hat{\sigma}^2 = \frac{S_{\mathrm{e}}}{n-2} \tag{3.89}$$

从统计学上可以证明 $\hat{\sigma}^2$ 是对 σ^2 的无偏估计，因此实际计算中可以用 $\hat{\sigma}^2$ 来代替 σ^2。在 y_1，y_2，$\cdots$，y_n 相互独立的情况下，且 $y_i \sim N(\beta_0 + \beta_1 x_i, \sigma^2)$，有如下式子成立：

$$S_{\mathrm{e}}/\sigma^2 \sim \chi^2(n-2) \tag{3.90}$$

并且，如果 y 的变动完全是由随机误差引起的，则

$$S_{\mathrm{R}}/\sigma^2 \sim \chi^2(1) \tag{3.91}$$

式 (3.91) 其实也表明，如果 y 与 x 之间并不存在线性关系时 ($\beta_1 = 0$)，回归方程的效应等同于随机误差。因此，可以构造如下 F 统计量：

$$F = \frac{S_{\mathrm{R}}}{S_{\mathrm{e}}/(n-2)} \tag{3.92}$$

将 F 值与临界值 $F_{\alpha,1,n-2}$ 进行比较，如果 $F > F_{\alpha,1,n-2}$，则表明 S_{R} 实际上是显著的大，不能认为 y 的变动仅仅是由随机误差引起，由此可以得出回归方程具有显著性的结论。

基于上述偏差平方和，可以定义一个统计量：

$$R^2 = \frac{S_{\mathrm{R}}}{S_{\mathrm{T}}} = 1 - \frac{S_{\mathrm{e}}}{S_{\mathrm{T}}} \tag{3.93}$$

这个量也可以解释 y 的总偏差中可以被 x 的效应解释的部分，因此 R^2 称为决定系数，也称为回归系数，它的平方根称为相关系数。相关系数也常被用于判定回归方程是否足够好。通常认为如果相关系数达到 0.999，则回归方程显著，即两个变量间确实存在线性相关性。需要强调的是，仅仅从 R^2 的大小来判定回归方程的显著性是不够的，还是需要通过统计检验的方式确证 R^2 的显著性。

通过对图 3.12 中的数据做线性回归分析，得到如图 3.13 所示的回归方程和相应的直线。从图中可以看到，回归直线穿行于测量点之间，确实具有很好的代表性。F 检验结果表明线性关系显著。

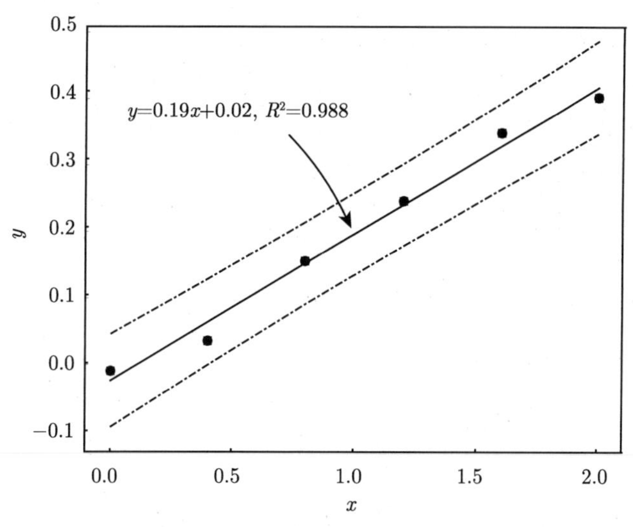

图 3.13　回归方程、回归直线及预测区间

3.7.4　预测区间

预测区间是指当 x 给定一个具体值 x_0 后，y 的取值范围。理论上说，y 的取值应为

$$y_0 = \beta_1 x_0 + \beta_0 \tag{3.94}$$

由于测量误差的影响，y_0 的最可能取值应为

$$\hat{y}_0 = \hat{\beta}_1 x_0 + \hat{\beta}_0 \tag{3.95}$$

因此，y_0 的取值应为以 $\hat{y}_0$ 为中心的一个区间：

$$(\hat{y}_0 - \delta, \quad \hat{y}_0 + \delta) \tag{3.96}$$

区间参数 δ 的取值可以通过下面的结果来确定。从统计学可知，当 y_0 和 $\hat{y}_0$ 相互独立时，有

$$(y_0 - \hat{y}_0) \sim N\left\{0, \left[1 + \frac{1}{n} + \frac{(x_0 - \bar{x})^2}{\sum_{i=1}^{2}(x_i - \bar{x})^2}\right]\sigma^2\right\} \tag{3.97}$$

因此

$$\frac{y_0 - \hat{y}_0}{\hat{\sigma}\sqrt{1 + \dfrac{1}{n} + \dfrac{(x_0 - \bar{x})^2}{\sum_{i=1}^{2}(x_i - \bar{x})^2}}} \sim t_{n-2} \tag{3.98}$$

区间参数 δ 用下式计算：

$$\delta = \hat{\sigma} t_{0.05,n-2}\sqrt{1 + \frac{1}{n} + \frac{(x_0 - \bar{x})^2}{\sum_{i=1}^{2}(x_i - \bar{x})^2}} \tag{3.99}$$

图 3.13 中的点划线划定了 y 的预测区间，从形态上看它是两端做喇叭状扩散，在 $\bar{x}$ 收得最窄。从式 (3.99) 可以看到，预测区间的长度与样本容量 n、x 的偏差平方和以及 x_0 到 $\bar{x}$ 的距离 $|x_0 - \bar{x}|$ 有关。如果 x_0 越远离 $\bar{x}$，预测的精度就越差。如果 x_0 不在 x_i 的取值范围时，属于外推性质，此时的预测精度可能变得很差，因此在实际的应用过程中应该慎用外推。

3.7.5 由 y 估计 x

回归方程的另外一个作用是由 y 估计 x，这在化学定量分析中有时候是建立回归方程的唯一目的。例如，在仪器分析中必须用一个标准溶液系列建立待测组分浓度与测量响应值之间的线性方程，然后用这个方程去计算未知样品的浓度。设对某个未知样品进行了 m 次重复测量，得到 y 的平均值为 $\bar{y}_x$。根据式 (3.95) 可得

$$x = \frac{\bar{y}_x - \hat{\beta}_0}{\hat{\beta}_1} \tag{3.100}$$

计算得到 x 的标准偏差为

$$s_x = \frac{\hat{\sigma}}{\hat{\beta}_1}\left[\frac{1}{m} + \frac{1}{n} + \frac{(\bar{y}_x - \bar{y})^2}{(\hat{\beta}_1)^2 \sum_{i=1}^{n}(x_i - \bar{x})^2}\right]^{1/2} \tag{3.101}$$

因此，x 的真值区间为

$$\mu_x = x \pm t s_x \tag{3.102}$$

这里的 t 值的自由度为 $n-2$，其显著性水平根据具体要求选定。

例 3.11 采用邻二氮菲显色法测定水溶液中的铁含量。通过对标准溶液系列进行测量得到如下数据：

变量	数值
浓度 (x)/(mg/L)	0.0000，0.4000，0.8000，1.200，1.600，2.000
吸光度 (y)	0.000，0.079，0.160，0.237，0.320，0.402

同时对一未知样品进行了 3 次测量，得到平均吸光度为 0.290。请根据实验数据建立回归方程，并求未知样品的浓度。

解 由于不涉及量纲计算，以下的计算过程中不带单位，仅在最后的计算结果中给出单位。先计算相关的量。

$$\begin{aligned}
l_x &= \sum_{i=1}^{6} x_i \\
&= 0.0000 + 0.4000 + 0.8000 + 1.200 + 1.600 + 2.000 \\
&= 6.000 \\
l_y &= \sum_{i=1}^{6} y_i \\
&= 0.000 + 0.079 + 0.160 + 0.237 + 0.320 + 0.402 \\
&= 1.198 \\
l_{xx} &= \sum_{i=1}^{6} (x_i)^2 \\
&= 0.0000^2 + 0.4000^2 + 0.8000^2 + 1.200^2 + 1.600^2 + 2.000^2 \\
&= 8.800
\end{aligned}$$

$$
\begin{aligned}
l_{xy} &= \sum_{i=1}^{6} x_i y_i \\
&= 0.000 \times 0.000 + 0.4000 \times 0.079 + 0.8000 \times 0.160 + \cdots + 2.000 \times 0.402 \\
&= 0.000 + 0.032 + 0.128 + 0.284 + 0.512 + 0.804 \\
&= 1.760
\end{aligned}
$$

$$
\bar{x} = \frac{l_x}{n} = \frac{6.000}{6} = 1.000, \quad \bar{y} = \frac{l_y}{n} = \frac{1.198}{6} = 0.1997
$$

计算回归系数：

$$
\begin{aligned}
\hat{\beta}_1 &= \frac{\sum_{i=1}^{6} y_i x_i - \dfrac{\left(\sum_{i=1}^{6} x_i\right)\left(\sum_{i=1}^{n} y_i\right)}{n}}{\sum_{i=1}^{n} x_i x_i - \dfrac{\left(\sum_{i=1}^{n} x_i\right)^2}{n}} \\
&= \frac{1.760 - \dfrac{6.000 \times 1.198}{6}}{8.800 - \dfrac{6.000 \times 6.000}{6}} \\
&= 0.201
\end{aligned}
$$

$$
\begin{aligned}
\hat{\beta}_0 &= \frac{\sum_{i=1}^{n} y_i}{n} - \hat{\beta}_1 \frac{\sum_{i=1}^{n} x_i}{n} \\
&= \frac{1.198}{6} - 0.201 \times \frac{6.000}{6} \\
&= -0.001
\end{aligned}
$$

因此，回归方程为

$$
\hat{y} = 0.201x - 0.001
$$

根据回归方程计算得到的 $\hat{y}$ 为

$$
-0.001, \quad 0.079, \quad 0.160, \quad 0.240, \quad 0.320, \quad 0.400
$$

计算相关的统计量：

$$
\begin{aligned}
S_{\mathrm{R}} &= \sum_{i=1}^{n} (\hat{y}_i - \bar{y})^2 \\
&= (-0.001 - 0.1997)^2 + (0.079 - 0.1997)^2 + \cdots + (0.400 - 0.1997)^2 \\
&= 0.1131 \\
S_{\mathrm{e}} &= \sum_{i=1}^{n} (y_i - \hat{y}_i)^2 \\
&= (0.000 + 0.0010)^2 + (0.079 - 0.0793)^2 + \cdots + (0.402 - 0.4004)^2 \\
&= 0.000014
\end{aligned}
$$

$$F=\frac{S_{\mathrm{R}}}{S_{\mathrm{e}}/(n-2)}=\frac{0.1131}{0.000014/(6-2)}=3.2\times10^4$$

查表得 $F_{0.05,1,4}=7.71$，所以 $F\gg F_{0.05,1,4}$，回归方程是显著的。

由回归方程可计算得，当 $\bar{y}=0.290$ 时，x 的估计值 $\bar{x}$ 为

$$\bar{x}=\frac{\bar{y}-\hat{\beta}_0}{\hat{\beta}_1}=\frac{0.290+0.001}{0.201}=1.45$$

由于

$$\hat{\sigma}=\sqrt{\frac{S_{\mathrm{e}}}{n-2}}=\sqrt{\frac{0.000014}{6-2}}=0.0019$$

$$\sum_{i=1}^{6}(x_i-\bar{x})^2=(0.0000-1.000)^2+\cdots+(2.000-1.000)^2=2.800$$

因此

$$\begin{aligned}s_x&=\frac{\hat{\sigma}}{\hat{\beta}_1}\left[\frac{1}{m}+\frac{1}{n}+\frac{(\bar{y}_x-\bar{y})^2}{(\hat{\beta}_1)^2\sum_{i=1}^{n}(x_i-\bar{x})^2}\right]^{1/2}\\&=\frac{0.0019}{0.201}\left[\frac{1}{3}+\frac{1}{6}+\frac{(0.290-0.1997)^2}{0.201^2\times2.800}\right]^{1/2}\\&=0.0072\end{aligned}$$

查表得 $t_{0.05,4}=2.78$，因此 x 的真值区间为

$$\begin{aligned}\mu_x&=\bar{x}\pm t\times s_x\\&=1.45\pm2.78\times0.0072\\&=1.45\pm0.02(\mathrm{mg/L})\end{aligned}$$

从这个例子可以看到，手工计算回归方程及其他的统计量时涉及的计算量很大。现在已经有许多计算平台均提供了进行线性回归的程序。例如，Octave 中提供了 regress 函数。本书的附录中也提供了一个 linearfit.m 程序，供学习用。要说明的是，该程序中不包含由 y 计算 x 的部分，有兴趣的读者可以自行编写相关的程序。

习　　题

3.1　解释总体和样本的概念。

3.2　下列情况各引起什么误差？如果是系统误差，应怎样消除？

(1) 砝码腐蚀；　(2) 称量时试样吸收了空气中的水分；

(3) 天平零点稍有变动；　(4) 读取滴定管读数时，最后一位数字估测；

(5) 试剂中含有微量待测组分；　(6) 重量分析法中杂质产生共沉淀。

3.3　下列各数据的有效数字位数各是多少？

(1) 0.068　(2) 21.080　(3) 6.4×10^{-3}

(4) 6000　　(5) 99.50　　(6) 101.0

3.4　下列报告是否正确？为什么？

(1) 称取含氯化钠的试样 0.50 g，经分析后得其中氯化钠含量为 36.68%。

(2) 称取 4.9030 g 的 $K_2Cr_2O_7$，用容量瓶配制成 1 L 溶液，将其浓度表示为 0.1 mol/L。

3.5　按有效数字运算规则，计算下列各式。

(1) $12.345 + 1.6574 - 0.0954 + 1.57$

(2) $1.781 \times 0.458 + 6.9 \times 10^{-5} - 0.0623 \times 0.00418$

(3) $\dfrac{7.728 \times 62.50}{0.006451 \times 216.3}$

(4) $\sqrt{\dfrac{1.5 \times 10^{-8} \times 6.1 \times 10^{-8}}{3.3 \times 10^{-6}}}$

(5) $\dfrac{1.45 \times 10^{-5} \times 5.23 \times 10^{-9}}{2.3 \times 10^{-5}}$

(6) $\dfrac{\pi \times 35.7^3}{3.45 \times 10^{-5}}$

(7) pH= 0.25 的氢离子浓度

3.6　对某样品中铁的百分含量进行了 6 次测定，结果为：33.11%, 33.45%, 33.38%, 33.24%, 33.28%, 33.29%。计算：

(1) 分析结果的平均值；

(2) 标准偏差和相对标准偏差。

3.7　一台天平的称量误差是 ±0.1 mg，如果要求称量的误差是 0.1%，那么最小的称量质量应该是多少？

3.8　某药厂生产了供成年人和幼儿服用的钙片。现采用一种新的分析方法对这两种钙片进行定量分析，得到了两组数据：

规格	含量值/mg
成人	947.65，953.79，952.69，950.35，954.02，944.51，949.45，946.62，958.14
幼儿	452.31，453.86，447.04，448.69，449.24，453.08，449.22，451.96，444.25

计算这两组数据的平均值、标准偏差和相对标准偏差。比较该法用于两种片剂时标准偏差和相对标准偏差。

3.9　算式 $R = 23.6(\pm 0.2) + 0.184(\pm 0.006) = 23.784$，括号内数据表示标准偏差，计算运算结果的:

(1) 标准偏差；

(2) 相对标准偏差；

(3) 将结果的有效数字修约至恰当的位数。

3.10　用配位滴定法测定试样中铁的质量分数，六次结果的平均值为 46.20%。用氧化还原法测定该试样时，四次结果平均值为 46.02%。若二者的标准差均为 0.08%，两种方法所得结果有显著性差异吗 (置信度 95%)？

3.11　定量测定某患者血糖的浓度 (mmol/L)，10 次结果为 7.5、7.4、7.7、7.6、7.5、7.6、7.6、7.5、7.6 和 7.6，求相对标准偏差及置信度 95% 的置信区间，此结果与正常人血糖的质量分数 6.7 mmol/L 相比较是否有显著性差异？已知：置信因子 $k = 1.96$。

3.12　已知天平称量误差为 $s_m = 0.1$ mg，滴定管读数误差为 $s_V = 0.02$ mL，某基准物的摩尔质量为 105.00 g/mol。称取该基准物质 0.5000 g，用于标定某溶液，设滴定至终点时用去该溶液 35.52 mL，求所得溶液浓度的标准偏差。

3.13　要配制 100.0 mL 的试剂溶液，下列哪种做法最好？

(1) 用 50 mL 的移液管 (量取误差 0.05 mL) 移取 2 次；

(2) 用 25 mL 的移液管 (量取误差 0.03 mL) 移取 4 次。

3.14　计算下式：

$$\frac{[40.36(\pm 0.02) - 10.23(\pm 0.02)] \times 0.153(\pm 0.001)}{[500(\pm 7) + 250(\pm 5)] \times 40.00(\pm 0.01)}$$

第 4 章 酸碱滴定法

酸碱滴定法是根据酸碱平衡理论进行定量分析的一种方法，是经典分析化学中最重要的定量分析方法之一。1729 年，日夫鲁瓦 (Claude Joseph Geoffroy) 在测定乙酸的浓度时，以碳酸钾为标准物，将待测的乙酸滴加到碳酸钾溶液中，气泡停止时为反应终点，这标志着酸碱滴定法的发端。1750 年，弗朗索 (V. G. Franeois) 在用硫酸滴定矿泉水时，采用了紫罗兰作为指示剂以使终点更为明显，此举大大提高了酸碱滴定法的准确度。1786 年，德克劳西 (H. Descroizilles) 发明了“碱量计”，随后又改进为滴定管。到 18 世纪末期，酸碱滴定法基本确立。19 世纪 70 年代之后，随着人工合成指示剂的出现，酸碱滴定法获得了广泛的应用。

4.1 酸碱质子理论与解离平衡

酸和碱的概念最早是由阿伦尼乌斯 (Svante August Arrhenius) 基于他的电离理论提出的。按照阿伦尼乌斯的酸碱理论，酸解离生成氢离子和某种阴离子，而碱解离成氢氧根离子和某种阳离子，他还用酸的解离度的大小来解释酸的强度。然而，随着化学知识的发展，人们发现这种朴素的酸碱理论已经不符合现实的情况。许多物质表现为碱性，并不是因为它们自身解离出氢氧根离子，而是与其他物质反应时生成了氢氧根离子。后续有人提出了许多有关酸碱的理论，最终大家普遍接受了其中的酸碱质子理论。

4.1.1 酸碱质子理论

1923 年，劳里 (Thomas Martin Lowry) 和布朗斯特 (Johannes Nicolaus Brønsted) 分别独立提出了酸碱的质子理论，现称为 Brønsted-Lowry 模型。根据这个模型，酸是质子的给予体，碱是质子的接受体，酸给出质子后变成了它的共轭碱，碱接受质子后变成了它的共轭酸。酸与其共轭碱之间构成了一个共轭酸碱对，存在如下关系：

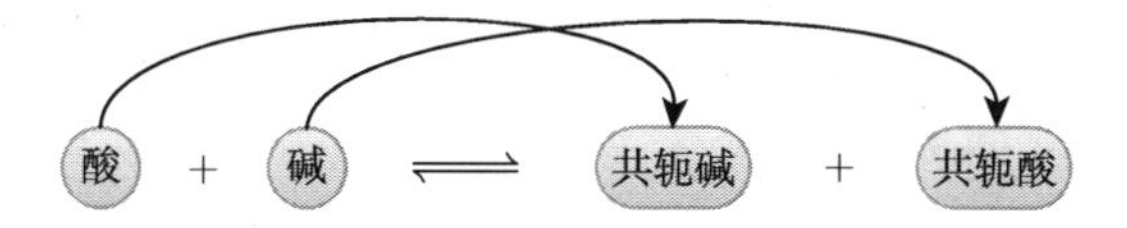

在共轭酸碱对概念的框架下，我们最熟悉的一种物质——水，成了既是酸又是碱的一类特殊物质，因为它存在如下解离平衡：

$$\underset{\text{酸}}{H_2O(l)} + \underset{\text{碱}}{H_2O(l)} \rightleftharpoons \underset{\text{共轭碱}}{OH^-(aq)} + \underset{\text{共轭酸}}{H_3O^+(aq)}$$

式中，H_3O^+ 为水合氢离子。氢离子的离子半径很小，在水溶液中它不能以游离的状态存在，通常都以水合氢离子的形式存在。

化学定量分析通常讨论水溶液中的反应，涉及物质与水构成的酸碱解离平衡非常普遍，这里给出若干例子：

$$\underset{\text{酸}}{H_2O(l)} + \underset{\text{碱}}{NH_3(aq)} \rightleftharpoons \underset{\text{共轭碱}}{OH^-(aq)} + \underset{\text{共轭酸}}{NH_4^+(aq)}$$

$$\underset{\text{酸}}{HAc(aq)} + \underset{\text{碱}}{H_2O(l)} \rightleftharpoons \underset{\text{共轭碱}}{Ac^-(aq)} + \underset{\text{共轭酸}}{H_3O^+(aq)}$$

$$\underset{\text{酸}}{H_2O(l)} + \underset{\text{碱}}{C_2H_5NH_2(aq)} \rightleftharpoons \underset{\text{共轭碱}}{OH^-(aq)} + \underset{\text{共轭酸}}{C_2H_5NH_3^+(aq)}$$

对于稍微复杂一些的酸，如 H_2CO_3 和 H_3PO_4 等，它们在水溶液中存在分步解离的情况。例如，对于 H_2CO_3 有

$$\underset{\text{酸}}{H_2CO_3(aq)} + \underset{\text{碱}}{H_2O(l)} \rightleftharpoons \underset{\text{共轭碱}}{HCO_3^-(aq)} + \underset{\text{共轭酸}}{H_3O^+(aq)}$$

$$\underset{\text{酸}}{H_2CO_3^-(aq)} + \underset{\text{碱}}{H_2O(l)} \rightleftharpoons \underset{\text{共轭碱}}{CO_3^{2-}(aq)} + \underset{\text{共轭酸}}{H_3O^+(aq)}$$

在溶液中既可以给出质子又可以接受质子的物质称为两性物质，我们熟知的水就是其中一个例子。其他的例子还有甘氨酸 NH_2CH_2COOH，它存在如下解离平衡：

$$\underset{\text{酸}}{NH_2CH_2COOH(aq)} + \underset{\text{酸}}{NH_2CH_2COOH(aq)} \rightleftharpoons \underset{\text{共轭碱}}{NH_2CH_2COO^-(aq)} + \underset{\text{共轭酸}}{NH_3^+CH_2COOH(aq)}$$

4.1.2 酸解离常数

酸或碱在水溶液中的解离程度取决于酸或碱自身的特性。当酸的解离达到平衡态时，可以用平衡常数描述。考虑如下的酸碱平衡：

$$HB(aq) + H_2O(l) \rightleftharpoons B^-(aq) + H_3O^+(aq)$$

水溶液中各种离子的平衡浓度之间存在如下关系：

$$K^\ominus(HB) = \frac{\dfrac{[H_3O^+]}{c^\ominus} \times \dfrac{[B^-]}{c^\ominus}}{\dfrac{[HB]}{c^\ominus} \times \dfrac{[H_2O]}{c^\ominus}} \tag{4.1}$$

式中，$K^\ominus(HB)$ 为标准平衡常数，量纲为一；方括号表示其中的型体的平衡浓度，单位为 mol/L；$c^\ominus$ 为标准浓度，且 $c^\ominus = 1$ mol/L。

式 (4.1) 中包含水的平衡浓度，此浓度值在稀酸 (碱) 溶液中基本上是常数，约等于 55.6 mol/L。因此，习惯上将水的浓度合并到平衡常数中，构造一个称为酸解离常数的参数 K_a(下标 a 表示酸)，表达式如下：

$$K_a(HB) = K^\ominus(HB) \times \frac{[H_2O]}{c^\ominus} = \frac{\dfrac{[H_3O^+]}{c^\ominus} \times \dfrac{[B^-]}{c^\ominus}}{\dfrac{[HB]}{c^\ominus}} = \frac{\dfrac{[H^+]}{c^\ominus} \times \dfrac{[B^-]}{c^\ominus}}{\dfrac{[HB]}{c^\ominus}} \tag{4.2}$$

式中，用 $[H^+]$ 代替了 $[H_3O^+]$ 以简化表示。

从式 (4.2) 中可以看到，酸解离常数 K_a 越大，表明酸解离出的氢离子数目越多，酸强度越大。注意，酸解离常数是与溶剂有关的量，同一个酸在不同的溶剂中具有不同的酸解离常数，本书中仅讨论以水为溶剂的情况。

类似地，也可以定义 HB 的共轭碱 B^- 的质子结合常数。酸 HB 的共轭碱 B^- 在水溶液中存在如下反应平衡：

$$B^-(aq) + H_2O(l) \rightleftharpoons HB(aq) + OH^-(aq)$$

定义质子结合常数 $K_b(B^-)$ 为

$$K_b(B^-) = \frac{\dfrac{[HB]}{c^\ominus} \times \dfrac{[OH^-]}{c^\ominus}}{\dfrac{[B^-]}{c^\ominus}} \tag{4.3}$$

历史上，K_b 也称为碱解离常数。然而，由于目前所依据的是共轭酸碱理论，它定义碱为质子接受体，因此继续采用碱解离常数的称呼方式与碱的定义不符。本书中将 K_b 改称为碱的质子结合常数可视为一个建议。其实，从下面的内容可以看到，在酸碱滴定中仅采用 K_a 值就已经足够，因此实际上也没有必要过多纠结 K_b 的名称。

由式 (4.2) 和式 (4.3) 可得

$$\begin{aligned} K_a(HB) \times K_b(B^-) &= \frac{\dfrac{[H^+]}{c^\ominus} \times \dfrac{[B^-]}{c^\ominus}}{\dfrac{[HB]}{c^\ominus}} \times \frac{\dfrac{[HB]}{c^\ominus} \times \dfrac{[OH^-]}{c^\ominus}}{\dfrac{[B^-]}{c^\ominus}} \\ &= \frac{[H^+]}{c^\ominus} \times \frac{[OH^-]}{c^\ominus} \\ &= K_w = 1 \times 10^{-14} \end{aligned} \tag{4.4}$$

式中，K_w 为水的离子积常数。因此，只要知道了 K_a 和 K_b 其中的一项，就可以计算另一项。在描述酸碱体系时只需采用二者之一就够了，本书中偏向于采用酸解离常数 K_a。

例 4.1　已知 S^{2-} 与水的反应如下，求 S^{2-} 的共轭酸的解离常数 K_{a_2}。

$$S^{2-}(aq) + H_2O(l) \rightleftharpoons HS^-(aq) + OH^-(aq), \quad K_{b_1} = 1.4$$

解　已知：

$$K_{b_1} = \frac{\dfrac{[HS^-]}{c^\ominus}\dfrac{[OH^-]}{c^\ominus}}{\dfrac{[S^{2-}]}{c^\ominus}}$$

由于 S^{2-} 的共轭酸为 HS^-，其解离反应为

$$HS^-(aq) + H_2O(l) \rightleftharpoons S^{2-}(aq) + H_3O^+(aq)$$

因此

$$K_{a_2} = \frac{\dfrac{[S^{2-}]}{c^\ominus}\dfrac{[H_3O^+]}{c^\ominus}}{\dfrac{[HS^-]}{c^\ominus}}$$

因为

$$K_{b_1} \times K_{a_2} = \frac{\frac{[HS^-]}{c^\ominus}\frac{[OH^-]}{c^\ominus}}{\frac{[S^{2-}]}{c^\ominus}} \times \frac{\frac{[S^{2-}]}{c^\ominus}\frac{[H_3O^+]}{c^\ominus}}{\frac{[HS^-]}{c^\ominus}} = K_w$$

所以

$$K_{a_2} = \frac{K_w}{K_{b_1}} = \frac{1 \times 10^{-14}}{1.4} = 7.1 \times 10^{-15}$$

多元酸中由于存在逐级解离，需要用逐级解离常数来描述。例如，对于水溶液中的碳酸，其逐级解离如下：

$$H_2CO_3(aq) + H_2O(l) \rightleftharpoons HCO_3^-(aq) + H_3O^+(aq)$$

$$HCO_3^-(aq) + H_2O(l) \rightleftharpoons CO_3^{2-}(aq) + H_3O^+(aq)$$

对应的逐级解离常数为

$$K_{a_1} = K_a(H_2CO_3) = \frac{\frac{[HCO_3^-]}{c^\ominus}\frac{[H^+]}{c^\ominus}}{\frac{[H_2CO_3]}{c^\ominus}} \tag{4.5}$$

和

$$K_{a_2} = K_a(HCO_3^-) = \frac{\frac{[CO_3^{2-}]}{c^\ominus}\frac{[H^+]}{c^\ominus}}{\frac{[HCO_3^-]}{c^\ominus}} \tag{4.6}$$

式中，K_{a_1} 和 K_{a_2} 分别为碳酸的第一级和第二级解离常数；$K_a(H_2CO_3)$ 和 $K_a(HCO_3^-)$ 以明确注明型体的方式来表达第一级和第二级解离常数。对于多元酸，采用下标的表达方式相对而言更为简便。本书在不会产生混淆的情况下采用单一下标来表示逐级解离常数。

4.2 酸碱溶液中各种型体的分布

化学体系都具有自发趋于平衡状态的能力。当酸或碱与水混溶时，由于水分子与酸或碱分子的相互作用，会出现质子的转移过程，且这个过程会一直持续下去，直至平衡状态，此时溶液中将存在多种酸、碱型体。下面分几种情况进行讨论。

4.2.1 一元酸溶液中各种型体的分布

以 HB 为例，如果它在水溶液中有一部分发生解离生成 B^-，还有一部分仍然以 HB 的形式存在，则在溶液中将同时存在 HB 和 B^- 两种型体。设这两种型体的平衡浓度分别为 $[B^-]$ 和 $[HB]$，这两种型体平衡浓度总和就是 HB 的初始浓度 $c(HB)$，即

$$c(HB) = [HB] + [B^-] \tag{4.7}$$

式 (4.7) 是质量守恒定律的基本结果，在分析化学中也称为质量平衡 (或物料平衡)。定义溶液中 HB 占总浓度的分数为 $\delta(HB)$，B^- 占总浓度的分数为 $\delta(B^-)$，这些分数称为对应型体

的分布分数，则

$$\delta(\mathrm{HB})=\frac{[\mathrm{HB}]}{c(\mathrm{HB})}=\frac{[\mathrm{HB}]}{[\mathrm{HB}]+[\mathrm{B}^-]} \tag{4.8}$$

$$\delta(\mathrm{B}^-)=\frac{[\mathrm{B}^-]}{c(\mathrm{HB})}=\frac{[\mathrm{B}^-]}{[\mathrm{HB}]+[\mathrm{B}^-]} \tag{4.9}$$

由于存在下列关系：

$$K_\mathrm{a}(\mathrm{HB})=\frac{\dfrac{[\mathrm{H}^+]}{c^\ominus}\dfrac{[\mathrm{B}^-]}{c^\ominus}}{\dfrac{[\mathrm{HB}]}{c^\ominus}} \tag{4.10}$$

式 (4.9) 和式 (4.10) 经整理后可得

$$\delta(\mathrm{HB})=\frac{[\mathrm{H}^+]}{[\mathrm{H}^+]+K_\mathrm{a}(\mathrm{HB})c^\ominus} \tag{4.11}$$

$$\delta(\mathrm{B}^-)=\frac{K_\mathrm{a}(\mathrm{HB})c^\ominus}{[\mathrm{H}^+]+K_\mathrm{a}(\mathrm{HB})c^\ominus} \tag{4.12}$$

很显然，下面的关系式成立：

$$\delta(\mathrm{HB})+\delta(\mathrm{B}^-)=1 \tag{4.13}$$

由式 (4.11) 和式 (4.12) 可以看到，分布分数只与酸的解离常数 K_a 和氢离子浓度有关，与总浓度无关。以 pH 为横坐标，以酸的各种型体的分布分数为纵坐标，可以绘制分布分数与 pH 的关系曲线，称为分布分数曲线。图 4.1 为乙酸溶液中 CH_3COOH 和 CH_3COO^- 的分布分数曲线。

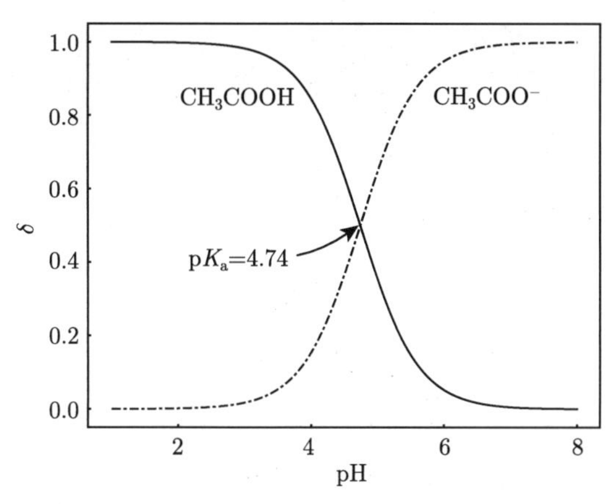

图 4.1　乙酸溶液中两种型体的分布分数曲线

由图 4.1 中可以得出如下几个结论：① $\delta(CH_3COOH)$ 随着 pH 的增大而减少，$\delta(CH_3COO^-)$ 则随着 pH 的增大而增大；② 当 $\delta(CH_3COOH)=\delta(CH_3COO^-)=0.5$ 时，溶液中乙酸和乙酸根离子数各占一半；③ 当 $\mathrm{pH}<\mathrm{p}K_\mathrm{a}$ 时，主要存在形式是乙酸；④ 当 $\mathrm{pH}>\mathrm{p}K_\mathrm{a}$ 时，主要存在形式是乙酸根。

由于在两种型体分布分数曲线的交汇处，两种型体的浓度相同，根据：

$$K_a(CH_3COOH) = \frac{\frac{[H^+]}{c^\ominus}\frac{[CH_3COO^-]}{c^\ominus}}{\frac{[CH_3COOH]}{c^\ominus}} \tag{4.14}$$

当 $[CH_3COO^-] = [CH_3COOH]$，则

$$K_a(CH_3COOH) = \frac{[H^+]}{c^\ominus} \tag{4.15}$$

等式两边取负对数，可得

$$-\lg K_a(CH_3COOH) = pK_a(CH_3COOH) = pH = -\lg\frac{[H^+]}{c^\ominus} \tag{4.16}$$

这个结果告诉我们，两种型体交汇点处的 pH，恰好等于乙酸的解离常数的负对数。在某些情况下，可以利用这个结果对弱酸的解离常数值进行近似地估算。

对于一元强酸而言，它在水溶液中趋向于完全解离，因此溶液中的型体较为单一。以盐酸为例，因为其 $pK_a = -8.00$，所以 $K_a = 10^{8.00}$。稀盐酸水溶液中两种型体的分布分数为

$$\delta(HCl) = \frac{[H^+]}{[H^+] + 10^{8.00}c^\ominus} \approx 0 \tag{4.17}$$

$$\delta(Cl^-) = \frac{10^{8.00}c^\ominus}{[H^+] + 10^{8.00}c^\ominus} \approx 1 \tag{4.18}$$

这些结果表明，盐酸在水中是完全解离的，不再存在分子态型体 HCl，计算结果与实际情况是相一致的。

国内外的多数教材中，以及国内的一些官方文档中未提供强酸的解离常数值。本书中从互联网上搜集了若干强酸的 K_a 值供教学之用。对于强酸而言，由于其基本上完全解离，因此在没有酸解离常数的情况下，不妨设定其 $K_a = 10^{10}$，或者更大的值，这样可以将相关的计算统一纳入计算公式中。

4.2.2 一元碱溶液中各种型体的分布

一元弱碱在水溶液中各种型体的分布分数可直接用形如式 (4.11) 和式 (4.12) 来计算。例如，NaB 在水中存在如下平衡：

$$B^-(aq) + H_2O(l) \rightleftharpoons HB(aq) + OH^-(aq)$$

在水溶液中的型体依然是 B^- 和 HB。它们的分布情况与从 HB 中解离出来的情况不会有本质的不同。例如，NH_3 在水中存在如下平衡：

$$NH_3(aq) + H_2O(l) \rightleftharpoons NH_4^+(aq) + OH^-(aq)$$

在溶液中存在的型体是 NH_3 和 NH_4^+。并且，这些型体的分布分数一定只与 pH 和酸解离常数有关，与这些型体如何产生无关，因此

$$\delta(NH_3) = \frac{K_a(NH_4^+)c^\ominus}{[H^+] + K_a(NH_4^+)c^\ominus} \tag{4.19}$$

$$\delta(NH_4^+) = \frac{[H^+]}{[H^+] + K_a(NH_4^+)c^{\ominus}} \tag{4.20}$$

由于分布分数的这种特殊性，在本书中基本上只从酸解离常数的角度来表述酸碱体系的状况。习题 4.6 要求从质子结合常数出发来建立 NH_3 水溶液中两种型体的分布分数，有兴趣者可以试一下，并与式 (4.19) 和式 (4.20) 做一个对比。

强碱类化合物，如 NaOH 等，本书作者暂时未找到相关的解离常数资料，因此本书中将它们作为特例对待。

4.2.3　多元酸溶液中各种型体的分布

多元酸的解离情况稍微复杂一些。以草酸 $H_2C_2O_4$ 为例，它的水溶液中存在 $H_2C_2O_4$、$HC_2O_4^-$ 和 $C_2O_4^{2-}$ 三种型体，总浓度为

$$c(H_2C_2O_4) = [H_2C_2O_4] + [HC_2O_4^-] + [C_2O_4^{2-}] \tag{4.21}$$

三种型体的分布分数分别为

$$\delta(H_2C_2O_4) = \frac{[H_2C_2O_4]}{[H_2C_2O_4] + [HC_2O_4^-] + [C_2O_4^{2-}]} \tag{4.22}$$

$$\delta(HC_2O_4^-) = \frac{[HC_2O_4^-]}{[H_2C_2O_4] + [HC_2O_4^-] + [C_2O_4^{2-}]} \tag{4.23}$$

$$\delta(C_2O_4^{2-}) = \frac{[C_2O_4^{2-}]}{[H_2C_2O_4] + [HC_2O_4^-] + [C_2O_4^{2-}]} \tag{4.24}$$

借助如下关系式：

$$K_{a_1} = \frac{\dfrac{[H^+]}{c^{\ominus}}\dfrac{[HC_2O_4^-]}{c^{\ominus}}}{\dfrac{[H_2C_2O_4]}{c^{\ominus}}} \tag{4.25}$$

$$K_{a_2} = \frac{\dfrac{[H^+]}{c^{\ominus}}\dfrac{[C_2O_4^{2-}]}{c^{\ominus}}}{\dfrac{[HC_2O_4^-]}{c^{\ominus}}} \tag{4.26}$$

可以将式 (4.22)、式 (4.23) 和式 (4.24) 整理成如下形式：

$$\delta(H_2C_2O_4) = \frac{[H^+]^2}{[H^+]^2 + K_{a_1}c^{\ominus}[H^+] + K_{a_1}K_{a_2}(c^{\ominus})^2} \tag{4.27}$$

$$\delta(HC_2O_4^-) = \frac{K_{a_1}c^{\ominus}[H^+]}{[H^+]^2 + K_{a_1}c^{\ominus}[H^+] + K_{a_1}K_{a_2}(c^{\ominus})^2} \tag{4.28}$$

$$\delta(HC_2O_4^{2-}) = \frac{K_{a_1}K_{a_2}(c^{\ominus})^2}{[H^+]^2 + K_{a_1}c^{\ominus}[H^+] + K_{a_1}K_{a_2}(c^{\ominus})^2} \tag{4.29}$$

图 4.2 所示为草酸中各型体的分布分数曲线。从中可以看到，当 $pH < pK_{a_1}$ 时，主要存在形式是 $H_2C_2O_4$；当 $pH > pK_{a_2}$ 时，主要存在形式是 $C_2O_4^{2-}$；当 $pK_{a_2} > pH > pK_{a_1}$ 时，主要

存在形式是 $HC_2O_4^-$。在此区间内，还存在另外一个交汇点，此处有 $[H_2C_2O_4] = [C_2O_4^{2-}]$，通过简单的运算可得此交互点处的 pH 为

$$\mathrm{pH} = \frac{\mathrm{p}K_{\mathrm{a}_1} + \mathrm{p}K_{\mathrm{a}_2}}{2} = 2.71 \tag{4.30}$$

在此交汇点处，$\delta(HC_2O_4^-)$ 达最大值，而 $H_2C_2O_4$ 和 $C_2O_4^{2-}$ 的分布分数仅为 0.031。

对于 n 元酸 H_nB，其各种型体的分布分数的一般形式如下：

$$\delta(\mathrm{H}_p\mathrm{B}) = \frac{[\mathrm{H}]^p \prod_{j=0}^{n-p}(K_{\mathrm{a}_j} c^{\ominus})}{\sum_{p=1}^{n}\left[[\mathrm{H}]^p \prod_{j=0}^{n-p}(K_{\mathrm{a}_j} c^{\ominus})\right]} \tag{4.31}$$

式中，$K_{\mathrm{a}_0} \equiv 1$；$\prod$ 为连乘符号。

利用式 (4.31)，可以写出 H_3PO_4 的水溶液中存在的各种型体的分布分数：

$$\delta(\mathrm{H_3PO_4}) = \frac{[\mathrm{H}^+]^3}{[\mathrm{H}^+]^3 + K_{\mathrm{a}_1}c^{\ominus}[\mathrm{H}^+]^2 + K_{\mathrm{a}_1}K_{\mathrm{a}_2}(c^{\ominus})^2[\mathrm{H}^+] + K_{\mathrm{a}_1}K_{\mathrm{a}_2}K_{\mathrm{a}_3}(c^{\ominus})^3} \tag{4.32}$$

$$\delta(\mathrm{H_2PO_4^-}) = \frac{K_{\mathrm{a}_1}c^{\ominus}[\mathrm{H}^+]^2}{[\mathrm{H}^+]^3 + K_{\mathrm{a}_1}c^{\ominus}[\mathrm{H}^+]^2 + K_{\mathrm{a}_1}K_{\mathrm{a}_2}(c^{\ominus})^2[\mathrm{H}^+] + K_{\mathrm{a}_1}K_{\mathrm{a}_2}K_{\mathrm{a}_3}(c^{\ominus})^3} \tag{4.33}$$

$$\delta(\mathrm{HPO_4^{2-}}) = \frac{K_{\mathrm{a}_1}K_{\mathrm{a}_2}(c^{\ominus})^2[\mathrm{H}^+]}{[\mathrm{H}^+]^3 + K_{\mathrm{a}_1}c^{\ominus}[\mathrm{H}^+]^2 + K_{\mathrm{a}_1}K_{\mathrm{a}_2}(c^{\ominus})^2[\mathrm{H}^+] + K_{\mathrm{a}_1}K_{\mathrm{a}_2}K_{\mathrm{a}_3}(c^{\ominus})^3} \tag{4.34}$$

$$\delta(\mathrm{PO_4^{3-}}) = \frac{K_{\mathrm{a}_1}K_{\mathrm{a}_2}K_{\mathrm{a}_3}(c^{\ominus})^3}{[\mathrm{H}^+]^3 + K_{\mathrm{a}_1}c^{\ominus}[\mathrm{H}^+]^2 + K_{\mathrm{a}_1}K_{\mathrm{a}_2}(c^{\ominus})^2[\mathrm{H}^+] + K_{\mathrm{a}_1}K_{\mathrm{a}_2}K_{\mathrm{a}_3}(c^{\ominus})^3} \tag{4.35}$$

式中，K_{a_1}、K_{a_2} 和 K_{a_3} 分别为磷酸的三个解离常数。

图 4.3 所示为磷酸中各型体的分布分数曲线。请读者根据其形态规律对该体系进行分析，参见习题 4.4。这里要说明的是，分布分数的计算式从表面上看虽然较为复杂，但其本质上表现出极好的规律性：在分母项中，氢离子浓度的指数逐项减 1 直到为 0；同时各 K_a 项逐步取代氢离子浓度项；而在分子项中，其实就是各分母项的轮换。按照这样的思路可以很容易地记住分布分数的计算公式。

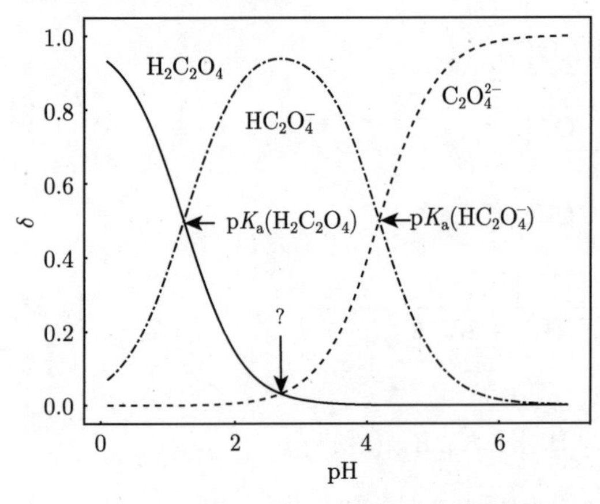

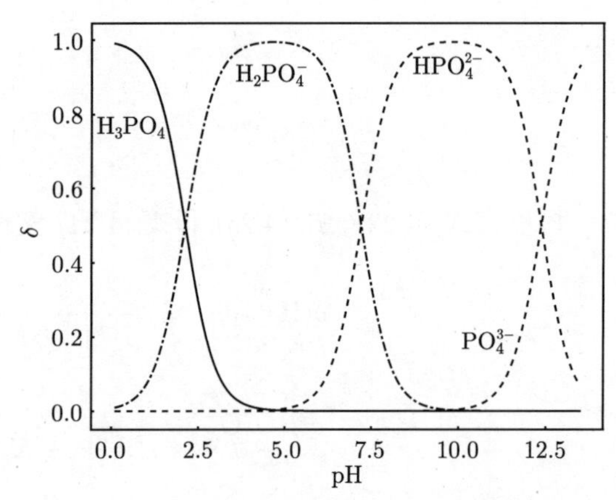

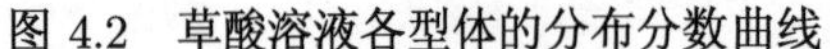

图 4.2　草酸溶液各型体的分布分数曲线　　　图 4.3　磷酸溶液各型体的分布分数曲线

手工计算分布分数比较烦琐，附录 B 中提供了一个 Octave 程序 abt_delta.m，可用于计算体系中某个酸 (或碱) 的分布分数。使用该程序时需要先安装 Octave 编程环境，具体的安装

过程示于附录 B 中。附录 B 中还提供了一个程序 demo_ac_abt.m，演示如何设置参数和运行程序。

4.3　酸碱溶液中氢离子浓度的计算

从分布分数的计算公式中可以看到，已知酸 (碱) 溶液体系中各种型体的分布分数的大小是由溶液中的氢离子浓度决定的，一旦氢离子浓度确定了，则分布分数就确定了，溶液中各种型体的平衡浓度也就确定了。因此，如果要对酸碱溶液体系中各种成分进行定量分析，就必须首先解决酸碱溶液中氢离子浓度的计算问题。解决这个问题的关键在于建立起有关氢离子浓度的方程，即质子条件式。本节中将分几种情况进行讨论。

4.3.1　一元强酸 (碱) 溶液中氢离子浓度计算

设有总浓度为 $c(\mathrm{HCl})$ 的盐酸溶液，其中的两个组分 HCl 和 H_2O 存在如下两个解离平衡：

$$\mathrm{HCl(aq)} \rightleftharpoons \mathrm{H^+(aq)} + \mathrm{Cl^-(aq)}$$

$$\mathrm{H_2O(l)} \rightleftharpoons \mathrm{H^+(aq)} + \mathrm{OH^-(aq)}$$

很显然，水溶液中的氢离子有两个来源：①从盐酸中来；②从水的自身解离中来。由于氢离子不可区分，因此并不知道哪些氢离子来源于盐酸的解离，哪些氢离子来源于水的解离。并且，它们的解离在一定程度上还存在相互制约的现象，因此不能从各成分的初始浓度来简单地计算溶液中氢离子的准确浓度。

根据质量平衡原理，对于盐酸而言：

$$c(\mathrm{HCl}) = [\mathrm{Cl^-}] \tag{4.36}$$

根据电荷平衡原理，可得

$$[\mathrm{H^+}] = [\mathrm{OH^-}] + [\mathrm{Cl^-}] \tag{4.37}$$

因此，最终可得

$$[\mathrm{H^+}] = [\mathrm{OH^-}] + c(\mathrm{HCl}) \tag{4.38}$$

由于 $K_\mathrm{w} = \dfrac{[\mathrm{OH^-}]}{c^\ominus}\dfrac{[\mathrm{H^+}]}{c^\ominus}$，即氢氧根离子浓度是与氢离子浓度共轭的量，因此式 (4.38) 本质上就是关于氢离子平衡浓度的方程，此即为前述质子条件式。将上式整理后可以得到一个一元二次方程：

$$[\mathrm{H^+}]^2 - c(\mathrm{HCl})[\mathrm{H^+}] - K_\mathrm{w}(c^\ominus)^2 = 0 \tag{4.39}$$

式 (4.39) 的准确解为

$$[\mathrm{H^+}] = \frac{c(\mathrm{HCl}) + \sqrt{c(\mathrm{HCl})^2 + 4K_\mathrm{w}(c^\ominus)^2}}{2} \tag{4.40}$$

从式 (4.40) 中可以看到，起控制作用的变量是盐酸的初始浓度，如果 $c(\mathrm{HCl})$ 的值相对于 K_w 足够大，则溶液中氢离子浓度可以用下式计算：

$$[\mathrm{H^+}] \approx c(\mathrm{HCl}) \tag{4.41}$$

随着盐酸溶液浓度的减小，水解离出来的氢离子数目逐渐变得不可忽略，此时式 (4.41) 就该慎用。当然，由于水解离的氢离子的浓度基本上为 1×10^{-7} mol/L，因此只要盐酸的浓度适当大，还是可以使用近似式。例如，如果 $c(\mathrm{HCl}) = 1.000\times10^{-6}$ mol/L，通过准确式得到 $[\mathrm{H}^+] = 1.010\times10^{-6}$ mol/L。采用最简式导致的相对误差为

$$\begin{aligned}\epsilon_{\mathrm{r},[\mathrm{H}^+]} &= \frac{[\mathrm{H}^+]_{\text{近似}} - [\mathrm{H}^+]_{\text{准确}}}{[\mathrm{H}^+]_{\text{准确}}}\times100\% \\ &= \frac{1.000\times10^{-6} - 1.010\times10^{-6}}{1.010\times10^{-6}}\times100\% \\ &= -1.0\%\end{aligned} \tag{4.42}$$

很显然，即便盐酸的浓度如此低，此时采用近似式导致的误差也是可以忽略的。

一元强碱溶液中氢离子浓度的计算方式与一元强酸类似。以 NaOH 水溶液为例，质子条件式为

$$[\mathrm{OH}^-] = [\mathrm{H}^+] + c(\mathrm{NaOH}) \tag{4.43}$$

同样地，当氢氧化钠浓度适当大时，也可以采用近似式：

$$[\mathrm{OH}^-] \approx c(\mathrm{NaOH}) \tag{4.44}$$

4.3.2 一元弱酸 (碱) 溶液中氢离子浓度计算

弱酸与强酸的不同之处在于，弱酸在水溶液中是部分解离的，它对整个溶液提供的氢离子数目在很大程度上受到其解离平衡常数的约束。对于一元弱酸 HB 的水溶液，其解离平衡为

$$\mathrm{HB(aq)} \rightleftharpoons \mathrm{H^+(aq)} + \mathrm{B^-(aq)}, \qquad K_\mathrm{a} = \frac{\dfrac{[\mathrm{H}^+]}{c^\ominus}\dfrac{[\mathrm{B}^-]}{c^\ominus}}{\dfrac{[\mathrm{HB}]}{c^\ominus}}$$

其质子条件式为

$$[\mathrm{H}^+] = [\mathrm{OH}^-] + [\mathrm{B}^-] \tag{4.45}$$

即

$$[\mathrm{H}^+] = \frac{K_\mathrm{w}c^\ominus}{\dfrac{[\mathrm{H}^+]}{c^\ominus}} + c(\mathrm{HB})\times\frac{K_\mathrm{a}c^\ominus}{[\mathrm{H}^+] + K_\mathrm{a}c^\ominus} \tag{4.46}$$

整理式 (4.46) 得

$$[\mathrm{H}^+]^3 + K_\mathrm{a}c^\ominus[\mathrm{H}^+]^2 - \left[K_\mathrm{a}c^\ominus c(\mathrm{HB}) + K_\mathrm{w}(c^\ominus)^2\right][\mathrm{H}^+] - K_\mathrm{a}K_\mathrm{w}(c^\ominus)^3 = 0 \tag{4.47}$$

式 (4.47) 是求解一元弱酸氢离子浓度的准确式。当然，手工求解依然很烦琐。我们将在讲解酸碱滴定方程的时候给出一个 Octave 程序，用于计算这种情况下的解。这里，将讨论如何求得合理的近似解。类似地，当弱酸的浓度和解离常数适当大时，水的解离情况可以忽略，即 $K_\mathrm{a}K_\mathrm{w}(c^\ominus)^3$ 项可忽略。一般认为，当 $K_\mathrm{a}c^\ominus c(\mathrm{HB}) > 20K_\mathrm{w}(c^\ominus)^2$ 时，括号中的 $K_\mathrm{w}(c^\ominus)^2$ 项可忽略。此时可得

$$[\mathrm{H}^+]^2 + K_\mathrm{a}c^\ominus[\mathrm{H}^+] - K_\mathrm{a}c^\ominus c(\mathrm{HB}) = 0 \tag{4.48}$$

解得

$$[\mathrm{H}^+] = \frac{-K_\mathrm{a}c^\ominus + \sqrt{(K_\mathrm{a}c^\ominus)^2 + 4K_\mathrm{a}c^\ominus c(\mathrm{HB})}}{2} \tag{4.49}$$

式 (4.49) 还可以进行进一步简化。如果 $c(\mathrm{HB}) > 500K_\mathrm{a}c^\ominus$，则独立的 K_a 项均可忽略，此时有

$$[\mathrm{H}^+] = \sqrt{K_\mathrm{a}c^\ominus c(\mathrm{HB})} \tag{4.50}$$

一元弱碱溶液中氢离子浓度的计算过程与上述过程类似，只要将上述式子中的 $[\mathrm{H}^+]$ 换成 $[\mathrm{OH}^-]$，K_a 值换成 K_b 值即可，因为碱通常是从水中获得氢离子，由此间接地额外产生 $[\mathrm{OH}^-]$，它的行为模式其实与酸类似。读者可以试着根据上述列举结果进行总结。

例 4.2　计算分析浓度为 0.10 mol/L 的 HF 溶液中氢离子的浓度。已知 HF 的 $K_\mathrm{a} = 6.6 \times 10^{-4}$。

解　因为

$$K_\mathrm{a}c(\mathrm{HF}) = 6.6 \times 10^{-4} \times 0.10\,\mathrm{mol/L} = 6.6 \times 10^{-5}\ \mathrm{mol/L} > 20K_\mathrm{w}c^\ominus$$

但是

$$c(\mathrm{HF}) = 0.10\ \mathrm{mol/L} < 500K_\mathrm{a}c^\ominus = 0.33\ \mathrm{mol/L}$$

所以

$$\begin{aligned}[\mathrm{H}^+] &= \frac{-K_\mathrm{a}c^\ominus + \sqrt{(K_\mathrm{a}c^\ominus)^2 + 4K_\mathrm{a}c^\ominus c(\mathrm{HF})}}{2}\\ &= \frac{-6.6\times10^{-4}\ \mathrm{mol/L} + \sqrt{(6.6\times10^{-4}\ \mathrm{mol/L})^2 + 4\times0.10\times6.6\times10^{-4}(\mathrm{mol/L})^2}}{2}\\ &= 7.9\times10^{-3}\ \mathrm{mol/L}\end{aligned}$$

例 4.3　计算分析浓度为 0.10 mol/L 的乙酸溶液中氢离子的浓度。已知乙酸的 $K_\mathrm{a} = 1.8 \times 10^{-5}$。

解　因为

$$c(\mathrm{CH_3COOH})K_\mathrm{a} = 1.8 \times 10^{-6}\ \mathrm{mol/L} > 20K_\mathrm{w}c^\ominus$$

并且

$$c(\mathrm{CH_3COOH}) > 500 \times K_\mathrm{a}c^\ominus = 9.0 \times 10^{-3}\ \mathrm{mol/L}$$

所以，可以用近似式计算：

$$[\mathrm{H}^+] = \sqrt{K_\mathrm{a}c(\mathrm{HA})c^\ominus} = \sqrt{0.10 \times 1.8 \times 10^{-5}(\mathrm{mol/L})^2} = 1.3 \times 10^{-3}\ \mathrm{mol/L}$$

4.3.3　多元酸 (碱) 溶液中氢离子浓度计算

多元酸的水溶液中存在逐级解离平衡，这使得氢离子浓度的计算变得更加复杂。以 H_2B 为例，它存在如下二级解离：

$$H_2B \rightleftharpoons H^+ + HB^-, \quad K_{a_1} = \frac{\dfrac{[H^+]}{c^\ominus} \times \dfrac{[HB^-]}{c^\ominus}}{\dfrac{[H_2B]}{c^\ominus}}$$

$$HB^- \rightleftharpoons H^+ + B^{2-}, \quad K_{a_2} = \frac{\dfrac{[H^+]}{c^\ominus} \times \dfrac{[B^{2-}]}{c^\ominus}}{\dfrac{[HB^-]}{c^\ominus}}$$

式中，K_{a_1} 和 K_{a_2} 分别为一级解离常数和二级解离常数。该体系的质子条件式为

$$[H^+] = [HB^-] + 2[B^{2-}] + [OH^-] \tag{4.51}$$

将各项的平衡浓度计算式代入，得

$$[H^+] = \frac{c(H_2B)K_{a_1}c^\ominus[H^+]}{[H^+]^2 + K_{a_1}c^\ominus[H^+] + K_{a_1}K_{a_2}(c^\ominus)^2} + \frac{2c(H_2B)K_{a_1}K_{a_2}(c^\ominus)^2}{[H^+]^2 + K_{a_1}c^\ominus[H^+] + K_{a_1}K_{a_2}(c^\ominus)^2} + \frac{K_w c^\ominus}{\dfrac{[H^+]}{c^\ominus}} \tag{4.52}$$

整理式 (4.52) 得

$$\begin{aligned}&[H^+]^4 + K_{a_1}c^\ominus[H^+]^3 + \left[K_{a_1}K_{a_2}(c^\ominus)^2 - c(H_2B)K_{a_1}c^\ominus - K_w(c^\ominus)^2\right][H^+]^2 \\ &\quad - \left[2c(H_2B)K_{a_1}K_{a_2}(c^\ominus)^2 + K_w(c^\ominus)^3K_{a_1}\right][H^+] - K_wK_{a_1}K_{a_2}(c^\ominus)^4 = 0\end{aligned} \tag{4.53}$$

式 (4.53) 是一个一元四次方程，手工求解难度极大。不过，仍然可以尝试在某些情况下的近似解。例如，如果酸的浓度较大，且属于较强的酸，则 K_{a_1} 较大，K_w 项可忽略。此时式 (4.53) 可以简化为

$$[H^+]^3 + K_{a_1}c^\ominus[H^+]^2 + \left[K_{a_1}K_{a_2}(c^\ominus)^2 - c(H_2B)K_{a_1}c^\ominus\right][H^+] - 2c(H_2B)K_{a_1}K_{a_2}(c^\ominus)^2 = 0 \tag{4.54}$$

如果第一级完全解离，则 $K_{a_1} = 10^{10}$，因此

$$[H^+]^2 + \left[K_{a_2}c^\ominus - c(H_2B)\right][H^+] - 2c(H_2B)K_{a_2}c^\ominus = 0 \tag{4.55}$$

式 (4.55) 是一个一元二次方程，可以手工求解。这里需要说明的是，针对特殊的情况进行简化是可行的，不过终归是近似结果。要得到更准确的结果必须编写相关的程序才行。因此，本书中不对其他情况进行讨论。

4.4　酸碱缓冲溶液

酸碱缓冲溶液是一类特殊的酸碱体系，它通常由浓度较大的弱酸及其共轭碱组成，如 HAc-NaAc、NH_4Cl-NH_3、NaH_2PO_4-Na_2HPO_4 等，它的一个重要作用是控制溶液体系的 pH 在一个合适的范围内。

4.4.1　酸碱缓冲溶液的 pH 计算

设一水溶液中包含 HB 和 NaB，它们会达到如下平衡：

$$\mathrm{HB(aq)} \rightleftharpoons \mathrm{H^+(aq) + B^-(aq)}$$

体系中氢离子浓度为

$$\frac{[\mathrm{H^+}]}{c^\ominus} = K_\mathrm{a} \times \frac{\frac{[\mathrm{HB}]}{c^\ominus}}{\frac{[\mathrm{B^-}]}{c^\ominus}} \tag{4.56}$$

对于该平衡体系，其质量平衡和电荷平衡分别为

$$[\mathrm{HB}] + [\mathrm{B^-}] = c(\mathrm{HB}) + c(\mathrm{NaB}) \tag{4.57}$$

和

$$[\mathrm{H^+}] + [\mathrm{Na^+}] = [\mathrm{OH^-}] + [\mathrm{B^-}] \tag{4.58}$$

由式 (4.57) 和式 (4.58) 可以解得

$$[\mathrm{HB}] = c(\mathrm{HB}) + [\mathrm{OH^-}] - [\mathrm{H^+}] \tag{4.59}$$

和

$$[\mathrm{B^-}] = c(\mathrm{NaB}) + [\mathrm{H^+}] - [\mathrm{OH^-}] \tag{4.60}$$

将式 (4.59) 和式 (4.60) 代入式 (4.56)，得

$$\frac{[\mathrm{H^+}]}{c^\ominus} = K_\mathrm{a} \times \frac{c(\mathrm{HB}) + [\mathrm{OH^-}] - [\mathrm{H^+}]}{c(\mathrm{NaB}) + [\mathrm{H^+}] - [\mathrm{OH^-}]} \tag{4.61}$$

式 (4.61) 是计算缓冲溶液 pH 的准确式，也称为亨德森 - 哈塞尔巴尔赫方程。一般情况下，构成缓冲溶液的 $c(\mathrm{HB})$ 和 $c(\mathrm{NaB})$ 都较大，因此式 (4.61) 可以简化为

$$\frac{[\mathrm{H^+}]}{c^\ominus} \approx K_\mathrm{a} \times \frac{c(\mathrm{HB})}{c(\mathrm{NaB})} \tag{4.62}$$

或者

$$\mathrm{pH} \approx \mathrm{p}K_\mathrm{a} + \lg \frac{c(\mathrm{NaB})}{c(\mathrm{HB})} \tag{4.63}$$

由式 (4.63) 可以看到，缓冲溶液体系的 pH 一方面由弱酸的解离常数控制，另一方面又受到弱酸和其共轭碱的浓度比的影响。如果将该缓冲溶液用蒸馏水稀释，则由于 $c(\mathrm{HB})$ 和 $c(\mathrm{NaB})$ 的浓度比不会改变，因此体系的 pH 不会改变。当外界加入的酸或碱的量不太大的时候，二者浓度比的改变量不大，因此体系的 pH 变动也不会太大。这就是缓冲溶液能够抵御外界轻微干扰的原因。

例 4.4　由 $\mathrm{NH_4Cl}$ 和 $\mathrm{NH_3}$ 构成的缓冲溶液中，$\mathrm{NH_3}$ 和 $\mathrm{NH_4Cl}$ 的分析浓度都为 0.10 mol/L。计算此缓冲溶液的 pH。已知 $K_\mathrm{b}(\mathrm{NH_3}) = 1.6 \times 10^{-5}$。

解　NH_4^+ 的解离常数为

$$K_a(NH_4^+)=\frac{K_w}{K_b(NH_3)}=\frac{1.0\times10^{-14}}{1.6\times10^{-5}}=5.6\times10^{-10}$$

根据式 (4.63)，得

$$\begin{aligned}pH&=pK_a(NH_4^+)-\lg\frac{c(NH_4^+)}{c(NH_3)}\\&=9.26-\lg\frac{0.10}{0.10}\\&=9.26\end{aligned}$$

4.4.2　缓冲指数和缓冲范围

从例 4.4 中可以看到，缓冲体系中酸的解离常数的负对数通常较大，它控制了缓冲溶液基础的 pH。缓冲体系中弱酸及其共轭碱的浓度通常不会相差太多，它们对缓冲溶液的 pH 实际上不会产生显著的影响。例如，当两者浓度比变为 10 时才能产生 1 个 pH 单位的改变。

为了从数值上描述缓冲溶液的缓冲能力，定义如下缓冲指数：

$$\beta=\frac{dc_b}{dpH}=-\frac{dc_a}{dpH}\tag{4.64}$$

式中，β 为缓冲指数；dc_b 和 dc_a 分别为加入碱的或者酸的浓度变化。为研究缓冲指数与浓度的关系，向上述缓冲溶液体系加入 NaOH，强碱对体系的影响可通过 $c(NaB)$ 的变动来衡量。根据式 (4.60)，可得

$$c(NaB)=[B^-]-[H^+]+[OH^-]\tag{4.65}$$

式 (4.65) 对 pH 求导，得

$$\begin{aligned}\frac{dc(NaB)}{dpH}&=\frac{d[B^-]}{dpH}+\frac{d[OH^-]}{dpH}-\frac{d[H^+]}{dpH}\\&=\beta([B^-])+\beta([OH^-])+\beta([H^+])\end{aligned}\tag{4.66}$$

式 (4.66) 中的后两项相对较小，这里可忽略，则

$$\beta=\frac{dc(NaB)}{dpH}=\frac{d[B^-]}{dpH}=\beta([B^-])\tag{4.67}$$

因为

$$[B^-]=\frac{K_a(HB)c^\ominus[c(HB)+c(NaB)]}{[H^+]+K_a(HB)c^\ominus}\tag{4.68}$$

所以缓冲指数的计算式为

$$\beta=\frac{d[B^-]}{dpH}=2.30\times\frac{K_a(HB)c^\ominus[c(HB)+c(NaB)][H^+]}{\left[[H^+]+K_a(HB)c^\ominus\right]^2}\tag{4.69}$$

计算不同氢离子浓度下的缓冲指数，得到缓冲指数曲线，如图 4.4 所示。该曲线阴影部分的区域对应于 $pH=pK_a\pm1$。这个区域称为缓冲溶液的缓冲范围。

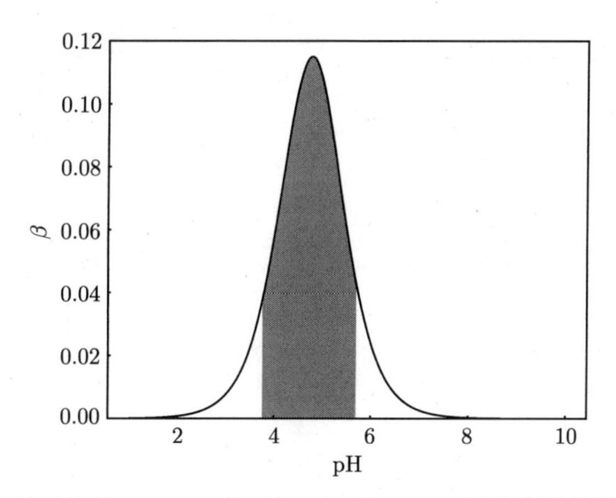

图 4.4　总浓度为 0.10 mol/L 的 HAc 和 NaAc 缓冲溶液的缓冲指数曲线

将式 (4.69) 对 $[H^+]$ 求导，并令导数为零，整理得

$$[H^+]_{\beta_{max}} = K_a(HB) \tag{4.70}$$

将式 (4.70) 代入式 (4.69) 中，得

$$\beta_{max} = 0.575 \times [c(HB) + c(NaB)] \tag{4.71}$$

式 (4.71) 表明最大缓冲指数与总浓度成正比。因此，如果要使缓冲溶液的缓冲能力更大，需要使用总浓度足够大的缓冲溶液。当然，缓冲溶液的总量也需要足够大，否则难以抵消外界加入的酸 (或碱) 的影响。

4.4.3　缓冲溶液的选择原则

分析化学中用于控制溶液 pH 的缓冲溶液有很多，通常应根据实际情况选用恰当的缓冲溶液，选用的原则为：① 缓冲溶液对测量过程应没有干扰；② 缓冲溶液中的弱酸的 pK_a 应与欲控制的 pH 接近；③ 缓冲溶液应有足够的缓冲容量；④ 缓冲物质应廉价易得，避免污染。

表 4.1 列出几种常用的缓冲溶液。

表 4.1　常用缓冲溶液

缓冲溶液组成	酸的存在形式	碱的存在形式	pK_a
氨基乙酸 -HCl	$^+NH_3CH_2COOH$	$^+NH_3CH_2COO^-$	2.35(pK_{a_1})
HAc-NaAc	HAc	Ac^-	4.74
六亚甲基四胺 -HCl	$(CH_2)_6N_4H^+$	$(CH_2)_6N_4$	5.15
三乙醇胺 -HCl	$^+HN(CH_2CH_2OH)_3$	$N(CH_2CH_2OH)_3$	7.76
$NaHCO_3$-Na_2CO_3	HCO_3^-	CO_3^{2-}	10.25(pK_{a_2})

4.5　酸碱滴定方程

酸碱滴定方程是一个数学方程，它用于描述滴定剂 (酸或碱) 加入一个未知浓度的溶液体系之后，该体系 pH 的改变与滴定剂加入量之间的关系。许多科研人员对酸碱滴定方程进行了研究，其中以德勒维 (Robert de Levie) 的研究结果最具有代表性。他建立了酸碱滴定的通式，原则上可以描述任意复杂的酸碱滴定体系。本节将从简单的体系开始，逐步建立酸碱滴定通式。

4.5.1　强碱滴定一元强酸

以 NaOH 溶液滴定 HCl 溶液为例，反应式如下：

$$\mathrm{HCl(aq) + NaOH(aq) =\!=\!= NaCl(aq) + H_2O(l)}$$

设在滴定开始时，HCl 溶液的分析浓度为 $c(\mathrm{HCl})$，初始体积为 V_0。用分析浓度为 $c(\mathrm{NaOH})$ 的 NaOH 溶液滴定该 HCl 溶液，当滴加的 NaOH 溶液体积为 V_t 时，质量平衡为

$$\frac{c(\mathrm{HCl})V_0}{V_0+V_\mathrm{t}}=[\mathrm{Cl^-}] \tag{4.72}$$

$$\frac{c(\mathrm{NaOH})V_\mathrm{t}}{V_0+V_\mathrm{t}}=[\mathrm{Na^+}] \tag{4.73}$$

滴定过程中存在的带电型体为 Na^+、H^+、OH^- 和 Cl^-，它们之间的电荷平衡为

$$[\mathrm{Na^+}]+[\mathrm{H^+}]=[\mathrm{OH^-}]+[\mathrm{Cl^-}] \tag{4.74}$$

将式 (4.72) 和式 (4.73) 中的项代入式 (4.74) 中，得

$$\frac{c(\mathrm{NaOH})V_\mathrm{t}}{V_0+V_\mathrm{t}}+[\mathrm{H^+}]=[\mathrm{OH^-}]+\frac{c(\mathrm{HCl})V_0}{V_0+V_\mathrm{t}} \tag{4.75}$$

定义 $\eta=\dfrac{V_\mathrm{t}}{V_0}$ 和 $\varDelta=[\mathrm{H^+}]-[\mathrm{OH^-}]$，则式 (4.75) 可以整理成：

$$\eta=\frac{c(\mathrm{HCl})-([\mathrm{H^+}]-[\mathrm{OH^-}])}{c(\mathrm{NaOH})+([\mathrm{H^+}]-[\mathrm{OH^-}])}=\frac{c(\mathrm{HCl})-\varDelta}{c(\mathrm{NaOH})+\varDelta} \tag{4.76}$$

式 (4.76) 是 NaOH 溶液滴定 HCl 溶液的滴定方程。由于 $[\mathrm{H^+}]$ 和 $[\mathrm{OH^-}]$ 是共轭关系，式 (4.76) 实际上也是体积比 η 与氢离子浓度 $[\mathrm{H^+}]$ 的定量关系式。通过计算不同 H^+ 浓度时的体积比，可以得到 H^+ 浓度与体积比的关系图，即滴定曲线，如图 4.5 所示。滴定曲线图上的纵坐标通常用浓度的负对数值 (pH) 表示，它可以更好地展示 H^+ 浓度的锐减过程。

图 4.5 中有两个关键的指标，一个为化学计量点，另一个为滴定突跃范围。化学计量点是滴加的 NaOH 的物质的量与溶液中 HCl 的物质的量完全相等时滴定曲线上的位置 (η,pH)。由化学计量关系可知，化学计量点时应该满足：

$$c(\mathrm{NaOH})\times V_\mathrm{sp}=c(\mathrm{HCl})\times V_0 \tag{4.77}$$

因此

$$\eta_\mathrm{sp}=\frac{V_\mathrm{sp}}{V_0}=\frac{c(\mathrm{HCl})}{c(\mathrm{NaOH})} \tag{4.78}$$

式中，下标 sp 为化学计量点的英文缩写。在等浓度滴定时，$c(\mathrm{HCl})=c(\mathrm{NaOH})$，因而 $\eta_\mathrm{sp}=1$。图 4.5 所示的滴定体系的化学计量点为 $(1.000, 7.00)$。

滴定突跃范围是指 η 值在 $0.999\sim1.001$ 这个范围，此时 pH 有一个大的跳跃，从 4.30 突变至 9.70。$0.999\sim1.001$ 这个范围对应的滴定完成率为 $99.9\%\sim100.1\%$。

影响强碱滴定强酸滴定突跃范围的因素之一是浓度。例如，用浓度为 1.00 mol/L 的 NaOH 溶液滴定浓度为 1.00 mol/L 的 HCl 溶液的滴定突跃范围为 pH 溶液 3.3 ～ 10.7；但若以浓度为 0.01 mol/L 的 NaOH 溶液滴定浓度为 0.01 mol/L 的 HCl 溶液的滴定突跃范围为 pH 溶液 5.3 ～ 8.7。图 4.6 所示为两种浓度情况下 NaOH 溶液滴定等浓度的 HCl 溶液的滴定曲线，从图中可以看到，浓度较大者滴定突跃范围较大 (实线)，浓度较小者滴定突跃范围较小 (点画线)。

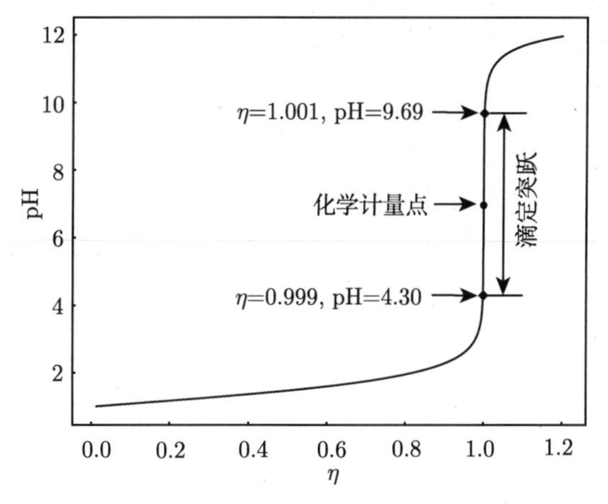

图 4.5　浓度为 0.1000 mol/L NaOH 溶液滴定等浓度 HCl 溶液的滴定曲线

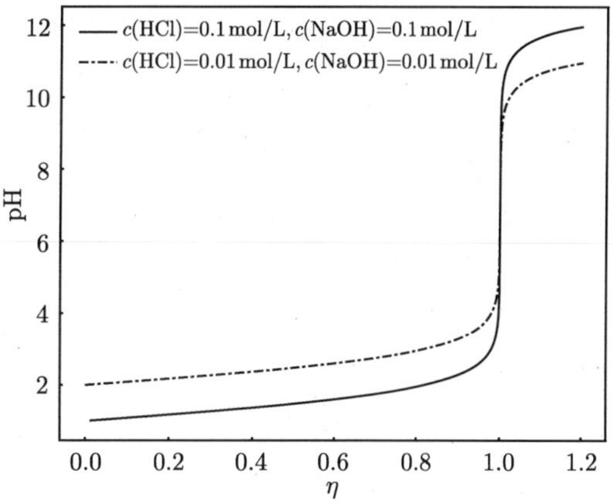

图 4.6　浓度对滴定突跃范围影响示意图

4.5.2　强碱滴定一元弱酸

以 NaOH 溶液滴定弱酸 HB 溶液为例，它们之间的化学反应为

$$\mathrm{HB(aq)} + \mathrm{NaOH(aq)} = \mathrm{NaB(aq)} + \mathrm{H_2O(l)}$$

设在滴定开始时，HB 溶液的分析浓度为 $c(\mathrm{HB})$，初始体积为 V_0。用分析浓度为 $c(\mathrm{NaOH})$ 的 NaOH 溶液滴定该酸溶液，当滴加的 NaOH 溶液体积为 V_t 时，质量平衡为

$$\frac{c(\mathrm{HB})V_0}{V_0+V_\mathrm{t}} = [\mathrm{B^-}] + [\mathrm{HB}] \tag{4.79}$$

$$\frac{c(\mathrm{NaON})V_\mathrm{t}}{V_0+V_\mathrm{t}} = [\mathrm{Na^+}] \tag{4.80}$$

滴定过程中带电型体为 $\mathrm{Na^+}$、$\mathrm{H^+}$、$\mathrm{OH^-}$ 和 $\mathrm{B^-}$，它们之间的电荷平衡为

$$[\mathrm{Na^+}] + [\mathrm{H^+}] = [\mathrm{B^-}] + [\mathrm{OH^-}] \tag{4.81}$$

溶液中的 $[\mathrm{B^-}]$ 可表达为

$$[\mathrm{B^-}] = \delta(\mathrm{B^-}) \times \frac{c(\mathrm{HB})V_0}{V_0+V_\mathrm{t}} \tag{4.82}$$

将式 (4.80) 的相关项和式 (4.82) 代入电荷平衡方程，整理得

$$\eta = \frac{\delta(\mathrm{B^-})c(\mathrm{HB}) - \varDelta}{c(\mathrm{NaOH}) + \varDelta} \tag{4.83}$$

式 (4.83) 是 NaOH 溶液滴定弱酸 HB 溶液的滴定方程。从形式上看，方程式 (4.83) 与方程式 (4.76) 非常相似，不同之处是弱酸的分析浓度前增加了一个系数 $\delta(\mathrm{B^-})$。

图 4.7 所示为 NaOH 溶液滴定乙酸溶液的滴定曲线，为了便于比较弱酸体系与强酸体系的不同，同时用虚线绘出了 NaOH 溶液滴定 HCl 溶液的滴定曲线。可以看到，滴定弱酸时在滴定突跃前的一段显著被抬高。导致这种现象的原因是：乙酸是弱酸，它是部分解离的，解离出的氢离子浓度小于其分析浓度，故其初始 pH 大于根据其分析浓度计算的 pH。

在滴定开始后的一段过程中，加入的 NaOH 与 CH_3COOH 反应生成 CH_3COO^-，而 CH_3COO^- 与 CH_3COOH 构成了缓冲体系，因此滴定曲线趋于平缓改变。这是弱酸体系滴定曲线的特点。到达化学计量点时，全部 CH_3COOH 生成 CH_3COONa，溶液呈弱碱性，pH 通常不小于 7。与 NaOH 溶液滴定 HCl 溶液的滴定曲线相比较可以发现，NaOH 溶液滴定乙酸溶液时滴定突跃范围收窄至 pH 7.74 ~ 9.70。

图 4.8 所示为 NaOH 滴定不同 K_a 值的弱酸的滴定曲线，酸和碱的浓度均为 0.1000 mol/L。从该图中可以看到，K_a 值越小，突跃范围越小。同时，较小的 K_a 值导致滴定体积比 0.999 ~ 1.001 这个范围的滴定曲线趋向于渐变而非突变，这种变化趋势会影响到滴定分析的准确度。

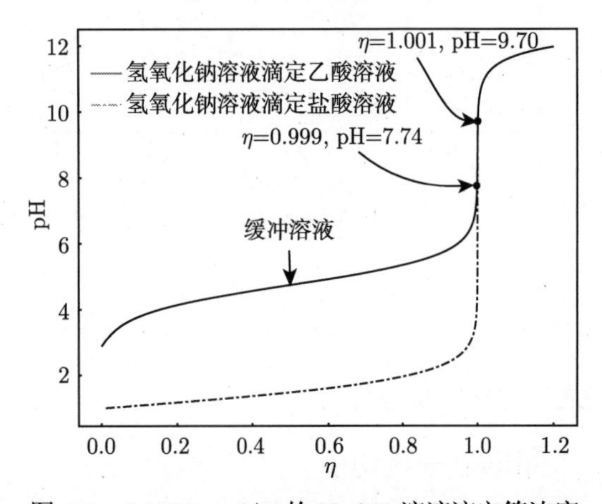

图 4.7　0.1000 mol/L 的 NaOH 溶液滴定等浓度的乙酸溶液的滴定曲线

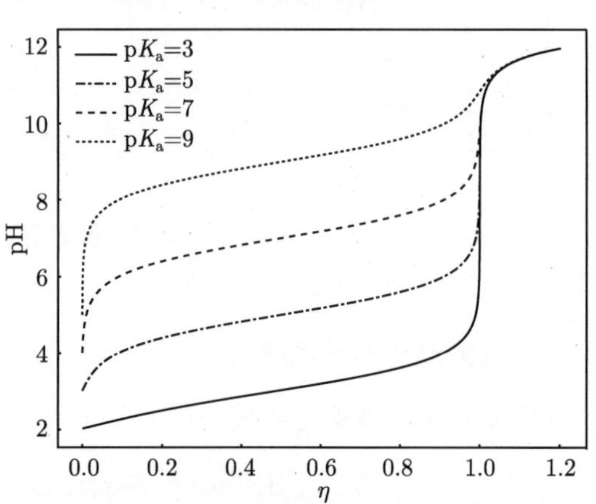

图 4.8　NaOH 溶液滴定等浓度、不同 pK_a 的弱酸的滴定曲线

滴定曲线上的一些关键点的位置本质上也可以通过滴定方程进行计算。例如，对于开始点的位置，$\eta = 0.000$，因此滴定方程为

$$\frac{\delta(\mathrm{B}^-)c(\mathrm{HB}) - \varDelta}{c(\mathrm{NaOH}) + \varDelta} = 0.000 \tag{4.84}$$

式 (4.84) 展开后其实就是质子条件式，有兴趣的读者可以试一试。对于等浓度滴定，在化学计量点时 $\eta = 1.000$，由方程式 (4.83) 可得

$$\frac{\delta(\mathrm{B}^-)c(\mathrm{HB}) - \varDelta}{c(\mathrm{NaOH}) + \varDelta} = 1.000 \tag{4.85}$$

式 (4.85) 可以简化为有关 $[\mathrm{H}^+]$ 的方程，通过解方程即可得到化学计量点处的 pH。对于滴定突跃范围，也可以如此计算。由于上述方程式的求解过程较为烦琐，此处不做进一步的展开讨论。

式 (4.83) 相对简单，可对其进行展开得到如下解析式：

$$(\eta+1)[\mathrm{H}^+]^3 + \left[\eta c_1 + (\eta+1)K_\mathrm{a}c^\ominus\right][\mathrm{H}^+]^2 + \left[\eta c_1 K_\mathrm{a}c^\ominus - (\eta+1)K_\mathrm{w}(c^\ominus)^2 - K_\mathrm{a}c^\ominus c_0\right][\mathrm{H}^+]$$
$$- \cdots - (\eta+1)K_\mathrm{a}K_\mathrm{w}(c^\ominus)^3 = 0 \tag{4.86}$$

式中，为了便于表达用 c_0 代替 HB 的初始浓度，用 c_1 代替 NaOH 的初始浓度；K_a 为弱酸的解离常数。

式 (4.86) 虽然是从氢氧化钠滴定一元弱酸这个特例构建出来的，但它也适用于其他的一元酸。特别地，由于一元强酸实际上属于一元弱酸的特殊形式，因此该式也适用于一元强酸。将 $K_a = 10^{10}$ 代入该式，并做适当的整理，可得

$$(\eta+1)[H^+]^2 + (\eta c_1 - c_0)[H^+] - (\eta+1)K_w = 0 \tag{4.87}$$

式 (4.87) 其实就是 NaOH 滴定强酸的滴定方程式 (4.76) 的解析式，有兴趣的读者不妨将式 (4.76) 展开以验证该式给出的结果。式 (4.86) 是一元三次方程，通常情况下存在实数解。附录 B 中给出了用 Octave 语言编写的计算式 (4.86) 的实数解的程序 pH_at_eta.m。程序 demo_ac_abt.m 中也给出了利用 pH_at_eta.m 计算化学计量点以及滴定曲线的示例。

4.5.3　强碱滴定多元酸

以 NaOH 溶液滴定 H_3PO_4 溶液为例，滴定反应是逐级进行的，反应如下：

$$NaOH(aq) + H_3PO_4(aq) = NaH_2PO_4(aq) + H_2O(l)$$
$$NaOH(aq) + NaH_2PO_4(aq) = Na_2HPO_4(aq) + H_2O(l)$$
$$NaOH(aq) + Na_2HPO_4(aq) = Na_3PO_4 + H_2O(l)$$

设在滴定开始时，H_3PO_4 溶液的分析浓度为 $c(H_3PO_4)$，其初始体积为 V_0。用分析浓度为 $c(NaOH)$ 的 NaOH 溶液滴定该酸溶液，则当滴加的 NaOH 溶液体积为 V_t 时，质量平衡为

$$\frac{c(H_3PO_4)V_0}{V_0+V_t} = [H_3PO_4] + [H_2PO_4^-] + [HPO_4^{2-}] + [PO_4^{3-}] \tag{4.88}$$

$$\frac{c(NaOH)V_t}{V_0+V_t} = [Na^+] \tag{4.89}$$

在滴定过程中，体系中存在如下几种带电型体：

H^+　　Na^+　　OH^-　　$H_2PO_4^-$　　HPO_4^{2-}　　PO_4^{3-}

它们之间的电荷平衡为

$$[Na^+] + [H^+] = [OH^-] + [H_2PO_4^-] + 2[HPO_4^{2-}] + 3[PO_4^{3-}] \tag{4.90}$$

由于 H_3PO_4 各型体的浓度为

$$[H_2PO_4^-] = \delta(H_2PO_4^-) \times \frac{c(H_3PO_4)V_0}{V_0+V_t} \tag{4.91}$$

$$[HPO_4^{2-}] = \delta(HPO_4^{2-}) \times \frac{c(H_3PO_4)V_0}{V_0+V_t} \tag{4.92}$$

$$[PO_4^{3-}] = \delta(PO_4^{3-}) \times \frac{c(H_3PO_4)V_0}{V_0+V_t} \tag{4.93}$$

将各型体的浓度项代入电荷平衡方程式中，可以解得

$$\eta = \frac{c(H_3PO_4)\left[\delta(H_2PO_4^-) + 2\delta(HPO_4^{2-}) + 3\delta(PO_4^{3-})\right] - \varDelta}{c(NaOH) + \varDelta} \tag{4.94}$$

式 (4.94) 为 NaOH 溶液滴定 H_3PO_4 溶液时的滴定方程，对比前面两种情况下的滴定方程，可以明显发现它们形式上的相似性和不同之处。例如，均有单独的 Δ 项存在，且分母项均为 $c(\text{NaOH}) + \Delta$。而分子项中待测酸的分析浓度均以独立形式存在，只是不同的酸要乘以不同的因子。

图 4.9 所示为 NaOH 溶液滴定 H_3PO_4 溶液的滴定曲线。从图中可以看到，对应于 $\eta = 1$ 和 $\eta = 2$ 有两个滴定突跃，而对应于 $\eta = 3$ 的位置上没有滴定突跃。原因在于，H_3PO_4 溶液的 $\text{p}K_{\text{a}_3} = 12.36$，属于极弱酸的情况。实际上该数值与 $\text{p}K_\text{w}$ 非常接近，其表现行为已经类似于水。

如果要 H_3PO_4 溶液在第 3 个计量点处仍然可以出现滴定突跃，则必须改变溶剂。例如，可以采用乙醇作为溶剂，其 $\text{p}K_\text{a}(\text{CH}_3\text{CH}_2\text{OH}) = 19.1$，与 H_3PO_4 溶液的 $\text{p}K_{\text{a}_3} = 12.36$ 相差足够大。用 $\text{p}K_\text{a}(\text{CH}_3\text{CH}_2\text{OH})$ 替换 $\text{p}K_\text{w}$，重新计算 H_3PO_4 溶液的滴定曲线，如图 4.10 所示。从中可以看到，H_3PO_4 溶液的确出现了第 3 个滴定突跃。采用非水溶剂实现酸碱滴定的做法称为非水溶液中的酸碱滴定，限于篇幅，这里不做深入讨论。

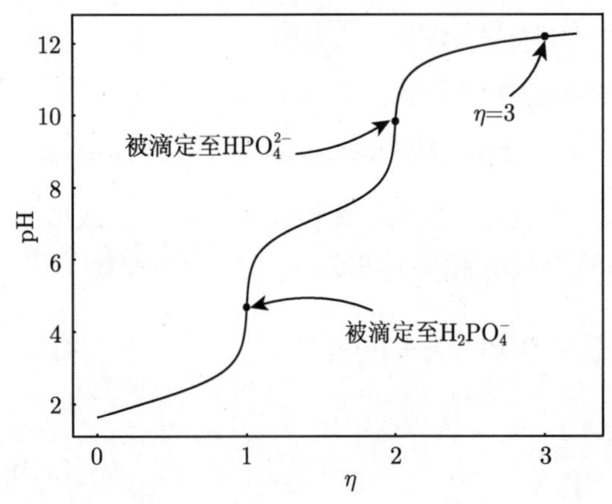

图 4.9　NaOH 溶液滴定水溶液中 H_3PO_4 溶液的滴定曲线

浓度均为 0.1000 mol/L

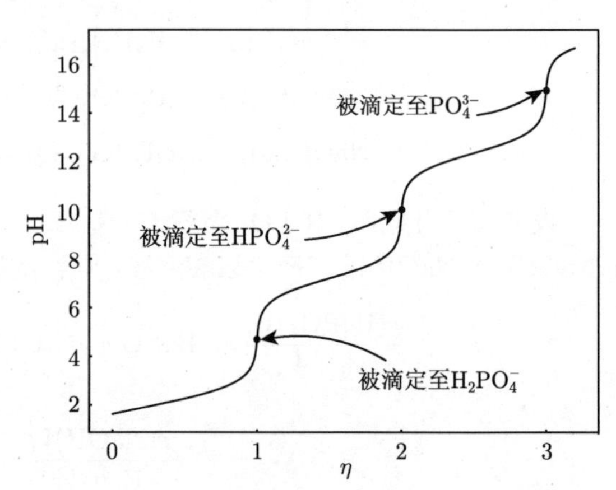

图 4.10　NaOH 溶液滴定乙醇溶液中 H_3PO_4 溶液的滴定曲线

浓度均为 0.1000 mol/L

4.5.4　酸碱滴定通式

从前面的例子中可以看到，当采用 NaOH 溶液滴定三种酸的时候，滴定方程均表现出很大程度的相似性，因而建立酸碱滴定通式也是可能的。这里假设用 NaOH 溶液滴定由 HCl、CH_3COOH 和 H_3PO_4 组成的混合酸，各组分的浓度、初始体积及解离常数如表 4.2 所示。

表 4.2　各组分浓度及体积参数

酸或碱	初始浓度	初始体积	酸解离常数
NaOH	$c(\text{NaOH})$	0	
HCl	$c(\text{HCl})$	V_0	
CH_3COOH	$c(\text{CH}_3\text{COOH})$	V_0	K_a
H_3PO_4	$c(H_3PO_4)$	V_0	K_{a_1}, K_{a_2}, K_{a_3}

当滴定至 NaOH 溶液消耗了体积 V_t 时，质量平衡为

$$\frac{c(\text{NaOH})V_t}{V_0+V_t}=[\text{Na}^+] \tag{4.95}$$

$$\frac{c(\text{HCl})V_0}{V_0+V_t}=[\text{Cl}^-] \tag{4.96}$$

$$\frac{c(\text{CH}_3\text{COOH})V_0}{V_0+V_t}=[\text{CH}_3\text{COOH}]+[\text{CH}_3\text{COO}^-] \tag{4.97}$$

$$\frac{c(\text{H}_3\text{PO}_4)V_0}{V_0+V_t}=[\text{H}_3\text{PO}_4]+[\text{H}_2\text{PO}_4^-]+[\text{HPO}_4^{2-}]+[\text{PO}_4^{3-}] \tag{4.98}$$

电荷平衡为

$$[\text{H}^+]+[\text{Na}^+]=[\text{OH}^-]+[\text{Cl}^-]+[\text{CH}_3\text{COO}^-]+[\text{H}_2\text{PO}_4^-]+2[\text{HPO}_4^{2-}]+3[\text{PO}_4^{3-}] \tag{4.99}$$

将质量平衡式的各项代入电荷平衡式的对应项，整理得滴定方程：

$$\eta=-\frac{F(\text{HCl})c(\text{HCl})+F(\text{CH}_3\text{COOH})c(\text{CH}_3\text{COOH})+F(\text{H}_3\text{PO}_4)c(\text{H}_3\text{PO}_4)+\varDelta}{F(\text{NaOH})c(\text{NaOH})+\varDelta} \tag{4.100}$$

式中，$F(\text{NaOH})=1$; $F(\text{HCl})=-1$; $F(\text{CH}_3\text{COOH})=-\delta(\text{CH}_3\text{COO}^-)$; $F(\text{H}_3\text{PO}_4)=-\delta(\text{H}_2\text{PO}_4^-)-2\delta(\text{HPO}_4^{2-})-3\delta(\text{PO}_4^{3-})$。

式 (4.100) 中的 F 称为质子解离函数 (或质子结合函数)，它是与滴定过程中酸或碱的形态和行为有关的量。对于某个组分，如果它表现为质子解离的倾向，其质子解离函数为负值；如果表现为得到质子的倾向，则质子解离函数为正值。对于强酸和强碱而言，其 F 函数值分别取 -1 和 1。

F 函数的一般形式①如下：

$$F=\frac{\sum_{j=0}^{p}(p-q-j)[\text{H}^+]^{p-j}\prod_{i=0}^{j}K_{\text{a},i}}{\sum_{j=0}^{p}[\text{H}^+]^{p-j}\prod_{i=0}^{j}K_{\text{a},i}} \tag{4.101}$$

式中，$K_{\text{a},0}\equiv 1$；p 为酸的最大可解离出的质子数；q 为酸当前状态可解离出的质子数。

从滴定方程的建立过程中可以看到，F 函数本质上用分布分数来表示，且有规律可循，现举若干例子说明。

(1) 对于 H_3PO_4，它只表现为失去质子的趋势，并且是逐一失去一个质子：

$$F=-\delta(\text{H}_2\text{PO}_4^-)-2\delta(\text{HPO}_4^{2-})-3\delta(\text{PO}_4^{3-}) \tag{4.102}$$

(2) 对于 NaH_2PO_4，有两个可能的变化方向，其一是它失去一个质子成为 HPO_4^{2-}，失去两个质子成为 PO_4^{3-}；其二是得到一个质子成为 H_3PO_4，所以：

$$F=-\delta(\text{HPO}_4^{2-})-2\delta(\text{PO}_4^{3-})+\delta(\text{H}_3\text{PO}_4) \tag{4.103}$$

① 该式不适用于强碱。德勒维采用了其他的辅助方式。这个方面依然值得探讨。

(3) 对于 $(NH_4)_2HPO_4$，应该拆分成两个物质来看待，其中的 NH_4^+ 表现为失去质子的趋势，并且它对应两个单位的物质的量。而其中的 HPO_4^{2-} 既能失去质子，也能得到质子 (参考前例)，所以：

$$F = -\delta(PO_4^{3-}) + \delta(H_2PO_4^-) + 2\delta(H_3PO_4) - 2\delta(NH_3) \tag{4.104}$$

式 (4.100) 中的各项通过线性加和的方式组合在一起，实质上反映了酸碱滴定过程中组分之间具有相对独立性。如果对照式 (4.76)、式 (4.83)、式 (4.94) 和式 (4.100)，可以发现前三个方程中的浓度项加和起来就构成了最后一个方程的浓度项。另一方面，由于上述例子中均采用单一 NaOH 溶液滴定酸，因而式 (4.100) 的分母项中只有一项。然而，根据组分之间的相对独立性，德勒维由此推测：如果采用混合碱滴定酸体系，则分母项中应该是各碱的相关项的算术加和。据此，可以建立如下酸碱滴定通式：

$$\eta = -\frac{\sum F_s c_s + \Delta}{\sum F_t c_t + \Delta} \tag{4.105}$$

式中，下标 t 和 s 分别代表滴定剂和被滴定样品。

当然，手工求解复杂体系的酸碱滴定通式是不现实的。本书作者之一甘峰还编写了 Kapok 软件包，可直接运行于 Windows 环境，其中包含计算酸碱滴定曲线的功能。有兴趣的读者可以发邮件到 analchemchina@163.com 向编者索取。软件包中有该程序的用法说明，本书的附录 B 中只做简要的展示。

通过 Kapok 软件可以计算出 NaOH 溶液滴定由 HCl、CH_3COOH 和 H_3PO_4 构成的混合酸体系的滴定曲线，如图 4.11 所示。从该图中可以看到只有一个明显的滴定突跃，对应于 $\eta = 4$。这个结果表明 NaOH 溶液滴定该混合酸体系时只能得到混合酸的总量，而无法实现逐一滴定。

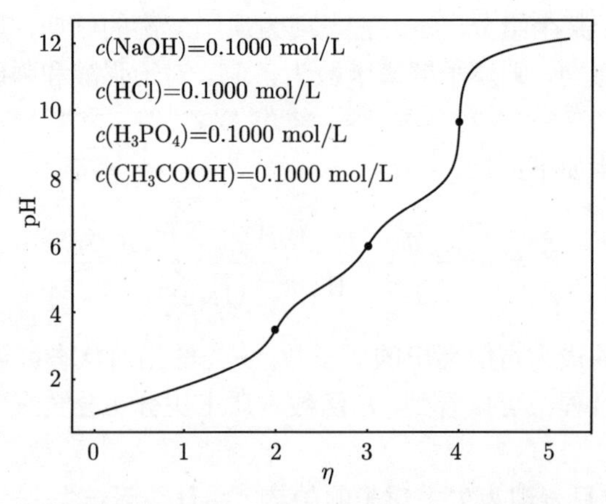

图 4.11　NaOH 溶液滴定由 HCl、CH_3COOH 和 H_3PO_4 构成的混合酸体系的滴定曲线

图 4.12 所示为上述混合酸体系滴定过程中的若干主要成分的详细进程。该图清晰地展示如下几个事实：① 在 $\eta < 1$ 这一段，所有的酸都在一定程度上被滴定，这种混合效应使得在 $\eta = 1$ 的位置上看不出某种酸被完全滴定，尽管理论上在这个位置应该是盐酸被完全滴定；② 在 $\eta = 2$ 的位置，$[H_3PO_4] \approx 0$，这表明此时 H_3PO_4 基本被滴定完全，这也使得 $H_2PO_4^-$ 的浓度达到最大；③ 在 $\eta = 3$ 的位置，是乙酸被完全滴定，而 $H_2PO_4^-$ 只是伴随性地被滴定了很少的量；④ 在 $\eta = 4$ 的位置，是 $H_2PO_4^-$ 被滴定至 HPO_4^{2-}。

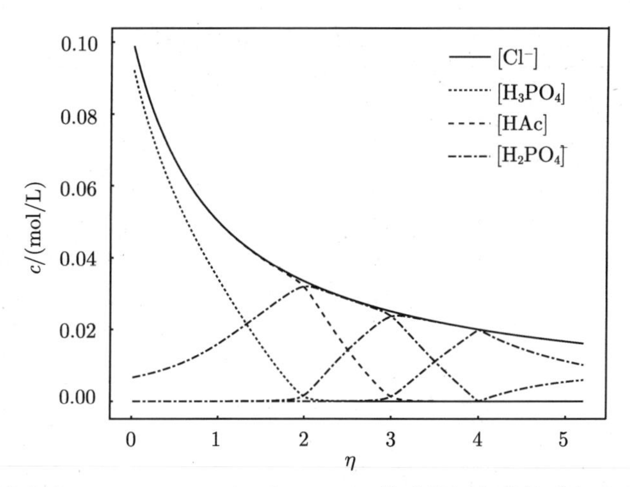

图 4.12　NaOH 溶液滴定由 HCl、CH_3COOH 和 H_3PO_4 构成的混合酸体系中重要组分的浓度变化曲线

各酸的浓度均为 0.1000 mol/L

4.6　滴定终点判定及滴定误差

判定酸碱滴定终点的方法大致可以分为两类：一类是经典的方法，采用酸碱指示剂，根据计量点附近指示剂的变色来指示滴定终点；另一类则采用 pH 计来监控滴定过程中氢离子的浓度变化，从而达到判定滴定终点的目的。本节重点介绍酸碱指示剂法。

4.6.1　酸碱指示剂的原理

酸碱指示剂是有机弱酸或有机弱碱，它们的结构中通常包含双键结构和苯环结构，使整个分子构成一个大的 π 电子共轭体系，因而常常显现出一定的颜色。当酸碱溶液中的氢离子结合到酸碱指示剂上时，它改变了酸碱指示剂原有的共轭结构，从而导致其颜色的改变。利用酸碱指示剂的这一特征，可示踪酸碱溶液中氢离子浓度的变化情况。

例如，甲基橙是一种有机弱碱，它的碱式具有偶氮式结构，呈黄色；其酸式具有醌式结构，呈红色。甲基橙在 $\mathrm{pH} \leqslant 3.1$ 时主要以酸式结构存在，此时其水溶液呈现红色；在 $\mathrm{pH} \geqslant 4.4$ 时主要以碱式结构存在，其水溶液呈现黄色。在 $\mathrm{pH} = 3.1 \sim 4.4$ 时，两种结构同时存在，故呈现出红色与黄色的混合色——橙色。图 4.13 所示为甲基橙的变色反应示意图。表 4.3 列出了几种常用的酸碱指示剂。

在实际的酸碱滴定中，有时要将指示剂的变色限制在很窄的范围内，以便能准确显示滴定终点。在这种情况下，单一的酸碱指示剂通常难以满足要求，此时要采用混合指示剂。混合指示剂有两类，一类是由两种或两种以上的指示剂混合而成，利用颜色之间的互补作用，使颜色变化更为敏锐。例如，溴甲酚绿的酸色为黄色，碱色为蓝色，中间的过渡色为绿色；甲基红的酸色为红色，碱色为黄色，中间的过渡色为橙色，如图 4.14 所示。

当把 0.1% 溴甲酚绿与 0.2% 甲基红按 3:1 的比例混合时，二者的过渡色绿色和橙色为互补色，使得混合指示剂的过渡色呈现极淡的浅灰色。同时，二者的酸色混合后形成酒红色，碱色混合后形成绿色，二者的对比度也很大，因此，二者构成的混合指示剂变色敏锐且过渡色范围窄，既易于观察，又可保证变色在一个很小的 pH 区域内发生。

表 4.3　几种常用的酸碱指示剂

指示剂	变色范围	颜色		pK_a	配制方法
		酸色	碱色		
甲基橙	$3.1 \sim 4.4$	红	黄	3.4	1 g 指示剂溶于 1 L 水中
甲基红	$4.4 \sim 6.2$	红	黄	5.2	0.1 g 指示剂溶于 100 mL 20% 乙醇溶液中
溴百里酚蓝	$6.0 \sim 7.6$	黄	蓝	7.1	0.05 g 指示剂溶于 100 mL 20% 乙醇溶液中
酚红	$6.7 \sim 8.4$	黄	红	7.3	0.1 g 指示剂溶于 100 mL 20% 乙醇溶液中
酚酞	$8.0 \sim 9.6$	无	红	8.9	0.1 g 指示剂溶于 100 mL 60% 乙醇溶液中
百里酚酞	$9.4 \sim 10.6$	无	蓝	9.0	0.1 g 指示剂溶于 100 mL 90% 乙醇溶液中
茜素黄 R	$10.1 \sim 12.1$	黄	淡紫	11.0	1 g 指示剂溶于 1 L 水中
达旦黄	$12.0 \sim 13.0$	黄	红	12.5	1 g 指示剂溶于 1 L 水中

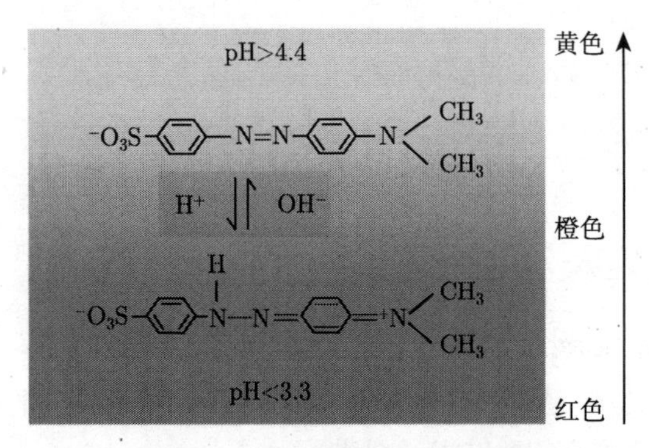

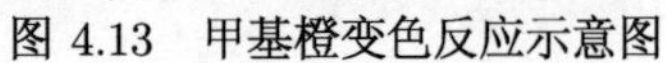
图 4.13　甲基橙变色反应示意图

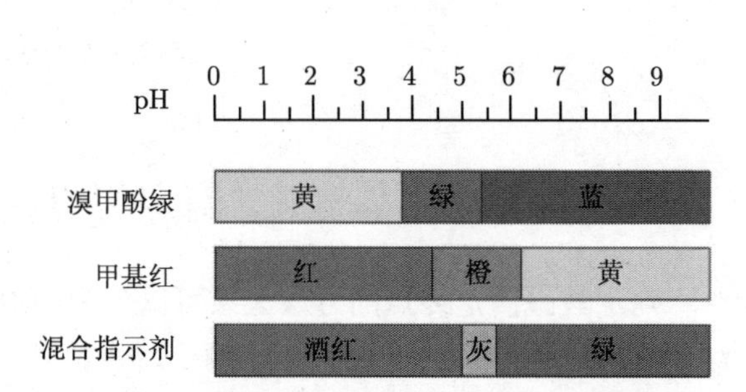

图 4.14　混合指示剂的色区示意图

另一类混合指示剂是由一种指示剂和一种惰性染料混合而成。染料的颜色不随溶液 pH 变化，它只起到一种背景色的作用，利用颜色的互补原理使变色更为敏锐。例如，甲基橙与靛蓝二黄酸钠 (蓝色) 混合后，在 $\mathrm{pH} < 3.1$ 时呈紫色，$\mathrm{pH} \approx 4.1$ 时呈灰色，$\mathrm{pH} > 4.4$ 时呈绿色，颜色变化很敏锐。

4.6.2　理论变色点及终点误差

以弱酸型指示剂 HIn 为例，它在水溶液中的解离平衡为

$$\mathrm{HIn(aq)} \rightleftharpoons \mathrm{H^+(aq)} + \mathrm{In^-(aq)}, \quad K_\mathrm{a} = \frac{\dfrac{[\mathrm{H^+}]}{c^\ominus}\dfrac{[\mathrm{In^-}]}{c^\ominus}}{\dfrac{[\mathrm{HIn}]}{c^\ominus}}$$

由其解离常数表达式可得

$$\mathrm{pH} = \mathrm{p}K_\mathrm{a} + \lg \frac{\dfrac{[\mathrm{In^-}]}{c^\ominus}}{\dfrac{[\mathrm{HIn}]}{c^\ominus}} \tag{4.106}$$

定义当 $\dfrac{[\mathrm{In^-}]}{[\mathrm{HIn}]} = 1$ 时达到指示剂的理论变色点，此时 $\mathrm{pH} = \mathrm{p}K_\mathrm{a}$ 为其对应的 pH。最理想的情况是指示剂的理论变色点与被滴定体系的化学计量点完全相同。不过，这样的情况基本不会发生。由于指示剂的理论变色点与被滴定体系的化学计量点不同，由此产生了滴定误差，又称为终点误差。此时滴定剂要么加入量不足，要么加入量过多。鉴于化学反应体系是按照固定的化学计量关系进行，反应的完全与否也是根据物质的量，故终点误差通常按如下定义式

进行计算：

$$\epsilon_{\mathrm{ep}}=\frac{\text{终点时滴定剂过量 (或不足) 的物质的量}}{\text{待测物的物质的量}}\times 100\% \tag{4.107}$$

当用浓度为 $c(\mathrm{NaOH})$ 的 NaOH 溶液滴定体积为 V_0、浓度为 $c(\mathrm{HCl})$ 的 HCl 溶液时，在化学计量点时消耗 NaOH 溶液的体积为 V_{sp}，在滴定终点时消耗的 NaOH 溶液的体积为 V_{ep}，则式 (4.107) 可以写成如下形式：

$$\epsilon_{\mathrm{ep}}=\frac{c(\mathrm{NaOH})V_{\mathrm{ep}}-c(\mathrm{HCl})V_0}{c(\mathrm{HCl})V_0}\times 100\% \tag{4.108}$$

对式 (4.108) 做变换：

$$\begin{aligned}\epsilon_{\mathrm{ep}}&=\frac{c(\mathrm{NaOH})V_{\mathrm{ep}}-c(\mathrm{HCl})V_0}{c(\mathrm{HCl})V_0}\times 100\%\\&=\frac{\dfrac{V_{\mathrm{ep}}}{V_0}-\dfrac{c(\mathrm{HCl})}{c(\mathrm{NaOH})}}{\dfrac{c(\mathrm{HCl})}{c(\mathrm{NaOH})}}\times 100\%\end{aligned} \tag{4.109}$$

由于在化学计量点时有如下关系：

$$c(\mathrm{NaOH})\times V_{\mathrm{sp}}=c(\mathrm{HCl})\times V_0 \tag{4.110}$$

即化学计量点时的体积比表达式为

$$\eta_{\mathrm{sp}}=\frac{V_{\mathrm{sp}}}{V_0}=\frac{c(\mathrm{HCl})}{c(\mathrm{NaOH})} \tag{4.111}$$

将式 (4.111) 代入式 (4.109)，得到滴定终点误差的计算式为

$$\epsilon_{\mathrm{ep}}=\frac{\eta_{\mathrm{ep}}-\eta_{\mathrm{sp}}}{\eta_{\mathrm{sp}}}\times 100\% \tag{4.112}$$

式中，$\eta_{\mathrm{ep}}=\dfrac{V_{\mathrm{ep}}}{V_0}$ 为滴定终点时的体积比。由于滴定终点是以指示剂的理论变色点为基准，因此该体积比的具体取值可以通过滴定方程计算出来。

例 4.5　用分析浓度为 0.1000 mol/L 的 NaOH 标准溶液滴定分析浓度为 0.1000 mol/L 的 HCl 溶液，计算用甲基橙作指示剂滴定至 pH = 4.00 时的终点误差。

解　由于是等浓度的滴定，因此化学计量点时的体积比为

$$\eta_{\mathrm{sp}}=\frac{0.1000\ \mathrm{mol/L}}{0.1000\ \mathrm{mol/L}}=1.000$$

滴定方程为

$$\eta=\frac{c(\mathrm{HCl})+[\mathrm{OH^-}]-[\mathrm{H^+}]}{c(\mathrm{NaOH})+[\mathrm{H^+}]-[\mathrm{OH^-}]}$$

当 pH = 4.00 时：

$$\eta_{\mathrm{ep}}=\frac{0.1000\ \mathrm{mol/L}+10^{-10.00}\ \mathrm{mol/L}-10^{-4.00}\ \mathrm{mol/L}}{0.1000\ \mathrm{mol/L}+10^{-4.00}\ \mathrm{mol/L}-10^{-10.00}\ \mathrm{mol/L}}=0.998$$

因此终点误差为

$$\epsilon_{ep} = \frac{0.998 - 1.000}{1.000} \times 100\% = -0.2\%$$

用强碱滴定弱酸的情况与上面的情况类似，关键也在于计算滴定过程的体积比，如例 4.6。

例 4.6　用分析浓度为 0.1000 mol/L 的 NaOH 标准溶液滴定分析浓度为 0.1000 mol/L 的 CH_3COOH 溶液，计算滴定至 pH = 9.20 时的终点误差。

解　化学计量点时的体积比 $\eta_{sp} = 1.000$。滴定终点时的体积比为

$$\eta_{ep} = \frac{\delta(CH_3COO^-)c(CH_3COOH) + [OH^-] - [H^+]}{c(NaOH) + [H^+] - [OH^-]}$$

$$= \frac{\dfrac{K_a c^\ominus}{[H^+] + K_a c^\ominus} \times c(CH_3COOH) + [OH^-] - [H^+]}{c(NaOH) + [H^+] - [OH^-]}$$

$$= \frac{\dfrac{1.8 \times 10^{-5}\ \text{mol/L}}{10^{-9.20}\ \text{mol/L} + 1.8 \times 10^{-5}\ \text{mol/L}} \times 0.1000\ \text{mol/L} + \dfrac{10^{-14.00}}{10^{-9.20}}\ \text{mol/L} - 10^{-9.20}\ \text{mol/L}}{0.1000\ \text{mol/L} + 10^{-9.20}\ \text{mol/L} - \dfrac{10^{-14.00}}{10^{-9.20}}\ \text{mol/L}}$$

$$= 1.000$$

因此终点误差为

$$\epsilon_{ep} = \frac{1.000 - 1.000}{1.000} \times 100\% = 0.0\%$$

再举一个强碱滴定混合酸的例子，从滴定误差角度来分析滴定的可行性。

例 4.7　可否用浓度为 0.02000 mol/L 的 NaOH 标准溶液选择性滴定由浓度为 0.02000 mol/L 的 HCl 溶液和浓度 0.02000 mol/L 的 CH_3COOH 溶液组成的混合酸溶液？

解　从给定的条件来看，化学计量点有两个，分别对应体积比 $\eta = 1.000$ 和 $\eta = 2.000$。滴定曲线如图 4.15 所示。从图中可以看到，在 $\eta = 1.000$ 处只有一个小的突跃，而在 $\eta = 2.000$ 处有一个大的突跃。能否选择性地滴定该混合酸体系，还需要通过计算在每一个化学计量点处的终点误差来判定。由于对于指示剂变色点的判定存在 ±0.30 的出入，可以通过计算对应这个范围的误差来判定分步滴定是否可行。计算结果如下：

第一化学计量点时的误差情况

指示剂	变色点 (pH)	变色点 ±0.30(pH)	相对误差/%
甲基黄	3.30	3.00～3.60	−7.8～4.2
甲基橙	3.40	3.10～3.70	−5.5～6.3
溴酚蓝	4.10	3.80～4.40	8.6～31

第二化学计量点时的误差情况

指示剂	变色点 (pH)	变色点 ±0.30(pH)	相对误差/%
中性红	7.40	7.10～7.70	−0.22～−0.052
酚红	8.00	7.70～8.30	−0.52～0.0012
酚酞	9.10	8.80～9.40	0.043～0.19

上面的计算结果表明，第一化学计量点处的误差太大，无法准确滴定，而第二化学计量点可采用酚酞作指示剂进行准确滴定。实际上，通过计算可以得到，在第一化学计量点处，当滴定误差为 ±0.1% 时，对应的 pH 范围为 $3.37 \sim 3.38$，如此小的滴定突跃是难以采用化学指示剂来判定的。

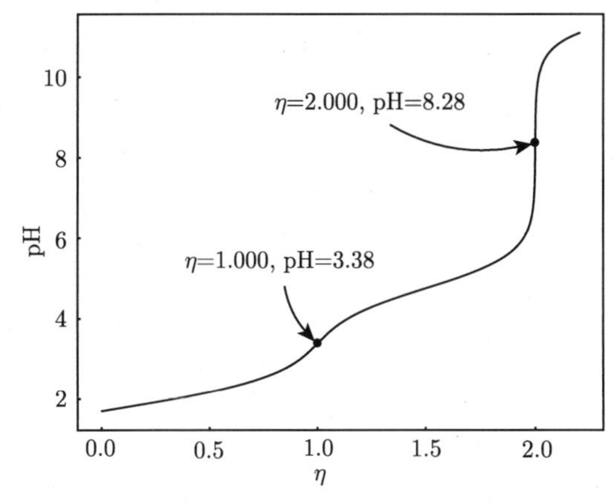

图 4.15　浓度为 0.02000 mL NaOH 溶液滴定浓度均为 0.02000 mL 的 HCl 和 CH_3COOH 混合溶液的滴定曲线

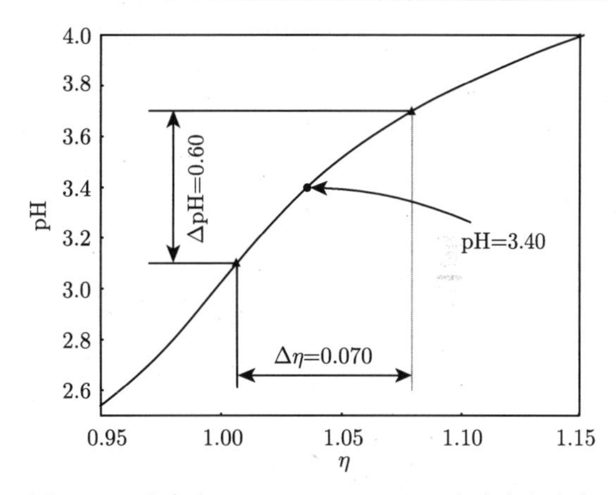

图 4.16　浓度为 0.02000 mL NaOH 溶液滴定浓度均为 0.02000 mL 的 HCl 和 CH_3COOH 混合溶液的滴定曲线局部放大图

从上述例子可以看到，滴定突跃的形态对于定量分析能否实施非常关键。为了更好地展示这一点，将上例图 4.15 中第一个滴定突跃部分重新绘制，如图 4.16 所示。图中的两条横线之间是指示剂甲基橙的理论变色范围，对应于 0.60 个 pH 单位，其底端的位置实际上已经超出了第一个计量点的位置。如果是正常变色，则滴定过程需从滴定曲线上下端的三角形位置持续到上端的三角形位置，对应的体积比的改变为 $\Delta\eta = 0.073$。这是一个什么概念呢？如果滴定体系的初始体积为 20.00 mL，则对应上述体积比的 NaOH 溶液的体积改变量为 $20.00 \times 0.073 = 1.5$ mL。滴定管放出一滴液体的体积约为 0.05 mL，这意味着在此情形下要实现最低限度的变色需要额外滴加 $1.5/0.05 = 30$ 滴 NaOH 溶液！这也就不难理解在第一个化学计量点处为什么会有如此大的滴定误差。这也是我们为什么强调在滴定终点时必须有足够大的滴定突跃的原因。

4.6.3　指示剂对滴定的影响*

酸碱滴定中采用的指示剂本身是弱酸 (或弱碱)，它们在滴定过程中必然会参与到滴定过程中，这自然会引发如下两个问题：① 酸碱指示剂是以一种怎样的方式影响滴定过程的？

② 在实际的滴定过程中究竟应该加入多少指示剂?

本节讨论溴百里酚蓝指示剂对 NaOH 溶液滴定 HCl 溶液过程中的影响。假定 NaOH 溶液和 HCl 溶液的浓度均为 0.1000 mol/L，此时化学计量点处的体积比将是 $\eta = 1.000$，且 $pH = 7.00$。之所以选择溴百里酚蓝，是因为它的理论变色点在 $pK_a = 7.10$，这是与滴定体系的化学计量点接近的位置。它的变色范围为 pH $6.00 \sim 7.60$，可以很好地覆盖滴定突跃范围。这样的选择无疑是最符合理论要求的。

由于指示剂是在开始滴定前加入的，因此实际的体系是包含盐酸和溴百里酚蓝的混合酸体系。计算四种情况下用 NaOH 溶液滴定该混合酸体系的滴定曲线，如图 4.17 所示。图 4.17(a) 显示的是不加指示剂的情况，结果表明化学计量点的位置在 $pH = 7.00$。图 4.17(b) 显示的是指示剂浓度为待测物浓度 1% 时的情况，此时在化学计量点处的 $pH = 5.20 < 7.00$。这个结果表明在使用酸碱指示剂之后，原来认定的化学计量点也改变了位置。图 4.17(c) 和 (d) 均表现出类似的情况。化学计量点位置的改变，显然是因为溴百里酚蓝“干预”了滴定过程。因而面临着溴百里酚蓝既做“运动员”又做“裁判员”的尴尬局面。

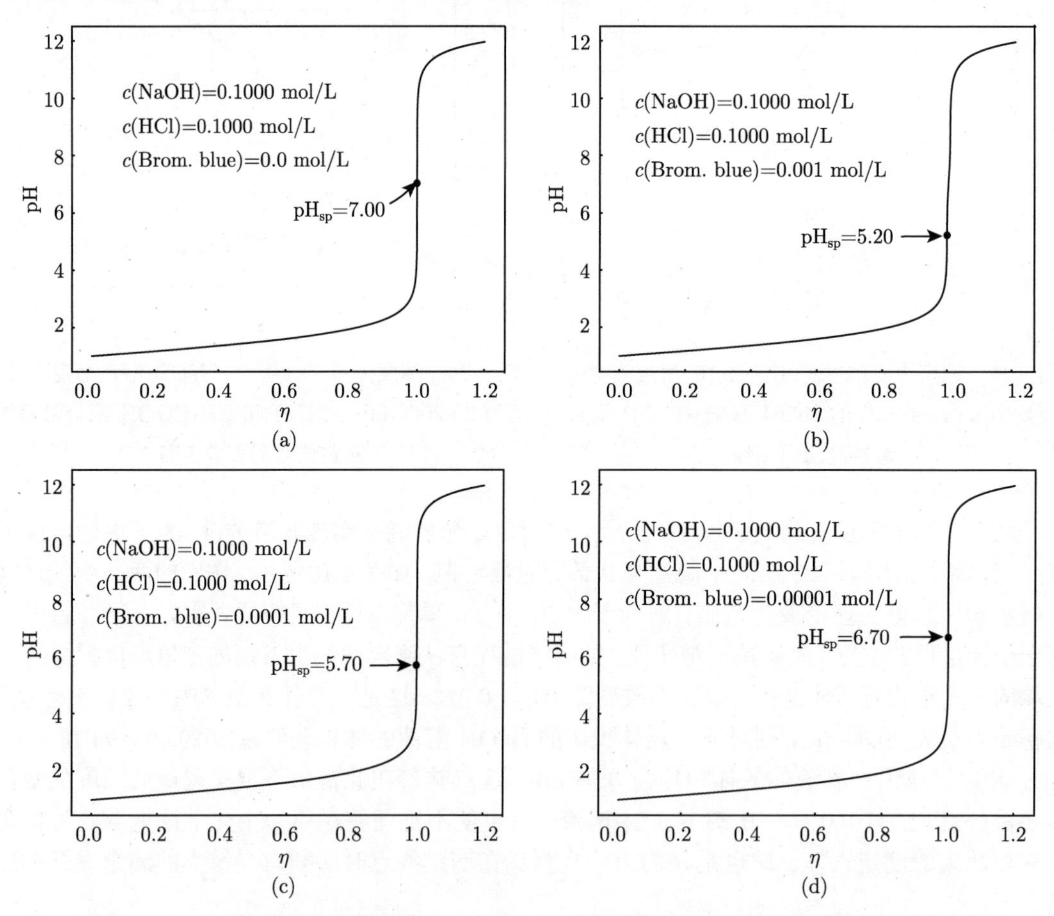

图 4.17 不同浓度的溴百里酚蓝 (Brom.blue) 为指示剂时 NaOH 溶液滴定 HCl 溶液时的滴定曲线

表 4.4 所示为溴百里酚蓝在不同初始浓度情况下时其碱式基团随滴定过程的浓度变化。从该表中可以看出，当溴百里酚蓝初始浓度大于 1.00×10^{-3} mol/L 时，体积比 $\eta = 1.001$ 处的

pH = 6.16 < 7.10，因而无法达到实现其颜色显著改变所需要的酸度。如果要观察到蓝色的出现，必须继续滴定到更高的 pH，这必然导致 $\eta > 1.001$，最终超出允许的误差范围。当溴百里酚蓝的初始浓度小于 10^{-4} mol/L 数量级时，$\eta = 1.001$ 处 pH 已经大于 7.60，原则上可以实现很好的变色。然而，此时 $[In^-]$ 在 10^{-5} mol/L 或更小的数量级，如此低的浓度所引起的颜色改变并不易被人眼识别。

表 4.4 滴定过程中溴百里酚蓝碱式基团的浓度变化

初始浓度/(mol/L)	pH ($\eta = 0.999, 1.000, 1.001$)	$[In^-]$ ($\eta = 0.999, 1.000, 1.001$)
0.100	4.04, 4.20, 4.37	4.35×10^{-5}, 6.29×10^{-5}, 9.29×10^{-5}
1.00×10^{-3}	4.30, 5.20, 6.16	7.92×10^{-7}, 6.22×10^{-6}, 5.15×10^{-5}
1.00×10^{-4}	4.31, 5.70, 8.39	8.10×10^{-8}, 1.91×10^{-6}, 4.75×10^{-5}
1.00×10^{-5}	4.31, 6.22, 9.66	8.10×10^{-9}, 5.81×10^{-7}, 4.98×10^{-6}
1.00×10^{-6}	4.31, 6.70, 9.70	8.10×10^{-10}, 1.42×10^{-7}, 4.99×10^{-7}

只有当溴百里酚蓝指示剂的浓度在 10^{-4} mol/L 数量级时，即溴百里酚蓝指示剂的浓度相当于待测 HCl 溶液浓度的 0.1% 时，才可以较为容易地观察到指示剂明显地从黄色变为蓝色，而此时的误差又在可接受的范围内。因此，在常规分析中必须通过反复的试验才能确定合适的指示剂用量，从而确保定量分析不会因为引入指示剂而产生较大的误差。

4.7 应用举例

酸碱滴定法在科学研究和生产实践中都有着广泛的应用，许多化工产品如烧碱、纯碱、硫酸铵和碳酸氢铵等，常采用酸碱滴定法测定其主要成分的含量。钢铁及某些原材料中碳、硫、磷、硅和氮等元素，也可以采用酸碱滴定法进行测定。某些有机合成工业和医药工业中的原料、中间产品及其成品等，也有采用酸碱滴定法的。下面列举几个实例，介绍酸碱滴定法的若干应用。

4.7.1 铵盐中含氮量的测定

含氮化合物中的氮可以通过化学反应转化为 NH_4^+，这是一个非常弱的酸，不能用 NaOH 标准溶液直接滴定。图 4.18 所示为 NaOH 溶液直接滴定 NH_4^+ 溶液的滴定曲线，可以看到在

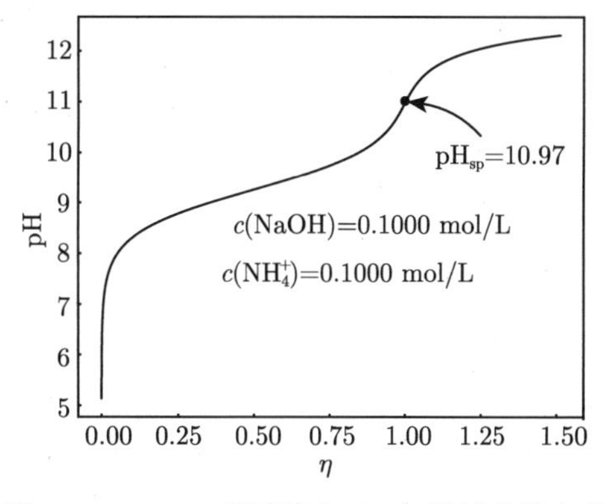

图 4.18 NaOH 溶液滴定 NH_4^+ 溶液的滴定曲线

滴定的化学计量点处没有显著的滴定突跃，因而采用直接滴定的方式必然会导致较大的滴定误差。请复习一下图 4.15 和图 4.16。

如果在 NH_4^+ 溶液中加入甲醛，会发生如下反应：

$$4NH_4^+(aq) + 6HCHO(aq) \rightleftharpoons (CH_2)_6N_4H^+(aq) + 3H^+(aq) + 6H_2O(l)$$

可以看到，NH_4^+ 中的 H^+ 大部分被释放出来形成水合氢离子，同时形成了另外一个弱酸性物质 $(CH_2)_6N_4H^+$，其 $K_a = 7.10 \times 10^{-6}$，其酸性显著大于 NH_4^+。因此，加入甲醛后铵盐溶液从弱酸性溶液变成了强酸性溶液。图 4.19 所示为用 NaOH 溶液滴定经过甲醛处理后的 NH_4^+ 溶液的滴定曲线。从图中可以看到，在化学计量点处有足够的滴定突跃，其范围在 pH $7 \sim 11$，因而可以用酚酞作指示剂实现准确滴定。

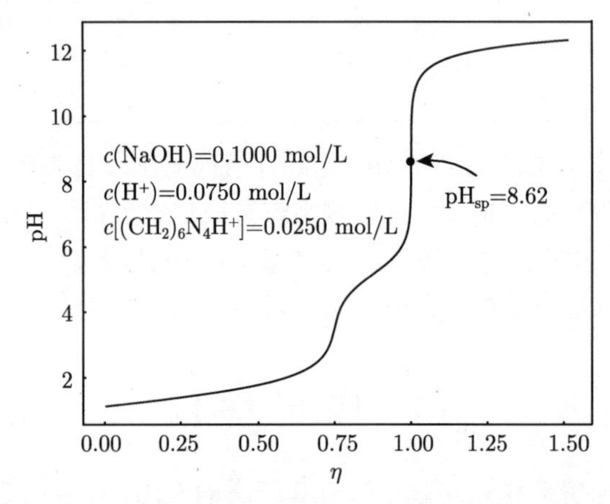

图 4.19　NaOH 溶液滴定经过甲醛处理后的 NH_4^+ 溶液的滴定曲线

在实际的滴定分析过程中，还需针对不同的样品选用合适的预处理方法，否则也会影响滴定结果的准确度。例如，当上述方法用于滴定硫酸铵中的含氮量时，由于硫酸铵中有可能存在游离酸 (通常可能是硫酸)，因而必须在滴定前先行中和样品中的游离酸。图 4.20 所示为用 NaOH 溶液中和含有游离硫酸的 NH_4^+ 溶液时 pH 的变化曲线。中和的过程其实也是一个滴定过程，只是这部分加入的 NaOH 溶液的量不需要用于后续的计算。

为了确证游离酸被完全中和，通常使用甲基红作指示剂。这样一来，用甲醛法测定铵盐中的氮含量时，将会面临双指示剂的特殊情形，有必要做进一步的说明。为此，下面将该法的几个重要步骤列举出来，并对其中的关键点进行解释。

(1) 将样品溶解，然后加入甲基红，用 NaOH 溶液中和游离酸。指示剂颜色从红色变黄色即表明游离酸被完全中和，见图 4.20。注意：如果加入甲基红之后溶液不显红色，则表明样品溶液中不含游离酸，不需要进行额外的中和操作。

(2) 在样品溶液中加入甲醛，使得 NH_4^+ 中的 H^+ 释放出来。注意：由于前面加入了甲基红，此时溶液会变成红色。

(3) 在试样溶液中加入酚酞指示剂，用 NaOH 溶液滴定至溶液呈橙色即为终点。这里要特别注意颜色的改变。由于开始滴定时溶液呈现红色，并且其中存在甲基红，因此滴定过程中溶液的颜色从红色逐渐变成橙色。但是，此时并未达到整个滴定的终点，而是仅仅达到了约 3/4 的位置，即图 4.19 中第一个滴定突跃的位置，这是体系中新生成的 H^+ 被大部分滴定完成的位置，如图 4.21 所示。

(4) 继续滴加若干滴 NaOH 溶液，溶液将变成黄色，这是一个关键的转折点。继续滴定则最终将 $(CH_2)_6N_4H^+$ 的 H^+ 滴定完毕，此时酚酞显红色，并与甲基红的黄色混合在一起使得整个溶液呈现橙色。此时才是真正的滴定终点。

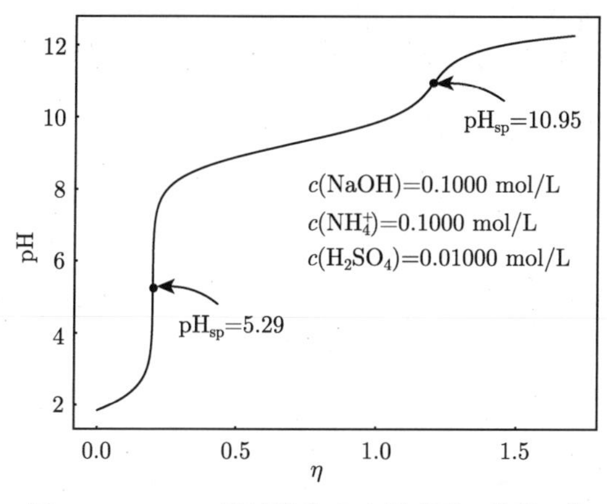

图 4.20　NaOH 溶液滴定含有游离酸 (硫酸) 的 NH_4^+ 溶液的滴定曲线

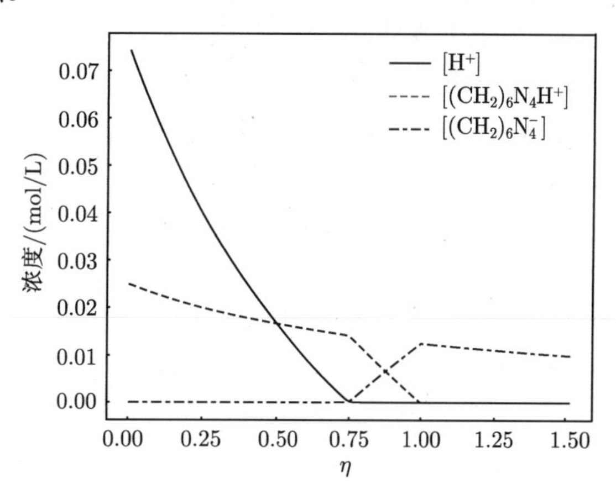

图 4.21　NaOH 溶液滴定甲醛处理后的 NH_4^+ 溶液时体系中一些组分的浓度变化曲线

4.7.2　烧碱中氢氧化钠和碳酸钠含量的测定

烧碱是氢氧化钠的俗称，在生产和储藏过程中，由于吸收了空气中的二氧化碳而生成少量的碳酸钠，因而在分析烧碱中氢氧化钠含量的同时也要测定其中的碳酸钠含量。测定烧碱的常用方法有两种：① 双指示剂法；② 氯化钡法。

双指示剂法直接用盐酸标准溶液滴定，整个测定过程实际上分两步实现。第一步，在配制好的烧碱溶液中，先以酚酞作指示剂，用盐酸标准溶液滴定至红色刚消失，反应如下：

$$NaOH(aq) + HCl(aq) \xlongequal{} NaCl(aq) + H_2O(l)$$

$$Na_2CO_3(aq) + HCl(aq) \rightleftharpoons NaHCO_3(aq) + NaCl(aq)$$

在这一步中碳酸钠转化成碳酸氢钠。第二步，在前一步的溶液中加入甲基橙，继续用盐酸标准溶液滴定至溶液呈现橙红色即为终点 (为便于观察终点，在临近终点时可暂停滴定，加热除去二氧化碳)，这一步涉及的反应为

$$NaHCO_3(aq) + HCl(aq) \xlongequal{} H_2CO_3(aq) + NaCl(aq)$$

设第一步中消耗的盐酸的体积为 V_1，第二步消耗的体积为 V_2，则碳酸钠和氢氧化钠的质量分数可以用下面两式计算：

$$w(Na_2CO_3) = \frac{c(HCl) \times V_2 \times M(Na_2CO_3)}{m_{烧碱试样}} \times 100\% \tag{4.113}$$

$$w(NaOH) = \frac{c(HCl) \times (V_1 - V_2) \times M(NaOH)}{m_{烧碱试样}} \times 100\% \tag{4.114}$$

氯化钡法利用碳酸根离子易形成沉淀的特点，在烧碱溶液中加入氯化钡溶液使碳酸钠形成碳酸钡沉淀，从而实现分步滴定。其基本做法如下：① 将配制好的溶液分成两等份，第一份试样以甲基橙为指示剂，用盐酸标准溶液滴定至橙色，此时溶液中的氢氧化钠和碳酸钠全部被滴定，这一份试样消耗盐酸标准溶液的体积记为 V_1；② 在第二份试样中加入氯化钡溶液，与溶液中的碳酸根离子生成碳酸钡沉淀，继以酚酞作指示剂，用盐酸标准溶液滴定试液中的氢氧化钠至终点，这一份试样消耗盐酸标准溶液的体积记为 V_2。所以

$$w(\mathrm{NaOH}) = \frac{c(\mathrm{HCl}) \times V_2 \times M(\mathrm{NaOH})}{\frac{1}{2} m_{\text{烧碱试样}}} \times 100\% \tag{4.115}$$

$$w(\mathrm{Na_2CO_3}) = \frac{c(\mathrm{HCl}) \times (V_1 - V_2) \times M(\mathrm{Na_2CO_3})}{m_{\text{烧碱试样}}} \times 100\% \tag{4.116}$$

4.7.3 凯氏定氮法测定有机物中氮含量

凯氏定氮法是克耶达 (Johan Kjeldahl) 于 1883 年提出的一种方法，用于测定食品、肥料等有机样品中的氮含量。凯氏定氮法目前已经成为测定有机物中氮含量的重要方法，并形成国家标准方法，如《饲料中粗蛋白的测定　凯氏定氮法》(GB/T 6432—2018)。凯氏定氮法包含有机样品的煮解、氨的蒸馏和滴定三个步骤。煮解过程是最关键的步骤，通常在催化剂 (如 HgO、$CuSO_4$ 等) 的作用下用浓硫酸分解有机物，使其中的氮转化为 $(NH_4)_2SO_4$：

$$(\text{有机})\mathrm{N(aq)} + \mathrm{H_2SO_4(aq)} \longrightarrow \mathrm{(NH_4)_2SO_4(aq)}$$

然后于上述煮解液中加入浓 NaOH 溶液至溶液呈强碱性，浓碱可使煮解液中的硫酸铵分解，游离出氨。析出的 NH_3 随水蒸气蒸馏出来，导入过量的饱和 H_3BO_3 溶液中，此时发生如下反应：

$$\mathrm{NH_3(g) + H_3BO_3(aq) =\!=\!= NH_4^+(aq) + H_2BO_3^-(aq)}$$

生成的 $H_2BO_3^-$ 是较强的碱，可以用 HCl 标准溶液滴定：

$$\mathrm{H_2BO_3^-(aq) + HCl(aq) =\!=\!= Cl^-(aq) + H_3BO_3(aq)}$$

根据 HCl 溶液消耗的量计算出氮的含量，然后乘以相应的换算因子，就可以得到有机物的含氮量。图 4.22 所示是 HCl 溶液滴定 $H_2BO_3^-$ 的滴定曲线，化学计量点在 pH = 5.28，实际分析中用混合指示剂指示终点。常用的混合指示剂有两种：① 2 份甲基红乙醇溶液与 1 份亚甲基蓝乙醇溶液临用时混合；② 1 份甲基红乙醇溶液与 5 份溴甲酚绿乙醇溶液临用时混合。

这里要说明的是，H_3BO_3 还起到吸收液的作用，可适当增加其浓度和体积并确保其过量，从而更高效地吸收 NH_3。在最终的滴定过程中，只要取固定体积的吸收液即可。并且，吸收液中 H_3BO_3 的浓度过大也不会对滴定造成显著的影响。

例 4.8　称取 0.2500 g 食品试样，采用凯氏定氮法测定其中的氮含量。以浓度为 0.1000 mol/L 的 HCl 标准溶液滴定至终点，消耗 HCl 标准溶液 21.20 mL，计算食品中蛋白质的含量。

解　试样中的含氮量为

$$w(\mathrm{N})=\frac{0.1000\ \mathrm{mol/L}\times 21.20\times 10^{-3}\ \mathrm{L}\times 14.01\ \mathrm{g/mol}}{0.2500\ \mathrm{g}}\times 100\%$$
$$=11.88\%$$

将氮的质量换算为蛋白质的质量的换算因子是 6.250，因此

$$w(\text{蛋白质})=6.250\times 11.88\%=74.25\%$$

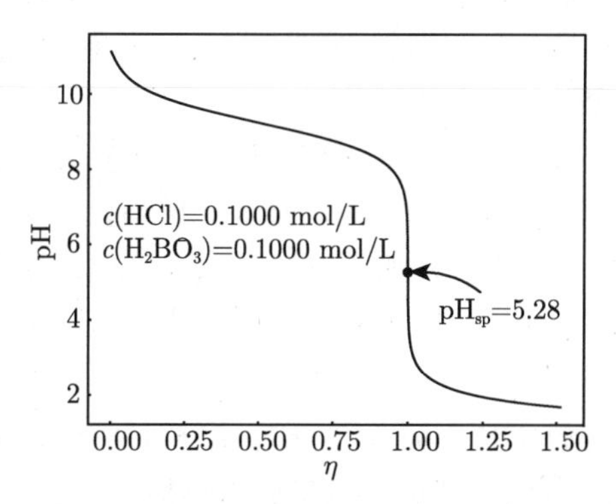

图 4.22　HCl 溶液滴定 $H_2BO_3^-$ 的滴定曲线

4.7.4　硅酸盐中硅含量测定

硅酸盐广泛存在于土壤中，一些人造物品 (如水泥、玻璃、陶瓷等) 也含有大量的硅酸盐。硅酸盐中硅含量的测定方法有重量法和滴定法，重量法的测定结果比较准确，但很费时，在一般的例行分析中常采用硅氟酸钾滴定分析法。本节仅介绍后一种方法。

将硅酸盐样品与固体 KOH 混合，置于铂坩埚中高温熔融，使其转化为可溶性硅酸盐 K_2SiO_3。生成的 K_2SiO_3 再与 HF 作用①，转化为微溶性的 K_2SiF_6，其反应如下：

$$K_2SiO_3(s)+6HF(aq) = K_2SiF_6(s)+3H_2O(l)$$

为了使 K_2SiF_6 充分沉淀，还需加入固体 KCl 以降低其溶解度。将 K_2SiF_6 沉淀过滤后，用氯化钾–乙醇溶液洗涤沉淀。之后将沉淀放入烧杯中，加入氯化钾–乙醇溶液，以 NaOH 中和游离酸至酚酞变红，再加入沸水，使 K_2SiF_6 水解而释放出 HF，反应如下：

$$K_2SiF_6(s)+3H_2O(l) = H_2SiO_3(aq)+4HF(aq)+2KF(aq)$$

释放出的 HF 可以用 NaOH 标准溶液滴定。由上述反应过程可以归纳出反应的计量关系如下：

$$SiO_2\sim K_2SiF_6\sim 4HF$$

因此，试样中 SiO_2 的质量分数为

$$w(SiO_2)=\frac{c(\mathrm{NaOH})\times V(\mathrm{NaOH})\times\frac{1}{4}M(SiO_2)}{m_{\text{硅酸盐}}}\times 100\% \tag{4.117}$$

① 一般是在强酸介质中加 KF 使之生成 HF。注意，HF 有剧毒!

4.8 酸碱滴定中二氧化碳的影响*

酸碱滴定中各种试剂均有可能受到外界的影响而导致其浓度发生改变，其中又以空气中的 CO_2 的影响较受关注。例如，配制好并经过标定的 NaOH 标准溶液在放置过程中会吸收空气中的 CO_2 生成 Na_2CO_3，反应如下：

$$2NaOH(aq) + CO_2(g) \xlongequal{\quad} Na_2CO_3(aq) + H_2O(l)$$

从表面上看，生成 Na_2CO_3 的过程中消耗了 NaOH，似乎会影响到 NaOH 滴定其他酸。但是，由于生成的 Na_2CO_3 本身也表现出碱性，可以与酸反应从而又在一定程度上填补了 NaOH 的损失。从这个角度看，似乎又不会对酸碱滴定过程产生影响。当然，这种直观上的看法并不能准确地把握真实的滴定过程。

假定这样一个场景：配制好并标定其浓度为 0.1000 mol/L 的 NaOH 溶液吸收了空气中的 CO_2 生成了 Na_2CO_3，其浓度为 0.0100 mol/L。此时溶液中的 NaOH 的浓度变成 0.0800 mol/L。但是，除非重新标定该溶液，否则并不知道该溶液究竟生成了多少 Na_2CO_3，而仍然认为该溶液的浓度是 $c(NaOH) = 0.1000$ mol/L。现在用该混合溶液滴定浓度为 0.1000 mol/L 的 HCl 溶液，会发生怎样的情况呢？

图 4.23 为吸收了 CO_2 的 NaOH 溶液滴定 HCl 溶液时的滴定曲线。从图中可以看到，滴定曲线上存在两个滴定突跃，第一个滴定突跃对应于真实的化学计量点 $\eta = 1.000$；第二个滴定突跃出现在 $\eta = 1.100$ 处。很显然，如果使用了甲基橙作指示剂，则其变色点恰好在第一个滴定突跃范围内，因此按照 $c(NaOH) = 0.1000$ mol/L 计算得出的 HCl 溶液浓度是正确的。但是，如果仍然按照一般的惯例采用酚酞作指示剂，则其变色点在第二个滴定突跃处，此时对应的 $\eta = 1.100$，以此计算的 HCl 溶液浓度为 $c(HCl)_{计算} = c(NaOH) \times 1.100$，显然大于 HCl 溶液的真实浓度。

那么，滴定过程中各个组分究竟是如何变化的呢？图 4.24 所示为滴定过程中 Na_2CO_3 的各型体的浓度变化图。从图中可以看到，当 NaOH 与 Na_2CO_3 的混合溶液加入 HCl 溶液中时，

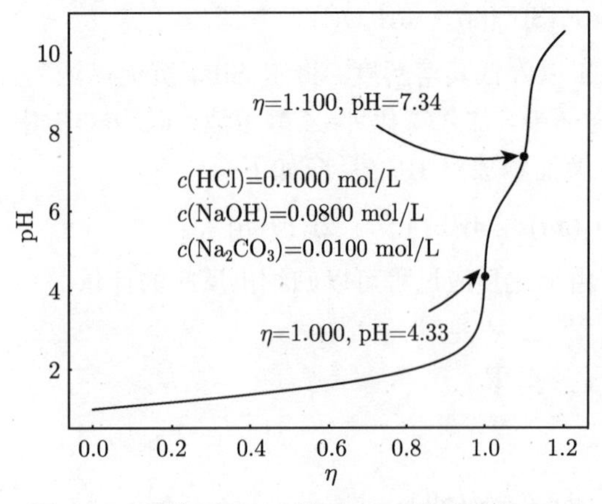

图 4.23　吸收了 CO_2 的 NaOH 溶液滴定 HCl 溶液的滴定曲线

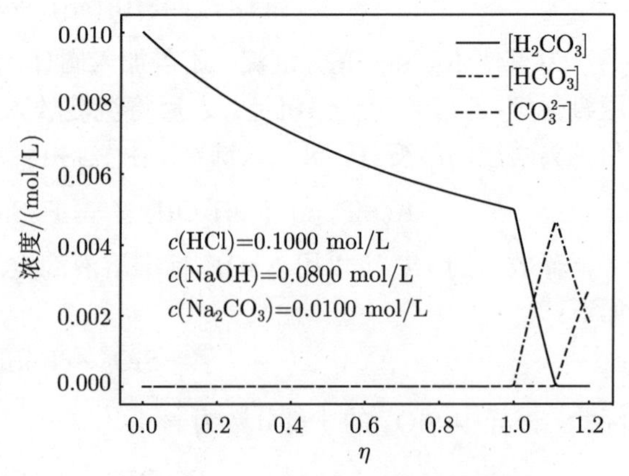

图 4.24　吸收了 CO_2 的 NaOH 溶液滴定 HCl 溶液时 Na_2CO_3 溶液各型体的浓度变化曲线

Na_2CO_3 实际上全部转变成为 H_2CO_3，这是开始时 HCl 溶液的量相对于混合碱而言要大很多的缘故。Na_2CO_3 确实消耗了 HCl 溶液，补偿了 NaOH 的损失。

随着滴定过程的进行，HCl 溶液的量在减少，H_2CO_3 的量也在减少。在 $\eta = 1.000$ 时，发生了一个重要事件：HCl 溶液被完全滴定！但是从图 4.24 中可以发现此时的 H_2CO_3 浓度并不为零。随后滴加的混合碱溶液将针对 H_2CO_3 开始新一轮的反应，由于此时没有氢离子补充到体系中，使得体系中的 H_2CO_3 浓度迅速减小并在 $\eta = 1.100$ 处被完全消耗掉。这就是出现第二个滴定突跃的根本原因。

从上面的结果看，在使用吸收了 CO_2 的 NaOH 溶液滴定 HCl 溶液时，如果选择甲基橙作指示剂还是可以准确滴定的。不过这样的情形并不具有普遍性。正确的做法是确保不使用可能吸收了 CO_2 的 NaOH 溶液。

习 题

4.1 写出下列酸的共轭碱：H_3PO_4、$H_2PO_4^-$、NH_4^+、H_2O、HCO_3^-、HCOOH。

4.2 H_3PO_4 的 $pK_{a_1} = 2.12$，$pK_{a_2} = 7.20$，$pK_{a_3} = 12.36$，当溶液的 pH = 6.00 时，求溶液中 H_3PO_4、$H_2PO_4^-$、HPO_4^{2-} 和 PO_4^{3-} 的浓度大小的顺序。

4.3 将 HCl 溶液加入 Na_2CO_3 溶液中，当溶液的 pH= 10.00 时，溶液中有哪些组分？其主要组分是什么？

4.4 磷酸各型体的分布曲线上存在 5 个交汇点：

(1) 计算每个交汇点的 pH；

(2) 计算每个交汇点处的各型体的分布分数。

已知 H_3PO_4 的 $pK_{a_1} = 2.12$，$pK_{a_2} = 7.20$，$pK_{a_3} = 12.360$。

4.5 判断下列情况对测定结果的影响：

(1) 标定 NaOH 溶液时，作为标准物质的邻苯二甲酸氢钾中混有邻苯二甲酸；

(2) 用吸收了 CO_2 的 NaOH 标准溶液滴定 H_3PO_4 至第一化学计量点时情况怎么样？若滴定至第二化学计量点时，情况又怎么样？

(3) 已知某 NaOH 标准溶液吸收了 CO_2，约有 0.4% 的 NaOH 转变为 Na_2CO_3。用此标准溶液测定乙酸的含量，相对于未吸收 CO_2 时的情况，终点误差会发生怎样的变化？

4.6 建立 NH_3 在水中的哪两个型体的分布分数的表达式，用质子结合常数表达。

4.7 现有一溶液，其中可能含有 NaOH、Na_2CO_3 或 $NaHCO_3$ 三者之一，也可能是其中两个物质的混合物。当以酚酞作指示剂时，用 HCl 标准溶液滴定该溶液至终点时，消耗 HCl 标准溶液的体积为 V_1，继加入甲基橙指示剂，又消耗 HCl 标准溶液的体积为 V_2，试根据 V_1 和 V_2 的情况判断试液的组成。

体积关系	物质组成
$V_1 > V_2, V_2 > 0$	
$V_2 > V_1, V_1 > 0$	
$V_1 = V_2$	
$V_1 = 0, V_2 > 0$	
$V_1 > 0, V_2 = 0$	

4.8 计算浓度为 0.10 mol/L 的硫酸溶液的 pH。

4.9 下列溶液以 NaOH 溶液或 HCl 溶液滴定时，在滴定曲线上会出现几个突跃？请做简要说明。

(1) $H_2SO_4 + H_3PO_4$；

(2) $HCl + H_3BO_3$；

(3) HF + HAc;

(4) NaOH + Na_3PO_4;

(5) Na_2CO_3 + Na_2HPO_4;

(6) Na_2HPO_4 + NaH_2PO_4。

4.10 配制 pH ≈ 3 的缓冲溶液，应选择下列哪种酸及其共轭碱?

(1) 二氯乙酸; (2) 甲酸; (3) 一氯乙酸; (4) 乙酸。

4.11 欲使 100.0 mL 浓度为 0.100 mol/L 的 HCl 溶液的 pH 从 1.00 增至 4.44，需加入固体 NaAc 多少克? (忽略溶液体积的变化)

4.12 配制 NH_3-NH_4Cl 缓冲溶液。已知 $c(NH_3) = 0.200$ mol/L，$c(NH_4Cl) = 0.300$ mol/L。求此缓冲溶液的 pH。

4.13 称取 Na_2CO_3 和 $NaHCO_3$ 的混合试样 0.6850 g，溶于适量水中。以甲基橙为指示剂，用 0.2000 mol/L 的 HCl 溶液滴定至终点时，消耗 50.00 mL。如果以酚酞为指示剂，用上述 HCl 溶液滴定至终点时，将消耗多少毫升 HCl 溶液?

4.14 用分析浓度为 0.1000 mol/L 的 NaOH 溶液滴定分析浓度为 0.1000 mol/L 的 HAc 至 pH= 7.00，计算终点误差。

4.15 用浓度为 0.1000 mol/L 的 NaOH 溶液滴定浓度为 0.1000 mol/L 的羟胺盐酸盐 ($NH_3^+OH \cdot Cl^-$) 和浓度为 0.1000 mol/L 的 NH_4Cl 的混合溶液。

(1) 第一化学计量点时溶液的 pH 为多少?

(2) 在第一化学计量点有多少 (百分数) NH_4Cl 参加了反应?

4.16 用分析浓度为 0.1000 mol/L 的 HCl 溶液滴定分析浓度为 0.1000 mol/L 的氨水溶液，计算分别采用酚酞 ($pK_a = 9.1$) 和甲基橙 ($pK_a = 3.4$) 作指示剂时的终点误差各为多少?

4.17 浓度为 c(NaOH) 的 NaOH 标准溶液已经混入了浓度为 c(NaAc) 的 NaAc。用这个标准溶液滴定浓度为 c(HCl) 的 HCl 溶液，请推导滴定方程，以体积比表达。

第 5 章　配位滴定法

配位滴定法是以滴定剂和待测物之间的配位反应为基础的滴定分析方法。当前使用最多的滴定剂是具有氨羧结构的化合物，如乙二胺四乙酸(EDTA)，它们能够与待测物形成非常稳定且具有 1:1 比例的配合物。这种 1:1 比例的配合物不但可以简化计算，更为重要的是，它还使得反应体系的组成相对简单、易于控制，因而有利于定量分析。与此不同，有些化合物与待测物之间会形成多配体的配合物，这将导致反应体系的复杂化而不利于定量分析。然而，这类化合物在调控定量分析的反应条件方面却能够发挥一定的作用。

本章将首先讨论几类配位反应以及描述这些配位反应的参数。其次，在此基础上将建立多种情况下的配位滴定方程。最后，将介绍配位滴定法的若干应用。

5.1　配位反应及相关参数

配位滴定中最常遇到的两类反应是单齿配位反应和多齿配位反应，可以用路易斯 (Gilbert Newton Lewis) 酸碱电子理论和皮尔逊 (Ralph Gottfrid Pearson) 软硬酸碱电子理论来进行描述。单齿配位反应的特点是配体与金属离子的结合方式简单，而多齿配位反应中配体与金属离子的结合方式复杂。这两类反应的不同特点，也决定了它们在配位滴定中所发挥的作用。

5.1.1　单齿配位反应

单齿配位反应通常是指由单齿配位剂参与的反应。例如，Cu^{2+} 与 NH_3 的配位反应就属于单齿配位反应，其反应如下：

$$Cu^{2+}(aq) + NH_3(aq) \rightleftharpoons Cu(NH_3)^{2+}(aq)$$
$$Cu(NH_3)^{2+}(aq) + NH_3(aq) \rightleftharpoons Cu(NH_3)_2^{2+}(aq)$$
$$Cu(NH_3)_2^{2+}(aq) + NH_3(aq) \rightleftharpoons Cu(NH_3)_3^{2+}(aq)$$
$$Cu(NH_3)_3^{2+}(aq) + NH_3(aq) \rightleftharpoons Cu(NH_3)_4^{2+}(aq)$$

单齿配位反应的显著特点是反应沿着多级次进行，并最终达到一个平衡。上述的反应在化学体系中具有一般性，可以用下式表示①：

$$ML_{n-i}(aq) + L(aq) \rightleftharpoons ML_{n-i+1}(aq), \quad i = n, (n-1), \cdots, 1$$

式中，M 代表金属离子；L 代表配体。每一级的反应平衡用如下的常数描述：

$$K_{n-i+1}(ML_{n-i+1}) = \frac{\dfrac{[ML_{n-i+1}]}{c^{\ominus}}}{\dfrac{[ML_{n-i}]}{c^{\ominus}} \dfrac{[L]}{c^{\ominus}}} \tag{5.1}$$

式中，K 为逐级形成常数。上述反应还可以表达为如下一般形式：

① 进行一般性描述时，忽略电荷表示，下同。

$$\mathrm{M(aq)} + i\mathrm{L(aq)} \rightleftharpoons \mathrm{ML}_i\mathrm{(aq)}, \quad i = 1, 2, \cdots, n$$

对于第 i 级反应，可以用一个称为累积形成常数 β_i 描述 ML_i 的稳定性，其定义如下：

$$\beta_i = \frac{\dfrac{[\mathrm{ML}_i]}{c^{\ominus}}}{\dfrac{[\mathrm{M}]}{c^{\ominus}}\left(\dfrac{[\mathrm{L}]}{c^{\ominus}}\right)^i}, \quad i = 1, 2, \cdots, n \tag{5.2}$$

式中，$i = n$ 时，β_n 又称为总累积形成常数。累积形成常数与逐级形成常数之间存在如下关系：

$$\beta_i = K_1 \times K_2 \times \cdots \times K_i, \quad i = 1, 2, \cdots, n \tag{5.3}$$

采用累积形成常数的好处是将各级配合物的浓度 $[\mathrm{ML}_i]$ 直接与游离金属离子浓度 [M] 和游离配位剂浓度 [L] 联系起来，有利于处理复杂的配位反应平衡。

对于单齿配位反应体系而言，掌握反应体系中各种配合物随配体浓度的变化而改变的规律非常重要，由此也引入了分布分数这个参数。设溶液中金属离子 M 的分析浓度为 $c(\mathrm{M})$，根据质量平衡：

$$\begin{aligned} c(\mathrm{M}) &= [\mathrm{M}] + [\mathrm{ML}_1] + \cdots + [\mathrm{ML}_n] \\ &= [\mathrm{M}] + \beta_1 c^{\ominus}\frac{[\mathrm{M}]}{c^{\ominus}}\frac{[\mathrm{L}]}{c^{\ominus}} + \cdots + \beta_n c^{\ominus}\frac{[\mathrm{M}]}{c^{\ominus}}\left(\frac{[\mathrm{L}]}{c^{\ominus}}\right)^n \\ &= [\mathrm{M}]\left[1 + \sum_{i=1}^{n}\beta_i\left(\frac{[\mathrm{L}]}{c^{\ominus}}\right)^i\right] \end{aligned} \tag{5.4}$$

式中，[M] 和 [L] 分别为金属离子与配体的游离浓度。溶液中的型体 ML_i 的分布分数 δ_i 的定义如下：

$$\delta_i = \frac{[\mathrm{ML}_i]}{c(\mathrm{M})} = \frac{\beta_i c^{\ominus}\dfrac{[\mathrm{M}]}{c^{\ominus}}\left(\dfrac{[\mathrm{L}]}{c^{\ominus}}\right)^i}{[\mathrm{M}]\left[1 + \sum\limits_{j=1}^{n}\beta_j\left(\dfrac{[\mathrm{L}]}{c^{\ominus}}\right)^j\right]} = \frac{\beta_i\left(\dfrac{[\mathrm{L}]}{c^{\ominus}}\right)^i}{1 + \sum\limits_{j=1}^{n}\beta_j\left(\dfrac{[\mathrm{L}]}{c^{\ominus}}\right)^j}, \quad i = 1, 2, \cdots, n \tag{5.5}$$

由式 (5.5) 可以看到，某个型体的分布分数与游离配体的平衡浓度有关，与金属离子的总浓度无关。这一点与酸碱滴定中的分布分数类似。本书中提供了一个计算单齿配合物分布分数的计算程序 ct_delta.m。用式 (5.5) 计算上述铜氨配合物中各种型体的分布情况。

例 5.1　在铜氨溶液中，当游离氨浓度为 0.0010 mol/L 时，计算其中铜氨配合物各型体的分布分数。已知铜氨配合物的 $\lg\beta_1 \sim \lg\beta_4$ 分别为 4.31、7.98、11.02 和 13.32。

解　根据式 (5.5)：

$$\begin{aligned} 1 + \sum_{i=1}^{4}\beta_i\left(\frac{[\mathrm{NH_3}]}{c^{\ominus}}\right)^i &= 1 + 10^{4.31} \times 0.0010 + 10^{7.98} \times 0.0010^2 + 10^{11.02} \times 0.0010^3 \\ &\quad + 10^{13.32} \times 0.0010^4 \\ &= 2.4 \times 10^2 \end{aligned}$$

$$\delta(\mathrm{Cu}) = \frac{1}{2.4 \times 10^2} = 0.0042 \qquad \delta[\mathrm{Cu(NH_3)}] = \frac{20}{2.4 \times 10^2} = 0.083$$

$$\delta[\mathrm{Cu(NH_3)_2}] = \frac{95}{2.4 \times 10^2} = 0.40 \qquad \delta[\mathrm{Cu(NH_3)_3}] = \frac{1.0 \times 10^2}{2.4 \times 10^2} = 0.42$$

$$\delta[\mathrm{Cu(NH_3)_4}] = \frac{21}{2.4 \times 10^2} = 0.088$$

图 5.1 所示为水溶液中铜氨配合物各种型体分布分数曲线。从图 5.1 中可以推断，如果采用 NH_3 作滴定剂滴定 Cu^{2+} 显然是不可行的。理由很简单，在一个相当大的游离氨浓度范围内，没有一种型体的分布分数接近 1。滴定过程中将存在多个型体，既难以确定滴定的化学计量点，也无法确定一个合适的滴定终点。

当然，某些单齿配位反应是可作为定量分析之用的，其中的一个例子是利比希 (Justus Liebig) 于 19 世纪 50 年代建立的用 Hg^{2+} 滴定 Cl^- 的方法。图 5.2 所示为汞氯配合物各种型体分布分数曲线，在 $\lg[\mathrm{Cl^-}]/c^{\ominus} \approx -5 \sim -3$ 的范围，$\delta(\mathrm{HgCl_2}) \approx 1$。因此，可用 Hg^{2+} 滴定在上述浓度范围内的 Cl^-。

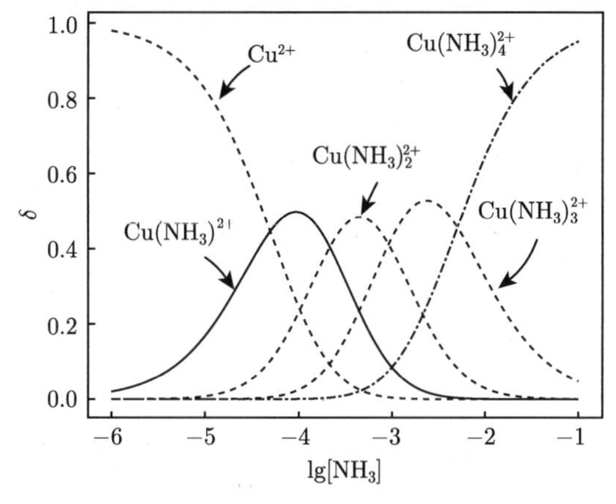

图 5.1　铜氨配合物中各型体的分布分数

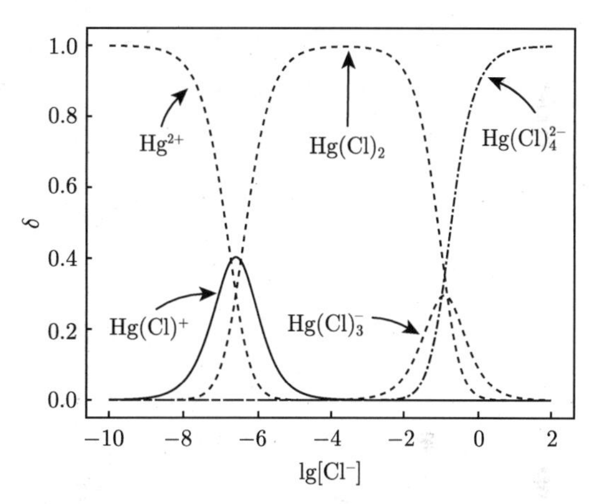

图 5.2　汞氯配合物中各型体的分布分数

从上述两个图中也可以发现，只要配体的浓度适当大，可以使得溶液中金属离子的游离浓度几乎为零。这个结果表明，尽管单齿配位反应很难用于定量分析，但是却常常可以有效地掩蔽金属离子，从而有选择地消除某些金属离子的干扰。

5.1.2　多齿配位反应

在配位滴定法中，多齿配位反应通常指金属离子与多齿配位剂的反应，其显著特点是金属离子可以与配体形成 1:1 的配合物。最早的基于多齿配位反应的配位滴定法是由施瓦岑巴赫 (Gerold Schwarzenbach) 于 1945 年引入氨基羧酸后构建的。1946 年，施瓦岑巴赫将 EDTA 引入配位滴定中，并采用了金属离子指示剂来指示滴定终点。从此以后，基于 EDTA 的配位滴定法逐渐成为配位滴定的主流方法。

EDTA 的结构式如图 5.3(a) 所示，它与镁离子形成配合物的结构式如图 5.3(b) 所示。EDTA 中的羧基和氨基提供电子对给镁离子，从而形成稳定的配合物。从图中可以看到，EDTA 像螃蟹一样伸出长臂捕获了金属离子，因此这类配合物在历史上也称为螯合物。由于 EDTA 的这类特性，它通常与金属离子形成 1:1 型的配合物，这也非常有利于定量分析计算。

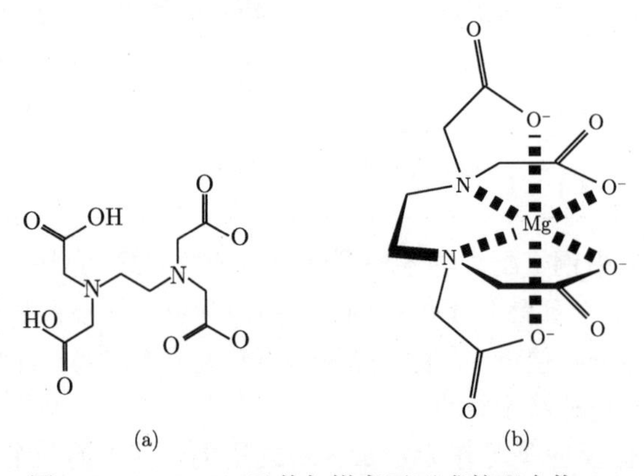

图 5.3　EDTA(a) 及其与镁离子形成的配合物 (b)

EDTA 与镁离子的反应按 1:1 形式进行，可以用下式来描述：

$$Y^{4-}(aq) + Mg^{2+}(aq) \rightleftharpoons MgY^{2-}(aq)$$

式中，Y^{4-} 为 EDTA 的有效型体 [图 5.3(b)]，在下一小节会讨论。形成的配合物 MgY^{2-} 与 Mg^{2+} 和 Y^{4-} 三者之间平衡浓度关系用形成常数 $K(MgY^{2-})$ 来描述，其定义如下：

$$K(\mathrm{MgY^{2-}}) = \frac{\frac{[\mathrm{MgY^{2-}}]}{c^{\ominus}}}{\frac{[\mathrm{Mg^{2+}}]}{c^{\ominus}}\frac{[\mathrm{Y^{4-}}]}{c^{\ominus}}} \tag{5.6}$$

实验结果证明，EDTA 与大多数金属离子的反应均按照 1:1 的方式进行，因而可以用下面的一般形式描述 (这里忽略具体的电荷表示)：

$$\mathrm{Y(aq) + M(aq) \rightleftharpoons MY(aq)} \tag{5.7}$$

式中，Y 为 EDTA；M 为金属离子。形成常数定义为

$$K(\mathrm{MY}) = \frac{\frac{[\mathrm{MY}]}{c^{\ominus}}}{\frac{[\mathrm{M}]}{c^{\ominus}}\frac{[\mathrm{Y}]}{c^{\ominus}}} \tag{5.8}$$

形成常数越大，表明 EDTA 与离子 M 形成的配合物越稳定，因而形成常数也称为稳定常数。例如，EDTA 与铜离子和镁离子的形成常数如下：

$$K(\mathrm{CuY^{2-}}) = \frac{\frac{[\mathrm{CuY^{2-}}]}{c^{\ominus}}}{\frac{[\mathrm{Cu^{2+}}]}{c^{\ominus}}\frac{[\mathrm{Y^{4-}}]}{c^{\ominus}}} = 6.31 \times 10^{18} \tag{5.9}$$

$$K(\mathrm{MgY^{2-}}) = \frac{\frac{[\mathrm{MgY^{2-}}]}{c^{\ominus}}}{\frac{[\mathrm{Mg^{2+}}]}{c^{\ominus}}\frac{[\mathrm{Y^{4-}}]}{c^{\ominus}}} = 5.01 \times 10^{8} \tag{5.10}$$

由于 $K(\mathrm{CuY^{2-}}) \gg K(\mathrm{MgY^{2-}})$，因此 EDTA 与铜离子形成的配合物的稳定性要高于 EDTA 与镁离子形成的配合物的稳定性。如果溶液中同时存在铜离子和镁离子，EDTA 通常会优先与铜离子反应。EDTA 与金属离子有着非常大的形成常数，构成了配位滴定能够成立的条件之一。

5.1.3　主反应与副反应

EDTA 的一个显著特点是它可以与几乎所有的金属离子发生反应，且形成的配合物的稳定性均较高。因此，在实际的测定过程中，EDTA 除了会与待测金属离子形成稳定的配合物之外，还会与其他金属离子形成配合物，而后者显然有可能对待测金属离子的定量分析产生影响。除此之外，EDTA 和金属离子也还会受到其他因素的影响。如何对各种因素的影响进行合理的划分，也决定着采用怎样的数学模型来处理配位反应体系。

图 5.4 列出了用 EDTA 滴定金属离子 M 时可能存在的一些反应。EDTA 与金属离子 M 的反应很自然地被设定为主反应，而其他的反应被视为副反应。这里要说明的是，虽然将产物进一步反应生成其他物质的反应也列为副反应，但是这两种副反应均对主反应有益，它们并非表现为负效应，因此产物的副反应通常不做过多的讨论。这里更多关注 EDTA 和金属离子 M 自身可能存在的副反应，因为这两类副反应均会对主反应产生负效应。

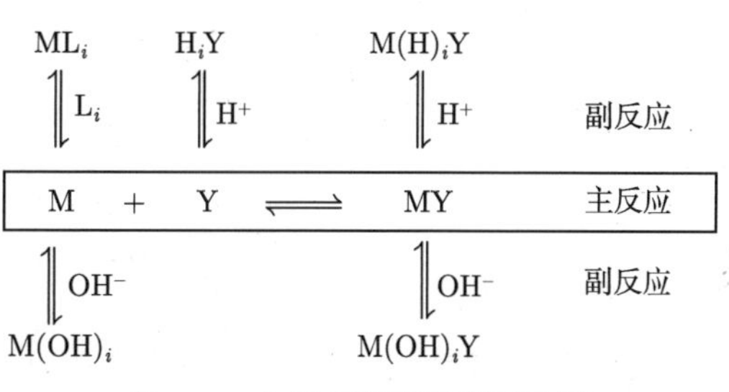

图 5.4　主反应和副反应示意图

1. EDTA 的副反应

首先来讨论与 EDTA 有关的副反应。在传统的理论中，EDTA 可能发生的副反应有两个：① EDTA 与其他 (非待测) 金属离子的作用；② EDTA 与氢离子的作用。本书中有意将第一个副反应做弱化处理，原因后叙。这里主要讨论第二个副反应，它与溶液的酸度有关，也称为 EDTA 的酸效应。

EDTA 本身虽然是四元酸，但在高酸度情况下它的两个羧基可再接受两个氢离子从而形成六元酸 $\mathrm{H_6Y^{2+}}$，因此它存在六级解离平衡：

$$
\begin{aligned}
\mathrm{H_6Y^{2+}(aq)} &\rightleftharpoons \mathrm{H^+(aq) + H_5Y^+(aq)}, & K_{a_1} &= 10^{-0.9} \\
\mathrm{H_5Y^{+}(aq)} &\rightleftharpoons \mathrm{H^+(aq) + H_4Y(aq)}, & K_{a_2} &= 10^{-1.6} \\
\mathrm{H_4Y(aq)} &\rightleftharpoons \mathrm{H^+(aq) + H_3Y^-(aq)}, & K_{a_3} &= 10^{-2.0} \\
\mathrm{H_3Y^{-}(aq)} &\rightleftharpoons \mathrm{H^+(aq) + H_2Y^{2-}(aq)}, & K_{a_4} &= 10^{-2.67} \\
\mathrm{H_2Y^{2-}(aq)} &\rightleftharpoons \mathrm{H^+(aq) + HY^{3-}(aq)}, & K_{a_5} &= 10^{-6.16} \\
\mathrm{HY^{3-}(aq)} &\rightleftharpoons \mathrm{H^+(aq) + Y^{4-}(aq)}, & K_{a_6} &= 10^{-10.26}
\end{aligned}
$$

图 5.5 所示为 EDTA 的水溶液中各种型体的分布分数曲线。从图中可以看到，pH 为 $1 \sim 8$，真正有效的型体 $\mathrm{Y^{4-}}$ 的浓度极低，由此可见酸度对于 EDTA 的负效应的程度之高。只有当 $\mathrm{pH} > 10$ 之后，$\mathrm{Y^{4-}}$ 才成为溶液中占优势的组分。当然，游离浓度低并不意味着 EDTA 就无法

与金属离子形成配合物。须知 EDTA 与金属离子的形成常数通常非常大，金属离子完全有能力与氢离子竞争 Y^{4-}。但是，为了使 EDTA 与金属离子能够最有效地形成配合物，确保 Y^{4-} 有足够大的分布分数还是有必要的，这就需要将体系的 pH 控制在较高的区域，如 pH 10 左右。不过，高 pH 范围带来的负面效应是使得某些金属离子形成氢氧化物沉淀。因此，基于 EDTA 的配位滴定中一项非常重要的工作是控制体系的酸度。

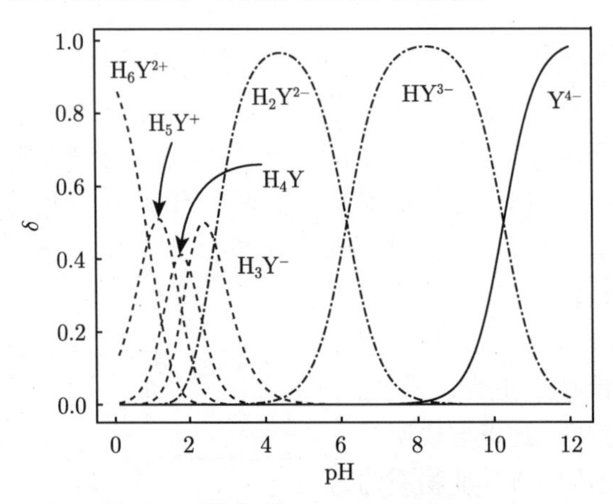

图 5.5　EDTA 各种存在型体的分布分数

EDTA 的水溶性不好 (0.5 g/L)，实际的配位滴定过程中所采用的是能够溶于水的 EDTA 二钠盐，它包含两个氢离子，因此其水溶液是显酸性的。并且，如果它与金属离子的形成常数很大，其包含的两个氢离子会被完全置换出来，使得溶液的酸度很高，这又反过来影响到 EDTA 滴定金属离子的过程。因此涉及配位滴定的实验均需要采用缓冲溶液控制 pH。

下面来量化 EDTA 的酸效应程度。设 EDTA 的分析浓度为 $c(\mathrm{Y})$，在某个 pH 情况下与 M 离子反应，则质量平衡如下：

$$\begin{aligned}c(\mathrm{Y}) &= [\mathrm{Y}^{4-}] + [\mathrm{HY}^{3-}] + \cdots + [\mathrm{H_6Y}^{2+}] + [\mathrm{MY}] \\ &= [\mathrm{Y}^{4-}] + \beta_1(\mathrm{HY}^{3-})c^{\ominus}\frac{[\mathrm{H}^+]}{c^{\ominus}}\frac{[\mathrm{Y}^{4-}]}{c^{\ominus}} + \cdots + \beta_6(\mathrm{H_6Y}^{2+})c^{\ominus}\left(\frac{[\mathrm{H}^+]}{c^{\ominus}}\right)^6\frac{[\mathrm{Y}^{4-}]}{c^{\ominus}} + [\mathrm{MY}] \\ &= \left[1 + \sum_{i=1}^{6}\beta_i(\mathrm{H}_i\mathrm{Y}^{i-4})\left(\frac{[\mathrm{H}^+]}{c^{\ominus}}\right)^i\right][\mathrm{Y}^{4-}] + [\mathrm{MY}]\end{aligned} \tag{5.11}$$

式中，β 为 EDTA 与质子形成配合物的形成常数，它与 EDTA 酸解离常数有如下关系：

$$\beta_1(\mathrm{HY}^{3-}) = \frac{1}{K_{\mathrm{a_6}}},\quad \beta_2(\mathrm{H_2Y}^{2-}) = \frac{1}{K_{\mathrm{a_6}}K_{\mathrm{a_5}}},\cdots,\quad \beta_6(\mathrm{H_6Y}^{2+}) = \frac{1}{K_{\mathrm{a_6}}K_{\mathrm{a_5}}\cdots K_{\mathrm{a_1}}} \tag{5.12}$$

由式 (5.11) 可以看到，在 $c(\mathrm{Y})$ 固定的情况下，如果氢离子浓度增大，则 $[\mathrm{Y}^{4-}]$ 减小，此即为酸效应，用一个酸效应系数 $\alpha(\mathrm{Y\cdot H})$来描述：

$$\alpha(\mathrm{Y\cdot H}) = 1 + \sum_{i=1}^{6}\beta_i(\mathrm{H}_i\mathrm{Y}^{i-4})\left(\frac{[\mathrm{H}^+]}{c^{\ominus}}\right)^i \tag{5.13}$$

将酸效应系数代入式 (5.11)，得到包含酸效应系数的质量平衡式：

$$c(\mathrm{Y}) = \alpha(\mathrm{Y\cdot H})[\mathrm{Y}^{4-}] + [\mathrm{MY}] \tag{5.14}$$

很显然，式 (5.14) 可以用于存在多个金属离子的情况。为了简便和直观起见，假设溶液中存在铝离子和钙离子，则此时式 (5.14) 可表示如下：

$$\begin{aligned}c(\mathrm{Y}) &= \alpha(\mathrm{Y\cdot H})[\mathrm{Y^{4-}}] + [\mathrm{CaY}] + [\mathrm{AlY}] \\ &= \alpha(\mathrm{Y\cdot H})[\mathrm{Y^{4-}}] + K(\mathrm{CaY})c^{\ominus}\frac{[\mathrm{Ca^{2+}}]}{c^{\ominus}}\frac{[\mathrm{Y^{4-}}]}{c^{\ominus}} + K(\mathrm{AlY})c^{\ominus}\frac{[\mathrm{Al^{3+}}]}{c^{\ominus}}\frac{[\mathrm{Y^{4-}}]}{c^{\ominus}}\end{aligned} \tag{5.15}$$

如果测定的目标离子是钙离子，则铝离子将被视为干扰离子，它会对 EDTA 产生干扰效应。一种传统的做法是将铝离子的相关项与酸效应系数项合并：

$$\begin{aligned}c(\mathrm{Y}) &= \left[\alpha(\mathrm{Y\cdot H}) + K(\mathrm{AlY})\frac{[\mathrm{Al^{3+}}]}{c^{\ominus}}\right][\mathrm{Y^{4-}}] + \left[K(\mathrm{CaY})\frac{[\mathrm{Ca^{2+}}]}{c^{\ominus}}\right][\mathrm{Y^{4-}}] \\ &= \alpha(\mathrm{Y})[\mathrm{Y^{4-}}] + \left[K(\mathrm{CaY})\frac{[\mathrm{Ca^{2+}}]}{c^{\ominus}}\right][\mathrm{Y^{4-}}]\end{aligned} \tag{5.16}$$

式中，引入一个新的参数 $\alpha(\mathrm{Y})$，称为 EDTA 的总副反应系数，它包含酸效应和非目标金属离子的效应。

如果存在 n 个干扰离子 $\mathrm{M}_i, i = 1, 2, \cdots, n$，则 EDTA 的总副反应系数表示如下：

$$\alpha(\mathrm{Y}) = \alpha(\mathrm{Y\cdot H}) + \sum_{i=1}^{n} K(\mathrm{M}_i\mathrm{Y})\frac{[\mathrm{M}_i]}{c^{\ominus}} \tag{5.17}$$

这里涉及一个问题：由于滴定过程中干扰离子的浓度也在发生改变，它不像酸度可以用缓冲溶液控制。因此，EDTA 的总副反应系数就会是一个变量，并不利于判定其对滴定效果的影响，将 EDTA 与非目标金属离子的配位反应视为副反应未必是一个合适的描述方式。由于 EDTA 与金属离子的作用基本上不具备专一性，如果换一个视角来看待 EDTA 与溶液中的全部金属离子作用或许更为合适。例如，如果将 EDTA 与所有金属离子的作用均视为主反应，则上述困难就可以消除。在这样的框架下，EDTA 的副反应只需简单地归结为酸效应，在计算上也容易进行。这也是在图 5.4 中未将 EDTA 与其他离子的作用标注上去并设定为副反应的原因。

2. 金属离子的副反应

下面再来看看目标金属离子可能发生的副反应。图 5.4 中列出了两种可能的情况，一种是与氢氧根离子的反应，因为许多金属离子都容易形成氢氧化物；另一种情况是目标金属离子与其他配体 L 发生配位反应的情况。其实，氢氧根离子也属于一种配体，可以归结到 L 配体的副反应范畴中。

不失一般性，设配体 L 与金属离子 M 发生 n 级配位反应，它在滴定过程中与 EDTA 同时争夺金属离子 M，此时的质量平衡为

$$\begin{aligned}c(\mathrm{M}) &= [\mathrm{M}] + ([\mathrm{ML}] + \cdots + [\mathrm{ML}_n]) + [\mathrm{MY}] \\ &= [\mathrm{M}] + \sum_{i=1}^{n}\beta_i(\mathrm{ML}_i)c^{\ominus}\frac{[\mathrm{M}]}{c^{\ominus}}\left(\frac{[\mathrm{L}]}{c^{\ominus}}\right)^i + [\mathrm{MY}] \\ &= \left[1 + \sum_{i=1}^{n}\beta_i(\mathrm{ML}_i)\left(\frac{[\mathrm{L}]}{c^{\ominus}}\right)^i\right][\mathrm{M}] + [\mathrm{MY}]\end{aligned} \tag{5.18}$$

式中，$\beta_i(\mathrm{ML}_i)$ 为配体 L 与金属离子 M 的第 i 级累积形成常数。很显然，配体 L 的存在一定会在某种程度上导致 M 游离浓度的降低，不利于金属离子与 EDTA 主反应的进行。类似地，可以定义金属离子的副反应系数 $\alpha(\mathrm{M}\cdot\mathrm{L})$：

$$\alpha(\mathrm{M}\cdot\mathrm{L}) = 1 + \sum_{i=1}^{n}\beta_i(\mathrm{ML}_i)\left(\frac{[\mathrm{L}]}{c^{\ominus}}\right)^i \tag{5.19}$$

更为复杂的情况是：体系中存在 m 个配体 L_1、L_2、$\cdots$、L_m，它们均与 M 发生配位反应，则金属离子 M 的总副反应系数 $\alpha(\mathrm{M})$ 为

$$\begin{aligned}\alpha(\mathrm{M}) &= 1 + \sum_{i=1}^{n_1}\beta_i[\mathrm{M}(\mathrm{L}_1)_i]\left(\frac{[\mathrm{L}_1]}{c^{\ominus}}\right)^i + \cdots + \sum_{i=1}^{n_m}\beta_i[\mathrm{M}(\mathrm{L}_m)_i]\left(\frac{[\mathrm{L}_m]}{c^{\ominus}}\right)^i \\ &= 1 + \sum_{j=1}^{m}\sum_{i=1}^{n_j}\beta_i\left[\mathrm{M}(\mathrm{L}_j)_i\right]\left(\frac{[\mathrm{L}_j]}{c^{\ominus}}\right)^i \\ &= \sum_{j=1}^{m}\alpha(\mathrm{M}\cdot\mathrm{L}_j) - m + 1\end{aligned} \tag{5.20}$$

这里要强调的是，在配位滴定中加入其他配体的作用，更多是为了消除干扰离子的影响，可以通过下例来了解用氟离子掩蔽铝离子的效果。

例 5.2　在钙、铝离子的分析浓度均为 0.1000 mol/L 的溶液加入氟离子，并使氟离子的平衡浓度为 0.010 mol/L。计算该溶液中钙、铝离子的平衡浓度。已知铝氟配合物的累积形成常数 $\lg\beta_1 \sim \lg\beta_6$ 为 6.13、11.15、15.00、17.75、19.37 和 19.84。

解　钙离子不会与氟离子形成配合物，因此氟离子对钙离子的副反应系数 $\alpha(\mathrm{Ca}\cdot\mathrm{F}) = 1$。所以

$$c(\mathrm{Ca}) = \alpha(\mathrm{Ca}\cdot\mathrm{F})[\mathrm{Ca}^{2+}] = [\mathrm{Ca}^{2+}] = 0.1000\ \mathrm{mol/L}$$

对于铝离子，则有

$$\begin{aligned}\alpha(\mathrm{Al}\cdot\mathrm{F}) &= 1 + \beta_1\frac{[\mathrm{F}^-]}{c^{\ominus}} + \beta_2\left(\frac{[\mathrm{F}^-]}{c^{\ominus}}\right)^2 + \cdots + \beta_6\left(\frac{[\mathrm{F}^-]}{c^{\ominus}}\right)^6 \\ &= 1 + 10^{6.13}\times 0.010 + 10^{11.15}\times 0.010^2 + \cdots + 10^{19.84}\times 0.010^6 \\ &= 9.1\times 10^9\end{aligned}$$

因为

$$c(\mathrm{Al}) = \alpha(\mathrm{Al}\cdot\mathrm{F})[\mathrm{Al}^{3+}]$$

所以

$$[\mathrm{Al}^{3+}] = \frac{c(\mathrm{Al})}{\alpha(\mathrm{Al}\cdot\mathrm{F})} = \frac{0.1000\ \mathrm{mol/L}}{9.1\times 10^9} = 1.1\times 10^{-11}\ \mathrm{mol/L}$$

从计算结果来看，氟离子的加入使得溶液中铝离子的浓度非常低，即氟离子可以有效地掩蔽铝离子。进一步的计算表明，即使氟离子的平衡浓度减小至 0.0050 mol/L，由于其很好的

掩蔽能力，可以使得 $[Al^{3+}] = 1.8 \times 10^{-10}$ mol/L。由于铝离子的浓度如此低，即便它与 EDTA 会发生反应，但消耗的 EDTA 的量也会非常低，可以忽略不计。因此，此时铝离子不会干扰钙离子的滴定。

受到副反应的影响，体系中游离的 EDTA 和金属离子 M 的浓度将发生改变，会有更多的 EDTA 和金属离子 M 参与到副反应中而非主反应中。如果定义未参与到主反应中的平衡浓度为

$$[M'] = \alpha(M)[M] \tag{5.21}$$

和

$$[Y'] = \alpha(Y)[Y] \tag{5.22}$$

式中，$[M']$ 和 $[Y']$ 分别为未真正参与 MY 配位反应的 M 和 Y 的总浓度，此时可以定义另外一个新的形成常数 $K'(MY)$：

$$K'(MY) = \frac{\frac{[MY]}{c^{\ominus}}}{\frac{[M']}{c^{\ominus}}\frac{[Y']}{c^{\ominus}}} \tag{5.23}$$

式中，$K'(MY)$ 为条件形成常数。它与形成常数 $K(MY)$ 之间存在如下关系：

$$K'(MY) = \frac{K(MY)}{\alpha(M)\alpha(Y)} \tag{5.24}$$

将式 (5.24) 取对数，得

$$\lg K'(MY) = \lg K(MY) - \lg\alpha(M) - \lg\alpha(Y) \tag{5.25}$$

由于 $\alpha(M) > 1$ 和 $\alpha(Y) > 1$，因此条件形成常数通常小于形成常数。在副反应系数均为固定值的情况下，可以使用条件稳定常数描述滴定过程。

例 5.3　计算在 pH = 2.00 和 pH = 5.00 时 ZnY 的条件形成常数。已知：$\lg K(ZnY) = 16.50$。

解　通过查表可得，pH = 2.00 和 pH = 5.00 时的 $\lg\alpha(Y\cdot H)$ 分别为 13.51 和 6.45。

当 pH = 2.00 时

$$\begin{aligned}\lg K'(ZnY) &= \lg K(ZnY) - \lg\alpha(Y\cdot H) \\ &= 16.50 - 13.51 = 2.99\end{aligned}$$

当 pH = 5.00 时

$$\begin{aligned}\lg K'(ZnY) &= \lg K(ZnY) - \lg\alpha(Y\cdot H) \\ &= 16.50 - 6.45 = 10.05\end{aligned}$$

计算结果表明，酸度对配合物的稳定性影响极大。pH 为 2.00 时，$K'(ZnY) = 10^{2.99}$，此时已经不能用 EDTA 滴定锌离子。

5.2　配位滴定方程

配位滴定方程用于描述 EDTA 滴定金属离子时，体系中金属离子浓度变化与 EDTA 加入量之间的关系。本章中在建立滴定方程时，不再严格区分金属离子的主、副反应，即只要相关的组分在滴定过程中其浓度不可控，则将该组分归入方程的变量之中。

5.2.1　滴定单一金属离子

设 EDTA 滴定金属离子 M，配位反应如下：

$$Y(aq) + M(aq) \rightleftharpoons MY(aq), \quad K = \frac{\frac{[MY]}{c^{\ominus}}}{\frac{[M]}{c^{\ominus}}\frac{[Y]}{c^{\ominus}}}$$

为了讨论的简便起见，假设：① 溶液的 pH 用缓冲溶液控制，且缓冲溶液中的配体不会与 M 发生反应；② 体系中不存在其他能够与 M 发生配位反应的配体。在这种情况下仅需考虑 EDTA 的酸效应。

设 EDTA 和 M 二者的分析浓度分别为 $c(Y)$ 和 $c(M)$，金属离子溶液的初始体积为 V_0。当加入的 EDTA 体积为 V_t 时，质量平衡方程如下：

$$\frac{c(Y)V_t}{V_0 + V_t} = \alpha(Y \cdot H)[Y] + [MY] \tag{5.26}$$

$$\frac{c(M)V_0}{V_0 + V_t} = [M] + [MY] \tag{5.27}$$

由式 (5.26) 可得

$$[Y] = \frac{c(Y)\eta}{(1+\eta)\left[\alpha(Y \cdot H) + K\frac{[M]}{c^{\ominus}}\right]} \tag{5.28}$$

式中，$\eta = V_t/V_0$。将式 (5.28) 代入式 (5.27)，可得

$$\eta = \frac{c(M) - [M]}{[M] + \frac{K[M]c(Y)}{\alpha(Y \cdot H)c^{\ominus} + K[M]}} \tag{5.29}$$

式 (5.29) 即为 EDTA 滴定单一金属离子 M 时的滴定方程。根据具体的配位滴定体系得到该方程的数值解，然后将 η 对 [M] 的负对数值作图得到滴定曲线。图 5.6 和图 5.7 为在两种酸度情况下，用 EDTA 滴定钙离子的滴定曲线。

图 5.6 和图 5.7 中的 ▲ 表示滴定突跃范围，它对应于 $\eta = 0.999$ 和 $\eta = 1.001$，如果滴定终点控制在此范围内时，滴定误差会在 ± 0.1%。从这两个图的对比中还可以看到，酸度的增加导致了滴定突跃范围收窄，这势必会影响到指示剂的选择和应用。因此，酸度增加不利于配位滴定的进行。

化学计量点时存在如下关系：

$$c(Ca^{2+}) \times V_0 = c(Y^{4-}) \times V_{sp} \tag{5.30}$$

式中，V_{sp} 为化学计量点时消耗 EDTA 的体积。因此，化学计量点时的体积比为

$$\eta_{sp} = \frac{V_{sp}}{V_0} = \frac{c(Ca^{2+})}{c(Y^{4-})} \tag{5.31}$$

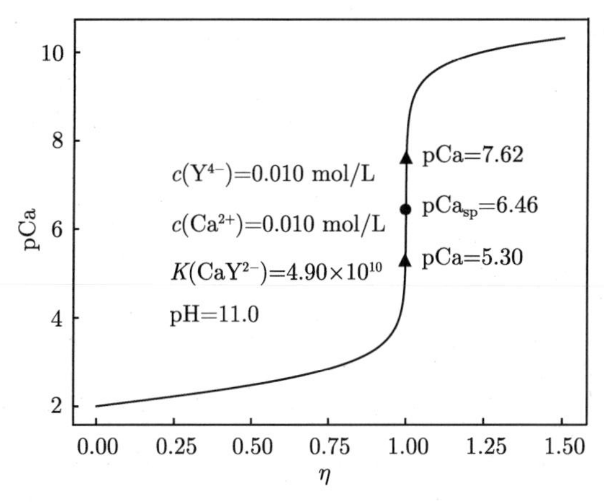

图 5.6　EDTA 滴定钙离子的滴定曲线 (一)

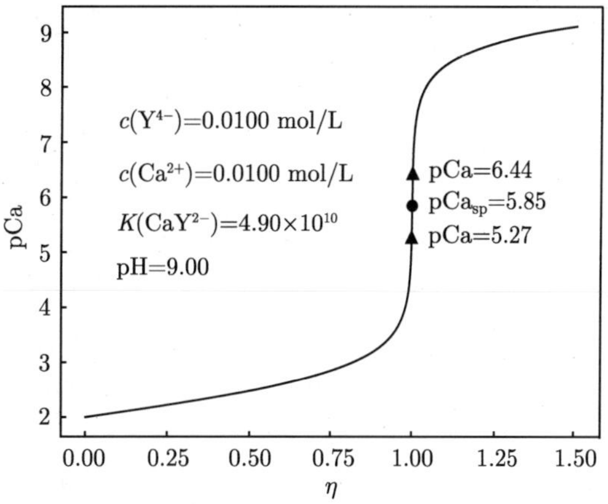

图 5.7　EDTA 滴定钙离子的滴定曲线 (二)

当 $c(Ca^{2+}) = c(Y^{4-})$ 时，化学计量点处有 $\eta_{sp} = 1$，从式 (5.29) 中可得

$$\frac{c(M) - [M]_{sp}}{[M]_{sp} + \dfrac{K[M]_{sp}c(Y)}{\alpha(Y \cdot H)c^{\ominus} + K[M]_{sp}}} = 1 \tag{5.32}$$

整理该式得

$$2K[M]_{sp}^2 + 2\alpha(Y \cdot H)c^{\ominus}[M]_{sp} - c(M)\alpha(Y \cdot H)c^{\ominus} = 0 \tag{5.33}$$

解该方程得

$$[M]_{sp} \approx \sqrt{\frac{c(M)\alpha(Y \cdot H)c^{\ominus}}{2K}} \tag{5.34}$$

要说明的是，在方程的求解过程中做了适当的近似。从式 (5.34) 中可以看到，酸度的增加会导致化学计量点处游离金属离子浓度的增加，这也证明酸度的增加会降低配合物的稳定性。

当滴定体系中除了 EDTA 之外还有其他配位剂时，情况会变得稍微复杂一些。例如，在实际的配位滴定体系中经常会采用 NH_3-NH_4Cl 缓冲溶液来控制溶液的 pH，由此引入的 NH_3 就会对某些金属离子发生配位反应。不失一般性，假设溶液中存在一个配体 L 对金属离子 M 会发生配位反应，形成配合物 ML_n $(n \geqslant 1)$。同时，为讨论简便，假设配体 L 的游离浓度在滴定过程中不会改变。这一假设对某些实际体系而言大致成立，如 NH_3-NH_4Cl 缓冲溶液中 NH_3 的游离浓度大致不变。在此情况下，质量平衡方程式 (5.27) 可写成如下形式：

$$\frac{c(M)V_0}{V_0 + V_t} = \alpha(M)[M] + [MY] \tag{5.35}$$

原来的滴定方程式 (5.29) 中需要引入金属离子的副反应系数 $\alpha(\mathrm{M})$:

$$\eta=\frac{c(\mathrm{M})-\alpha(\mathrm{M})[\mathrm{M}]}{\alpha(\mathrm{M})[\mathrm{M}]+\dfrac{K[\mathrm{M}]c(\mathrm{Y})}{\alpha(\mathrm{Y}\cdot\mathrm{H})c^{\ominus}+K[\mathrm{M}]}} \tag{5.36}$$

此时，在化学计量点处的金属离子的近似浓度为

$$[\mathrm{M}]_{\mathrm{sp}}\approx\sqrt{\frac{c(\mathrm{M})\alpha(\mathrm{Y}\cdot\mathrm{H})c^{\ominus}}{2K\alpha(\mathrm{M})}} \tag{5.37}$$

式 (5.36) 也可以展开解析式：

$$\begin{aligned}&(\eta+1)\alpha(\mathrm{M})K[\mathrm{M}]^2+[\eta\alpha(\mathrm{M})\alpha(\mathrm{Y}\cdot\mathrm{H})c^{\ominus}\\&\quad+\eta Kc(\mathrm{Y})-c(\mathrm{M})K+\alpha(\mathrm{M})\alpha(\mathrm{Y}\cdot\mathrm{H})c^{\ominus}][\mathrm{M}]-c(\mathrm{M})\alpha(\mathrm{Y}\cdot\mathrm{H})c^{\ominus}=0\end{aligned} \tag{5.38}$$

这是一个一元二次方程式，可以很容易求得其准确解。本书编者编写了计算 EDTA 滴定单一金属离子时在某个体积比处的金属离子浓度的 Octave 程序 pM_at_eta.m。图 5.8 和图 5.9 为在两种游离氨浓度情况下，用 EDTA 滴定铜离子的滴定曲线。与 EDTA 酸效应的情况类似，金属离子的副反应也会导致化学计量点处游离金属离子浓度的改变，以及使得滴定突跃收窄，影响到指示剂的选择与应用。

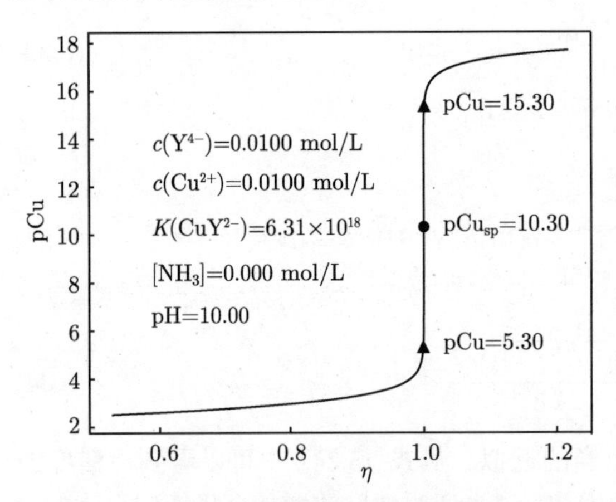

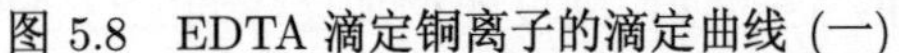
图 5.8　EDTA 滴定铜离子的滴定曲线 (一)

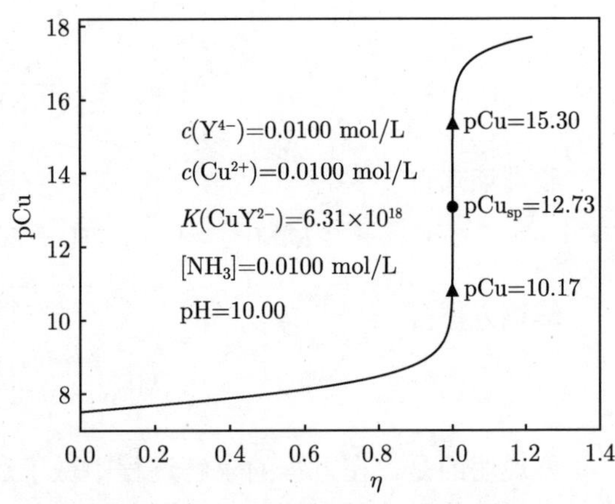

图 5.9　EDTA 滴定铜离子的滴定曲线 (二)

图 5.10 为不同形成常数下的滴定曲线形态，可以看到形成常数的数量级在 10^7 以下时没有足够大的滴定突跃范围。图 5.11 则为不同金属离子浓度情况下的滴定曲线形态，可以看到当浓度的数量级小于 10^{-3} mol/L 时，也没有足够大的滴定突跃范围。当然，如果该金属离子的形成常数的值很大，理论上说即便浓度较低还是可以获得较大的滴定突跃范围。由于待测组分的浓度已经非常低，此时指示剂的浓度也必须很低 (否则它就成了“主角”)，很难形成敏锐的变色。因此，配位滴定法还是比较适用于常量分析范畴。这里要说明的是，上述计算过程中，设定 EDTA 浓度与金属离子浓度相等，这样使得它们都有同样的化学计量点 $\eta=1$，可以在一个图中显示所有的情形。

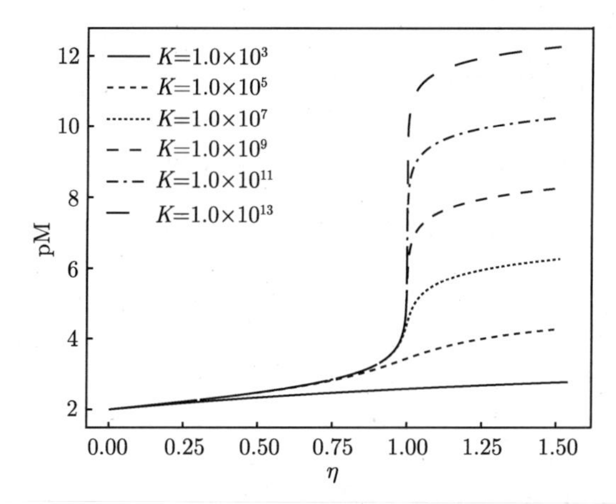

图 5.10　不同形成常数时滴定曲线的形态

$c(\mathrm{M}) = 0.010$ mol/L，$c(\mathrm{Y}) = 0.010$ mol/L

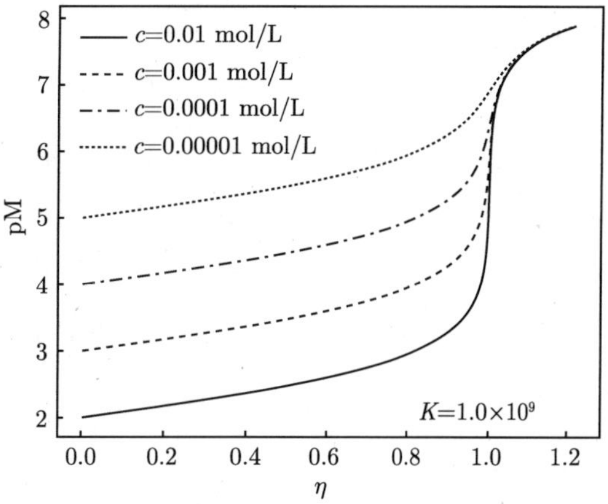

图 5.11　不同初始浓度时滴定曲线的形态

EDTA 的浓度与金属离子浓度相同

在副反应系数为常数的情况下，采用条件形成常数来描述滴定过程也是可行的。此时的质量平衡如下：

$$\frac{c(\mathrm{Y})\eta}{\eta+1} = [\mathrm{Y}'] + K'(\mathrm{MY})c^{\ominus}\frac{[\mathrm{M}']}{c^{\ominus}}\frac{[\mathrm{Y}']}{c^{\ominus}} \tag{5.39}$$

$$\frac{c(\mathrm{M})}{\eta+1} = [\mathrm{M}'] + K'(\mathrm{MY})c^{\ominus}\frac{[\mathrm{M}']}{c^{\ominus}}\frac{[\mathrm{Y}']}{c^{\ominus}} \tag{5.40}$$

将式 (5.39) 和式 (5.40) 展开处理，可以得到以条件形成常数和相关参数表达的配位滴定方程。本书中更强调参与主反应的离子浓度变化情况，故不再对这种情况进行讨论。有兴趣者可以自行推导相关方程。

5.2.2　滴定多种金属离子

EDTA 可以与绝大多数金属离子形成稳定的配合物。传统的配位滴定理论在建立滴定方程时，常常将非目标金属离子归入干扰离子的范畴，将它们对目标金属离子的影响归结到该金属离子的副反应系数上，从而回归到滴定单一金属离子的情形。这种描述方式有时并不合适，因为滴定过程中干扰离子的浓度也在发生改变，因而很难将它们的副反应系数设定为一个常数。这一节中将直接面对 EDTA 滴定多种金属离子的情况。

设在体积为 V_0 的水溶液中存在 n 个金属离子 M_1、$\cdots$、M_n，它们的分析浓度分别为 $c(\mathrm{M}_1)$、$\cdots$、$c(\mathrm{M}_n)$。用分析浓度为 $c(\mathrm{Y})$ 的 EDTA 滴定该溶液，当加入的 EDTA 体积为 V_t 时，质量平衡如下：

$$\frac{c(\mathrm{M}_1)V_0}{V_\mathrm{t}+V_0} = \alpha(\mathrm{M}_1)[\mathrm{M}_1] + K(\mathrm{M}_1\mathrm{Y})c^{\ominus}\frac{[\mathrm{M}_1]}{c^{\ominus}}\frac{[\mathrm{Y}]}{c^{\ominus}} \tag{5.41}$$

$$\frac{c(\mathrm{M}_2)V_0}{V_\mathrm{t}+V_0} = \alpha(\mathrm{M}_2)[\mathrm{M}_2] + K(\mathrm{M}_2\mathrm{Y})c^{\ominus}\frac{[\mathrm{M}_2]}{c^{\ominus}}\frac{[\mathrm{Y}]}{c^{\ominus}} \tag{5.42}$$

$$\vdots$$

$$\frac{c(\mathrm{M}_n)V_0}{V_\mathrm{t}+V_0} = \alpha(\mathrm{M}_n)[\mathrm{M}_n] + K(\mathrm{M}_n\mathrm{Y})c^{\ominus}\frac{[\mathrm{M}_n]}{c^{\ominus}}\frac{[\mathrm{Y}]}{c^{\ominus}} \tag{5.43}$$

和

$$\frac{c(\mathrm{Y})V_\mathrm{t}}{V_\mathrm{t}+V_0}=\alpha(\mathrm{Y}\cdot\mathrm{H})[\mathrm{Y}]+\sum_{i=1}^{n}K(\mathrm{M}_i\mathrm{Y})c^{\ominus}\frac{[\mathrm{M}_i]}{c^{\ominus}}\frac{[\mathrm{Y}]}{c^{\ominus}} \tag{5.44}$$

在式 (5.44) 中，EDTA 的副反应只强调其酸效应。EDTA 与金属离子的反应全部视为主反应，这样的表达方式更为直观。由式 (5.41)~式 (5.43)，可得

$$[\mathrm{M}_i]=\frac{c(\mathrm{M}_i)}{(1+\eta)\left[\alpha(\mathrm{M}_i)+K(\mathrm{M}_i\mathrm{Y})\dfrac{[\mathrm{Y}]}{c^{\ominus}}\right]},\quad i=1,2,\cdots,n \tag{5.45}$$

将式 (5.45) 代入式 (5.44)，得

$$\eta=\frac{\alpha(\mathrm{Y}\cdot\mathrm{H})[\mathrm{Y}]+\displaystyle\sum_{i=1}^{n}\frac{K(\mathrm{M}_i\mathrm{Y})[\mathrm{Y}]c(\mathrm{M}_i)}{\alpha(\mathrm{M}_i)c^{\ominus}+K(\mathrm{M}_i\mathrm{Y})[\mathrm{Y}]}}{c(\mathrm{Y})-\alpha(\mathrm{Y}\cdot\mathrm{H})[\mathrm{Y}]} \tag{5.46}$$

式 (5.45) 和式 (5.46) 共同构成 EDTA 滴定多种金属离子的滴定方程。由于该方程理论上可以滴定任意多种金属离子，故称为配位滴定通式。式 (5.46) 中虽然仅包含游离 EDTA 的平衡浓度，但是如果当 n 值较大时，不易通过建立有关 [Y] 的解析式进行求解。这里采用数值算法，从式 (5.46) 建立起 η 与 [Y] 之间的关系，然后再通过式 (5.45) 建立起 η 与 $[\mathrm{M}_i]$ 之间的关系，由此建立了 η 与 pM 之间的关系，即配位滴定曲线。

图 5.12 为 EDTA 滴定由铜离子和锌离子组成的混合溶液的滴定曲线。从图中可以看到，氨的配位效应使得部分铜离子和锌离子形成铜氨和锌氨配合物，反映在滴定曲线上是初始点均被抬高，即初始的游离铜离子和锌离子浓度均减小。对应于铜离子的滴定曲线抬高的程度大于锌离子，这意味着更多的铜离子形成了铜氨配合物。并且，图 5.12 的结果还表明在当前的情况下无法单独滴定两种离子中的任何一种。

通过计算可知，该体系中 $\lg K'(\mathrm{ZnY})=15.36>\lg K'(\mathrm{CuY})=13.89$，因此可以首先滴定锌离子。为了更好地揭示这一点，计算了滴定过程中生成的配合物的浓度变化情况，如图 5.13 所示。从图中可以看到，首先形成的确实是 ZnY^{2-}，在 $\eta=1$ 处 ZnY^{2-} 浓度达到最大，此后生成的 CuY^{2-} 的浓度才开始快速增大。

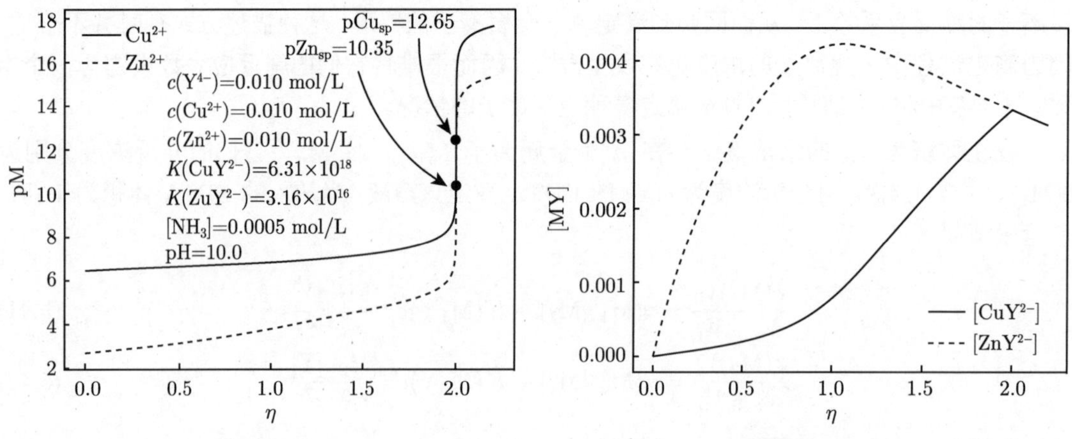

图 5.12　EDTA 滴定由铜离子和锌离子组成的混合溶液的滴定曲线

图 5.13　图 5.12 的滴定体系中形成的主要配合物的浓度变化曲线

例 5.4 在 pH 为 10 的氨性溶液中，用 0.02000 mol/L EDTA 滴定 0.02000 mol/L Cu^{2+} 和 0.02000 mol/L Mg^{2+} 的混合溶液，以铜离子选择电极指示终点。实验结果表明，若滴定过程控制游离氨的浓度为 0.00100 mol/L 时，出现两个电位突跃；若控制游离氨浓度在 0.200 mol/L，则只有一个电位突跃。试说明其原因。

解 本例是用 EDTA 滴定两种金属离子的情况。其他配体的浓度不变。在该体系中，铜离子与氨会形成配合物，而镁离子与氨不会形成配合物。因此，改变体系中游离氨的浓度会导致不同的滴定结果。设体系的 pH 维持在 10，此时的酸效应系数为 2.82。当 $[NH_3] = 0.00100$ mol/L 时，$\alpha(Cu) = 2.43 \times 10^2$，条件稳定常数为

$$\lg K'(CuY) = 18.80 - \lg 2.82 - \lg 2.43 \times 10^2 = 15.96$$

$$\lg K'(MgY) = 8.70 - \lg 2.82 = 8.25$$

从这两个条件稳定常数来看，滴定过程中铜离子被优先滴定。由于两者的条件稳定常数相差足够大，因此铜离子优先被滴定，且在铜离子的化学计量点 $\eta = 1$ 处出现一个滴定突跃。此后由于铜离子的浓度极度减小，镁离子的滴定开始显著增加，铜离子和镁离子共同进入滴定过程中，最终再度产生一个滴定突跃。

类似地，当 $[NH_3] = 0.200$ mol/L 时，计算得到 $\lg K'(CuY) = 7.81$，该值比镁离子的条件稳定常数略小，故滴定开始时两种离子同时被滴定，并在 $\eta = 2.00$ 时同时达到滴定突跃。

例 5.4 的解释基于条件稳定常数的大小，并不直观。为了更好地揭示例 5.4 中的真实情形，应绘制两种情况下的滴定曲线，如图 5.14 和图 5.15 所示。从图 5.14 中可以看到，在游离氨浓度 $[NH_3] = 0.00100$ mol/L 时，铜离子在 $\eta = 1$ 处确实存在一个足够大的滴定突跃。待镁离子被滴定完成之后，在铜离子的滴定曲线上再度出现一个滴定突跃，这与题目的实验结果相符。

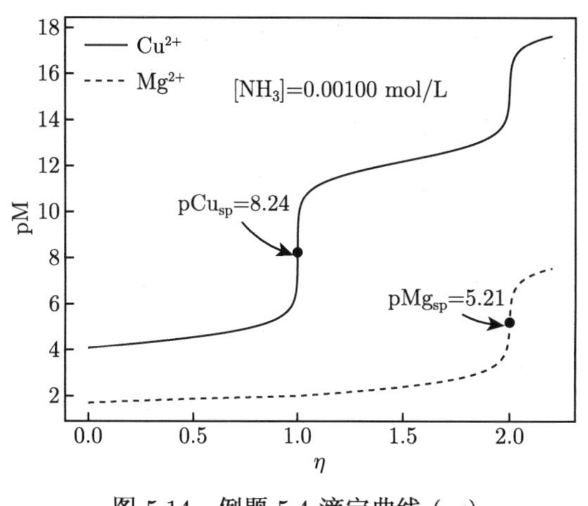

图 5.14 例题 5.4 滴定曲线 (一)

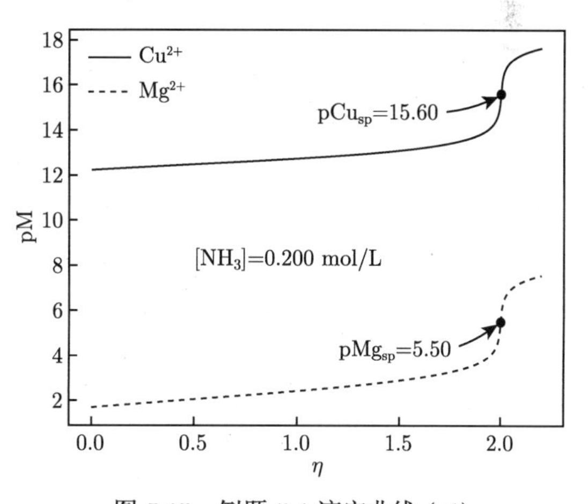

图 5.15 例题 5.4 滴定曲线 (二)

从图 5.15 中可以看到，当游离氨的浓度 $[NH_3] = 0.200$ mol/L 时，氨的配位效应导致铜离子的初始浓度极低，因此真实的滴定过程是优先滴定镁离子，其进程类似于图 5.13 所示的情

况。最终铜离子和镁离子在 $\eta = 2$ 处同时达到滴定突跃。所以，在铜离子的滴定曲线上就只能出现一个滴定突跃，用铜离子选择电极进行测量时就只能观察到一个电位突跃。

5.2.3 其他配体参与时滴定单一金属离子

配位滴定中一种最常见的情形是：采用其他配位剂掩蔽某些金属离子，然后用 EDTA 滴定目标离子。最好的情况是这些配位剂能够完全掩蔽掉干扰离子，但是不会与待测离子作用。然而，实际的情况是这些配位剂会在一定程度上与待测金属离子作用。并且，由于这些配位剂是在滴定开始时加入的，因而其浓度会随着滴定过程的进行而发生改变。所以，在讨论这种情况下的滴定过程时必须考虑这些配体的浓度变化问题。不失一般性，设待分析金属离子为 M，其分析浓度为 $c(\mathrm{M})$，初始体积为 V_0。同时，在该溶液中已经加入了 n 种配位剂 L_1、L_2、$\cdots$、L_n，它们的分析浓度分别为 $c(\mathrm{L}_1)$、$c(\mathrm{L}_2)$、$\cdots$、$c(\mathrm{L}_n)$，且它们均与金属离子 M 发生 1:1 的反应，反应如下：

$$\mathrm{M(aq)} + \mathrm{L}_i\mathrm{(aq)} \rightleftharpoons \mathrm{ML}_i\mathrm{(aq)}, \quad K(\mathrm{ML}_i) = \frac{\dfrac{[\mathrm{ML}_i]}{c^\ominus}}{\dfrac{[\mathrm{M}]}{c^\ominus}\dfrac{[\mathrm{L}_i]}{c^\ominus}}, \quad i = 1, 2, \cdots, n$$

用浓度为 $c(\mathrm{Y})$ 的 EDTA 滴定该溶液体系中的 M，当加入 EDTA 的体积为 V_t 时，质量平衡如下：

$$\frac{c(\mathrm{Y})V_\mathrm{t}}{V_0 + V_\mathrm{t}} = \alpha(\mathrm{Y \cdot H})[\mathrm{Y}] + K(\mathrm{MY})c^\ominus \frac{[\mathrm{M}]}{c^\ominus}\frac{[\mathrm{Y}]}{c^\ominus} \tag{5.47}$$

$$\frac{c(\mathrm{M})V_0}{V_0 + V_\mathrm{t}} = \alpha(\mathrm{M})[\mathrm{M}] + K(\mathrm{MY})c^\ominus \frac{[\mathrm{M}]}{c^\ominus}\frac{[\mathrm{Y}]}{c^\ominus} + \sum_{i=1}^{n} K(\mathrm{ML}_i)c^\ominus \frac{[\mathrm{M}]}{c^\ominus}\frac{[\mathrm{L}_i]}{c^\ominus} \tag{5.48}$$

$$\frac{c(\mathrm{L}_i)V_0}{V_0 + V_\mathrm{t}} = \alpha(\mathrm{L}_i \cdot \mathrm{H})[\mathrm{L}_i] + K(\mathrm{ML}_i)c^\ominus \frac{[\mathrm{M}]}{c^\ominus}\frac{[\mathrm{L}_i]}{c^\ominus}, \quad i = 1, 2, \cdots, n \tag{5.49}$$

由式 (5.47) 解得

$$[\mathrm{Y}] = \frac{c(\mathrm{Y})c^\ominus \eta}{(\eta + 1)\left(\alpha(\mathrm{Y \cdot H})c^\ominus + K(\mathrm{MY})[\mathrm{M}]\right)} \tag{5.50}$$

由式 (5.49) 解得

$$[\mathrm{L}_i] = \frac{c(\mathrm{L}_i)c^\ominus}{(\eta + 1)\left(\alpha(\mathrm{L}_i \cdot \mathrm{H})c^\ominus + K(\mathrm{ML}_i)[\mathrm{M}]\right)}, \quad i = 1, 2, \cdots, n \tag{5.51}$$

将式 (5.50) 和式 (5.51) 代入式 (5.48)，解得

$$\eta = \frac{c(\mathrm{M}) - \alpha(\mathrm{M})[\mathrm{M}] - \displaystyle\sum_{i=1}^{n} \frac{K(\mathrm{ML}_i)c(\mathrm{L}_i)[\mathrm{M}]}{\alpha(\mathrm{L}_i \cdot \mathrm{H})c^\ominus + K(\mathrm{ML}_i)[\mathrm{M}]}}{\alpha(\mathrm{M})[\mathrm{M}] + \dfrac{K(\mathrm{MY})c(\mathrm{Y})[\mathrm{M}]}{\alpha(\mathrm{Y \cdot H})c^\ominus + K(\mathrm{MY})[\mathrm{M}]}} \tag{5.52}$$

式 (5.52) 是关于 [M] 的方程，可以通过数值方法求解。上述方程的一个应用实例是研究滴定过程中加入的指示剂的影响，这些将在 5.4.3 小节进行讨论。

5.3　混合离子的选择性滴定

图 5.12 和例 5.4 都直观显示了两种金属离子的相互影响，这就很自然地引出了这样一个问题：在别的离子存在的情况下，如何能够选择性地滴定目标金属离子？须知，连续滴定或序贯滴定多个金属离子有其实用价值。

5.3.1　近似判据

设有两个金属离子 M_1 和 M_2，它们的形成常数分别为 $K(M_1Y)$ 和 $K(M_2Y)$，且 $K(M_1Y) \gg K(M_2Y)$。根据式 (5.45) 可得

$$[M_1] = \frac{c(M_1)c^{\ominus}}{(1+\eta)\,(\alpha(M_1)c^{\ominus} + K(M_1Y)[Y])} \tag{5.53}$$

$$[M_2] = \frac{c(M_2)c^{\ominus}}{(1+\eta)\,(\alpha(M_2)c^{\ominus} + K(M_2Y)[Y])} \tag{5.54}$$

要实现选择性滴定，即要求滴定至 M_1 的化学计量点处时该离子基本被滴定完全，而此时 M_2 只有极少量参与反应。如果以剩余量为 0.1% 作为衡量滴定完成率的指标，则选择性滴定 M_1 时应满足：

$$\frac{[M_1]}{c(M_1)/(1+\eta)} = \frac{c^{\ominus}}{\alpha(M_1)c^{\ominus} + K(M_1Y)[Y]} \leqslant 0.001 \tag{5.55}$$

和

$$\frac{[M_2]}{c(M_2)/(1+\eta)} = \frac{c^{\ominus}}{\alpha(M_2)c^{\ominus} + K(M_2Y)[Y]} \geqslant 0.999 \tag{5.56}$$

式中，$c(M_1)/(1+\eta)$ 实质上是当前滴定状态下 M_1 的总浓度，而 $c(M_2)/(1+\eta)$ 是同状态下 M_2 的总浓度。根据式 (5.55) 和式 (5.56)，可得

$$K(M_1Y)[Y] \geqslant \frac{c^{\ominus}}{0.001} - \alpha(M_1)c^{\ominus} \tag{5.57}$$

$$\frac{1}{K(M_2Y)[Y]} \geqslant \frac{1}{\dfrac{c^{\ominus}}{0.999} - \alpha(M_2)c^{\ominus}} \tag{5.58}$$

由式 (5.57) 和式 (5.58) 整理得

$$\frac{K(M_1Y)}{K(M_2Y)} \geqslant \frac{0.999 \times [1 - 0.001\alpha(M_1)]}{0.001 \times [1 - 0.999\alpha(M_2)]} \tag{5.59}$$

为便于讨论，设 $\alpha(M_1) = \alpha(M_2) = 1.0$，则

$$\frac{K(M_1Y)}{K(M_2Y)} \geqslant 998001 \approx 10^6 \tag{5.60}$$

即

$$\lg K(M_1Y) - \lg K(M_2Y) \approx 6 \tag{5.61}$$

式 (5.61) 即为选择性滴定 M_1 的一个近似判据。利用此判据，可以大致判定一个实际体系能否实现选择性滴定。例如，如果一个体系中包含镉离子和镁离子，由于 $\lg K(CdY^{2-}) - \lg K(MgY^{2-}) = 7.76 > 6$，因此可以预期该体系可实现选择性滴定镉离子。

图 5.16 和图 5.17 为 EDTA 滴定水溶液中镉离子和镁离子混合溶液的滴定曲线。从图 5.16 中可以看到，在镉离子的化学计量点处有相当大的滴定突跃，因此理论上镉离子可以被选择性地滴定。图 5.17 是将镁离子的浓度增大 10 倍后的滴定曲线，从中可以看到镉离子的滴定曲线依然有足够的滴定突跃，尽管其范围有所减小。可以预期，随着镁离子的浓度逐渐增加，镉离子的滴定突跃范围将进一步减小。因此，对于实际的体系而言，浓度因素也是必须考虑的，参见习题 5.4。

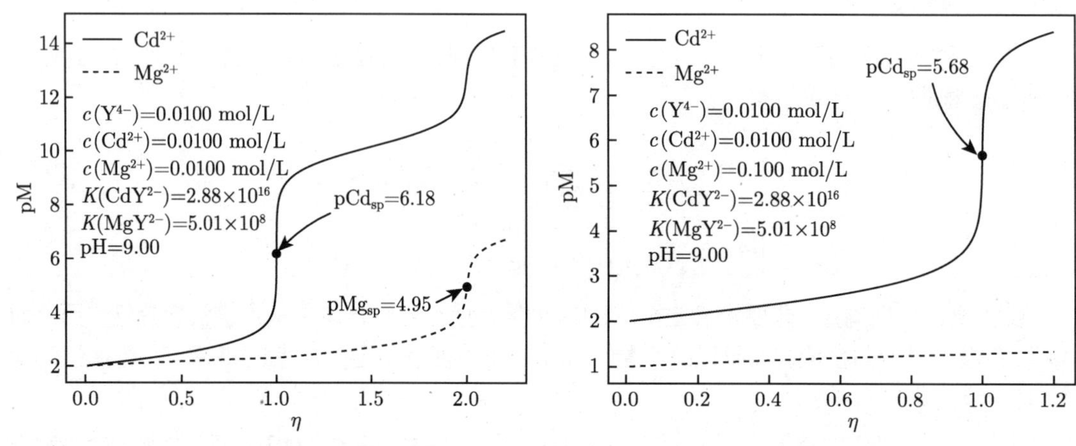

图 5.16　EDTA 滴定水溶液中等浓度镉离子和镁离子混合溶液的滴定曲线

图 5.17　EDTA 滴定水溶液中非等浓度镉离子和镁离子混合溶液的滴定曲线

式 (5.61) 作为近似判据，在许多场合都可以做出定性的判定，请看下面的例子。

例 5.5　若配制 EDTA 溶液的水中含有 Mg^{2+}，试判断下列情况对测定的影响 (偏高、偏低或无影响)。

(1) 以金属铜为基准物质，$pH = 5 \sim 6$ 时，以 PAN 为指示剂标定 EDTA 后，在同样条件下测定试液中 Cu^{2+} 的含量。

(2) 以 $CaCO_3$ 为基准物质标定 EDTA 后，以二甲酚橙为指示剂，测定试液中 Zn^{2+} 的含量。

(3) 以金属锌为基准物质，以二甲酚橙为指示剂标定 EDTA 后，用以测定水样中的总硬度 (钙、镁离子总量)。

解　这个题目的关键是: ①能否准确标定 EDTA 的浓度; ②测定过程中标准溶液中的 Mg^{2+} 是否产生影响。

在第一种情况下，由于 $\lg K(CuY^{2-}) - \lg K(MgY^{2-}) = 18.8 - 8.7 = 10.1 > 6$，因此 Mg^{2+} 的存在不会对 EDTA 的标定产生影响，即可以得到 EDTA 的准确浓度。在实际测定铜离子的过程中，上式依然成立，因此依然可以准确滴定铜离子。

在第二种情况下，由于 $\lg K(CaY) - \lg K(MgY) = 10.7 - 8.7 = 2.0 < 6$，因此以 $CaCO_3$ 为基准物质标定 EDTA 时，Mg^{2+} 会对滴定产生影响。钙离子和镁离子相互竞争使得产生滴定突跃时消耗了更多的 EDTA 体积，以此体积进行计算得到的 EDTA 浓度将小于其真实值。

当用这个 EDTA 溶液滴定锌离子时，由于 $\lg K(\text{ZnY}) - \lg K(\text{MgY}) = 16.5 - 8.7 = 7.8 > 6$，此时可以产生正确的滴定突跃。但是由于 EDTA 的浓度已经被低估，因此计算得到的 Zn^{2+} 的浓度值也将偏低。

在第三种情况下，由于 $\lg K(\text{ZnY}) - \lg K(\text{MgY}) = 16.5 - 8.7 = 7.8 > 6$，因此 Mg^{2+} 的存在不会对 EDTA 的标定产生影响，即可以得到准确的 EDTA 浓度。当测定水样中的总硬度时，含有 Mg^{2+} 的 EDTA 在滴定过程中额外引入了 Mg^{2+}，故总的效果是测得的水的总硬度值偏高。

上述从定性分析的角度对金属离子的相互影响进行解释，虽然结果正确但是并不直观，故不易理解。如果能从滴定方程的角度对例 5.5 进行分析则显然有助于理解。不失一般性，设用分析浓度为 $c(\text{Y})$ 的 EDTA 溶液滴定分析浓度为 $c(\text{M})$ 的金属离子溶液，且 EDTA 溶液中已经包含分析浓度为 $c(\text{Mg})$ 的镁离子，质量平衡方程为

$$\frac{c(\text{Y})\eta}{1+\eta} = \alpha(\text{Y})[\text{Y}] + [\text{MgY}] + [\text{MY}] \tag{5.62}$$

$$\frac{c(\text{Mg})\eta}{1+\eta} = \alpha(\text{Mg})[\text{Mg}] + [\text{MgY}] \tag{5.63}$$

$$\frac{c(\text{M})}{1+\eta} = \alpha(\text{M})[\text{M}] + [\text{MY}] \tag{5.64}$$

上述方程组经整理后，解得

$$\eta = \frac{\alpha(\text{Y})[\text{Y}] + \dfrac{K(\text{MY})c(\text{M})[\text{Y}]}{\alpha(\text{M})c^{\ominus} + K(\text{MY})[\text{Y}]}}{c(\text{Y}) - \alpha(\text{Y})[\text{Y}] - \dfrac{K(\text{MgY})c(\text{Mg})[\text{Y}]}{\alpha(\text{Mg})c^{\ominus} + K(\text{MgY})[\text{Y}]}} \tag{5.65}$$

根据式 (5.62)~式 (5.65)，可以计算出含镁离子的 EDTA 溶液滴定其他金属离子的滴定曲线，如图 5.18 和图 5.19 所示。

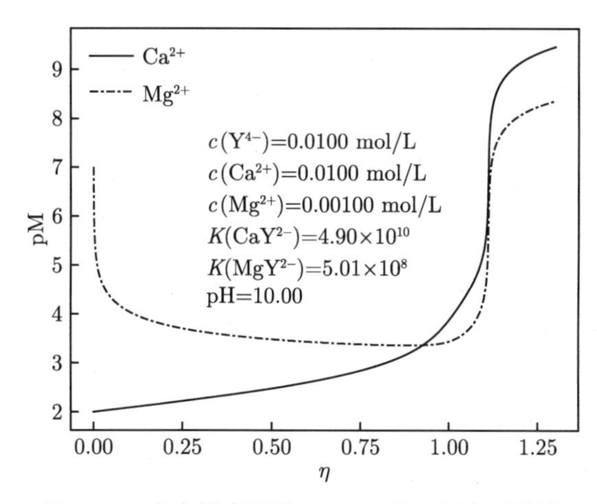

图 5.18　含有镁离子的 EDTA 滴定钙离子溶液的滴定曲线

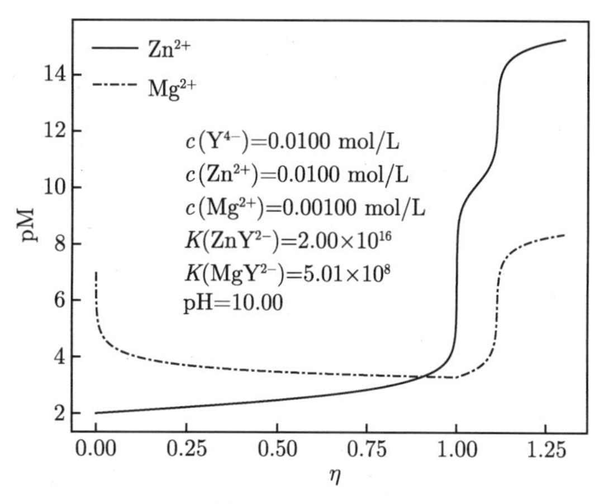

图 5.19　含有镁离子的 EDTA 滴定锌离子溶液的滴定曲线

图 5.18 为含镁离子的 EDTA 滴定钙离子溶液的情况。从钙离子和镁离子滴定曲线的突跃范围来看，均出现在 $\eta > 1$ 的位置。这意味着实际消耗的 EDTA 体积大于化学计量点时所需要的真实体积。因此，如果此时的滴定属于用碳酸钙标准品标定 EDTA 溶液的话，则通过此体积值计算得到的 EDTA 的浓度值将小于真实值。

在图 5.18 中还有一个非常有意思的情况，在镁离子滴定曲线的前端的变化似乎与常见的滴定曲线的形态不一致。实际上，这是此情形下的真实变化情况。镁离子在 EDTA 溶液中显然是处于配位状态，游离的镁离子的浓度非常低，故其负对数值就显得很大，在滴定曲线上就表现在较高位置。当该 EDTA 加入到钙离子的溶液中时，钙离子会夺取与 EDTA 配位的镁离子，释放出来的镁离子使得体系中游离镁离子浓度增大，其负对数值变小，从而看到镁离子的滴定曲线从高位向下变化。

图 5.19 为含镁离子的 EDTA 滴定锌离子溶液的滴定曲线。从锌离子的滴定曲线上看，在 $\eta = 1$ 的位置出现足够的滴定突跃，表明此时用锌标准溶液标定 EDTA 时可以得到 EDTA 的正确浓度值。然而，如果用这个 EDTA 溶液去滴定水的总硬度时，滴定曲线类似图 5.18 所示的情况，即在滴定突跃的位置会消耗更多的 EDTA 溶液，依据此消耗的体积计算的水的总硬度值偏高。

5.3.2　利用掩蔽剂提高滴定的选择性

在无法实现分别滴定的情况下，可以考虑采用加入掩蔽剂的方法，将干扰离子掩蔽，使其不对滴定过程产生较大的影响。按照所采用掩蔽反应的类型，掩蔽法通常又分为三类：配位掩蔽法、氧化还原掩蔽法和沉淀掩蔽法。

1. 配位掩蔽法

以含有 M 离子和 N 离子的溶液为例，如果我们希望滴定 M 离子时，N 离子不会对滴定过程产生干扰，则可以加入对 N 离子具有掩蔽作用的配位剂 L，L 与 N 离子形成稳定的配合物，从而使溶液中 N 离子的浓度值降低到足够小，不再干扰 M 离子的滴定。当然，L 不应与 M 离子反应生成配合物，或者只形成不稳定的配合物。

例如，在 pH 为 10 时，用 EDTA 滴定水中的 Ca^{2+} 和 Mg^{2+}，水中的 Fe^{3+} 和 Al^{3+} 对滴定过程会有干扰，此时可以通过加入三乙醇胺来消除这些离子的影响。又如，在 pH 为 10 时，测定由 Pb^{2+}、Zn^{2+} 和 Cu^{2+} 三种离子构成的混合溶液中的 Pb^{2+} 时，可通过加入 KCN 来掩蔽 Zn^{2+} 和 Cu^{2+}。需要说明的是，配位掩蔽剂中有许多是弱酸或弱碱，酸度对它们的掩蔽能力影响较大，在使用时需注意所用配位掩蔽剂的适用酸度范围。

例 5.6　在 pH 为 5.50 时，以二甲酚橙为指示剂，用分析浓度为 0.020 mol/L 的 EDTA 标准溶液滴定同浓度的 Zn^{2+} 和 Al^{3+} 混合溶液中的 Zn^{2+}。用 NH_4F 掩蔽 Al^{3+}，且终点时溶液中 $c(F^-) = 0.010$ mol/L，能否掩蔽 Al^{3+}？已知：Al 的氟化物的 $\lg\beta_1 \sim \lg\beta_6$ 为 6.1、11.2、15.0、17.7、19.4 和 19.7。

解　Zn^{2+} 和 Al^{3+} 与 EDTA 反应的平衡常数基本相同，并且二者浓度相同，因此 Al^{3+} 必然会干扰滴定过程。消除 Al^{3+} 干扰影响的常用方法是用 F^- 与 Al^{3+} 形成稳定的配合物，由此使得溶液中游离的 Al^{3+} 的浓度非常低，不再对滴定 Zn^{2+} 产生影响。掩蔽的过程实际上在开始滴定前就已经完成，因此主要考虑滴定开始前的情况。

由于终点时 F^- 浓度为 0.010 mol/L，据此可以反推在开始滴定时 F^- 浓度应不小于 0.010 mol/L，不妨仍假设初始的 F^- 浓度为 $c(F^-) = 0.010$ mol/L。在 pH 为 5.50 时，游离 F^- 的浓度为

$$
\begin{aligned}
[F^-] &= \frac{K_a(HF)c^{\ominus}}{[H^+] + K_a(HF)c^{\ominus}} \times c(F^-) \\
&= \frac{6.6 \times 10^{-4}}{6.6 \times 10^{-4} + 10^{-5.5}} \times 0.010 \text{ mol/L} \\
&= 0.010 \text{ mol/L}
\end{aligned}
$$

根据 Al^{3+} 的质量平衡式：

$$
c(Al^{3+}) = [Al^{3+}] + \sum_{i=1}^{6} \beta_i [Al^{3+}] \left(\frac{[F^-]}{c^{\ominus}} \right)^i
$$

有

$$
\begin{aligned}
[Al^{3+}] &= \frac{c(Al^{3+})}{1 + \sum\limits_{i=1}^{6} \beta_i \left(\frac{[F^-]}{c^{\ominus}} \right)^i} \\
&= \frac{0.020 \text{ mol/L}}{1 + 10^{6.1} \times 0.010 + \cdots + 10^{19.7} \times 0.010^6} \\
&= 2.4 \times 10^{-12} \text{ mol/L}
\end{aligned}
$$

由于溶液中 Al^{3+} 的浓度特别低，可视为完全被掩蔽，不会对 Zn^{2+} 的滴定产生影响。

表 5.1 为配位滴定中常用的配位掩蔽剂。有两点需要说明：其一，KCN 必须在碱性溶液中使用，因在酸性溶液中会产生剧毒的 HCN 气体，滴定完成后，应加入过量的 $FeSO_4$ 使之生成稳定的 $Fe(CN)_6^{4-}$，以减少污染；其二，用三乙醇胺作掩蔽剂，应当先在酸性溶液中加入，然后再调节 pH 至 10，否则金属离子会水解，掩蔽效果不好。

表 5.1　配位滴定中常用的配位掩蔽剂

掩蔽剂	被掩蔽离子	滴定目标离子	pH
KCN	Cu^{2+}，Ni^{2+}，Zn^{2+}，Fe^{2+}	Ca^{2+}，Mg^{2+}，Pb^{2+}	10
NH_4F	Al^{3+}，Sn^{4+}，TiO^{2+}，Zr^{4+}	Pb^{2+}，Zn^{2+}，Cd^{2+}	12~13
三乙醇胺	Fe^{3+}，Al^{3+}，TiO^{2+}	Ca^{2+}，Mg^{2+}，Zn^{2+}	10
乙酰丙酮	Al^{3+}，Fe^{3+}	Pb^{2+}，Zn^{2+}，Mn^{2+}，Ni^{2+}	5~6
柠檬酸	Fe^{3+}，Al^{3+}	Pb^{2+}，Zn^{2+}，Cd^{2+}，Cu^{2+}	5~6
二巯基丙醇	Zn^{2+}，Pb^{2+}，Cd^{2+}	Ca^{2+}，Mg^{2+}，Mn^{2+}	10
邻二氮菲	Zn^{2+}，Cu^{2+}，Ni^{2+}	Pb^{2+}，Al^{3+}	5~6

2. 氧化还原掩蔽法

氧化还原掩蔽法是通过氧化还原反应改变干扰离子的价态，使其与 EDTA 结合的能力降

低，从而消除其对滴定过程的干扰。

例如，在 pH 为 1 时滴定由 Bi^{2+} 和 Fe^{3+} 组成的混合溶液中的 Bi^{2+}，Fe^{3+} 将干扰滴定。此时，可加入羟胺，使 Fe^{3+} 还原为 Fe^{2+}，从而消除 Fe^{3+} 的干扰。原因在于，$\lg K(BiY^{2-}) = 27.94$，$\lg K(FeY^{-}) = 25.1$，而 $\lg K(FeY^{2-}) = 14.33$，故

$$\lg K(BiY^{2-}) - \lg K(FeY^{2-}) = 27.94 - 14.33 = 13.61 \gg 6$$

3. *沉淀掩蔽法*

向金属离子的混合溶液中加入沉淀剂，利用沉淀反应降低干扰离子的浓度，在不分离沉淀的情况下，直接测定待测金属离子，这种消除干扰的方法称为沉淀掩蔽法。

例如，在 Ca^{2+} 和 Mg^{2+} 组成的混合溶液中，为单独测定 Ca^{2+} 的含量，可加入 NaOH 使溶液的 pH = 12 ～ 12.5，此时 Mg^{2+} 生成 $Mg(OH)_2$ 沉淀而不干扰滴定，此处的 NaOH 起了沉淀掩蔽剂的作用。

然而，在实际的配位滴定分析中，沉淀掩蔽法用得并不多，原因有以下几个：① 某些沉淀反应进行不完全，使得沉淀掩蔽不够完全。② 生成沉淀的过程中往往发生共沉淀现象，从而影响滴定准确度。有时由于沉淀对指示剂的吸附作用，影响终点的观察。③ 如果沉淀本身有颜色或体积较大，会影响终点的观察。

5.3.3 采用其他配位滴定剂提高选择性

氨羧配位剂的种类很多，除 EDTA 外，EGTA(乙二醇二乙醚二胺四乙酸)、EDTP(乙二胺四丙酸)、Trien(三乙撑四胺) 等也是可选的配位滴定剂。例如，由于 $\lg K(\text{Ca-EGTA}) = 10.97$，而 $\lg K(\text{Mg-EGTA}) = 5.21$，因此，可用 EGTA 直接滴定 Ca^{2+} 和 Mg^{2+} 组成的混合溶液中的 Ca^{2+}。

5.4 滴定终点判定及终点误差

判定配位滴定终点的方法大致可以分为两类：一类是经典的方法，它采用金属离子指示剂，根据化学计量点附近指示剂的变色来指示滴定终点；另一类则采用仪器方法来监控滴定过程中离子的浓度变化，从而达到判定滴定终点的目的。本书仅介绍指示剂法。

5.4.1 金属离子指示剂的原理

金属离子指示剂是能够与金属离子形成稳定配合物的有机化合物，其显著特点是游离的型体的颜色与形成的指示剂–金属离子配合物的颜色显著不同。当然，为了使色变能够在化学计量点附近发生，还要求指示剂与金属离子的形成常数略小于 EDTA 与金属离子的形成常数。

以铬黑 T(EBT) 为例，它本身是蓝色的，与 Mg^{2+} 反应则生成红色的配合物，反应如下：

$$Mg^{2+}(aq) + EBT(aq) \rightleftharpoons Mg^{2+} \cdot EBT(aq), \quad K(Mg^{2+} \cdot EBT) = 2.5 \times 10^5$$

由于 $K(Mg^{2+} \cdot EBT) < K(MgY^{2-})$，因此 EBT 可以作为 EDTA 滴定水溶液中的 Mg^{2+} 的指示剂。在滴定开始时，溶液呈红色。当滴定进行到化学计量点附近时，溶液中的 Mg^{2+} 的浓度已经降到很低，此时加入的 EDTA 将从 $Mg^{2+} \cdot EBT$ 中夺取 Mg^{2+}，使 EBT 游离出来，反应如下：

$$Mg^{2+} \cdot EBT(aq) + Y^{4-}(aq) \rightleftharpoons MgY^{2-}(aq) + EBT(aq)$$

因此，当溶液从红色变为蓝色时，表示已达到滴定终点。

金属离子指示剂本身是有机弱酸或弱碱，溶液的酸度对于指示剂的显色会产生一定的影响。仍以 EBT 为例，它通常以 NaH_2In 的形式表示，在溶液中存在如下平衡：

$$H_2In^- \rightleftharpoons H^+ + HIn^{2-} \rightleftharpoons 2\,H^+ + In^{3-}$$

只有当 $\dfrac{[H_2In^-]}{[HIn^{2-}]} = \dfrac{1}{10}$ 和 $\dfrac{[HIn^{2-}]}{[In^{3-}]} = \dfrac{10}{1}$ 时，才能看到 $[H_2In^-]$ 敏锐的蓝色，对应的 pH 范围为 7.3 ~ 10.6。因此，EBT 通常只在 pH 为 7.0 ~ 11.0 使用，此时，金属离子与 EBT 的配合物呈红色，而 EBT 呈蓝色。

除铬黑 T 外，常用的金属离子指示剂还有二甲酚橙 (XO)、PAN 指示剂等。在具体的配位滴定过程中，究竟选择哪种指示剂应从以下几方面来考虑：① 金属离子指示剂配合物 MIn 的颜色应与该指示剂 In 的颜色有显著的区别。② MIn 的稳定性应该适中。它既要有足够的稳定性，又必须比相应的 MY 配合物的稳定性差。如果 MIn 的稳定性太差，则变色不敏锐，并使滴定终点过早出现；而如果 MIn 的稳定性强于 MY 配合物的稳定性，则终点时 MIn 的 In 不能被置换出来，导致终点推迟出现。这种现象也称为指示剂的封闭现象。③ 指示剂与金属离子的反应必须迅速，并有良好的变色可逆性。④ 金属离子指示剂应较稳定，便于储存和使用。

5.4.2　理论变色点及终点误差

设被滴定的金属离子 M 与指示剂 In 形成有色配合物 MIn，它在溶液中存在如下平衡：

$$M(aq) + In(aq) \rightleftharpoons MIn(aq)$$

上述反应的形成常数为

$$K(MIn) = \frac{\dfrac{[MIn]}{c^\ominus}}{\dfrac{[M]}{c^\ominus}\dfrac{[In]}{c^\ominus}} \tag{5.66}$$

整理得

$$\lg K(MIn) = pM + \lg\frac{[MIn]/c^\ominus}{[In]/c^\ominus} \tag{5.67}$$

当 $[MIn] = [In]$ 时称为达到指示剂的理论变色点 (即滴定终点)，此时有

$$pM_{ep} = \lg K(MIn) \tag{5.68}$$

一种最理想的状况是：滴定终点恰好发生在化学计量点处，即

$$pM_{ep} = pM_{sp} \tag{5.69}$$

然而，这种理想的状况通常很难实现，滴定终点通常都会偏离化学计量点，由此导致终点误差。林邦 (Anders Ringbom) 采用了 $\Delta pM = pM_{ep} - pM_{sp}$ 作为终点误差的衡量指标，并据此建立了著名的配位滴定终点误差的林邦公式。由于林邦公式属于近似公式，本书不做进一步讨论，有兴趣的读者请参阅相关文献。

当指示剂的理论变色点与化学计量点不一致时，终点误差可以用式 (5.70) 进行计算：

$$\epsilon_{ep} = \frac{\eta_{ep} - \eta_{sp}}{\eta_{sp}} \times 100\% \tag{5.70}$$

式中，η_{ep} 为滴定终点时的体积比，可通过令指示剂的 $pM_{ep} = \lg K(MIn)$ 计算出 $[M]_{ep}$ 值，并将其代入滴定方程中进行计算得到。

例 5.7　在 pH 为 10 的氨溶液中，以 EBT 为指示剂，用浓度为 0.02000 mol/L 的 EDTA 滴定浓度为 0.02000 mol/L 的 Ca^{2+} 溶液，计算终点误差。

解　为简便，此处不考虑金属离子的副反应，也不考虑指示剂的其他效应，仅考虑 EDTA 的酸效应。根据方程式 (5.29)，可得

$$\eta_{ep} = \frac{c(Ca^{2+}) - [Ca^{2+}]_{ep}}{[Ca^{2+}]_{ep} + \dfrac{K(CaY^{2-})[Ca^{2+}]_{ep}c(Y^{4-})}{\alpha(Y)c^{\ominus} + K(CaY^{2-})[Ca^{2+}]_{ep}}}$$

对于 EBT 指示剂，$\lg K(Ca \cdot EBT) = 5.40$，因而在滴定终点处有 $pCa_{ep} = 5.40$，即 $[Ca]_{ep} = 4.0 \times 10^{-6}$ mol/L。代入上式得

$$\eta_{ep} = \frac{0.02000\ \text{mol/L} - 4.0 \times 10^{-6}\ \text{mol/L}}{4.0 \times 10^{-6}\ \text{mol/L} + \dfrac{10^{10.69} \times 4.0 \times 10^{-6}\ \text{mol/L} \times 0.02000\ \text{mol/L}}{10^{0.45}\ \text{mol/L} + 10^{10.69} \times 4.0 \times 10^{-6}\ \text{mol/L}}} = 1.000$$

终点误差为

$$\begin{aligned}\epsilon_{ep} &= \frac{\eta_{ep} - \eta_{sp}}{\eta_{sp}} \times 100\% \\ &= \frac{1.000 - 1.000}{1.000} \times 100\% = 0.0\%\end{aligned}$$

5.4.3　指示剂对滴定过程的影响

化学指示剂的特点是其本身介入滴定过程中，直接与待测离子发生反应，因而它必然会对滴定过程产生一定程度的影响。5.2.3 小节中讨论过存在其他配体时滴定单一金属离子的情况，指出这种情况适用于指示剂存在的滴定体系。指示剂实际上就是一个在滴定开始时加入滴定体系中的配体，它与金属离子的反应如下：

$$M(aq) + In(aq) \rightleftharpoons MIn(aq), \quad K(MIn) = \frac{\dfrac{[MIn]}{c^{\ominus}}}{\dfrac{[M]}{c^{\ominus}}\dfrac{[In]}{c^{\ominus}}}$$

此时的滴定方程可以用式 (5.52) 描述，现将其简化如下：

$$\eta = \frac{c(M) - \alpha(M)[M] - \dfrac{K(MIn)c(In)[M]}{\alpha(In \cdot H)c^{\ominus} + K(MIn)[M]}}{\alpha(M)[M] + \dfrac{K(MY)c(Y)[M]}{\alpha(Y \cdot H)c^{\ominus} + K(MY)[M]}} \tag{5.71}$$

图 5.20 和图 5.21 为不同浓度的 EBT 对 EDTA 滴定钙离子的滴定曲线的影响及其自身浓度的变化情况。从图 5.20 可以看到，EBT 浓度高时对滴定曲线的影响较大，但是，图 5.21 的结果表明，其自身游离浓度的改变是渐变式的，这种逐渐的变色过程显然很容易影响滴定终点的判断。这里要说明的是，为了将不同初始浓度的 EBT 平衡浓度变化图画在一起做比较，

图 5.21 中的浓度做了归一化处理。

例 5.8 在 pH 为 10.00 时，用分析浓度为 0.02000 mol/L 的 EDTA 标准溶液滴定分析浓度为 0.02000 mol/L 的 Mg^{2+} 溶液，选用铬黑 T 作指示剂是否合适？已知铬黑 T 的酸解离常数为 $pK_{a_1}=3.9$，$pK_{a_2}=6.4$，$pK_{a_3}=11.6$。$K(MgY)=5.01\times10^8$，$K(MgEBT)=1.00\times10^7$。

解 判定指示剂是否合适的一个方法是计算采用该指示剂时导致的终点误差。在 pH 为 10.00 时，酸效应系数分别为 $\alpha(Y\cdot H)=2.8$ 和 $\alpha(EBT\cdot H)=33$。当前情况下 Mg^{2+} 不存在其他的副反应。一般配制的 EBT 指示剂浓度大约为 0.10 mol/L。现在不妨设加入 Mg^{2+} 溶液中后 EBT 的浓度为 0.0001000 mol/L，则在指示剂的理论显色点的体积比为

$$\eta_{ep}=\frac{c(Mg)-\alpha(Mg)[Mg]_{ep}-\dfrac{K(Mg\cdot EBT)c(EBT)[Mg]_{ep}}{\alpha(EBT\cdot H)c^{\ominus}+K(Mg\cdot EBT)[Mg]_{ep}}}{\alpha(Mg)[Mg]_{ep}+\dfrac{K(MgY)c(Y)[Mg]_{ep}}{\alpha(Y\cdot H)c^{\ominus}+K(MgY)[Mg]_{ep}}}$$

$$=\frac{0.02000\ mol/L-1.0\times10^{-7}\ mol/L-\dfrac{1.0\times10^{7}\times1.000\times10^{-4}\ mol/L\times1.0\times10^{-7}\ mol/L}{33\ mol/L+1.0\times10^{7}\times1.0\times10^{-7}\ mol/L}}{1.0\times10^{-7}\ mol/L+\dfrac{5.01\times10^{8}\times0.02000\ mol/L\times1.0\times10^{-7}\ mol/L}{2.8\ mol/L+5.01\times10^{8}\times1.0\times10^{-7}\ mol/L}}$$

$$=\frac{0.02000\ mol/L-1.0\times10^{-7}\ mol/L-2.941\times10^{-6}\ mol/L}{1.0\times10^{-7}\ mol/L+0.01893\ mol/L}$$

$$=1.056$$

终点误差为

$$\epsilon_{ep}=\frac{1.056-1.000}{1.000}\times100\%=5.6\%$$

因此，从 EBT 的理论变色点来看，它作为用 EDTA 滴定镁离子的指示剂是不合适的。原因是指示剂的理论变色点偏离计量点太远。

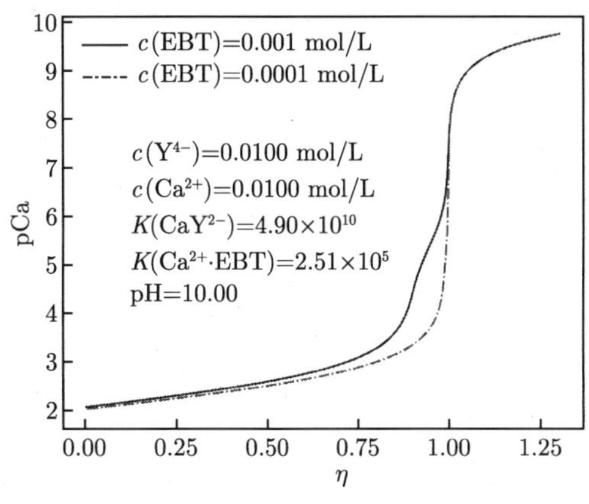

图 5.20 不同浓度 EBT 时 EDTA 滴定钙离子的滴定曲线

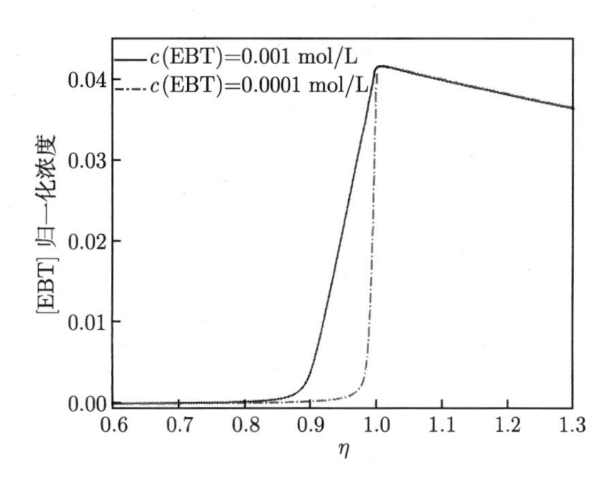

图 5.21 EDTA 滴定钙离子时 EBT 的归一化浓度变化曲线

除了浓度的影响外，金属离子指示剂的稳定常数对于自身的变色特征也有很大的影响。如果稳定常数太小，则变色不敏锐，影响滴定终点的判定。如果稳定常数太大 (甚至超过金属离子与 EDTA 的稳定常数)，则有可能出现指示剂封闭现象，导致滴定终点之后才显色。图 5.22 为在采用不同稳定常数指示剂的情况下用 EDTA 滴定金属离子 M 的滴定曲线，由于指示剂的浓度非常小，因此它对滴定曲线形态不产生显著影响。图 5.23 为不同稳定常数的指示剂自身浓度变化情况，可以看到，随着指示剂稳定常数的增加，指示剂浓度的突变出现延后现象。特别是当 $K(\mathrm{MInd}) > K(\mathrm{MY})$ 时，即便滴定过了化学计量点 ($\eta = 1$)，指示剂自身的浓度也几乎没有明显的增加，即指示剂“被封闭”了。

从图 5.23 中还可以看到，当 $K(\mathrm{MInd}) = 1\times10^6$ 时，指示剂的浓度在化学计量点处会发生突跃，对应地应该是指示剂颜色的突变，非常适合于指示终点的到来。由于 $K(\mathrm{MY}) = 4.90\times10^{10}$，二者的 $\Delta \lg K \approx 4$，这个结果或许可以作为选择合适的指示剂的判据。

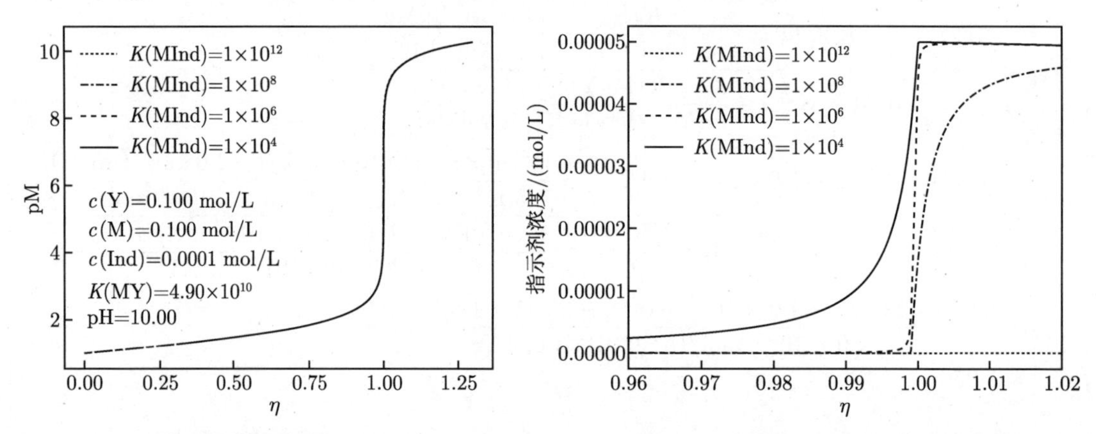

图 5.22 不同稳定常数的指示剂 EDTA 滴定 M 离子的滴定曲线

图 5.23 不同稳定常数的指示剂在滴定过程中自身浓度的变化曲线

5.5 应 用 举 例

配位滴定法由于简便、易行，依然被用于常量分析领域。例如，工业用水和生活用水的总硬度依然还是采用配位滴定法进行测定。合金中的主要金属离子含量较高，也可以用配位滴定法进行测定。

5.5.1 水的总硬度

水的硬度泛指一些容易形成不溶物的阳离子的浓度。在这些阳离子中，又以钙离子和镁离子最具有代表性。因而，常规分析中水的总硬度的测定通常也指水中钙离子和镁离子的总浓度。钙离子和镁离子确实也非常容易形成碳酸盐沉淀从而形成水垢，会对日常的饮用水、锅炉用水、冷却用水的质量产生很大的影响。

水的总硬度的常规分析方法是在 pH 为 10 时，以铬黑 T 作指示剂，用 EDTA 滴定钙离子和镁离子的总量。最终结果以 $CaCO_3$ 的形式表达。滴定涉及的反应为

$$Ca^{2+}(aq) + Y^{4-}(aq) \xlongequal{\quad} CaY^{2-}(aq)$$

$$Mg^{2+}(aq) + Y^{4-}(aq) \xlongequal{\quad} MgY^{2-}(aq)$$

图 5.24 为 EDTA 滴定钙离子和镁离子混合溶液时的滴定曲线。从图中可以看到，采用 EDTA 无法分别滴定钙离子和镁离子，只能得到它们的总量。从图中还可以看到，对于镁离子而言，其滴定的突跃范围 pM 为 $4.5 \sim 6.5$，可以采用 EBT 作指示剂。

水的总硬度测定通常包括两个步骤：① 用碳酸钙标准物标定 EDTA 溶液；② 用标定好的 EDTA 溶液滴定水样。在标定 EDTA 时，通常采用碳酸钙，这主要是因为滴定样品中包含钙离子，这样的做法可部分抵偿测定中可能存在的系统误差。水中的 Al^{3+} 和 Fe^{3+} 等离子会封闭 EBT，滴定前须用三乙醇胺掩蔽这些干扰离子。如果水样中的 HCO_3^- 和 H_2CO_3 含量较高，会使终点变色不敏锐，这时可先将水样酸化、煮沸、冷却后再测定。

滴定的指示剂采用 EBT，从前面的计算过程来看，该指示剂是合适的。但是，采用碳酸钙作标准物标定 EDTA 时，如果采用 EBT 作指示剂则存在滴定终点显色不敏锐的缺陷。图 5.25 是 EBT 作指示剂时游离的 EBT 的浓度变化图，图中的实线是 EDTA 滴定钙离子的情况，而虚线是滴定镁离子的情况，将它们画在一起是为了更好地比较两种情况下 EBT 的浓度变化情况。可以看到，如果滴定的目标物是钙离子，则在滴定过程中游离 EBT 的浓度实际上发生渐变，这必然导致溶液颜色的渐变，从而影响滴定终点的判定。如果滴定目标物是镁离子，则在接近化学计量点时，游离 EBT 的浓度会发生突变，这必然使溶液的颜色发生突变，有利于终点的判定。

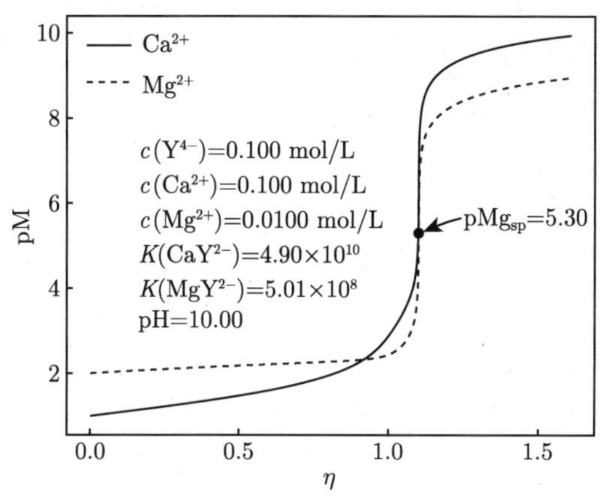

图 5.24　EDTA 滴定 Ca^{2+}、Mg^{2+} 混合溶液的滴定曲线

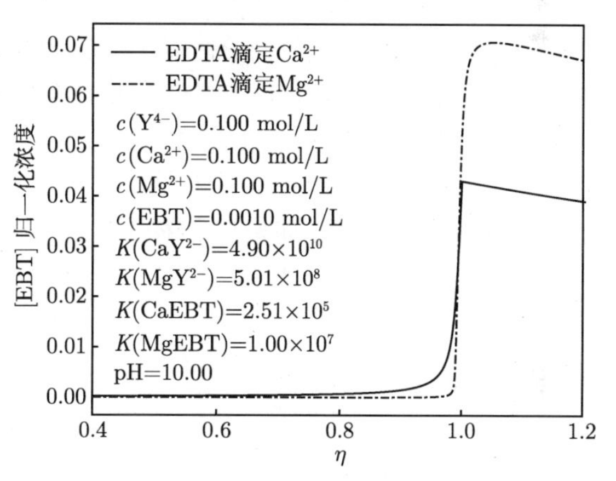

图 5.25　EDTA 滴定 Ca^{2+} 或 Mg^{2+} 时游离 EBT 浓度变化曲线

鉴于 EBT 对于钙离子的显色渐变性，以及 EBT 对于镁离子显色的锐变性，人们提出了用 (Mg^{2+}+EDTA) 混合溶液来增强碳酸钙标定 EDTA 时终点变色的灵敏度。由于 EBT 与镁离子结合的稳定性强于其与钙离子结合的稳定性，因此在滴定开始时溶液呈现 Mg-EBT 配合物的红色。随着滴定过程的进行，溶液中的钙离子首先被 EDTA 滴定，在钙离子的滴定终点处，后续加入的 EDTA 将会与 Mg-EBT 配合物中的镁离子结合，从而释放出 EBT，使溶液呈现蓝色，指示滴定终点。在测定水的总硬度时，由于水中已经含有一定量的镁离子，因此没有必要再加入 (Mg^{2+}+EDTA) 混合溶液来提高显色的灵敏度。当然，如果镁离子的含量太低，依然可以采用这个技巧来提高显色的灵敏度。

然而，这样的做法虽然非常高明，但仍不免使人疑虑预先加入的镁离子和 EDTA 是否会对标定过程产生影响。通常的解释是预先加入的镁离子和 EDTA 在滴定完成之后依然会恢复成原样，因而不会干扰 EDTA 溶液的标定。当然，这样的解释过于偏向于定性描述，不足以解惑。通过严格的理论分析，可以给出非常明确的解释。首先，写出滴定过程的质量平衡方程：

$$\frac{c(\mathrm{Ca})V_0}{V_\mathrm{t}+V_0} = [\mathrm{Ca}] + K(\mathrm{CaY})c^\ominus \frac{[\mathrm{Ca}]}{c^\ominus}\frac{[\mathrm{Y}]}{c^\ominus} \tag{5.72}$$

$$\frac{c'(\mathrm{Mg})V_0}{V_\mathrm{t}+V_0} = [\mathrm{Mg}] + K(\mathrm{MgY})c^\ominus \frac{[\mathrm{Mg}]}{c^\ominus}\frac{[\mathrm{Y}]}{c^\ominus} \tag{5.73}$$

$$\frac{c(\mathrm{Y})V_\mathrm{t}+c'(\mathrm{Y})V_0}{V_\mathrm{t}+V_0} = \alpha(\mathrm{Y\cdot H})[\mathrm{Y}] + K(\mathrm{CaY})c^\ominus \frac{[\mathrm{Ca}]}{c^\ominus}\frac{[\mathrm{Y}]}{c^\ominus} + K(\mathrm{MgY})c^\ominus \frac{[\mathrm{Mg}]}{c^\ominus}\frac{[\mathrm{Y}]}{c^\ominus} \tag{5.74}$$

式中，$c'(\mathrm{Mg})$ 和 $c'(\mathrm{Y})$ 为预加入的 $(\mathrm{Mg^{2+}}+\mathrm{EDTA})$ 混合溶液中二者的浓度。其余量含义同前。从这些方程式中可以解得滴定方程：

$$\eta = \frac{\alpha(\mathrm{Y\cdot H})[\mathrm{Y}] - c'(\mathrm{Y}) + \dfrac{K(\mathrm{MgY})c'(\mathrm{Mg})[\mathrm{Y}]}{\alpha(\mathrm{Mg})c^\ominus + K(\mathrm{MgY})[\mathrm{Y}]} + \dfrac{K(\mathrm{CaY})c(\mathrm{Ca})[\mathrm{Y}]}{\alpha(\mathrm{Ca})c^\ominus + K(\mathrm{CaY})[\mathrm{Y}]}}{c(\mathrm{Y}) - \alpha(\mathrm{Y\cdot H})[\mathrm{Y}]} \tag{5.75}$$

根据式 (5.75) 的滴定方程可以绘制出滴定曲线，如图 5.26 和图 5.27 所示。在图 5.26 中，预先加入的 $(\mathrm{Mg^{2+}}+\mathrm{EDTA})$ 混合溶液的组分浓度显著低于 $\mathrm{Ca^{2+}}$ 浓度，从镁离子的滴定曲线上看，其计量点的位置接近铬黑 T 的理论变色点，故该混合溶液对于标定的准确度无显著影响。在图 5.27 中，虽然 $(\mathrm{Mg^{2+}}+\mathrm{EDTA})$ 混合溶液的组分浓度与 $\mathrm{Ca^{2+}}$ 浓度相同，此时镁离子的计量点位置远离铬黑 T 的理论变色点，故该混合溶液对于标定的准确度有一定程度的影响。所以预先加入的 $(\mathrm{Mg^{2+}}+\mathrm{EDTA})$ 混合溶液的浓度不宜过高。这表明预先加入的 $(\mathrm{Mg^{2+}}+\mathrm{EDTA})$ 混合溶液不会对标定的准确度产生影响。但是，两种情况下的关键点均为：$(\mathrm{Mg^{2+}}+\mathrm{EDTA})$ 混合溶液中两者的浓度相等！只有在这样的情况，额外加入的 $\mathrm{Mg^{2+}}$ 和 EDTA 对标定的影响才能相互抵消。可以预期，如果二者浓度不等，则必然会对滴定的准确度造成影响。

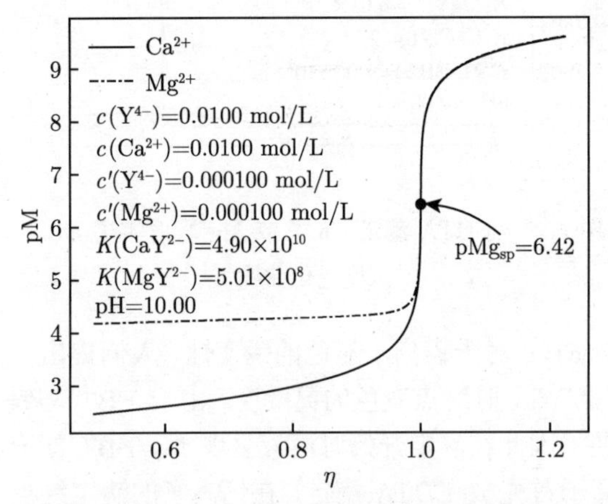

图 5.26　预先加入 $(\mathrm{Mg^{2+}}+\mathrm{EDTA})$ 混合溶液时 EDTA 滴定 $\mathrm{Ca^{2+}}$ 标准溶液时的滴定曲线 (一)

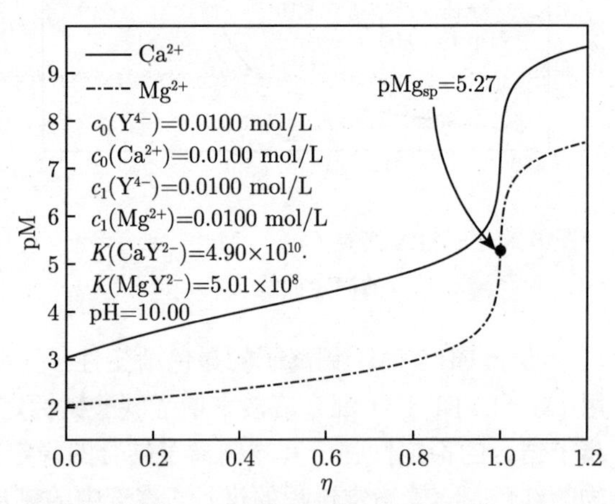

图 5.27　预先加入 $(\mathrm{Mg^{2+}}+\mathrm{EDTA})$ 混合溶液时 EDTA 滴定 $\mathrm{Ca^{2+}}$ 标准溶液时的滴定曲线 (二)

5.5.2　黄铜中铜锌含量测定

黄铜中铜和锌的含量值是衡量黄铜质量的两个重要指标。黄铜中除了含有铜和锌两种金属外，还含有铁、铝、锰、铅、锡、铬、铋等金属。由于这些金属的离子均很容易与 EDTA 形成稳定的配合物，因此采用配位滴定法对黄铜中的铜和锌进行定量分析具有一定的难度。图 5.28 为 EDTA 滴定黄铜溶液中若干金属离子的示意图。从图中可以看到，要想从混合溶液中直接分步滴定 Cu^{2+} 和 Zn^{2+} 两种金属离子是不可能的，必须先采用合适的方法消除各种干扰离子的影响。

消除黄铜溶液中干扰离子的方法是沉淀掩蔽法，其做法是在黄铜的试样溶液中逐滴加入 1:1 氨水，调节溶液的酸度至 pH 为 $8 \sim 9$，此时可以看到溶液中会有白色的沉淀，主要发生如下反应：

$$Fe^{3+}(aq) + OH^-(aq) \longrightarrow Fe(OH)_3(s)$$

$$Al^{3+}(aq) + OH^-(aq) \longrightarrow Al(OH)_3(s)$$

同时，试样中的 Cu^{2+} 和 Zn^{2+} 会形成氨配合物：

$$Cu^{2+}(aq) + iNH_3(aq) \Longleftrightarrow Cu(NH_3)_i^{2+}(aq), \quad i = 1, \cdots, 4$$

$$Zn^{2+}(aq) + iNH_3(aq) \Longleftrightarrow Zn(NH_3)_i^{2+}(aq), \quad i = 1, \cdots, 4$$

如果用 EDTA 滴定过滤掉沉淀后的滤液，得到如图 5.29 所示的滴定曲线，它表明即便掩蔽掉其他金属离子后，也只能滴定总量。要实现铜合金中铜、锌含量的分别测定，还需要更多的技巧。一种常用的方法是按如下步骤进行：① 以硝酸溶解黄铜样品；② 采用强氧化剂使得所有金属离子转变为高价态；③ 采用稀氨水沉淀除铜、锌以外的金属离子；④ 以浓氨水使得铜、锌离子转化为氨配合物并溶解在溶液本体中；⑤ 以硫代硫酸钠还原二价铜离子至一价铜离子，以二甲酚橙为指示剂，用 EDTA 单独滴定锌离子；⑥ 以 PAN[1-(2-吡啶偶氮)-2-萘酚] 为指示剂，用 EDTA 滴定铜、锌离子总量。

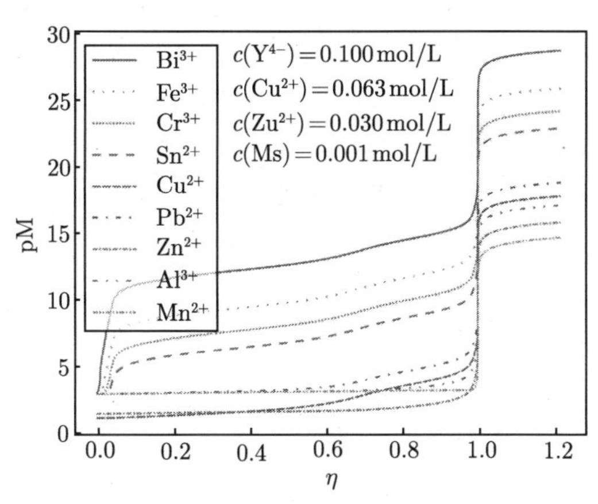

图 5.28　EDTA 滴定黄铜溶液中若干金属离子的滴定曲线

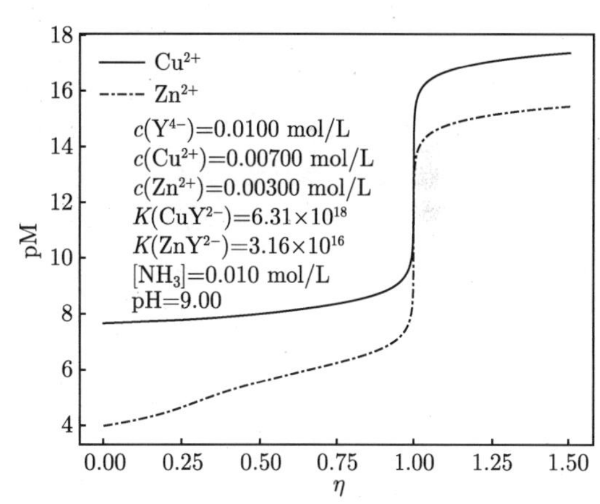

图 5.29　EDTA 滴定铜、锌离子混合溶液的滴定曲线

在第④步中，通过将铜离子和锌离子均转为氨配合物的方式，实现了这两种离子与铜合金中的其他金属离子的分离。将该溶液的滤液酸化至 pH 为 6 左右，用 EDTA 滴定，此时只能滴定 Cu^{2+} 和 Zn^{2+} 的总量。首选的指示剂是 PAN。然而，由于 PAN 指示剂水溶性较差，在使用该指示剂时需用乙醇溶液改善 PAN 的水溶性。滴定开始时，PAN 与 Cu^{2+} 形成的 Cu-PAN 配合物使溶液呈现红色；滴定过程中形成的 Cu-EDTA 配合物呈现蓝色；释放的指示剂 PAN

自身是黄色。因此，在接近终点时，溶液的颜色从蓝紫色 (蓝色 + 红色) 变成草绿色 (蓝色 + 黄色)。

第⑤步中硫代硫酸钠还原二价铜离子至一价铜离子，这是利用了氧化还原掩蔽法原理使能够与 EDTA 稳定结合的 Cu^{2+} 转变为基本不与 EDTA 结合的 Cu^{+}。此时滤液中只剩下 Zn^{2+}，可以二甲酚橙作指示剂用 EDTA 滴定。从总量中扣除锌离子的含量，就可以得到铜离子的含量。

习　题

5.1　无机配位剂难以用作配位滴定的滴定剂的主要原因是什么？EDTA 与金属离子反应时具有哪些特点？

5.2　什么是副反应系数？什么是条件形成常数？绝对形成常数 $K(\mathrm{MY})$ 和条件形成常数 $K'(\mathrm{MY})$ 的关系是什么？当 $\alpha(\mathrm{M})=1$ 或 $\alpha(\mathrm{Y})=1$ 时，意味着什么？

5.3　以 EDTA 标准溶液滴定同浓度的某金属离子，若保持其他条件不变，仅将 EDTA 和金属离子浓度增大 10 倍，这两种情况下的滴定曲线中的哪一段会重合？

5.4　用浓度为 c 的 EDTA 滴定浓度为 c 的金属离子 M，形成配合物 MY 的形成常数为 K。要实现完全滴定，即要求在滴定终点时 EDTA 和 M 基本上完全形成配合物 MY，而剩余的 EDTA 和 M 的量均不大于此时各自分析浓度的 0.1%。此时 $\lg cK$ 应近似满足什么条件？

5.5　试用简便的方法检查用于配位滴定蒸馏水中，是否含有能封闭铬黑 T 指示剂的干扰离子。

5.6　在 pH 为 $5\sim6$ 时，以二甲酚橙作指示剂，用 EDTA 测定黄铜 (锌铜合金) 中的锌含量，有以下几种方法标定 EDTA：

(1) 以氧化锌作基准物质，在 pH 为 10 的氨性缓冲溶液中，以铬黑 T 作指示剂；

(2) 以碳酸钙作基准物质，在 pH 为 12 时，以 KB 指示剂指示终点；

(3) 以氧化锌作基准物质，在 pH 为 6 时，以二甲酚橙作指示剂。

用上述哪一种方法标定 EDTA 最合适？简要说明理由。

5.7　在测量水的总硬度时，是否可以在水样中加入 (Mg^{2+}+EDTA) 混合溶液使得 EBT 显色更为敏锐？加入此混合溶液有什么前提条件？

5.8　有 50.00 mL 溶液，其中包含 Fe^{2+} 和 Fe^{3+}。在 pH 为 2 时用浓度为 0.01500 mol/L 的 EDTA 滴定，消耗 10.98 mL 到达终点。在 pH 为 6 时消耗 23.70 mL 上述 EDTA 溶液到达终点。求这两种金属离子的物质的量浓度。

5.9　若配制 EDTA 溶液的水中含有 Ca^{2+}，判断下列情况下对测定结果的影响 (偏高、偏低或无影响)。

(1) 以 $CaCO_3$ 为基准物质标定 EDTA，然后以二甲酚橙为指示剂，滴定试液中的 Zn^{2+} 含量；

(2) 以金属锌为基准物质，二甲酚橙为指示剂标定 EDTA，用以测定试液中的 Ca^{2+} 含量；

(3) 以金属锌为基准物质，铬黑 T 为指示剂标定 EDTA，用以测定试液中的 Ca^{2+} 含量。

5.10　在分析浓度为 0.1000 mol/L 的锌氨配合物溶液中，若游离的 NH_3 的浓度为 0.100 mol/L，Zn^{2+} 及各级锌氨配合物的平衡浓度为多少？此时溶液中以哪种配合物的型体为主？

5.11　有一含有 Mg^{2+}、Zn^{2+} 的溶液，两者的分析浓度均为 0.01000 mol/L。在 pH 为 5.50 时用同浓度的 EDTA 溶液滴定其中的 Zn^{2+} 至化学计量点，EDTA 的副反应系数 $\alpha(\mathrm{Y})$ 和 $\lg K'(\mathrm{ZnY})$ 值为多少？

5.12　在溶液的 pH 为 5.00 时，以 PAN 为指示剂，用分析浓度为 0.02000 mol/L 的 EDTA 标准溶液滴定分析浓度均为 0.02000 mol/L 的 Cu^{2+} 和 Ca^{2+} 混合液中的 Cu^{2+}，计算终点误差。已知：$\lg K(\mathrm{Cu\cdot PAN})=8.00$。

5.13　有一含有 Cd^{2+}、Mg^{2+} 的溶液，二者的分析浓度均为 0.01000 mol/L，用等浓度的 EDTA 滴定其中的 Cd^{2+}，

(1) 能否用控制酸度的方法滴定 Cd^{2+}？

(2) 滴定 Cd^{2+} 的酸度范围是多少？

5.14　一种市售抗胃酸药由 $CaCO_3$、$MgCO_3$ 及 MgO 和适当填充剂组成。现取 10 片该药共 6.614 g，溶解后稀释至 500.0 mL。取出 25.00 mL，调节 pH 后，以铬黑 T 作指示剂，用 0.1041 mol/L 的 EDTA 标准溶液滴定，用去 25.41 mL。试计算：

(1) 试样中碱土金属 (以 Mg 计) 的质量分数；

(2) 平均每片药片可中和多少毫克酸 (以 HCl 计)？

5.15　现有分析浓度均为 0.02000 mol/L 的 Cd^{2+}、Hg^{2+} 混合溶液，在 pH 为 6.0 时，用等浓度的 EDTA 滴定其中的 Cd^{2+}，请问：

(1) 如果终点时 I^- 的游离浓度为 0.01000 mol/L 能否掩蔽 Hg^{2+}？并求 $\lg K'(CdY)$。

(2) 已知二甲酚橙与 Cd^{2+} 和 Hg^{2+} 都显色，在 pH 为 6.0 时，$\lg K'(Cd \cdot In) = 5.5$，$\lg K'(Hg \cdot In) = 9.0$，能否用二甲酚橙作滴定 Cd^{2+} 的指示剂？

(3) 滴定 Cd^{2+} 时若用二甲酚橙为指示剂，终点误差为多大？

(4) 若终点时，I^- 游离浓度为 0.1000 mol/L，终点误差为多大？

5.16　在 pH 为 5.50 时，用 2.000×10^{-2} mol/L EDTA 溶液滴定浓度均为 2.000×10^{-2} mol/L 的 Zn^{2+} 和 Ca^{2+} 混合溶液中的 Zn^{2+}。若以 PAN 为指示剂检测终点，要求滴定误差 $\leqslant 0.1\%$。上述混合溶液中 Ca^{2+} 的最高允许浓度为多少？

第6章　氧化还原滴定法

氧化还原滴定法是以氧化还原反应为基础的一种滴定方法，是化学定量分析中被广泛应用的分析方法之一，能够直接或间接地用于许多无机化合物和有机化合物的定量分析。1795 年，德克劳西 (François Antoine Henri Descroizilles) 以靛蓝的硫酸溶液滴定次氯酸，至溶液颜色变绿为终点，成为最早的氧化还原滴定法。1826 年，比拉迪尼 (H. de la Bellardiere) 制成了碘化钠，以淀粉为指示剂，用于滴定次氯酸钙，开创了碘量法的研究和应用。19 世纪 40 年代以来又相继发展出高锰酸钾法、重铬酸钾法等，使氧化还原滴定法得到了迅速的发展，也带动了滴定分析法的迅速发展。

氧化还原反应的特点是反应机理复杂，涉及多步反应，这就导致反应速率慢，并且常常伴有副反应发生。因此，对氧化还原反应过程的控制是氧化还原滴定中一个必须重点关注的问题。氧化还原滴定法必须在很好地兼顾化学平衡问题和化学动力学问题的前提下，才有可能获得准确的结果。

6.1　氧化还原反应及相关参数

6.1.1　氧化还原反应举例

在日常生活中最常遇到的氧化还原反应就是燃烧反应，其本质是氧气氧化了碳，总体的反应如下:

$$\mathrm{C(s) + O_2(g) \xlongequal{\quad} CO_2(g)}$$

如果着眼于每个物质的反应，则上述反应可以用两个半反应来描述:

$$\mathrm{C - 4e^- \xlongequal{\quad} C^{4+}}$$

$$\mathrm{O_2 + 4e^- \xlongequal{\quad} 2O^{2-}}$$

上述反应表明，在反应过程中一个碳原子失去了 4 个电子，而一个氧原子得到了 2 个电子。这种失去电子和得到电子的过程是同时存在的，它构成了氧化还原反应的独特之处。并且，由于电子本身也是一种物质，它不会凭空产生，也不会凭空消失。因此，从碳原子流出的电子数必然与氧原子得到的电子数目相等，即

$$|1 \times (-4)| = |2 \times (+2)| \tag{6.1}$$

化学中还有一类反应称为自氧化还原反应，如

$$\mathrm{2Mn^{3+}(aq) + 2H_2O(l) \xlongequal{\quad} Mn^{2+}(aq) + MnO_2(s) + 4\,H^+(aq)}$$

在这个反应中，参与氧化还原反应的只有 Mn^{3+}，并且其中一个 Mn^{3+} 将电子提供给了另外一个 Mn^{3+}，使得一个 Mn^{3+} 的氧化数增加，而另一个的氧化数减少。

从上述两个例子中可以看到，氧化还原反应的关键是电子的转移，由此导致了氧化数的改变。这类反应涉及的电子转移机理非常复杂，本书不做展开讨论。我们可以相信的一个事实是：电子确实从一种物质转移到了另外一种物质 (或者是同一种物质电子的相互转移，见自氧化还原反应)。氧化还原反应中电子数改变的这种规律称为电子数守恒，它对于配平氧化还原反应式有很好的约束作用。在后面将看到，这种规律对于处理复杂的氧化还原体系的定量关系也会有非常大的作用。

例 6.1　检验某患者血液中的含钙量，取 10.00 mL 血液，稀释后用 $(NH_4)_2C_2O_4$ 溶液处理，使 Ca^{2+} 生成 CaC_2O_4 沉淀，将沉淀经过滤、洗涤后，溶解于强酸中，然后用浓度为 0.05000 mol/L 的 $KMnO_4$ 溶液滴定，用去 1.20 mL，试计算此血液中钙的浓度 (g/L)。

解　半反应为

$$MnO_4^-(aq) + 5e^- \longrightarrow Mn^{2+}(aq)$$

$$C_2O_4^{2-}(aq) - 2e^- \longrightarrow 2\,CO_2(g)$$

根据得失电子数守恒：

$$2n(C_2O_4^{2-}) = 5n(MnO_4^-)$$

血钙的物质的量为

$$\begin{aligned} n(Ca) &= n(C_2O_4^{2-}) \\ &= \frac{5}{2} \times n(MnO_4^-) \\ &= \frac{5}{2} \times 0.05000\ \text{mol/L} \times 1.20 \times 10^{-3}\ \text{L} \\ &= 1.50 \times 10^{-4}\ \text{mol} \end{aligned}$$

换算为 g/L 单位的浓度为

$$c(Ca) = \frac{1.50 \times 10^{-4}\ \text{mol} \times 40.00\ \text{g/mol}}{0.01000\ \text{L}} = 0.600\ \text{g/L}$$

例 6.2　称取 2.125 g 铜矿石，溶解后全部转移至 250 mL 容量瓶中定容。从中取出 25.00 mL 置于锥形瓶中，酸化后加入过量 KI，生成的 I_2 需用 0.1028 mol/L 的 $Na_2S_2O_3$ 溶液 21.08 mL 才能反应完全。计算铜矿石中铜的质量分数。

解　铜离子被碘离子还原，生成的碘分子被硫代硫酸钠还原。碘离子还原铜离子的半反应为

$$Cu^{2+}(aq) + e^- \longrightarrow Cu^+(aq)$$

$$I^-(aq) - e^- \longrightarrow \frac{1}{2}I_2(aq)$$

根据得失电子数守恒：

$$1 \times n(Cu^{2+}) = 1 \times n(I^-)$$

硫代硫酸钠滴定生成的碘分子的半反应为

$$I_2(aq) + 2e^- \longrightarrow 2I^-(aq)$$

$$S_2O_3^{2-}(aq) - e^- \longrightarrow \frac{1}{2}S_4O_6^{2-}(aq)$$

根据得失电子数守恒得

$$2 \times n(I_2) = 1 \times n(S_2O_3^{2-})$$

由于 $n(I^-) = 2n(I_2)$，所以

$$n(Cu^{2+}) = n(S_2O_3^{2-})$$

设铜的质量分数为 $w(Cu)$，所以

$$\frac{\dfrac{m(Cu) \times w(Cu)}{M(Cu)}}{250.0\ mL} \times 25.00\ mL = 0.1028\ mol/L \times 0.02108\ L$$

$$w(Cu) = \frac{0.1028\ mol/L \times 0.02108\ L \times 63.55\ g/mol}{2.125\ g \times \dfrac{25.00\ mL}{250.0\ mL}} = 64.81\%$$

这里要说明的是，上述例题中生成的 I_2 分子一般用 I_3^- 的形式表达，因为后者的水溶性更好。实际配制 I_2 溶液时也是将碘溶于碘化钾溶液中，一般认为存在形式为 I_3^-。在本书中，为了更好地体现半反应的电子转移数，采用简化的表达形式，即 $I_2(aq)$ 表示溶解于水溶液中的碘分子。

6.1.2 能斯特方程与表观电极电位

氧化还原反应由于涉及电子的迁移，因而采用电化学理论进行描述更为有效。对于如下氧化还原反应：

$$Ce^{4+}(aq) + Fe^{2+}(aq) \Longleftrightarrow Ce^{3+}(aq) + Fe^{3+}(aq)$$

它是由下面两个半反应组成的：

$$Ce^{4+}(aq) + e^- \rightleftharpoons Ce^{3+}(aq), \quad E^\ominus(Ce^{4+}/Ce^{3+}) = 1.61\ V$$

$$Fe^{3+}(aq) + e^- \rightleftharpoons Fe^{2+}(aq), \quad E^\ominus(Fe^{3+}/Fe^{2+}) = 0.771\ V$$

式中，Ce^{4+} 与 Ce^{3+}、Fe^{3+} 与 Fe^{2+} 各自组成了一个电对；$E^\ominus(Ce^{4+}/Ce^{3+})$ 和 $E^\ominus(Fe^{3+}/Fe^{2+})$ 分别为这两个电对的标准电极电位；V 表示电位的单位为伏特。电对的电位越高，其氧化态的氧化能力越强；电对的电位越低，其还原态的还原能力越强。

在氧化还原滴定中，通常只考虑氧化还原电对为可逆电对的情况，即在反应的任一瞬间，电对都能迅速建立起氧化还原反应平衡，其电势符合能斯特方程。对于上述电对的电位，其能斯特方程如下：

$$E(\mathrm{Ce^{4+}/Ce^{3+}}) = E^{\ominus}(\mathrm{Ce^{4+}/Ce^{3+}}) + \frac{RT}{nF}\ln\frac{a(\mathrm{Ce^{4+}})}{a(\mathrm{Ce^{3+}})} \tag{6.2}$$

$$E(\mathrm{Fe^{3+}/Fe^{2+}}) = E^{\ominus}(\mathrm{Fe^{3+}/Fe^{2+}}) + \frac{RT}{nF}\ln\frac{a(\mathrm{Fe^{3+}})}{a(\mathrm{Fe^{2+}})} \tag{6.3}$$

式中，E 为电对的电极电位；R 为摩尔气体常量，8.314 J/(mol·K)；F 为法拉第常量，96487 C/mol；n 为对应电对的电子转移数；T 为热力学温度；a 为氧化态或还原态的活度。当氧化态或还原态为纯固体或纯金属时，其活度等于 1。

一般而言，对于如下氧化还原反应：

$$n_2\mathrm{O}_1 + n_1\mathrm{R}_2 \rightleftharpoons n_1\mathrm{O}_2 + n_2\mathrm{R}_1$$

其电对反应为

$$\mathrm{O}_1 + n_1\mathrm{e}^- \rightleftharpoons \mathrm{R}_1$$

$$\mathrm{O}_2 + n_2\mathrm{e}^- \rightleftharpoons \mathrm{R}_2$$

在 $T = 298$ K 时，各电对的电极电位为

$$E(\mathrm{O_1/R_1}) = E^{\ominus}(\mathrm{O_1/R_1}) + \frac{0.05916\ \mathrm{V}}{n_1}\lg\frac{a(\mathrm{O_1})}{a(\mathrm{R_1})} \tag{6.4}$$

$$E(\mathrm{O_2/R_2}) = E^{\ominus}(\mathrm{O_2/R_2}) + \frac{0.05916\ \mathrm{V}}{n_2}\lg\frac{a(\mathrm{O_2})}{a(\mathrm{R_2})} \tag{6.5}$$

活度的概念在描述微观过程时非常有效，然而在定量分析中，往往只关心最终的效果，更偏向于使用分析浓度 (或平衡浓度)，因此将活度表达转换为浓度表达更为实用。对于 $\mathrm{Fe^{3+}/Fe^{2+}}$ 电对，其中的离子平衡浓度与活度之间存在如下关系：

$$a(\mathrm{Fe^{3+}}) = \gamma(\mathrm{Fe^{3+}})[\mathrm{Fe^{3+}}] \tag{6.6}$$

和

$$a(\mathrm{Fe^{2+}}) = \gamma(\mathrm{Fe^{2+}})[\mathrm{Fe^{2+}}] \tag{6.7}$$

式中，γ 为对应组分的活度系数。因此以平衡浓度表达的能斯特方程为

$$\begin{aligned} E(\mathrm{Fe^{3+}/Fe^{2+}}) &= E^{\ominus}(\mathrm{Fe^{3+}/Fe^{2+}}) + 0.05916\ \mathrm{V}\lg\frac{a(\mathrm{Fe^{3+}})}{a(\mathrm{Fe^{2+}})} \\ &= E^{\ominus}(\mathrm{Fe^{3+}/Fe^{2+}}) + 0.05916\ \mathrm{V}\lg\frac{\gamma(\mathrm{Fe^{3+}})[\mathrm{Fe^{3+}}]}{\gamma(\mathrm{Fe^{2+}})[\mathrm{Fe^{2+}}]} \\ &= E^{\ominus}(\mathrm{Fe^{3+}/Fe^{2+}}) + 0.05916\ \mathrm{V}\lg\frac{\gamma(\mathrm{Fe^{3+}})}{\gamma(\mathrm{Fe^{2+}})} + 0.05916\ \mathrm{V}\lg\frac{[\mathrm{Fe^{3+}}]}{[\mathrm{Fe^{2+}}]} \\ &= E^{\ominus\prime} + 0.05916\ \mathrm{V}\lg\frac{[\mathrm{Fe^{3+}}]}{[\mathrm{Fe^{2+}}]} \end{aligned} \tag{6.8}$$

式中，$E^{\ominus\prime}$ 称为表观电极电位，其形式如下：

$$E^{\ominus\prime}(\mathrm{Fe^{3+}/Fe^{2+}}) = E^{\ominus}(\mathrm{Fe^{3+}/Fe^{2+}}) + 0.05916\ \mathrm{V}\lg\frac{\gamma(\mathrm{Fe^{3+}})}{\gamma(\mathrm{Fe^{2+}})} \tag{6.9}$$

用表观电极电位和平衡浓度表达的电极电位方程为

$$E(\mathrm{Fe^{3+}/Fe^{2+}}) = E^{\ominus'}(\mathrm{Fe^{3+}/Fe^{2+}}) + 0.05916\ \mathrm{V}\lg\frac{[\mathrm{Fe^{3+}}]}{[\mathrm{Fe^{2+}}]} \tag{6.10}$$

影响活度系数的因素很多，如溶液的 pH 和离子组成情况等，因而，从更一般的意义上说，表观电极电位是在特定的溶液情况下的电极电位。根据溶液的具体情况，式 (6.9) 右端还可能增加更多的项，本书不再展开讨论。

6.1.3 氧化还原反应平衡常数

氧化还原反应的平衡常数可以用电极电位来表示。对于下列一般反应：

$$n_2\mathrm{O_1} + n_1\mathrm{R_2} \rightleftharpoons n_1\mathrm{O_2} + n_2\mathrm{R_1}$$

其电对反应为

$$\mathrm{O_1} + n_1\mathrm{e^-} \rightleftharpoons \mathrm{R_1}$$

$$\mathrm{O_2} + n_2\mathrm{e^-} \rightleftharpoons \mathrm{R_2}$$

在 $T = 298$ K 时，各电对的电极电位为

$$E(\mathrm{O_1/R_1}) = E^{\ominus'}(\mathrm{O_1/R_1}) + \frac{0.05916\ \mathrm{V}}{n_1}\lg\frac{\frac{[\mathrm{O_1}]}{c^{\ominus}}}{\frac{[\mathrm{R_1}]}{c^{\ominus}}} \tag{6.11}$$

$$E(\mathrm{O_2/R_2}) = E^{\ominus'}(\mathrm{O_2/R_2}) + \frac{0.05916\ \mathrm{V}}{n_2}\lg\frac{\frac{[\mathrm{O_2}]}{c^{\ominus}}}{\frac{[\mathrm{R_2}]}{c^{\ominus}}} \tag{6.12}$$

当氧化还原反应达到平衡时，两电对的电势相同，因此

$$E^{\ominus'}(\mathrm{O_1/R_1}) + \frac{0.05916\ \mathrm{V}}{n_1}\lg\frac{\frac{[\mathrm{O_1}]}{c^{\ominus}}}{\frac{[\mathrm{R_1}]}{c^{\ominus}}} = E^{\ominus'}(\mathrm{O_2/R_2}) + \frac{0.05916\ \mathrm{V}}{n_2}\lg\frac{\frac{[\mathrm{O_2}]}{c^{\ominus}}}{\frac{[\mathrm{R_2}]}{c^{\ominus}}} \tag{6.13}$$

整理得

$$\lg K = \lg\frac{\left(\frac{[\mathrm{R_1}]}{c^{\ominus}}\right)^{n_2}\left(\frac{[\mathrm{O_2}]}{c^{\ominus}}\right)^{n_1}}{\left(\frac{[\mathrm{R_2}]}{c^{\ominus}}\right)^{n_1}\left(\frac{[\mathrm{O_1}]}{c^{\ominus}}\right)^{n_2}} = \frac{n_1 n_2\left[E^{\ominus'}(\mathrm{O_1/R_1}) - E^{\ominus'}(\mathrm{O_2/R_2})\right]}{0.05916\ \mathrm{V}} \tag{6.14}$$

式中，K 为反应平衡常数；n 为反应中电子转移数 n_1 和 n_2 的最小公倍数。

例 6.3 计算在分析浓度为 1 mol/L 的 HCl 介质中，Fe^{3+} 与 Sn^{2+} 反应的平衡常数及达到平衡时反应进行的程度。

解　Fe^{3+} 与 Sn^{2+} 的反应式如下：

$$2Fe^{3+}(aq) + Sn^{2+}(aq) \rightleftharpoons 2Fe^{2+}(aq) + Sn^{4+}(aq)$$

因此，电子转移的最小公倍数为 2，平衡常数为

$$\begin{aligned}\lg K &= \frac{2\times\left[E^{\ominus'}(Fe^{3+}/Fe^{2+}) - E^{\ominus'}(Sn^{4+}/Sn^{2+})\right]}{0.05916\ V} \\ &= \frac{2\times(0.68\ V - 0.14\ V)}{0.05916\ V} \\ &= 18.30\end{aligned}$$

在反应物的量按计量比设定的情况下，有

$$\frac{[Fe^{2+}]}{[Fe^{3+}]} = \frac{[Sn^{4+}]}{[Sn^{2+}]}$$

所以

$$K = \frac{\left(\frac{[Fe^{2+}]}{c^{\ominus}}\right)^2\left(\frac{[Sn^{4+}]}{c^{\ominus}}\right)}{\left(\frac{[Fe^{3+}]}{c^{\ominus}}\right)^2\left(\frac{[Sn^{2+}]}{c^{\ominus}}\right)} = \frac{\left(\frac{[Fe^{2+}]}{c^{\ominus}}\right)^3}{\left(\frac{[Fe^{3+}]}{c^{\ominus}}\right)^3} = 10^{18.30}$$

即

$$\frac{[Fe^{2+}]}{[Fe^{3+}]} = 1.3\times10^6$$

计算结果表明，反应进行得非常完全。

一般而言，对一个化学反应，反应进行完全的基本要求是反应物转化率达 99.9% 以上。对于如下一般反应：

$$n_2O_1 + n_1R_2 \rightleftharpoons n_1O_2 + n_2R_1$$

即是要求：

$$\frac{[R_1]}{[O_1]} \geqslant 10^3 \tag{6.15}$$

和

$$\frac{[O_2]}{[R_2]} \geqslant 10^3 \tag{6.16}$$

也就是

$$\lg K = \lg\frac{\left(\frac{[R_1]}{c^{\ominus}}\right)^{n_2}\left(\frac{[O_2]}{c^{\ominus}}\right)^{n_1}}{\left(\frac{[R_2]}{c^{\ominus}}\right)^{n_1}\left(\frac{[O_1]}{c^{\ominus}}\right)^{n_2}} = \lg\left[\left(\frac{[R_1]}{[O_1]}\right)^{n_2}\times\left(\frac{[O_2]}{R_2}\right)^{n_1}\right] \geqslant 3(n_1+n_2) \tag{6.17}$$

如果 $n_1 = n_2 = 1$，根据式 (6.17)：

$$E^{\ominus'}(O_1/R_1) - E^{\ominus'}(O_2/R_2) = 0.05916\ V\lg K \geqslant 0.05916\ V\times6 = 0.35\ V \tag{6.18}$$

如果 $n_1 = n_2 = 2$，根据式 (6.17)：

$$E^{\ominus'}(O_1/R_1) - E^{\ominus'}(O_2/R_2) = \frac{0.05916\ V}{2}\lg K \geqslant \frac{0.05916\ V}{2} \times 6 = 0.18\ V \tag{6.19}$$

因此，通过两个电对的条件电极电位，就可以大致判定该氧化还原反应能否进行完全，据此判断一个氧化还原反应能否用于定量分析。

6.1.4 影响氧化还原反应进程的因素

从上一小节的内容中可以看到，氧化还原反应的电对只要存在适当的电位差，就具备了完全反应的能力。然而，由于氧化还原反应的反应机理很复杂，从最初的反应物到最终的产物，往往要经过许多的中间步骤，这就必然导致其反应速率较慢，甚至在实际中很难进行。例如，水中的溶解氧存在如下电对反应：

$$O_2(g) + 4H^+(aq) + 4e^- \rightleftharpoons 2H_2O(l), \quad E^{\ominus} = 1.23\ V$$

如果仅从电极电位来考虑，水中的溶解氧似乎应该能够很容易地氧化水溶液中的 Sn^{2+}，因其电对反应为

$$Sn^{4+}(aq) + 2e^- \rightleftharpoons Sn^{2+}(aq), \quad E^{\ominus} = 0.154\ V$$

然而，在通常的情况下，水溶液中溶解氧氧化 Sn^{2+} 的速率太慢，故水溶液中 Sn^{2+} 的表现相对稳定。因此，从定量分析的角度来看，如何调控影响氧化还原反应速率的因素是更为重要的环节。影响氧化还原反应速率的因素通常有反应物的浓度、温度、催化剂等，现分别简述之。

1. *反应物的浓度*

根据质量作用定律，反应速率与反应物浓度的乘积成正比。因此，增大反应物的浓度能加快反应速率。对于有氢离子参加的反应，提高溶液的酸度也可加速反应。例如，$K_2Cr_2O_7$ 在酸性溶液中与 KI 的反应为

$$K_2Cr_2O_7(aq) + 6KI(aq) + 14HCl(aq) = 2CrCl_3(aq) + 8KCl(aq) + 7H_2O(l) + 3I_2(aq)$$

该反应是一个慢反应，增加 KI 的量可加快反应的速率。实验结果表明，当 KI 过量 5 倍，且氢离子浓度达 0.8 ~ 1.0 mol/L 时，5 min 后上述反应即可完成。

2. *温度*

升高温度一般可以加快反应速率，且温度每升高 10°C，反应速率增加 2 ~ 3 倍。例如，在酸性溶液中，用 $KMnO_4$ 溶液滴定 $C_2O_4^{2-}$ 的反应为

$$2MnO_4^-(aq) + 5C_2O_4^{2-}(aq) + 16H^+(aq) = 2Mn^{2+}(aq) + 10CO_2(g) + 8H_2O(l)$$

在室温下，这个反应的速率很慢。但是，如果将反应温度升高到 75 ~ 85°C，反应速率显著加快。

3. *催化剂*

能使氧化还原反应速率显著增加的是催化剂，因为催化剂改变了反应的机理，降低了反应过程的能垒，从而加速了反应的进行。例如，对于反应：

$$2MnO_4^-(aq) + 5C_2O_4^{2-}(aq) + 16H^+(aq) = 2Mn^{2+}(aq) + 10CO_2(g) + 8H_2O(l)$$

即便是在 80°C 时，反应初期的反应速率依然很慢。然而，如果加入一些 Mn^{2+}，则反应速率显著加快，Mn^{2+} 起了催化剂的作用。一般认为，Mn^{2+} 的加入，使反应机理按如下方式进行：

$$\mathrm{Mn(VII)} \xrightleftharpoons{\mathrm{Mn^{2+}}} \mathrm{Mn(VI)} + \mathrm{Mn(III)}$$

$$\mathrm{Mn(VI)} \xrightleftharpoons{\mathrm{Mn^{2+}}} \mathrm{Mn(IV)} + \mathrm{Mn(III)}$$

$$\mathrm{Mn(IV)} \xrightleftharpoons{\mathrm{Mn^{2+}}} \mathrm{Mn(III)}$$

反应过程中生成的 Mn(III) 与 $C_2O_4^{2-}$ 生成一系列的配合物，最后分解为 Mn(II) 和 CO_2。随着反应的进行，Mn(II) 的浓度增加，它反过来也会加速反应的进行，因此这类反应也称为自催化反应。

6.2　氧化还原滴定方程

在氧化还原滴定中，随着滴定剂的加入，被滴定物质的氧化态和还原态的浓度逐渐发生改变，电对的电极电位也随之改变。体系中待测组分浓度及其电极电位的改变与加入的滴定剂的量之间的数学关系即为氧化还原滴定方程。与前面的酸碱滴定和配位滴定不同，氧化还原反应由于电子转移的复杂性，也常常导致反应计量系数关系复杂化。最简单的情况是反应体系中电对的系数相同，这类反应称为对称的氧化还原反应。例如

$$\mathrm{Ce^{4+}(aq) + e^- \rightleftharpoons Ce^{3+}(aq)}$$

如果电对的系数不同，则称为非对称的氧化还原反应。例如

$$\mathrm{Cr_2O_7^{2-}(aq) + 14H^+(aq) + 6e^- \rightleftharpoons 2Cr^{3+}(aq) + 7H_2O(l)}$$

为理论分析方便，这里仅讨论对称的氧化还原反应。

通常可以用两种方法来建立氧化还原滴定方程：一种方法是采用传统的以待测物的浓度为指标的方法；另一种方法是以反应过程中的电位为指标的方法。相对而言，采用后一种方法更为简便。本节对两种方法做一个介绍。

6.2.1　以浓度为指标

设用氧化剂 Ce^{4+} 滴定还原剂 Fe^{2+}，氧化还原反应方程为

$$\mathrm{Ce^{4+}(aq) + Fe^{2+}(aq) = Ce^{3+}(aq) + Fe^{3+}(aq)}, \quad K = \frac{\dfrac{[\mathrm{Ce^{3+}}]}{c^\ominus}\dfrac{[\mathrm{Fe^{3+}}]}{c^\ominus}}{\dfrac{[\mathrm{Ce^{4+}}]}{c^\ominus}\dfrac{[\mathrm{Fe^{2+}}]}{c^\ominus}}$$

设 Fe^{2+} 的初始浓度和体积分别为 $c(\mathrm{Fe^{2+}})$ 和 V_0；Ce^{4+} 的初始浓度为 $c(\mathrm{Ce^{4+}})$，当将体积 V_t 的 Ce^{4+} 加入 Fe^{2+} 的溶液中时，质量平衡方程为

$$\frac{c(\mathrm{Ce^{4+}})\eta}{1+\eta} = [\mathrm{Ce^{4+}}] + [\mathrm{Ce^{3+}}] \tag{6.20}$$

$$\frac{c(\mathrm{Fe^{2+}})}{1+\eta} = [\mathrm{Fe^{2+}}] + [\mathrm{Fe^{3+}}] \tag{6.21}$$

式中，$\eta = V_t/V_0$。由于反应的计量系数均为 1，形成的产物的浓度应相等，所以

$$[Ce^{3+}] = [Fe^{3+}] \tag{6.22}$$

由式 (6.20) 得

$$[Ce^{3+}] = \frac{c(Ce^{4+})\eta}{1+\eta} - [Ce^{4+}] \tag{6.23}$$

由式 (6.21) 得

$$[Fe^{3+}] = \frac{c(Fe^{2+})}{1+\eta} - [Fe^{2+}] \tag{6.24}$$

根据式 (6.22)，可得

$$\frac{c(Ce^{4+})\eta}{1+\eta} - [Ce^{4+}] = \frac{c(Fe^{2+})}{1+\eta} - [Fe^{2+}] \tag{6.25}$$

所以

$$[Ce^{4+}] = \frac{c(Ce^{4+})\eta}{1+\eta} - \frac{c(Fe^{2+})}{1+\eta} + [Fe^{2+}] \tag{6.26}$$

代入平衡常数表达式，得

$$K = \frac{\dfrac{[Ce^{3+}]}{c^{\ominus}}\dfrac{[Fe^{3+}]}{c^{\ominus}}}{\dfrac{[Ce^{4+}]}{c^{\ominus}}\dfrac{[Fe^{2+}]}{c^{\ominus}}} = \frac{\left(\dfrac{c(Fe^{2+})}{1+\eta} - [Fe^{2+}]\right)^2}{\left(\dfrac{c(Ce^{4+})\eta}{1+\eta} - \dfrac{c(Fe^{2+})}{1+\eta} + [Fe^{2+}]\right)[Fe^{2+}]} \tag{6.27}$$

展开式 (6.27) 并整理得

$$(K-1)[Fe^{2+}]^2 + \left[K\frac{c(Ce^{4+})\eta}{1+\eta} - K\frac{c(Fe^{2+})}{1+\eta} + 2\frac{c(Fe^{2+})}{1+\eta}\right][Fe^{2+}] - \left[\frac{c(Fe^{2+})}{1+\eta}\right]^2 = 0 \tag{6.28}$$

由于稳定常数 $K \gg 2$，因此

$$K[Fe^{2+}]^2 + \left[K\frac{c(Ce^{4+})\eta}{1+\eta} - K\frac{c(Fe^{2+})}{1+\eta}\right][Fe^{2+}] - \left[\frac{c(Fe^{2+})}{1+\eta}\right]^2 = 0 \tag{6.29}$$

解得 Fe^{2+} 的平衡浓度随 η 变化的方程为

$$[Fe^{2+}] = \frac{c(Fe^{2+}) - c(Ce^{4+})\eta + \sqrt{\left[c(Fe^{2+}) - c(Ce^{4+})\eta\right]^2 + 4c(Fe^{2+})^2/K}}{2(1+\eta)} \tag{6.30}$$

图 6.1 为根据式 (6.30) 计算得到的滴定曲线，其中的 ● 表示化学计量点，▲ 表示出滴定突跃范围。从图中可以看到滴定曲线上存在一个较大的滴定突跃，有利于选择到合适的指示剂。

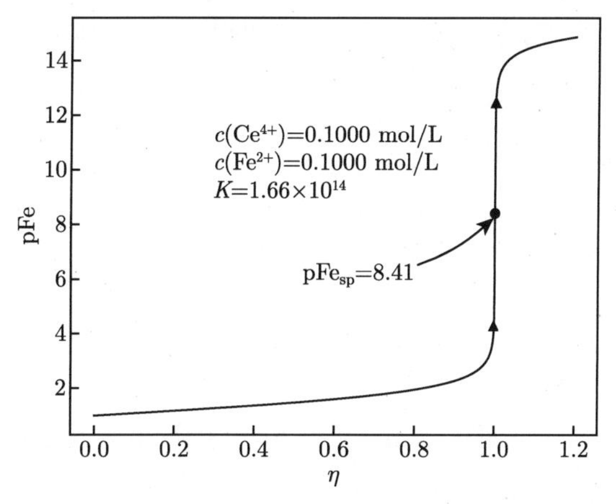

图 6.1　铈离子滴定铁离子的滴定曲线

式 (6.30) 是基于氧化还原反应中电子转移数为 1 的体系得出的滴定方程，适用于类似的氧化还原体系。对于电子转移数大于 1 的体系，原则上可以建立滴定方程，但是该方程的复杂程度和求解的难度都超出一般的想象，因而本书不做进一步的讨论。对于一般的氧化还原体系，采用以电位为指标的方法建立方程相对容易很多。

6.2.2　以电位为指标

设用三价铁离子滴定二价锡离子，反应方程如下：

$$2Fe^{3+}(aq) + Sn^{2+}(aq) = 2Fe^{2+}(aq) + Sn^{4+}(aq)$$

两个半反应为

$$Fe^{3+}(aq) + e^- \rightleftharpoons Fe^{2+}(aq)$$

$$Sn^{4+}(aq) + 2e^- \rightleftharpoons Sn^{2+}(aq)$$

设 Sn^{2+} 的初始浓度和体积分别为 $c(Sn^{2+})$ 和 V_0；Fe^{3+} 的初始浓度为 $c(Fe^{3+})$，当将体积 V_t 的 Fe^{3+} 加入 Sn^{2+} 溶液中时，质量平衡方程为

$$\frac{c(Fe^{3+})\eta}{1+\eta} = [Fe^{3+}] + [Fe^{2+}] \tag{6.31}$$

$$\frac{c(Sn^{2+})}{1+\eta} = [Sn^{2+}] + [Sn^{4+}] \tag{6.32}$$

式中，$\eta = V_t/V_0$。将式 (6.31) 除以式 (6.32)，得

$$\frac{c(Fe^{3+})\eta}{c(Sn^{2+})} = \frac{[Fe^{3+}]+[Fe^{2+}]}{[Sn^{2+}]+[Sn^{4+}]} = \frac{[Fe^{2+}]\left(\dfrac{[Fe^{3+}]}{[Fe^{2+}]}+1\right)}{[Sn^{4+}]\left(\dfrac{[Sn^{2+}]}{[Sn^{4+}]}+1\right)} \tag{6.33}$$

对于可逆反应，在滴定的任一瞬间反应都达到平衡，因此溶液中的电势为

$$E = E^{\ominus'}(Fe^{3+}/Fe^{2+}) + 0.05916\ \mathrm{V}\lg\frac{[Fe^{3+}]}{[Fe^{2+}]}$$

$$= E^{\ominus'}(\mathrm{Sn^{4+}/Sn^{2+}}) + \frac{0.05916\ \mathrm{V}}{2}\lg\frac{[\mathrm{Sn^{4+}}]}{[\mathrm{Sn^{2+}}]} \tag{6.34}$$

从式 (6.34) 中可得

$$\frac{[\mathrm{Fe^{3+}}]}{[\mathrm{Fe^{2+}}]} = 10^{\left[E-E^{\ominus'}\left(\mathrm{Fe^{3+}/Fe^{2+}}\right)\right]/0.05916\ \mathrm{V}} \tag{6.35}$$

和

$$\frac{[\mathrm{Sn^{2+}}]}{[\mathrm{Sn^{4+}}]} = 10^{-2\left[E-E^{\ominus'}\left(\mathrm{Sn^{4+}/Sn^{2+}}\right)\right]/0.05916\ \mathrm{V}} \tag{6.36}$$

同时，在滴定过程中，两种滴定产物 Fe^{2+}、Sn^{4+} 的浓度之间存在如下计量关系：

$$\frac{[\mathrm{Fe^{2+}}]}{[\mathrm{Sn^{4+}}]} = 2 \tag{6.37}$$

将式 (6.35)~式 (6.37) 代入式 (6.33)，整理得

$$\eta = \frac{2c(\mathrm{Sn^{2+}})\left\{10^{\left[E-E^{\ominus'}\left(\mathrm{Fe^{3+}/Fe^{2+}}\right)\right]/0.05916\ \mathrm{V}}+1\right\}}{c(\mathrm{Fe^{3+}})\left\{10^{-2\left[E-E^{\ominus'}\left(\mathrm{Sn^{4+}/Sn^{2+}}\right)\right]/0.05916\ \mathrm{V}}+1\right\}} \tag{6.38}$$

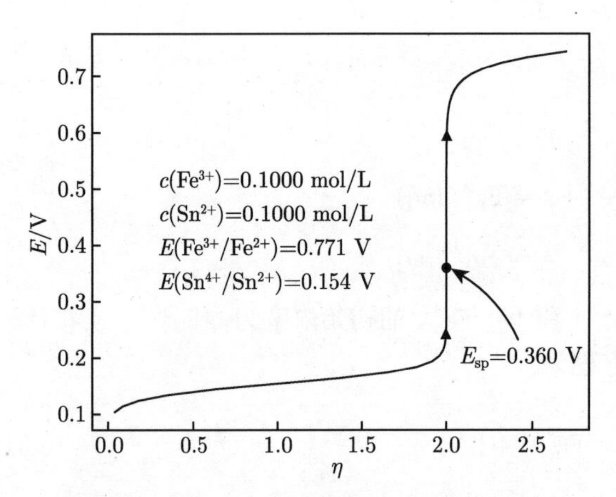

图 6.2　铁离子滴定锡离子的滴定曲线

式 (6.38) 即为用 Fe^{3+} 滴定 Sn^{2+} 的滴定方程。图 6.2 为用 0.1000 mol/L 的 Fe^{3+} 滴定浓度为 0.1000 mol/L 的 Sn^{2+} 的滴定曲线。从图中可以看到，当 $\eta = 2$ 时达到化学反应计量点，并且在化学计量点处存在一个非常大的滴定突跃，对应于圆点符号的位置是滴定的化学计量点，两个三角形符号对应的一段区域是滴定突跃范围。

对于由一般的对称的氧化还原反应构成的氧化还原滴定体系：

$$\mathrm{O_1(aq) + R_2(aq) \rightleftharpoons O_2(aq) + R_1(aq)}$$

如果相关的两个电对的反应为

$$\mathrm{O_1(aq)} + n_1\mathrm{e^-} \rightleftharpoons \mathrm{R_1(aq)}$$

$$\mathrm{R_2(aq)} + n_2\mathrm{e^-} \rightleftharpoons \mathrm{O_2(aq)}$$

以 O_1 滴定 R_2 的滴定方程为

$$\eta = \frac{n_2c(\mathrm{R_2})\left\{10^{n_1\left[E-E^{\ominus'}(\mathrm{O_1/R_1})\right]/0.05916\ \mathrm{V}}+1\right\}}{n_1c(\mathrm{O_1})\left\{10^{-n_2\left[E-E^{\ominus'}(\mathrm{O_2/R_2})\right]/0.05916\ \mathrm{V}}+1\right\}} \tag{6.39}$$

6.2.3　化学计量点与滴定突跃范围

氧化还原滴定的化学计量点可以通过条件电极电位来求得。根据化学反应式，化学计量点时存在如下关系：

$$n_1c(O_1)V_{sp} = n_2c(R_2)V_0 \tag{6.40}$$

因此，化学计量点时的体积比为

$$\eta_{sp} = \frac{n_2c(R_2)}{n_1c(O_1)} \tag{6.41}$$

根据式 (6.39)，得

$$\frac{10^{n_1\left[E_{sp}-E^{\ominus'}(O_1/R_1)\right]/0.05916\ V}+1}{10^{-n_2\left[E_{sp}-E^{\ominus'}(O_2/R_2)\right]/0.05916\ V}+1} = 1 \tag{6.42}$$

整理得化学计量点时的电极电位为

$$E_{sp} = \frac{n_1E^{\ominus'}(O_1/R_1) + n_2E^{\ominus'}(O_2/R_2)}{n_1+n_2} \tag{6.43}$$

对于图 6.2 所示的滴定曲线，化学计量点为

$$\begin{aligned} E_{sp} &= \frac{E^{\ominus'}\left(Fe^{3+}/Fe^{2+}\right) + 2E^{\ominus'}\left(Sn^{4+}/Sn^{2+}\right)}{1+2} \\ &= \frac{0.771\ V + 2\times 0.154\ V}{1+2} \\ &= 0.360\ V \end{aligned} \tag{6.44}$$

随着滴定过程的进行，该体系中占主导的电对从

$$Sn^{4+}(aq) + 2e^- \rightleftharpoons Sn^{2+}(aq)$$

变为

$$Fe^{3+}(aq) + e^- \rightleftharpoons Fe^{2+}(aq)$$

如果要求滴定分析的终点误差小于 ±0.1%，也就是要求终点时应该满足：

$$\frac{[Sn^{4+}]}{[Sn^{2+}]} \geqslant 10^3 \tag{6.45}$$

和

$$\frac{[Fe^{3+}]}{[Fe^{2+}]} \leqslant 10^{-3} \tag{6.46}$$

因此，滴定的突越范围为

$$\left[E^{\ominus'}(Sn^{4+}/Sn^{2+}) + \frac{0.05916\ V}{2}\lg 10^3\right] \sim \left[E^{\ominus'}(Fe^{3+}/Fe^{2+}) + 0.05916\ V\lg 10^{-3}\right] \tag{6.47}$$

将相关参数代入式 (6.47)，计算得到图 6.2 所示的滴定曲线中的滴定突跃范围为 0.243 ~ 0.594 V。

将式 (6.47) 写成一般形式：

$$\left[E^{\ominus'}(O_2/R_2) + \frac{0.05916\ V}{n_2}\lg 10^3\right] \sim \left[E^{\ominus'}(O_1/R_1) + \frac{0.05916\ V}{n_1}\lg 10^{-3}\right] \tag{6.48}$$

从式 (6.43) 和式 (6.48) 可以看到，对于对称的氧化还原滴定，化学计量点和滴定突跃均与浓度无关。

6.3　滴定终点的判定与滴定误差

氧化还原滴定法的终点判定方法有两类：一类是测量滴定过程中的电位，然后通过 Gran 作图法确定滴定终点；另一类是采用各种化学指示剂，通过指示剂的颜色改变判定滴定终点，本节主要讨论化学指示剂法。

6.3.1　氧化还原指示剂的作用原理

氧化还原指示剂可以是一些本身具有氧化还原性质的化合物，其氧化态和还原态具有不同的颜色。例如，二苯胺磺酸钠在酸性溶液中无色，被氧化后生成二苯联苯磺酸，显紫色。一些有机物与待测的金属离子会发生配位反应，形成有色化合物，而当金属离子的价态发生变化后，则该配合物会变成另一种颜色。例如，邻二氮菲亚铁呈深红色，当遇到氧化剂时，发生如下反应：

$$Fe(C_{12}H_8N_2)_3^{2+}(aq)\ (红色) \xrightleftharpoons{氧化剂} Fe(C_{12}H_8N_2)_3^{3+}(aq)(浅蓝色)$$

因而，邻二氮菲可以作为用氧化还原滴定法测定二价铁离子的指示剂。如果以 In(O) 和 In(R) 分别表示指示剂的氧化态和还原态，则其氧化还原半反应和能斯特方程为

$$In(O)(aq) + ne^- \rightleftharpoons In(R)(aq)$$

$$E(In) = E^{\ominus'}(In) + \frac{0.05916\ V}{n} \lg \frac{[In(O)]}{[In(R)]} \tag{6.49}$$

式中，$E^{\ominus'}(In)$ 为指示剂的条件电极电位。

随着滴定过程的进行，溶液的电位值发生改变，这就导致指示剂两种形态浓度比发生改变。理论上说，当 [In(O)]/[In(R)] 从 10/1 变到 1/10 时，指示剂从氧化态的颜色变到还原态的颜色。因此，指示剂的理论变色范围为

$$E^{\ominus'}(In) \pm \frac{0.05916\ V}{n} \tag{6.50}$$

有些滴定剂 (或待测物) 本身具有颜色，而它们的滴定产物为无色或颜色很浅，此时可以不加指示剂，只需利用它们自身颜色的改变来判定滴定反应的终点。例如，在高锰酸钾法中，作为滴定剂的 MnO_4^- 本身是紫红色，而其还原产物为几乎无色的 Mn^{2+}，因此，在滴定反应达到化学计量点时，稍微过量的 MnO_4^- 就会使溶液呈现粉红色，从而指示终点的到来。具有这种特性的指示剂也称为自身指示剂。

有些物质本身并不具备氧化还原特性，但它能与滴定剂或被滴定物质反应，生成具有特殊颜色的物质，因而也可以作为氧化还原滴定的指示剂。例如，可溶性淀粉与碘分子反应生成深蓝色的配合物，而当碘分子被还原为碘离子时深蓝色消失，因此可溶性淀粉溶液也可用作指示剂。

要说明的是，淀粉溶液应当在使用前配制，陈旧的淀粉溶液与碘分子作用不是显蓝色，而是显紫色或红紫色。并且，这种有色物质在 $Na_2S_2O_3$ 作用下变色很慢，不具有显示滴定终点的作用。

6.3.2　终点误差

氧化还原滴定的终点误差可以采用体积比来计算：

$$\epsilon_{\mathrm{ep}} = \frac{\eta_{\mathrm{ep}} - \eta_{\mathrm{sp}}}{\eta_{\mathrm{sp}}} \times 100\% \tag{6.51}$$

式中，η_{ep} 为滴定终点时的体积比，可根据终点时的电极电位由式 (6.39) 计算；η_{sp} 为化学计量点时的体积比，可通过式 (6.41) 进行计算。

例 6.4　在浓度为 1 mol/L 的 H_2SO_4 介质中用分析浓度为 0.1000 mol/L 的 Ce^{4+} 标准溶液滴定分析浓度为 0.1000 mol/L 的 Fe^{2+}，若选用二苯胺磺酸钠作指示剂，计算终点误差。

解　化学计量点的体积比为

$$\eta_{\mathrm{sp}} = \frac{n_2 c(\mathrm{Fe}^{2+})}{n_1 c(\mathrm{Ce}^{4+})} = \frac{1 \times 0.1000\ \mathrm{mol/L}}{1 \times 0.1000\ \mathrm{mol/L}} = 1.000$$

终点时的体积比为

$$\begin{aligned}\eta_{\mathrm{ep}} &= \frac{n_2 c(\mathrm{Fe}^{2+}) \left\{10^{n_1\left[E_{\mathrm{ep}} - E^{\ominus\prime}(\mathrm{Ce}^{4+}/\mathrm{Ce}^{3+})\right]/0.05916\ \mathrm{V}} + 1\right\}}{n_1 c(\mathrm{Ce}^{4+}) \left\{10^{-n_2\left[E_{\mathrm{ep}} - E^{\ominus\prime}(\mathrm{Fe}^{3+}/\mathrm{Fe}^{2+})\right]/0.05916\ \mathrm{V}} + 1\right\}} \\ &= \frac{1 \times 0.1000\ \mathrm{mol/L} \times [10^{1\times(0.84\ \mathrm{V} - 1.44\ \mathrm{V})/0.05916\ \mathrm{V}} + 1]}{1 \times 0.1000\ \mathrm{mol/L} \times [10^{-1\times(0.84\ \mathrm{V} - 0.68\ \mathrm{V})/0.05916\ \mathrm{V}} + 1]} \\ &= 0.998\end{aligned}$$

终点误差为

$$\epsilon_{\mathrm{ep}} = \frac{\eta_{\mathrm{ep}} - \eta_{\mathrm{sp}}}{\eta_{\mathrm{sp}}} \times 100\% = \frac{0.998 - 1.000}{1.000} \times 100\% = -0.2\%$$

6.4　待测体系的预氧化或预还原

实际分析过程中的样品往往是很复杂的，既存在高价态的物质，也存在低价态的物质。因此，在进行氧化还原滴定之前，要根据滴定的方式对样品进行相应的预处理。一般而言，预处理方式分两类：一类是用辅助氧化剂将所有离子氧化成高价态；另一类是用辅助还原剂将所有离子还原为低价态。预处理所用的氧化剂或还原剂，应符合下列要求：① 反应具有一定的选择性；② 反应进行完全，速度快；③ 过量的氧化剂或还原剂应易于除去。

下面对几种常用的预氧化剂和预还原剂做一些介绍。

6.4.1　常用的预氧化剂

1. 过硫酸铵

在 H_2SO_4 介质中，过硫酸铵是强氧化剂，可发生如下氧化反应：

$$Mn^{2+}(aq) \xrightarrow{\text{过硫酸铵,银离子}} MnO_4^-(aq)$$

$$Cr^{3+}(aq) \xrightarrow{\text{过硫酸铵,银离子}} Cr_2O_7^{2-}(aq)$$

$$Ce^{3+}(aq) \xrightarrow{\text{过硫酸铵,银离子}} Ce^{4+}(aq)$$

过量 $S_2O_8^{2-}$ 可以通过煮沸除去，反应如下：

$$2S_2O_8^{2-}(aq) + 2H_2O \xrightarrow{\text{煮沸}} 4HSO_4^-(aq) + O_2(g)$$

2. 高锰酸钾

高锰酸钾 ($KMnO_4$) 既适用于酸性溶液，也适用于碱性溶液。例如

$$Cr^{3+}(aq) \xrightarrow[\text{碱性溶液}]{\text{高锰酸钾}} CrO_4^{2-}(aq)$$

$$Ce^{3+}(aq) \xrightarrow[\text{酸性溶液}]{\text{高锰酸钾}} Ce^{4+}(aq)$$

$$VO^{2+}(aq) \xrightarrow[\text{酸性溶液}]{\text{高锰酸钾}} VO_2^+(aq)$$

过量的 $KMnO_4$ 可在酸性条件下用 NO_2^- 除去，反应如下：

$$MnO_4^-(aq) + NO_2^-(aq) + H^+(aq) \longrightarrow Mn^{2+}(aq) + NO_3^-(aq) + H_2O(l)$$

在加入 NO_2^- 除去 $KMnO_4$ 之前，为防止 NO_2^- 还原已被氧化为高价态的离子，通常要先加入尿素，然后小心滴加 NO_2^- 溶液至 $KMnO_4$ 的红色刚好退去。多余的 NO_2^- 在尿素作用下分解，反应如下：

$$NO_2^-(aq) + CO(NH_2)_2(aq) + H^+(aq) \longrightarrow N_2(g) + CO_2(g) + H_2O(l)$$

3. 过氧化氢

过氧化氢 (H_2O_2) 是一种有效的氧化剂，常用于碱性介质中。例如

$$Cr^{3+}(aq) \xrightarrow[\text{碱性溶液}]{\text{过氧化氢}} CrO_4^{2-}(aq)$$

过量的 H_2O_2 可通过加热的方式除去，反应如下

$$H_2O_2(aq) \xrightarrow{\text{加热}} O_2(g) + H_2O(l)$$

4. 高氯酸

热的高氯酸 ($HClO_4$) 具有强氧化性。例如

$$Cr^{3+}(aq) \xrightarrow{\text{浓、热高氯酸}} Cr_2O_7^{2-}(aq)$$

$$VO^{2+}(aq) \xrightarrow{\text{浓、热高氯酸}} VO_2^+(aq)$$

过量的 $HClO_4$ 经稀释后失去氧化能力。注意，浓、热的 $HClO_4$ 遇到有机物时会发生爆炸！因此，对含有机物的试样，应先用 HNO_3 将有机物破坏掉。

6.4.2　常用的预还原剂

1. 氯化亚锡

氯化亚锡 ($SnCl_2$) 通常在酸性溶液中使用。例如

$$Fe^{3+}(aq) \xrightarrow[\text{加热}]{\text{氯化亚锡、盐酸}} Fe^{2+}(aq)$$

$$As^{5+}(aq) \xrightarrow[\text{加热}]{\text{氯化亚锡、盐酸}} As^{3+}(aq)$$

过量的 $SnCl_2$ 可通过加入 $HgCl_2$ 溶液使之生成 Hg_2Cl_2 沉淀而除去：

$$SnCl_4^{2-}(aq) + 2\,HgCl_2(aq) \Longrightarrow SnCl_6^{2-}(aq) + Hg_2Cl_2(s)$$

要注意的是，在进行还原时，应避免加入过多的 $SnCl_2$，否则不但会生成大量的 Hg_2Cl_2，而且 $SnCl_2$ 还会进一步将 Hg_2Cl_2 还原为金属 Hg：

$$Hg_2Cl_2(aq) + SnCl_4^{2-}(aq) \Longrightarrow 2Hg(l) + SnCl_6^{2-}(aq)$$

生成的金属 Hg 具有一定的还原性，可与溶液中存在的氧化剂反应：

$$10Hg(l) + 2MnO_4^-(aq) + 16H^+(aq) + 10Cl^-(aq) \Longrightarrow 5Hg_2Cl_2(s) + 2Mn^{2+}(aq) + 8H_2O(l)$$

由于 $HgCl_2$ 是有毒物质，新的国家标准中已采用 $TiCl_3$ 取代 $SnCl_2$ 用于还原 Fe^{3+}。

2. 三氯化钛

三氯化钛 ($TiCl_3$) 已成为测定铁时常用的预还原剂。例如

$$Fe^{3+}(aq) \xrightarrow[\text{酸性溶液}]{\text{三氯化钛}} Fe^{2+}(aq)$$

过量的 $TiCl_3$ 用水稀释后易被水中的溶解氧氧化。

3. 金属还原剂

常用的金属还原剂有铝、锌、铁等。例如

$$Sn^{4+}(aq) \xrightarrow{\text{Zn,HCl}} Sn^{2+}(aq)$$

$$Ti^{4+}(aq) \xrightarrow{\text{Zn,HCl}} Ti^{3+}(aq)$$

过量的金属还原剂可通过过滤的方式或通过加酸溶解的方式除去。金属还原剂最好将其制备成汞齐后，组装成还原柱使用，如 Jone 还原器即为锌汞齐柱。将 Fe^{3+}、Cr^{3+} 和 Ti^{4+} 溶液流经锌汞齐柱后，能分别还原成 Fe^{2+}、Cr^{2+} 和 Ti^{3+}。

4. 二氧化硫

二氧化硫 (SO_2) 是弱的还原剂，反应速率通常也较慢，在有 SCN^- 共存时，反应速率才较快。例如

$$Fe^{3+}(aq) \xrightarrow[\text{硫酸、硫氰酸}]{\text{二氧化硫}} Fe^{2+}(aq)$$

$$As^{4+}(aq) \xrightarrow[\text{硫酸、硫氰酸}]{\text{二氧化硫}} As^{3+}(aq)$$

$$Sb^{5+}(aq) \xrightarrow[\text{硫酸、硫氰酸}]{\text{二氧化硫}} Sb^{3+}(aq)$$

6.5 应用举例

氧化还原滴定法作为一种经典的定量分析方法，在冶金、食品、环境、医药等领域仍有广泛的应用。在采用氧化还原滴定法时，应根据体系的具体特点首选氧化性标准溶液作为滴定剂，原因在于还原性标准溶液容易受到空气中氧的影响而改变其浓度值。基于这样的考虑，常用的氧化还原滴定法有高锰酸钾法、重铬酸钾法、碘量法等。食品中的还原糖的测定采用高锰酸钾法和碘量法。环境水质中的化学耗氧量可以采用重铬酸钾法。药品中的维生素 C 含量可用碘量法测定。黄铜中的铜含量在前述的配位滴定中可以用 EDTA 进行定量分析，也可以采用碘量法进行测定。

6.5.1 高锰酸钾法

高锰酸钾在酸性、中性和碱性环境下氧化能力不同，因而可以根据具体的物质构建不同的滴定方式实现定量分析。一个常用的定量分析应用例子是高锰酸钾在强酸性溶液中直接滴定过氧化氢。高锰酸钾在强酸性溶液中表现为强氧化性，其反应式及标准电极电位如下：

$$MnO_4^-(aq) + 8H^+(aq) + 5e^- \longrightarrow Mn^{2+}(aq) + 4H_2O(l), \quad E^\ominus = 1.507\ V$$

过氧化氢中的氧为 -1 价，它既可以失去电子也可以得到电子，因此既具有氧化性又具有还原性。在遇到强还原剂时它表现氧化性，而在遇到强氧化剂时它表现还原性。过氧化氢的还原反应及标准电极电位如下：

$$O_2(g) + 2H^+(aq) + 2e^- \longrightarrow H_2O_2(aq), \quad E^\ominus = 0.695\ V$$

从高锰酸钾的氧化电位和过氧化氢的还原电位来看，可以采用直接滴定的方式用高锰酸钾滴定过氧化氢，反应如下：

$$2KMnO_4(aq)+5H_2O_2(aq)+3H_2SO_4(aq) \longrightarrow 2MnSO_4(aq)+5O_2(g)+K_2SO_4(aq)+8H_2O(l)$$

关于这个反应还有三点需要强调：① 这个滴定反应是在硫酸环境中进行的，不能改用盐酸或者硝酸。原因是，高锰酸钾会氧化氯离子，而硝酸本身具有较强的氧化性，采用这两种酸时均会引入误差。② 这个反应在开始的时候比较慢，待生成 Mn^{2+} 之后因为产生了自催化效应使得反应速率显著加快。因此，有时候为了加快反应进程，可以先加入少量二价锰离子。③ 过氧化氢对热不稳定，因此不能通过加热的方式来加快反应进程。

高锰酸钾不是基准物质，因而不能直接配制成滴定剂。通常将市售的高锰酸钾配制成溶液，然后避光保存一段时间，让高锰酸钾中可能存在的各种还原性杂质被完全氧化之后，再在含硫酸的溶液中以草酸钠标定，反应如下：

$$2MnO_4^-(aq) + 5C_2O_4^{2-}(aq) + 16H^+(aq) = 2Mn^{2+}(aq) + 10CO_2(g) + 8H_2O(l)$$

为了使反应能够顺利进行，通常要将基准物质草酸钠的溶液加热到 75 ~ 85℃。用高锰酸钾滴定草酸钠溶液时，开始宜慢，待前一滴加入高锰酸钾溶液的红色消退后再滴加下一滴。待滴加的高锰酸钾的红色能快速消退时，说明溶液中已经形成了适量的二价锰离子，可以催化反应的进行，此时可适当加快滴定速度。高锰酸钾自身是红色，而生成的二价锰离子无色，因此当溶液呈现淡红色时即达到滴定终点。

标定高锰酸钾时物质的量之间的关系为

$$5n(KMnO_4) = 2n(Na_2C_2O_4) \tag{6.52}$$

设称量了 $m(Na_2C_2O_4)$ g 草酸钠，消耗了高锰酸钾 V mL，则高锰酸钾的浓度为

$$c(KMnO_4) = \frac{2m(Na_2C_2O_4) \times 1000}{5M(Na_2C_2O_4) \times V(KMnO_4)} \tag{6.53}$$

用标定过的高锰酸钾滴定过氧化氢时物质的量之间的关系为

$$5n(KMnO_4) = 2n(H_2O_2) \tag{6.54}$$

如果称量的过氧化氢的质量数为 m g，滴定它时消耗上述高锰酸钾 $V(KMnO_4)$ mL，则

$$w(H_2O_2) = \frac{5c(KMnO_4) \times V(KMnO_4) \times M(H_2O_2)}{2m \times 1000} \times 100\% \tag{6.55}$$

例 6.5　用高锰酸钾法测定过氧化氢水溶液中的 H_2O_2。准确吸取 25.00 mL 过氧化氢水溶液，放入 250 mL 容量瓶中用蒸馏水稀释、定容。从容量瓶中准确量取 25 mL 试液放入锥形瓶中，用 200 mL 蒸馏水稀释，然后加入 20 mL 体积分数为 25% 的 H_2SO_4 溶液酸化，最后用浓度为 0.02460 mol/L 的高锰酸钾滴定，消耗 27.36 mL。计算此样品中过氧化氢的质量浓度。

解　设过氧化氢的质量浓度为 $\rho(H_2O_2)$ g/L，则参与最终滴定的过氧化氢的物质的量为

$$n(H_2O_2) = \frac{\dfrac{\rho(H_2O_2)\ \text{g/L} \times 25.00 \times 10^{-3}\ \text{L}}{34.01\ \text{g/mol}}}{250.0 \times 10^{-3}\ \text{L}} \times 25.00 \times 10^{-3}\ \text{L}$$

高锰酸钾与过氧化氢反应时，二者的物质的量之间的关系为

$$2n(H_2O_2) = 5n(KMnO_4) = 5 \times 0.02460\ \text{mol/L} \times 27.36 \times 10^{-3}\ \text{L}$$

结合上述两式，得

$$\rho(H_2O_2) = \frac{5}{2} \times 0.02460\ \text{mol/L} \times 0.02736\ \text{L} \times \frac{0.2500\ \text{L}}{0.02500\ \text{L}} \times \frac{34.01\ \text{g/mol}}{25.00 \times 10^{-3}\ \text{L}} = 22.89\ \text{g/L}$$

利用高锰酸钾在酸性溶液中的强氧化性，还可以设计出多种滴定方式。例如，可以采用返滴定方式测定一些含氧化合物，如二氧化锰。其基本步骤是：① 将已知量的、过量的草酸与二氧化锰反应；② 剩余的草酸用高锰酸钾滴定。又如，通过间接滴定方式可以测定钙离子等。其主要步骤是：① 将钙离子用草酸沉淀下来；② 将沉淀分离、洗涤后用硫酸溶解，释放出草酸根离子；③ 用高锰酸钾滴定草酸根离子，从而间接测定了钙离子含量。

在强碱性溶液中，高锰酸钾表现出较弱的氧化性，其电对反应为

$$MnO_4^-(aq) + e^- \longrightarrow MnO_4^{2-}(aq), \quad E^{\ominus'} = 0.56\ V$$

但是，在高浓度的强碱溶液中 (大于 2 mol/L 氢氧化钠溶液)，高锰酸钾与有机物的反应速率较酸性情况下更快。利用高锰酸钾的这一特点，可以设计出返滴定法测定有机物。以甲醇的测定为例，首先将一定量的、过量的高锰酸钾标准溶液加入待测的试液中，反应如下：

$$6MnO_4^-(aq) + CH_3OH(aq) + 8OH^-(aq) = CO_3^{2-}(aq) + 6MnO_4^{2-}(aq) + 6H_2O(l)$$

待反应完全后，将溶液酸化，此时 MnO_4^{2-} 歧化为 MnO_4^- 和 MnO_2。再加入一定量的、过量的硫酸亚铁溶液，将所有的高价锰还原为 Mn^{2+}，最后以高锰酸钾标准溶液返滴定剩余的亚铁离子。根据各次标准溶液的加入量，以及各反应物之间的计量关系，即可求得试液中甲醇的含量。

在弱酸性或中性溶液中，$KMnO_4$ 表现为中等强度氧化性，MnO_4^- 被还原为 MnO_2，反应如下：

$$MnO_4^-(aq) + 4H^+(aq) + 3e^- \longrightarrow MnO_2(s) + 2H_2O(l), \quad E^{\ominus'} = 0.59\ V$$

由于反应过程中会生成褐色的二氧化锰沉淀从而影响终点的观察，故一般不在弱酸性或中性环境下用 $KMnO_4$ 作滴定剂。

6.5.2 重铬酸钾法

重铬酸钾也是一种常用的氧化还原滴定剂，可以测定许多无机物和有机物，如测定铁矿石中的全铁含量。重铬酸钾在酸性溶液中的反应及标准电极电位为

$$Cr_2O_7^{2-}(aq) + 14H^+(aq) + 6e^- = 2Cr^{3+}(aq) + 7H_2O(l), \quad E^{\ominus} = 1.33\ V$$

铁离子的电对反应及标准电极电位如下：

$$Fe^{3+}(aq) + e^- \longrightarrow Fe^{2+}(aq), \quad E^{\ominus} = 0.771\ V$$

从重铬酸钾的氧化电位和二价铁离子的还原电位来看，可以用重铬酸钾直接滴定二价铁离子。但是，由于铁矿石的含铁成分复杂，既有二价铁形态，也有三价铁形态，因此要经过一系列的样本处理过程。铁矿试样首先用热、浓盐酸溶解，趁热加入适量的 $SnCl_2$ 还原试液中大部分的 Fe^{3+}，反应如下：

$$2Fe^{3+}(aq) + SnCl_4^{2-}(aq) + 2Cl^-(aq) = 2Fe^{2+}(aq) + SnCl_6^{2-}(aq)$$

然后，以钨酸钠为指示剂，用 $TiCl_3$ 还原剩余的 Fe^{3+}，反应如下：

$$Fe^{3+}(aq) + Ti^{3+}(aq) + H_2O(l) = Fe^{2+}(aq) + TiO^{2+}(aq) + 2H^+(aq)$$

过量一滴 $TiCl_3$ 既可使溶液中作为指示剂的钨酸钠显蓝色，显示所有的 Fe^{3+} 被还原为 Fe^{2+}。滴加稀重铬酸钾溶液至蓝色刚好退去，以除去过量的 $TiCl_3$，至此溶液中主要为二价铁离子。在该溶液中加入硫酸和磷酸的混合酸，即可用重铬酸钾标准溶液滴定 Fe^{2+}，反应如下：

$$Cr_2O_7^{2-}(aq) + 6Fe^{2+}(aq) + 14H^+(aq) \xlongequal{\quad} 2Cr^{3+}(aq) + 6Fe^{3+}(aq) + 7H_2O(l)$$

这里有两点需要说明：① 重铬酸钾本身虽然显橙色，但其还原产物 Cr^{3+} 却显绿色，终点时溶液的变色不敏锐，因而必须加入指示剂。常用的指示剂是二苯胺磺酸钠，其还原型为无色，在滴定终点时被氧化，其氧化型为红色，因此可以很好地显示滴定终点。② 加入磷酸的目的有两个，其一是生成无色的 $Fe(HPO_4)^-$，以消除 Fe^{3+} 的黄色，有利于滴定终点的观察；其二是降低 Fe^{3+}/Fe^{2+} 电对的电势，使指示剂变色点电势更接近化学计量点电势，从而减小终点误差。

重铬酸钾法的另一个重要应用是水中化学需氧量 (COD)的测定。化学需氧量是指在一定条件下，经重铬酸钾氧化处理时，水样中的溶解性物质和悬浮物所消耗的重铬酸盐相对应的氧的质量浓度，以 mg/L 表示①。化学需氧量常常作为衡量水中有机物含量的指标。如果水体中的化学需氧量大，则表明水体中有机物含量大，意味着水体被严重污染。上述高锰酸钾法也用于水中化学耗氧量的测定，但一般用于地表水、饮用水和生活污水等污染程度不算太严重的水体。而对于污染严重的水体如工业废水，重铬酸钾法更为适用。

在采用重铬酸钾法测定化学需氧量时，先在强酸性的水样中，以 $AgSO_4$ 为催化剂，加入一定量的、过量的重铬酸钾标准溶液，加热回流使有机物氧化为二氧化碳。整个处理过程涉及复杂的氧化反应，通常用下式描述：

$$C_nH_aO_bN_c(aq) + Cr_2O_7^{2-}(aq) + H^+(aq) \longrightarrow Cr^{3+}(aq) + NH_4^+(aq) + CO_2(g) + H_2O(l)$$

过量的重铬酸钾用 $(NH_4)_2Fe(SO_4)_2$ 标准溶液返滴定，用邻二氮菲指示剂来指示滴定终点。在滴定开始时，溶液呈现橙色，这是过量六价铬离子的颜色。随着滴定的进行，溶液逐渐呈现绿色，这是三价铬离子的颜色。当重铬酸钾被全部滴定时，后续滴加的二价铁离子将与邻二氮菲反应生成红色的配合物，由此指示终点。

例 6.6 用重铬酸钾法测定工业废水中的 COD。取工业废水 V_0 L，经过标准的消化程序处理后，用浓度为 $c[(NH_4)_2Fe(SO_4)_2]$ mol/L 的硫酸亚铁铵滴定，用去 V_1 L。取 V_0 L 本实验用的蒸馏水经同样的消化程序处理后，用同样的硫酸亚铁铵进行滴定，用去 V_2 L。写出计算 COD 的公式。

解 消化过程中主要是用了过量的重铬酸钾分解各种有机物，剩余的重铬酸钾的量通过硫酸亚铁铵的消耗量就可以计算出来。采用空白实验是为了消除实验本身所使用的蒸馏水中含有的残留有机物的影响。滴定反应涉及的半反应为

$$Cr_2O_7^{2-}(aq) + 6e^- \longrightarrow 2Cr^{3+}(aq)$$

$$Fe^{2+}(aq) - e^- \longrightarrow Fe^{3+}(aq)$$

① 《水质 化学需氧量的测定 重铬酸盐法》(HJ 828—2017)。

因此，重铬酸钾与硫酸亚铁铵的物质的量之间存在如下关系：

$$6n(K_2Cr_2O_7) = n[(NH_4)_2Fe(SO_4)_2]$$

消耗在有机物上的重铬酸钾的量与真实滴定该量所消耗的硫酸亚铁铵之间存在如下关系：

$$6n(K_2Cr_2O_7)_{COD} = (V_2 - V_1) \times c[(NH_4)_2Fe(SO_4)_2]$$

按照定义，COD 应折算成对应的氧的质量浓度，而氧的半反应为

$$O_2(g) + 4e^- \Longrightarrow 2O^{2-}(aq)$$

因此

$$6n(K_2Cr_2O_7)_{COD} = 4n(O_2) = 4c(O_2)V_0 = \frac{4\rho(O_2)V_0}{M(O_2)}$$

最终解得

$$\rho(O_2) = \frac{(V_2 - V_1) \times c[(NH_4)_2Fe(SO_4)_2]}{\dfrac{4V_0}{M(O_2)}}\ (g/L)$$

$$= \frac{V_2 - V_1}{V_0} \times c[(NH_4)_2Fe(SO_4)_2] \times 8000\ (mg/L)$$

重铬酸钾法也可用于许多有机物的测定，如工业甲醇中的甲醇含量可用本法测定。将工业甲醇与一定量的、过量的重铬酸钾标准溶液反应：

$$CH_3OH(aq) + Cr_2O_7^{2-}(aq) + 8H^+(aq) \Longrightarrow CO_2(g) + 2Cr^{3+}(aq) + 6H_2O(l)$$

上述反应完成后，以邻苯氨基苯甲酸为指示剂，用 $(NH_4)_2Fe(SO_4)_2$ 标准溶液返滴定过量的重铬酸钾，由此可求得甲醇的含量。

虽然重铬酸钾的氧化能力弱于高锰酸钾，但它也有诸多优点：① 高锰酸钾易提纯且稳定，在 145 ~ 250°C 干燥后可以直接配制成标准溶液，因此不需要标定；② 配制好的标准溶液在合适的环境下可长期保存和使用；③ 当盐酸的浓度不算太高时 (小于 3 mol/L)，重铬酸钾不会氧化氯离子，因此可以使用盐酸来处理样品，并为滴定体系提供酸性环境。因而，重铬酸钾法是一种重要的氧化还原滴定方法。

6.5.3 碘量法

碘量法是以 I_2 的氧化性或者 I^- 的还原性为基础的滴定方法。如果用 I_2 作为滴定剂则称为直接碘量法；如果先用一定量的、过量的 I^- 与待测氧化物反应，再用硫代硫酸钠滴定反应生成的与待测物的量相当的 I_2，则称为间接碘量法。在实际的定量分析中，间接碘量法更为常用。I_2/I^- 电对的反应及标准电极电位为

$$I_2(aq) + 2e^- \rightleftharpoons 2I^-(aq), \quad E^{\ominus} = 0.54\ V$$

从标准电极电位值可以看出，在溶液中 I_2 是一种较弱的氧化剂，能与较强的还原剂反应；而 I^- 是一种中等强度的还原剂，能与许多氧化剂反应。

1. 钢铁中硫含量的测定

直接碘量法的一个应用例子是钢铁中的硫的测定①。它不是直接滴定硫，而是滴定经过多步反应后生成的亚硫酸。钢铁中的硫化物主要为 MnS 和 FeS，它们的存在会导致钢铁性能的降低，工业上常采用燃烧–碘量法测定硫含量。首先将钢样置于密封的管式炉中高温熔融，并通入空气使其中的硫全部氧化为 SO_2，反应如下：

$$MnS(s) + O_2(g) \xrightarrow{\text{高温}} SO_2(g) + Mn_3O_4(l)$$

$$FeS(s) + O_2(g) \xrightarrow{\text{高温}} SO_2(g) + Fe_2O_3(l)$$

生成的二氧化硫用水吸收：

$$SO_2(g) + H_2O(l) \rightleftharpoons H_2SO_3(aq)$$

生成的 H_3SO_3 可以用碘直接滴定：

$$H_2SO_3(aq) + I_2(aq) + H_2O(l) \longrightarrow HI(aq) + H_2SO_4(aq)$$

有两点需要强调说明：① 由于 I_2 易挥发，在使用过程中通常加入过量的 KI 使之形成溶解度较大的 I_3^-；② 上述吸收过程和滴定过程在实际测量过程中是同步进行的，目的是防止生成的亚硫酸再度分解成为二氧化硫逸出。

直接碘量法不宜在碱性条件下或强酸性条件下进行，因为会发生如下反应，从而影响滴定的准确度：

$$3I_2(aq) + 6OH^-(aq) = IO_3^-(aq) + 5I^-(aq) + 3H_2O(l)$$

$$4I^-(aq) + O_2(g) + 4H^+(aq) = 2I_2(aq) + 2H_2O(l)$$

2. 铜合金中铜含量的测定

间接碘量法的一个应用示例是铜合金中铜含量的测定。Cu^{2+}/Cu^+ 的电对反应及标准电极电位为

$$Cu^{2+}(aq) + e^- \longrightarrow Cu^+(aq), \quad E^\ominus = 0.154\ V$$

如果仅仅从标准电极电位来看，似乎并不利于铜离子去氧化碘离子，因为生成的 I_2 具有更高的电位。但是，由于反应过程会生成 CuI(s)，使得 Cu^{2+}/Cu^+ 的条件电极电位得以提升，从而使得以下反应能够进行：

$$2Cu^{2+}(aq) + 4I^-(aq) = 2CuI(s) + I_2(aq)$$

这一步的反应进行较慢，在常温下需要 5 min 左右才能完成。由于生成的 I_2 具有挥发性，因此反应在碘量瓶中进行，需要加水封密闭。同时，为了防止 I_2 发生光化反应，碘量瓶应放置在暗处。生成的 I_2 用硫代硫酸钠滴定，反应如下：

$$2S_2O_3^{2-}(aq) + I_2(aq) = 2I^-(aq) + S_4O_6^{2-}(aq)$$

① 《铁矿石　硫含量的测定　燃烧碘量法》(GB/T 6730.17—2014)。

关于间接碘量法，有三点需要强调：① 在滴定过程中，生成的 CuI 沉淀表面会吸附一些 I_2，使其无法被滴定，造成结果偏低。为消除吸附产生的影响，在临近滴定终点时加入 KSCN 或 NH_4SCN，使 CuI 转化为溶解度更小且不会吸附 I_2 的 CuSCN，从而使得被吸附的 I_2 被释放出来。② 间接碘量法的指示剂为淀粉水溶液，应在接近滴定终点 (此时体系的颜色变得很浅) 时加入。否则，会有较多的 I_2 被淀粉包裹，导致滴定终点滞后。③ 硫代硫酸钠标准溶液应在配制后放置足够长时间，并在使用前进行标定。

间接碘量法应在中性或弱酸性溶液中进行，因为在碱性条件下 I_2 会发生歧化反应，而 $S_2O_3^{2-}$ 会被 I_2 氧化成 SO_4^{2-}，反应的进程和反应的计量关系均难以把控，反应如下：

$$S_2O_3^{2-}(aq) + 4I_2(aq) + 10OH^-(aq) = 2SO_4^{2-}(aq) + 8I^-(aq) + 5H_2O(l)$$

间接碘量法也不宜在强酸条件下进行，因为此时 $S_2O_3^{2-}$ 易分解，反应如下：

$$S_2O_3^{2-}(aq) + 2H^+(aq) = S(s) + H_2SO_3(aq)$$

间接碘量法由于具有更大的灵活性，可适用于很多的场合。当然，反应涉及步骤较多，也使得具体的计算相对复杂，以下举两个例子。

例 6.7　取 KI 试液 25.00 mL，加入稀 HCl 溶液和 10.00 mL 分析浓度为 0.05000 mol/L 的 KIO_3 溶液，析出的 I_2 经煮沸挥发释出。冷却后，加入过量的 KI 与剩余的 KIO_3 反应，析出的 I_2 用分析浓度为 0.1008 mol/L 的硫代硫酸钠标准溶液滴定，耗去 21.14 mL。计算试液中 KI 的浓度。

解　在预处理阶段，第一步通过 KIO_3 与样品中 KI 的歧化反应将样品中的 KI 消耗完。第二步还是通过歧化反应将过量的 KIO_3 全部转化为 I_2，两步涉及同样的反应：

$$IO_3^-(aq) + 5I^-(aq) + 6H^+(aq) = 3I_2(aq) + 3H_2O(l)$$

第二步将反应生成的 I_2 用硫代硫酸钠标准溶液滴定，反应如下：

$$I_2(aq) + 2S_2O_3^{2-}(aq) = S_4O_6^{2-}(aq) + 2I^-(aq)$$

各物质之间的计量关系分别为

$$IO_3^- \sim 5I^-$$

和

$$IO_3^- \sim 3I_2 \sim 6S_2O_3^{2-}$$

因此，真正消耗于试样中 KI 的 KIO_3 的物质的量为

$$c(KIO_3)V(KIO_3) - \frac{1}{6} \times c(Na_2S_2O_3)V(Na_2S_2O_3)$$

试样中 KI 的物质的量浓度为

$$c(\mathrm{KI}) = \frac{5 \times \left[c(\mathrm{KIO_3})V(\mathrm{KIO_3}) - \frac{1}{6}c(\mathrm{Na_2S_2O_3})V(\mathrm{Na_2S_2O_3})\right]}{V(\mathrm{KI})}$$
$$= \frac{5 \times (0.05000\ \mathrm{mol/L} \times 10.00\ \mathrm{mL} - \frac{1}{6} \times 0.1008\ \mathrm{mol/L} \times 21.14\ \mathrm{mL})}{25.00\ \mathrm{mL}}$$
$$= 0.02896\ \mathrm{mol/L}$$

例 6.8　可采用氧化还原滴定法测定橙汁中的维生素 C($C_6H_8O_6$)。用已知量的、过量的 I_2 将维生素 C 氧化为 $C_6H_6O_6$，过量的 I_2 用硫代硫酸钠标准溶液返滴定，即可计算出维生素 C 的含量。现将 5.00 mL 的橙汁加入体积为 50.00 mL、浓度为 0.01023 mol/L 的 I_2 溶液中，待反应完全后，用浓度为 0.07203 mol/L 的硫代硫酸钠滴定剩余的 I_2，用去 13.82 mL，计算 100.0 mL 该橙汁中维生素 C 的含量。

解　滴定过程中的氧化剂为 I_2，还原剂为 $C_6H_8O_6$ 和硫代硫酸钠。从 $C_6H_8O_6$ 氧化到 $C_6H_6O_6$ 对应于失去两个电子，因而

$$\mathrm{C_6H_8O_6(aq) - 2e^- \longrightarrow C_6H_6O_6(aq)}$$

并且

$$\mathrm{S_2O_3^{2-}(aq) - e^- \longrightarrow \frac{1}{2}S_4O_6^{2-}(aq)}$$
$$\mathrm{I_2(aq) + 2e^- \longrightarrow 2I^-(aq)}$$

根据得失电子数守恒的原则，可得

$$2n(\mathrm{I_2}) = 2n(\mathrm{C_6H_8O_6}) + n(\mathrm{S_2O_3^{2-}})$$

即

$$2 \times 50.00 \times 10^{-3}\ \mathrm{L} \times 0.01023\ \mathrm{mol/L} = 2 \times n(\mathrm{C_6H_8O_6}) + 13.82 \times 10^{-3}\ \mathrm{L} \times 0.07203\ \mathrm{mol/L}$$

解得

$$n(\mathrm{C_6H_8O_6}) = 1.377 \times 10^{-5}\ \mathrm{mol}$$

因此，100.0 mL 该橙汁中含有维生素 C 的量为

$$m(\mathrm{C_6H_8O_6}) = 1.377 \times 10^{-5}\ \mathrm{mol} \times 176.13\ \mathrm{g/mol} \times \frac{100.0\ \mathrm{mL}}{5.00\ \mathrm{mL}} = 48.5\ \mathrm{mg}$$

习　　题

6.1　为什么还原性标准溶液不如氧化性标准溶液更常使用？

6.2　为什么高锰酸钾溶液在标定前必须过滤？

6.3　标准重铬酸钾溶液的基本使用方法是怎样的？

6.4　在用硫代硫酸钠滴定碘时，淀粉指示剂必须在接近计量点时才可加入，为什么？

6.5　什么是条件电极电位？为什么要引入条件电极电位的概念？$E^{\ominus'}$ 和 $E^{\ominus}$ 有什么不同？它们之间的关系怎样？

6.6　在用高锰酸钾法或重铬酸钾法测定 Fe^{2+} 时，滴定前均需加入 H_3PO_4，这两种方法加入的目的是否完全一样？用高锰酸钾法测定 Fe^{2+} 时，滴定前需加入一些 Mn^{2+}，而重铬酸钾法则不需要，为什么？

6.7　写出下列半反应的能斯特方程：

(1) $Zn^{2+}(aq) + 2e^- \rightleftharpoons Zn(s)$

(2) $Fe^{3+}(aq) + e^- \rightleftharpoons Fe^{2+}(aq)$

(3) $2H^+(aq) + 2e^- \rightleftharpoons H_2(g)$

(4) $MnO_4^-(aq) + 8H^+(aq) + 5e^- \rightleftharpoons Mn^{2+}(aq) + 4H_2O(l)$

(5) $AgCl(s) + e^- \rightleftharpoons Ag(s) + Cl^-(aq)$

6.8　计算在 pH 为 1 的 0.10mol/L EDTA 溶液中，Fe^{3+}/Fe^{2+} 电对中的 Fe^{3+} 和 Fe^{2+} 均会与 EDTA 发生配位反应，由此导致其平衡浓度的改变，最终导致电极电位的改变。通过计算说明在此条件下 Fe^{3+} 能不能氧化 I^-？

6.9　在由 Cu^{2+} 和 Cu^+ 构成的体系中，Cu^{2+}/Cu^+ 电对还会受到与这些金属离子能够发生配位反应的试剂的影响。如果此时溶液中包含 KI，且其平衡浓度为 1.0 mol/L 时，计算 Cu^{2+}/Cu^+ 的电极电位。(忽略离子强度的影响)

6.10　在测定铁矿石中铁的含量时，先用盐酸溶解试样，然后用 $SnCl_2$ 将 Fe^{3+} 转化为 Fe^{2+}，最后用重铬酸钾标准溶液滴定 Fe^{2+} 而求得铁含量。计算 Sn^{2+} 与 Fe^{3+} 的反应及 $Cr_2O_7^{2-}$ 与 Fe^{2+} 的反应的平衡常数各为多少。(忽略离子强度)

6.11　计算下列反应的平衡常数：

$$2MnO_4^-(aq) + 3Mn^{2+}(aq) + 2H_2O \rightleftharpoons 5MnO_2(s) + 4H^+(aq)$$

6.12　在浓度为 1 mol/L 的 HCl 溶液中，用 Fe^{3+} 滴定 Sn^{2+} 时，计算 Sn^{2+} 被滴定了 50%、99.9%、100% 及加入 100.1%、200% Fe^{3+} 时，溶液体系的电位。已知：$E^{\ominus'}(Fe^{3+}/Fe^{2+}) = 0.68V$, $E^{\ominus'}(Sn^{4+}/Sn^{2+}) = 0.14V$。(忽略离子强度)

6.13　称取制造油漆的填料红丹 (Pb_3O_4) 0.1000 g，用盐酸溶解，在加热时于弱酸下加入一定量的重铬酸钾溶液使析出 $PbCrO_4$ 沉淀：

$$2Pb^{2+}(aq) + Cr_2O_7^{2-}(aq) + H_2O(l) = 2PbCrO_4(s) + 2H^+(aq)$$

将沉淀冷却、过滤，再用盐酸溶解后，加入过量 KI 使析出 I_2，然后在弱酸性下用 0.1000 mol/L 硫代硫酸钠标准溶液滴定，用去该标准溶液 12.00 mL，计算试样中 Pb_3O_4 的百分含量。

6.14　测定某试样中锰和钒的含量。称取试样 1.000 g，溶解后，还原为 Mn^{2+} 和 VO^{2+}，用浓度为 0.02000 mol/L 的 $KMnO_4$ 标准溶液滴定，用去 2.50 mL。加入焦磷酸 (使 Mn^{3+} 形成稳定的焦磷酸络合物) 继续用上述 $KMnO_4$ 标准溶液滴定，使由 $KMnO_4$ 标准溶液生成的 Mn^{2+} 和钢样中的 Mn^{2+} 到 Mn^{3+}，用去 4.00 mL。计算试样中锰和钒的质量分数。

6.15　移取 20.00 mL HCOOH 和 HAc 的混合溶液，以 0.1000 mol/L NaOH 溶液滴定至终点时，共消耗 25.00 mL。另取上述溶液 20.00 mL，准确加入 0.02500 mol/L 的 $KMnO_4$ 强碱性溶液 50.00 mL。待

反应完成后，调节至酸性，加入 0.2000 mol/L 的 Fe^{2+} 标准溶液 40.00 mL，将剩余的 MnO_4^- 和 MnO_2 全部还原为 Mn^{2+}，剩余的 Fe^{2+} 溶液用上述 $KMnO_4$ 标准溶液标定，至终点时消耗 24.00 mL。计算试液中 HCOOH 和 HAc 的浓度各为多少？提示：在碱性溶液中的反应为

$$HCOO^-(aq) + 2\,MnO_4^-(aq) + 3\,OH^-(aq) \Longrightarrow CO_3^{2-}(aq) + 2\,MnO_4^{2-}(aq) + 2\,H_2O(l)$$

酸化后：

$$3\,MnO_4^{2-}(aq) + 4\,H^+(aq) \Longrightarrow 2\,MnO_4^-(aq) + MnO_2(s) + 2\,H_2O(l)$$

6.16　取 5.00 mL 白酒稀释至 1.000 L 容量瓶中。取 25.00 mL 该溶液进行蒸馏，将蒸馏出的乙醇引入 50.00 mL 浓度为 0.02000 mol/L 的重铬酸钾溶液中，在加热情况下将其氧化成乙酸，反应如下：

$$3\,C_2H_5OH(aq) + 2\,Cr_2O_7^{2-}(aq) + 16\,H^+(aq) \xrightarrow{\text{加热}} 4\,Cr^{3+}(aq) + 3\,CH_3COOH(aq) + 11\,H_2O(l)$$

待溶液冷却后，加入 20.00 mL 浓度为 0.1253 mol/L 的 Fe^{2+}。过量的二价铁离子用上述的重铬酸钾标准溶液滴定，用去 7.46 mL。计算白兰地中乙醇的含量 (w/V)。

第 7 章　沉淀重量分析法

沉淀重量分析法是最经典的定量分析方法之一，也是少数几个基于国际单位的方法之一。如果采用的方法可靠，操作准确，则相对误差为 $\pm0.1\% \sim \pm0.2\%$。沉淀重量分析法由于操作烦琐、耗时较多，已经很少用于常规分析中。但是，鉴于重量分析法是一种“终极”的定量分析方法，其他的定量分析方法均需要通过某种方式回溯到重量分析法来验证其准确度，因而仍有必要了解和掌握其理论原理和实际操作。

7.1　沉淀的类型及相关参数

7.1.1　沉淀的类型

一个熟知的沉淀反应是 Ba^{2+} 与 SO_4^{2-} 形成白色沉淀，反应式如下：

$$Ba^{2+}(aq) + SO_4^{2-}(aq) \xlongequal{\quad} BaSO_4(s)$$

形成的白色沉淀表现为晶体形态，因而常称为晶形沉淀，其中的 Ba^{2+} 和 SO_4^{2-} 称为构晶离子。晶形沉淀的内部离子按照晶体结构排列，结构致密。晶体颗粒的直径为 $0.1 \sim 1\ \mu m$，整个沉淀所占的体积较小，容易沉淀于容器的底部且容易过滤，是理想的沉淀形态。

一些高价态的金属离子，如 Al^{3+} 容易与 OH^- 形成沉淀，反应如下：

$$Al^{3+}(aq) + 3OH^-(aq) + nH_2O(l) \xlongequal{\quad} Al(OH)_3 \cdot n\,H_2O(s)$$

这个反应形成的沉淀表现为絮状，没有固定的形态，因而称为无定形沉淀 (胶态沉淀)。构成无定形沉淀的颗粒直径一般小于 $0.02\ \mu m$，它们疏松地聚集在一起，其中还包含了大量的水分子，因此沉淀的体积一般较大，不容易沉淀到容器的底部，也难以过滤。

有些金属离子容易与卤素离子形成沉淀，如 Ag^+ 与 Cl^- 形成白色沉淀，反应如下：

$$Ag^+(aq) + Cl^-(aq) \xlongequal{\quad} AgCl(s)$$

这个反应形成的沉淀表现为凝乳状，常称为凝乳状沉淀。凝乳状沉淀的颗粒大小介于晶形沉淀和无定形沉淀之间，即 $0.02 \sim 0.1\ \mu m$。其性质也介于晶形沉淀和无定形沉淀之间。

7.1.2　沉淀的溶解度

描述沉淀反应的一个重要参数是沉淀的溶解度，它反映了沉淀颗粒与离子之间的一个动态平衡。不失一般性，设沉淀反应形成的微溶化合物 MA 在水中的溶解平衡可用下式表示：

$$MA(s) \rightleftharpoons MA(aq) \rightleftharpoons M^+(aq) + A^-(aq)$$

因此，沉淀 MA 的溶解度包含了溶于水中的分子形态 MA(aq) 和离子形态 $[M^+(aq), A^-(aq)]$ 两个部分。在一定温度下，以分子形态存在的溶解度是常数，因此又称为固有溶解度，以 S^0 表示；以离子形态存在的溶解度，通常以构晶离子的平衡浓度表示。因而，沉淀的溶解

度 S 可表示为

$$S = S^0 + [M^+] = S^0 + [A^-] \tag{7.1}$$

对于大多数微溶化合物而言，如 AgBr、AgI 等，其固有溶解度很小，仅占其总溶解度的 $0.1\% \sim 1\%$，故通常将其忽略，仅某些特例需要考虑。例如，25°C 时 $HgCl_2$ 在水中的溶解度为 0.25 mol/L，远大于其构晶离子的平衡浓度，因此计算时不能忽略 $HgCl_2$ 的固有溶解度。

当物质的固有溶解度很小时，它在水中的溶解度用其构晶离子的平衡浓度来表示：

$$S = [M^+] = [A^-] \tag{7.2}$$

溶于水中的构晶离子的浓度存在如下关系：

$$K_{sp} = \frac{[M^+]}{c^\ominus}\frac{[A^-]}{c^\ominus} \tag{7.3}$$

式中，K_{sp} 为溶度积，它与温度和溶液的离子强度有关。对于 MA 型的沉淀而言，其溶解度为

$$S = [M^+] = [A^-] = \sqrt{K_{sp}}c^\ominus \tag{7.4}$$

对于 M_mA_n 型的沉淀，其溶解平衡为

$$M_mA_n \rightleftharpoons mM^{n+} + nA^{m-}$$

因此

$$\begin{aligned} K_{sp} &= \left(\frac{[M^{n+}]}{c^\ominus}\right)^m \left(\frac{[A^{m-}]}{c^\ominus}\right)^n \\ &= \left(\frac{mS}{c^\ominus}\right)^m \left(\frac{nS}{c^\ominus}\right)^n \\ &= m^m n^n \left(\frac{S}{c^\ominus}\right)^{m+n} \end{aligned} \tag{7.5}$$

其溶解度为

$$S = \sqrt[m+n]{\frac{K_{sp}}{m^m n^n}}c^\ominus \tag{7.6}$$

7.1.3　影响沉淀的溶解度的因素

沉淀的溶解损失是重量法误差的主要来源之一，因此了解和掌握影响沉淀溶解度的各种因素，是提高重量法分析结果准确度的重要保证。影响沉淀溶解度的因素有很多，本节主要讨论同离子效应、酸效应、配位效应和盐效应。

1. 同离子效应

微溶化合物 MA 在水中的溶解平衡可用下式表示：

$$MA(aq) \rightleftharpoons M^+(aq) + A^-(aq)$$

根据化学反应理论，增加溶液中 A^- 的浓度，将会使平衡向左移动，从而使沉淀的溶解度减小。因此，在进行沉淀时，如果使沉淀剂适当过量，就可降低沉淀的溶解度，有利于沉淀的形成，这一现象称为同离子效应。

例 7.1 重量法测定 $BaSO_4$ 中 Ba^{2+} 时，以稀 H_2SO_4 为沉淀剂，计算：

(1) 当加入与试样中的 Ba^{2+} 等物质的量的 H_2SO_4 时，$BaSO_4$ 的溶解度；

(2) 当加入的 H_2SO_4 使溶液中的 $[SO_4^{2-}]=0.010\ mol/L$ 时，$BaSO_4$ 的溶解度。已知 $BaSO_4$ 的 $K_{sp}=1.1\times\ 10^{-10}$。

解 (1) $BaSO_4$ 的溶解度为

$$S=[Ba^{2+}]=[SO_4^{2-}]=\sqrt{1.1\times\ 10^{-10}}\ mol/L=1.0\times\ 10^{-5}\ mol/L$$

(2) 当 $[SO_4^{2-}]=0.010\ mol/L$ 时，则

$$K_{sp}=\frac{[Ba^{2+}]}{c^{\ominus}}\frac{[SO_4^{2-}]}{c^{\ominus}}=\frac{S}{c^{\ominus}}\times\frac{0.010\ mol/L}{c^{\ominus}}$$

溶解度为

$$S=\frac{1.1\times\ 10^{-10}}{0.010}mol/L=1.1\times\ 10^{-8}\ mol/L$$

从上例可以看到，加入过量的沉淀剂可显著降低沉淀的溶解度。但是，过量的沉淀剂往往也有一部分夹杂在沉淀中一同沉淀下来，对准确度产生一定的影响。因此，在实际应用中沉淀剂的用量有个限度，一般过量 50% ~ 100% 即已足够。对于灼烧时不易挥发或分解除去的沉淀剂，以过量 20% ~ 30% 为宜。

2. 酸效应

溶液的酸度增加时，某些沉淀的溶解度会增大，这种现象称为酸效应。酸效应通常发生于弱酸盐，当酸度增大时，沉淀的溶解平衡将向生成弱酸的方向移动，从而使溶解度增加。例如，草酸钙沉淀在酸性溶液中的溶解平衡为

$$CaC_2O_4(aq)\rightleftharpoons Ca^{2+}(aq)+C_2O_4^{2-}(aq)$$

而 $C_2O_4^{2-}$ 又存在如下平衡：

$$C_2O_4^{2-}(aq)+H^+(aq)\rightleftharpoons HC_2O_4^-(aq)+H^+(aq)\rightleftharpoons H_2C_2O_4(aq)$$

上述反应导致 $C_2O_4^{2-}$ 被额外消耗，促使 CaC_2O_4 进一步溶解。设在酸性溶液中 CaC_2O_4 的溶解度为 S，则

$$S=[Ca^{2+}] \tag{7.7}$$

$$S=[C_2O_4^{2-}]+[HC_2O_4^-]+[H_2C_2O_4] \tag{7.8}$$

因此

$$K_{sp}=\frac{[Ca^{2+}]}{c^{\ominus}}\frac{[C_2O_4^{2-}]}{c^{\ominus}}=\frac{S}{c^{\ominus}}\times\frac{S}{c^{\ominus}}\times\delta(C_2O_4^{2-}) \tag{7.9}$$

此时的溶解度为

$$S=\sqrt{\frac{K_{sp}}{\delta(C_2O_4^{2-})}}c^{\ominus} \tag{7.10}$$

由于随着酸度增大 $\delta(C_2O_4^{2-})$ 会逐步变小，这就必然导致溶解度逐步增大。

例 7.2　计算草酸钙在 pH 为 4.0 和 2.0 的溶液中的溶解度。已知：草酸钙的 $K_{sp} = 1.1 \times 10^{-10}$，草酸的 $K_{a_1} = 5.9 \times 10^{-2}$，$K_{a_2} = 6.4 \times 10^{-5}$。

解　根据式 (7.10)，草酸钙的溶解度为

$$S = \sqrt{\frac{K_{sp}}{\delta(C_2O_4^{2-})}c^{\ominus}}$$

式中

$$\delta(C_2O_4^{2-}) = \frac{K_{a_1}K_{a_2}}{\left(\frac{[H^+]}{c^{\ominus}}\right)^2 + K_{a_1}\frac{[H^+]}{c^{\ominus}} + K_{a_1}K_{a_2}}$$

因此，(1) 当 pH = 4 时：

$$\delta(C_2O_4^{2-}) = 0.39$$

$$S = \sqrt{\frac{2.0\times\ 10^{-9}}{0.39}}\ \text{mol/L} = 7.2 \times 10^{-5}\ \text{mol/L}$$

(2) 当 pH = 2 时：

$$\delta(C_2O_4^{2-}) = 0.0054$$

$$S = \sqrt{\frac{2.0\times\ 10^{-9}}{0.0054}}\ \text{mol/L} = 6.1 \times 10^{-4}\ \text{mol/L}$$

酸效应对于不同类型沉淀的影响情况不一样。对于弱酸盐沉淀，增大酸度则其溶解度增大，不利于沉淀完全。对于强酸盐，酸度对其溶解度一般不会有大的影响。但对于某些多元酸的盐 (如硫酸盐) 等，酸度对其沉淀的溶解度有一定的影响，如表 7.1 所示。从表中可以看到，当 H_2SO_4 的浓度大于 4.5 mol/L 时，$PbSO_4$ 的溶解度迅速增大，这主要是酸效应的影响，反应如下：

$$PbSO_4(s) + H_2SO_4(aq) \xlongequal{\quad} Pb^{2+}(aq) + 2HSO_4^-(aq)$$

表 7.1　$PbSO_4$ 在 H_2SO_4 溶液中的溶解度 (25℃)

H_2SO_4 浓度/(mol/L)	0.00	1.0×10^{-3}	2.5×10^{-3}	0.55	1.0~4.5	7.0	18
$PbSO_4$ 溶解度/(mg/L)	38.2	8.00	2.50	1.60	1.20	11.5	40.0

3. 配位效应

沉淀的溶解平衡也会受到配位反应的影响。当沉淀的构晶离子参与了配位反应而使得沉淀的溶解度增大的现象，称为配位效应。配位效应的产生可能源自于溶液中存在的其他配位剂，也可能来自沉淀剂自身与构晶离子的配位反应。对于如下沉淀平衡：

$$MA(aq) \rightleftharpoons M^+(aq) + A^-(aq)$$

如果溶液中存在可以与构晶离子 M^+ 生成配合物的配位剂 L，则会发生如下配位反应：

$$M^+(aq) + iL(aq) \rightleftharpoons ML_i^+(aq), \quad i = 1, 2, \cdots, n$$

当达到反应平衡时，设 MA 的溶解度为 S，根据质量平衡，得

$$S = [A^-] \tag{7.11}$$

$$S = [M^+] + [ML^+] + \cdots + [ML_n^+] = \alpha(M \cdot L)[M^+] \tag{7.12}$$

因此，游离的构晶离子浓度为

$$[M^+] = \frac{S}{\alpha(M \cdot L)} \tag{7.13}$$

根据溶度积方程：

$$K_{sp} = \frac{[M^+]}{c^\ominus}\frac{[A^-]}{c^\ominus} = \frac{\dfrac{S}{c^\ominus}}{\alpha(M \cdot L)} \times \frac{S}{c^\ominus} \tag{7.14}$$

溶解度为

$$S = \sqrt{K_{sp}\alpha(M \cdot L)}c^\ominus \tag{7.15}$$

一般而言，$\alpha(M \cdot L) \geqslant 1$，因此配位效应通常使溶解度增大。

例 7.3　当 pH = 10.00 时，溶液中未与 Ba^{2+} 配位反应的 EDTA 总浓度为 0.02000 mol/L，求此时 $BaSO_4$ 的溶解度。已知 $K_{sp} = 1.1 \times 10^{-10}$，$K(BaY) = 7.2 \times 10^7$，$\alpha(Y \cdot H) = 2.8$。

解　溶液中的沉淀平衡为

$$BaSO_4(aq) \Longleftrightarrow Ba^{2+}(aq) + SO_4^{2-}(aq)$$

当存在配位效应时，$BaSO_4$ 的溶解度为

$$S = \sqrt{K_{sp}\alpha(Ba \cdot Y)}c^\ominus$$

式中

$$\begin{aligned}
\alpha(Ba \cdot Y) &= 1 + K(BaY)\frac{[Y]}{c^\ominus} \\
&= 1 + K(BaY) \times \frac{\dfrac{[Y']}{c^\ominus}}{\alpha(Y \cdot H)} \\
&= 1 + 7.2 \times 10^7 \times \frac{0.02000}{2.8} \\
&= 5.1 \times 10^5
\end{aligned}$$

因此

$$\begin{aligned}S &= \sqrt{K_{sp}\alpha(\mathrm{Ba}\cdot\mathrm{Y})c^{\ominus}} \\ &= \sqrt{1.1\times10^{-10}\times5.1\times10^{5}}\ \mathrm{mol/L} \\ &= 7.6\times10^{-3}\ \mathrm{mol/L}\end{aligned}$$

如果在进行沉淀反应时所使用的沉淀剂本身相对于构晶离子来说同时也是配位剂，那么沉淀反应中既有同离子效应，也有配位效应，而最终的结果将取决于哪种效应占优势。例如，Cl^- 既是 Ag^+ 的沉淀剂，又是 Ag^+ 的配位剂。在过量 Cl^- 存在的情况下，会生成 $AgCl_2^-$、$AgCl_3^{2-}$、$AgCl_4^{3-}$ 配合物，从而使 AgCl 的溶解度增大。下面对这种情况进行分析。

设 AgCl 沉淀的溶液中，沉淀剂的浓度为 $[Cl^-]$，此时沉淀的溶解度为 S，则质量平衡为

$$S = [Ag^+] + [AgCl] + [AgCl_2^-] + [AgCl_3^{2-}] + [AgCl_4^{3-}] \tag{7.16}$$

因此

$$\begin{aligned}S &= [Ag^+] + [AgCl] + [AgCl_2^-] + [AgCl_3^{2-}] + [AgCl_4^{3-}] \\ &= [Ag^+]\left[1+\beta_1\frac{[Cl^-]}{c^{\ominus}}+\beta_2\left(\frac{[Cl^-]}{c^{\ominus}}\right)^2+\beta_3\left(\frac{[Cl^-]}{c^{\ominus}}\right)^3+\beta_4\left(\frac{[Cl^-]}{c^{\ominus}}\right)^4\right] \\ &= \frac{K_{sp}(c^{\ominus})^2}{[Cl^-]}\times\alpha(\mathrm{Ag}\cdot\mathrm{Cl})\end{aligned} \tag{7.17}$$

例 7.4　计算 AgCl 在 4.5×10^{-3} mol/L 的 Cl^- 溶液中的溶解度。已知 $K_{sp}=1.8\times10^{-10}$，银离子与氯离子形成的配合物的 $\beta_1=1.1\times10^3$，$\beta_2=5.0\times10^4$，$\beta_3=1.1\times10^5$，$\beta_4=2.0\times10^5$。忽略配位效应对 Cl^- 浓度的影响。

解　根据式 (7.17)，溶解度为

$$\begin{aligned}S &= \frac{K_{sp}(c^{\ominus})^2}{[Cl^-]}\times\alpha(\mathrm{Ag}\cdot\mathrm{Cl}) \\ &= \frac{K_{sp}(c^{\ominus})^2}{[Cl^-]}\times\left[1+\beta_1\frac{[Cl^-]}{c^{\ominus}}+\beta_2\left(\frac{[Cl^-]}{c^{\ominus}}\right)^2+\beta_3\left(\frac{[Cl^-]}{c^{\ominus}}\right)^3+\beta_4\left(\frac{[Cl^-]}{c^{\ominus}}\right)^4\right] \\ &= \frac{1.8\times10^{-10}}{0.0045}\times\left(1+1.1\times10^3\times0.0045+\cdots+2.0\times10^5\times0.0045^4\right)\mathrm{mol/L} \\ &= 2.8\times10^{-7}\ \mathrm{mol/L}\end{aligned}$$

AgCl 的溶解度与 $[Cl^-]$ 的关系如图 7.1 所示。当溶液中的 $[Cl^-]=4.5\times10^{-3}$ mol/L 时对应着最小溶解度。当 $[Cl^-]<4.5\times10^{-3}$ mol/L 时，以同离子效应为主；而当 $[Cl^-]>4.5\times10^{-3}$ mol/L 时，则以配位效应为主。因此，当用 Cl^- 沉淀 Ag^+ 时，应严格控制沉淀剂的用量。

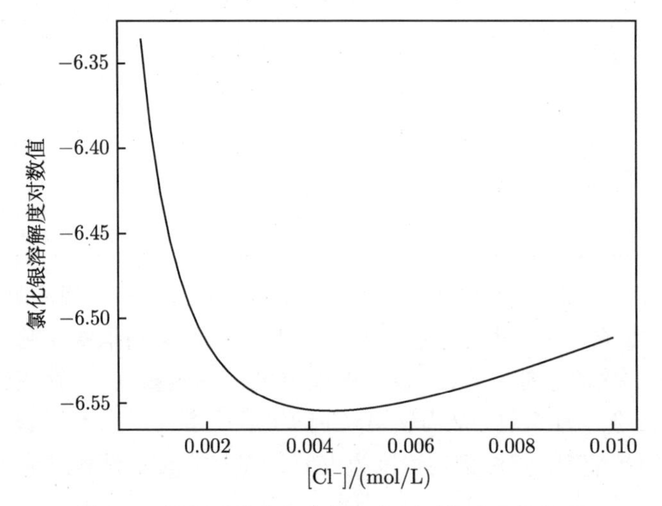

图 7.1　氯化银的溶解度与氯离子平衡浓度的关系

4. 盐效应

当沉淀溶液中存在非构晶离子的强电解质时，沉淀的溶解度会增大，这种现象称为盐效应。盐效应的作用机理可以从正、负离子的相互吸引来解释。例如，对于硫酸钡沉淀而言，它会解离出构晶离子 Ba^{2+} 和 SO_4^{2-}。如果溶液中此时存在其他的电解质，则电解质生成的负离子会吸引 Ba^{2+}，而正离子会吸引 SO_4^{2-}。并且，这种吸引能力随着电解质浓度的增加而增加。这种趋势必然导致硫酸钡溶解度增加。

这种微观上的相互作用所产生的影响，应采用活度的概念来表述较为合适。对于如下沉淀平衡：

$$MA(aq) \rightleftharpoons M^+(aq) + A^-(aq)$$

当其达到溶解平衡时，离子的活度 $a(M^+)$ 和 $a(A^-)$ 的乘积是一个常数，用活度积 K_{sp}° 表示：

$$\begin{aligned} K_{sp}^{\circ} &= \frac{a(M^+)}{c^{\ominus}} \times \frac{a(A^-)}{c^{\ominus}} \\ &= \gamma(M^+)\gamma(A^-)\frac{[M^+]}{c^{\ominus}}\frac{[A^-]}{c^{\ominus}} \end{aligned} \tag{7.18}$$

通常采用的溶度积常数实际就是活度系数为 1 时的活度积常数。如果离子强度的影响不能忽略，则溶度积应写成如下形式：

$$K'_{sp} = \frac{K_{sp}^{\circ}}{\gamma(M^+)\gamma(A^-)} \tag{7.19}$$

式中，K'_{sp} 为存在盐效应时的溶度积。从式 (7.19) 中可以看到，当离子强度的增加导致有关离子活度系数减小时，会使溶解度增大。

例 7.5　试计算 $BaSO_4$ 在 0.010 mol/L $NaNO_2$ 溶液中的溶解度比在纯水中增大了多少。已知 $K_{sp}(BaSO_4) = 1.1 \times 10^{-10}$。

解　$BaSO_4$ 在纯水中的溶解度为

$$S=\sqrt{K_{sp}(BaSO_4)c^{\ominus}}=\sqrt{1.1\times10^{-10}}\ mol/L=1.0\times10^{-5}\ mol/L$$

在浓度为 0.010 mol/L $NaNO_2$ 溶液中的离子强度为

$$I=\frac{1}{2}\sum c_iZ_i^2=\frac{1}{2}(0.010\ mol/L\times1^2+0.010\ mol/L\times1^2)=0.010\ mol/L$$

查表可得，在离子强度为 0.010 mol/L 时，$\gamma(Ba^{2+})=0.67$，$\gamma(SO_4^{2-})=0.66$，此时的溶解度为

$$\begin{aligned}S_1&=\sqrt{\frac{K_{sp}(BaSO_4)}{\gamma(Ba^{2+})\gamma(SO_4^{2-})}c^{\ominus}}\\&=\sqrt{\frac{1.1\times10^{-10}}{0.67\times0.66}}\ mol/L\\&=1.6\times10^{-5}\ mol/L\end{aligned}$$

与纯水中的溶解度相比较：

$$\frac{S_1-S}{S}=\frac{1.6\times10^{-5}\ mol/L-1.0\times10^{-5}\ mol/L}{1.0\times10^{-5}\ mol/L}\times100\%=60\%$$

需要指出的是，如果沉淀本身的溶解度很小，则盐效应的影响非常小，因此在计算沉淀的溶解度时一般忽略不计。只有当沉淀本身的溶解度较大，且离子强度很大时，才需要考虑盐效应的影响。表 7.2 列出了 $PbSO_4$ 在 Na_2SO_4 溶液中的溶解度。

表 7.2　$PbSO_4$ 在 Na_2SO_4 溶液中的溶解度

$c(Na_2SO_4)/(mol/L)$	0	0.001	0.01	0.02	0.04	0.100	0.200
$S(PbSO_4)/(mol/L)$	0.15	0.024	0.016	0.014	0.013	0.016	0.023

从表 7.2 中可以看到，当 $c(Na_2SO_4)\leqslant0.04$ mol/L 时，同离子效应占优势，溶解度随盐总浓度的增大而减小；当 $c(Na_2SO_4)>0.04$ mol/L 时，盐效应占优势，溶解度随盐的总浓度增大而增大。

7.2　沉淀的形成过程及影响纯度的因素

7.2.1　沉淀的形成过程

沉淀的形成过程大致可分为晶核的形成与晶核的成长两个过程，如下所示：

$$构晶离子\xrightleftharpoons{成核过程}晶核\xrightleftharpoons{成长过程}沉淀微粒\begin{cases}\xrightleftharpoons{定向排列}晶形沉淀\\\xrightleftharpoons{非定向排列}无定形沉淀\end{cases}$$

当沉淀剂加入离子溶液中时，构晶离子相互结合，形成晶核，这一过程也称为均相成核过

程。在形成沉淀的初期，构晶离子浓度很小，均相成核作用不易发生。在这种情况下，构晶离子更倾向于附着在溶液中的固体微粒上 (或容器壁面的凸起部位) 形成晶核，这一过程称为异相成核。

一般而言，晶核在形成过程中首先形成离子对，继而形成三离子体、四离子体等。例如

(1) 离子对

$$Ba^{2+}(aq) + SO_4^{2-}(aq) \rightleftharpoons Ba^{2+}SO_4^{2-}(aq)$$

(2) 三离子体

$$Ba^{2+}SO_4^{2-}(aq) + Ba^{2+}(aq) \rightleftharpoons (Ba^{2+})_2SO_4^{2-}(aq)$$

(3) 四离子体

$$(Ba^{2+})_2SO_4^{2-}(aq) + SO_4^{2-}(aq) \rightleftharpoons (Ba^{2+})_2(SO_4^{2-})_2(aq)$$

上述过程持续进行下去，晶核就会逐渐形成晶体，并最终形成沉淀微粒。这种沉淀微粒有聚集为更大的聚积体的倾向，其聚积方式将决定沉淀的类型。如果微粒的聚积过程是按晶体的晶格定向排列进行的，则可得到晶形沉淀；否则，如果微粒的聚积是按非定向的方式进行，则将得到无定形沉淀。

对于极性较强的盐类，如 $BaSO_4$、CaC_2O_4 等，一般具有较大的定向排列速度，故常生成晶形沉淀；对于氢氧化物，如 $Al(OH)_3$、$Fe(OH)_3$ 等，它们的溶解度很小，且在沉淀时含有大量的水分子，故其定向排列不易进行，通常形成体积庞大、结构疏松的无定形沉淀。

沉淀的形成过程虽然被大量研究，但其内在的机理并未完全明了。一般的观点认为，形成颗粒的大小受溶解度、温度、反应试剂浓度及反应试剂的混合速度的影响。当前普遍认同的观点是：形成颗粒的大小受到一个称为相对过饱和度的因素的影响，它大致可以表达为如下形式：

$$\mathrm{RSS} = \frac{Q - S}{S} \tag{7.20}$$

式中，RSS 为相对过饱和度；Q 为加入沉淀剂瞬时生成沉淀物质的浓度；S 为平衡态时沉淀物质的溶解度。当 RSS 很大时，这样的溶液是不稳定的，容易快速形成大量的小颗粒，如此一来容易形成溶胶类的沉淀。而当 RSS 很小时，不会导致形成大量的颗粒，构晶离子偏向于在晶核上缓慢形成沉淀，反而容易形成较大的颗粒。因此，为了获得较大的沉淀颗粒，应当在适当稀的溶液中进行沉淀。

聚集速度的大小与溶液的相对过饱和度有关，相对过饱和度越小，聚集速度也越小，越有利于晶形沉淀的形成。因而，沉淀 $BaSO_4$ 时常在稀盐酸溶液中进行，目的是利用酸效应来适当增大 $BaSO_4$ 的溶解度，从而减小溶液的过饱和度，以利于得到晶形沉淀。

维拉德 (Hobart Hurd Willard) 和唐宁康 (Ning Kang Tang) 在 20 世纪 30 年代提出了一种均匀沉淀的方法。该法的特点是：通过缓慢的化学反应，让沉淀剂在溶液中逐步地、均匀地产生，从而使沉淀在整个溶液中缓慢地、均匀地析出，最终生成颗粒较大的沉淀。例如，要采用均匀沉淀法生成 CaC_2O_4 沉淀，可在含有 Ca^{2+} 的酸性溶液中加入草酸，此时由于酸度很高而不能析出草酸钙沉淀。然后，向溶液中加入尿素，并加热至 90°C，此时尿素发生水解：

$$CO(NH_2)_2(aq) + 3H_2O(l) = CO_2(g) + 2NH_4^+(aq) + 2OH^-(aq)$$

生成的 OH^- 均匀地分布在溶液中的各个部位，使溶液的酸度逐渐降低，从而使草酸钙沉淀缓慢析出。均匀沉淀法获得的沉淀颗粒大且较纯净，易于过滤和洗涤，不需经过陈化。其缺点是操作烦琐费时，且对于生成混晶和后沉淀现象的改善不大。在烧杯的壁面易形成沉淀层，不易处理。

7.2.2　影响沉淀纯度的因素

在沉淀颗粒的形成过程中，不可避免地会夹带溶液中的离子或杂质颗粒，从而影响到沉淀重量分析法的准确度。杂质混入沉淀的方式主要有两种，它们是共沉淀和后沉淀。

1. 共沉淀

共沉淀是指在沉淀过程中，某些可溶性杂质混杂在沉淀中一同沉积下来的现象。产生共沉淀的原因有表面吸附、吸留和生成混晶。图 7.2 为表面吸附的示意图。表面吸附来源于晶体表面对带电离子的吸引。以稀 H_2SO_4 沉淀溶液中的 Ba^{2+} 为例，当生成了 $BaSO_4$ 晶体后，其表面裸露出构晶离子 Ba^{2+} 和 SO_4^{2-}，它们有吸引溶液中带相反电荷离子的能力。例如，晶体表面裸露的 Ba^{2+} 会吸引溶液中过量的 SO_4^{2-}，以中和 Ba^{2+} 的电荷，使电荷达到平衡。被吸引的 SO_4^{2-} 在沉淀晶体的表面形成负电荷层，它会进一步吸引溶液中的其他带正电离子，如 Ca^{2+}、H^+ 等。所有这些被吸附的离子都有可能伴随沉淀沉积下来，从而对沉淀的纯度造成影响。

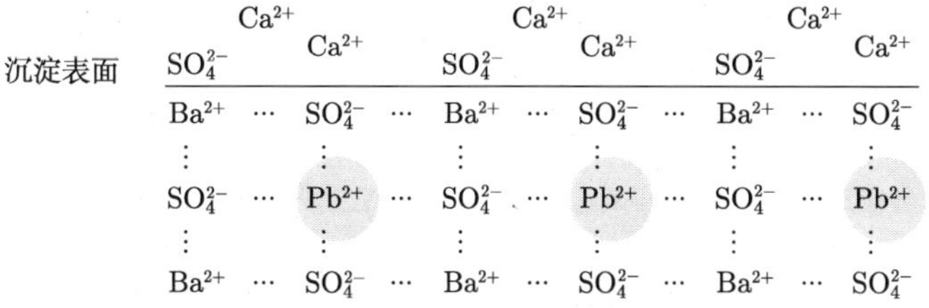

Ca^{2+}　Ca^{2+}　Ca^{2+}　Ca^{2+}　Ca^{2+}　Ca^{2+}

沉淀表面　SO_4^{2-}　SO_4^{2-}　SO_4^{2-}

Ba^{2+} ··· SO_4^{2-} ··· Ba^{2+} ··· SO_4^{2-} ··· Ba^{2+} ··· SO_4^{2-}

SO_4^{2-} ··· Pb^{2+} ··· SO_4^{2-} ··· Pb^{2+} ··· SO_4^{2-} ··· Pb^{2+}

Ba^{2+} ··· SO_4^{2-} ··· Ba^{2+} ··· SO_4^{2-} ··· Ba^{2+} ··· SO_4^{2-}

图 7.2　硫酸钡沉淀表面吸附示意图

表面吸附一般遵循以下规律。

(1) 第一吸附层中被吸附的离子通常是溶液中过量的构晶离子。那些与构晶离子半径相似、电荷相同的离子，也可能被吸附到第一吸附层。例如，如果溶液中存在其他离子，如 Pb^{2+}，则硫酸钡表面也可以吸附溶液中的 Pb^{2+}。

(2) 第二吸附层中被吸附的离子通常是容易与第一吸附层中的离子形成微溶化合物的离子。例如，如果溶液中存在 Ca^{2+}，因 Ca^{2+} 与 SO_4^{2-} 易生成沉淀，故 Ca^{2+} 易被吸附。

(3) 离子的价数越高，浓度越大，越容易被吸附。

沉淀表面吸附杂质的量与沉淀的比表面积有关，比表面积越大，吸附杂质的量越多。晶形沉淀的颗粒大，比表面积小，吸附杂质较少。而对于无定形沉淀，由于其结构疏松，体积庞大，有大的比表面积，因此表面吸附现象特别严重。对于由表面吸附产生的沉淀沾污，通常可以用稀电解质洗涤沉淀的方式除去。

如果在沉淀过程中，沉淀表面吸附的杂质被随后生成的沉淀所覆盖，使杂质被包藏在沉淀的内部，这种现象称为吸留 (或包藏)。由于此时杂质已经留在了沉淀内部，因此不能用洗涤的方式除去，但可以通过陈化或重结晶的方法使吸留的杂质减少。

还有一种情况，在沉淀过程中，存在与构晶离子电荷数和离子半径相近的杂质离子，则该杂质离子就有可能取代构晶离子，占据晶体的晶格位置，这种现象称为混晶。例如，形成硫酸钡的沉淀过程中，如果溶液中存在铅离子，则它有可能占据到原属于硫酸钡构晶离子的位置上，如图 7.2 中用圆圈标注的位置。由于混晶现象导致的沉淀沾污，很难用通常的洗涤、陈化方式除去，因此最好是在进行沉淀之前将这类杂质离子除去。

2. *后沉淀*

沉淀析出后，通常要在母液中存放一段时间，这一过程称为陈化，其目的是让小颗粒长成大颗粒。然而，在陈化过程中，溶液中的杂质离子会慢慢沉积到沉淀的表面上，这种现象称为后沉淀。例如，在含有 Mg^{2+} 杂质离子的 Ca^{2+} 溶液中加入草酸，开始形成的 CaC_2O_4 沉淀表面只吸附了少量的 Mg^{2+}。然而，如果将沉淀放置一段时间，则沉淀的表面会有 MgC_2O_4 析出。

后沉淀所引入的杂质的量随着沉淀放置的时间延长而增加，因此对于某些沉淀而言，陈化的时间不宜过长。

7.2.3　沉淀形式、称量形式和表示形式

沉淀重量分析法通常包含两个主要步骤：① 在试液中加入适当的沉淀剂，使被测组分以某种“沉淀形式”沉淀出来；② 将沉淀过滤、洗涤后，再将其烘干或灼烧成“称量形式”进行称量，称量形式要求具有确定的分子式，因而可以据此求得待测物的含量。而在表达待测组分的含量时，又会根据具体的情况选择合适的“表示形式”。沉淀形式与称量形式可能相同也可能不相同，如用沉淀重量法测 Cl^- 时，过程如下：

$$Cl^-(aq) + Ag^+(aq) \longrightarrow AgCl(s) \xrightarrow[\text{烘干}]{\text{过滤、洗涤}} AgCl(s)$$

上例中的沉淀形式和称量形式相同，都是 AgCl。而当用草酸钙法测定 Ca^{2+} 时，一般过程如下：

$$Ca^{2+}(aq) + C_2O_4^{2-}(aq) \longrightarrow CaC_2O_4(s) \xrightarrow[\text{烘干、灼烧}]{\text{过滤、洗涤}} CaO(s)$$

这里，沉淀形式为 CaC_2O_4，而称量形式为 CaO。

为了保证测定具有足够的准确度且便于操作，重量法对于沉淀形式和称量形式都有一定的要求。对沉淀形式的要求如下：① 沉淀的溶解度要小，其溶解损失应不超过天平的称量误差；② 沉淀应易于过滤和洗涤；③ 沉淀应有较高的纯度；④ 沉淀应易于转变为称量形式。

对称量形式的要求如下：① 称量形式应具有确定的化学组成；② 称量形式应稳定，不受空气中水分、二氧化碳等的影响；③ 称量形式应有较大的摩尔质量。

称量形式的摩尔质量大，则待测组分在其中所占的比例相对就小，这样有利于减小称量误差。例如，用重量法测定 Al^{3+} 时既可用氨水将其沉淀为 $Al(OH)_3$ 后灼烧成 Al_2O_3 称量；也可用 8-羟基喹啉将其沉淀为 $(C_9H_6NO)_3Al$ 后烘干称量，但是这两种方法的称量误差不同。由 0.1000 g 铝可获得 0.1888 g 的 Al_2O_3，分析天平的称量误差一般为 ±0.2 mg，因此称量 Al_2O_3 的相对误差为

$$\frac{\pm 0.0002}{0.1888} \times 100\% = \pm 0.1\% \tag{7.21}$$

而 0.1000 g 的铝可获得 1.704 g 的 $(C_9H_6NO)_3Al$，其称量误差为

$$\frac{\pm 0.0002}{1.704} \times 100\% = \pm 0.01\% \tag{7.22}$$

显然，用 8-羟基喹啉沉淀 Al^{3+} 的方法具有较高的准确度。

由于对于称量形式有这些要求，因此在实际的测量过程中称量形式与待测组分的表示形式有可能相同，也有可能不同。例如，用重量法测定某试样中 SiO_2 的含量时，其基本做法是先将试样分解，然后将其中的硅以 $H_2SiO_3 \cdot nH_2O$ 的形式沉淀下来。沉淀经洗涤、过滤后，最终被灼烧成 SiO_2，此时的称量形式与表示形式相同。这种情况下可直接用待测组分的质量分数表达结果，计算式如下：

$$w(B) = \frac{m(B)}{m} \times 100\% \tag{7.23}$$

式中，$m(B)$ 为待测组分 B 的质量；m 为试样的质量。

当沉淀的称量形式与待测组分的表示形式不相同时，要经过适当的换算才能得到待测组分的质量分数。例如，用重量法测定某铁矿中铁的质量分数时，铁样经处理后生成 $Fe(OH)_3$ 沉淀，经过滤、洗涤、灼烧后得到称量形式 Fe_2O_3，则

$$w(Fe) = \frac{m(Fe_2O_3) \times \dfrac{2A(Fe)}{M(Fe_2O_3)}}{m} \times 100\% \tag{7.24}$$

式中，$\dfrac{2A(Fe)}{M(Fe_2O_3)}$ 为将 Fe_2O_3 的质量换算为 Fe 的质量的换算因子 (重量法因子)，用 F 表示，即

$$F = \frac{2A(Fe)}{M(Fe_2O_3)} \tag{7.25}$$

它是与称量形式和表示形式有关的量，其分子项是表示形式，分母项是称量形式，其系数反映二者之间待测组分的量比关系。

例 7.6　称取含 As 的某试样 0.2402 g，经处理后其中的 As 全部转化为 Ag_3AsO_4，再在 HNO_3 介质中使 Ag_3AsO_4 进一步转化为 AgCl，烘干后得到 0.2135 g AgCl。计算试样中 As 的质量分数。已知 $M(AgCl) = 143.32$ g/mol，$M(As) = 74.92$ g/mol。

解　由样品处理过程可知，1 mol As 可转化为 1 mol Ag_3AsO_4，而 1 mol Ag_3AsO_4 又转化为 3 mol AgCl，即

$$1As \sim 1Ag_3AsO_4 \sim 3AgCl$$

因为称量形式为 AgCl，被测组分的表示形式为 As，则换算因数为

$$F = \frac{M(\mathrm{As})}{3M(\mathrm{AgCl})} = \frac{74.92\ \mathrm{g/mol}}{3 \times 143.32\ \mathrm{g/mol}} = 0.1742$$

所以

$$\begin{aligned} w(\mathrm{As}) &= \frac{m(\mathrm{AgCl}) \times F}{m} \times 100\% \\ &= \frac{0.2136\ \mathrm{g} \times 0.1742}{0.3402\ \mathrm{g}} \times 100\% \\ &= 10.94\% \end{aligned}$$

表 7.3 为一些待测组分的换算因子。

表 7.3　换算因子

待测组分	称量形式	换算因子 F
Cl^-	AgCl	$M(\mathrm{Cl})/M(\mathrm{AgCl})$
S	$BaSO_4$	$M(\mathrm{S})/M(\mathrm{BaSO_4})$
MgO	$Mg_2P_2O_7$	$2M(\mathrm{MgO})/M(\mathrm{Mg_2P_2O_7})$
Fe_3O_4	Fe_2O_3	$2M(\mathrm{Fe_3O_4})/3M(\mathrm{Fe_2O_3})$
FeS_2 中的铁	$BaSO_4$	$M(\mathrm{Fe})/2M(\mathrm{BaSO_4})$
Na_2SO_4	$BaSO_4$	$M(\mathrm{Na_2SO_4})/M(\mathrm{BaSO_4})$

7.3　沉淀条件的控制

沉淀过程中条件的控制是为了使沉淀完全、纯净，且易于过滤和洗涤。不同类型的沉淀其结构形态不同，应采用不同的沉淀条件。

7.3.1　晶形沉淀的条件

对于晶形沉淀而言，主要考虑的是如何获得较大的沉淀颗粒。大颗粒沉淀因溶解度相对较小而使沉淀更为完全，同时大颗粒的总表面积较小因而吸附的杂质相对较少，易于洗涤和过滤。为获得较好的晶形沉淀，可采用下列措施。

(1) 沉淀应该在适当稀的溶液中进行，加入的沉淀剂浓度也要适当小，其目的在于使沉淀开始形成时溶液的相对过饱和度不会过大，产生的晶核也不会过多，以利于晶核的形成和长大。

(2) 应在搅拌下逐滴加入沉淀剂，这样可以防止局部过浓现象，以免产生大量的晶核。

(3) 沉淀操作应该在热溶液中进行。虽然热溶液会使沉淀的溶解度增加，但同时也会减少沉淀表面吸附的杂质。

(4) 沉淀完成后，将沉淀在母液中陈化一段时间。

7.3.2　无定形沉淀的条件

无定形沉淀的特点是溶解度小，体积庞大，易吸附大量的杂质，难以洗涤和过滤。针对无定形沉淀的这些特点，沉淀过程中应采用如下措施。

(1) 沉淀过程应在较浓的溶液中进行，加入沉淀剂的速度可适当快些。浓度大时，离子的水合程度较小，得到的沉淀比较紧密。但浓度大时也会导致吸附的杂质增多，因此在沉淀完毕后，应加入大量热水稀释母液，并搅拌沉淀使吸附的杂质转入溶液中。

(2) 沉淀过程应在热溶液中进行，这样不但可以防止生成胶体溶液，还可减少杂质的吸附，并使生成的沉淀紧密。

(3) 在溶液中加入适当的电解质，以防止生成胶体溶液。加入的电解质应易于加热除去。

(4) 沉淀完毕后应趁热过滤，不必陈化。无定形沉淀长时间放置后易脱水，从而使沉淀变得很紧密，不利于后续的洗涤净化过程。

(5) 视具体情况，对沉淀进行再沉淀。

7.3.3 常用的沉淀剂

常用的沉淀剂有无机沉淀剂和有机沉淀剂两类。无机沉淀剂的使用具有很长的历史，已形成了一套非常成熟的分析方法。尽管无机沉淀剂存在选择性差、形成的沉淀溶解度大、吸附的杂质多等缺点，如果应用得当，依然不失为准确有效的定量分析方法。表 7.4 列出了一些常用的无机沉淀剂。

表 7.4　常用的无机沉淀剂

被测离子	沉淀剂	沉淀形式	称量形式
CN^-	$AgNO_3$	AgCN	AgCN
I^-	$AgNO_3$	AgI	AgI
Br^-	$AgNO_3$	AgBr	AgBr
Cl^-	$AgNO_3$	AgCl	AgCl
ClO_3^-	$AgNO_3/FeSO_4$	AgCl	AgCl
SCN^-	$SO_2/CuSO_4$	CuSCN	CuSCN
SO_4^{2-}	$BaCl_2$	$BaSO_4$	$BaSO_4$
Ba^{2+}	$(NH_4)_2CrO_4$	$BaCrO_4$	$BaSO_4$
Pb^{2+}	K_2CrO_4	$PbCrO_4$	$PbCrO_4$
Ag^+	HCl	AgCl	AgCl
Hg^{2+}	HCl	Hg_2Cl_2	Hg_2Cl_2
Al^{3+}	NH_3	$Al(OH)_3$	Al_2O_3
Be^{2+}	NH_3	$Be(OH)_2$	BeO
Fe^{3+}	NH_3	$Fe(OH)_3$	Fe_2O_3
Ca^{2+}	$(NH_4)_2C_2O_4$	CaC_2O_4	$CaCO_3$
Sb^{3+}	H_2S	Sb_2S_3	Sb_2S_3
As^{3+}	H_2S	As_2S_3	As_2S_3
Hg^{2+}	H_2S	HgS	HgS
Mg^{2+}	$(NH_4)_3PO_4$	NH_4MgPO_4	$Mg_2P_2O_7$

由于无机沉淀剂存在种种缺陷，有机沉淀剂逐渐取代了其地位。有机沉淀剂的结构具有多样性，使得其成为一种优良沉淀剂。有机沉淀剂与无机沉淀剂相比较，具有如下优点：① 有机沉淀剂的品种多，可选范围广；② 生成的有机沉淀溶解度小，有利于待测组分沉淀完全；③ 沉淀对无机杂质的吸附量小，易于获得纯净的沉淀；④ 沉淀的相对分子质量大，有利于提高分析的准确度。

有机沉淀剂也存在以下缺点：① 有机沉淀剂在水中的溶解度很小，易漂浮在溶液表面，给操作带来困难；② 有些有机沉淀剂形成的沉淀组成不恒定，依然需要通过灼烧的方式获得确定的称量形式。

有机沉淀剂与金属离子通常形成螯合物沉淀和离子缔合物沉淀。例如，8-羟基喹啉与 Mg^{2+} 形成具有五元环结构的难溶性螯合物，其反应如下：

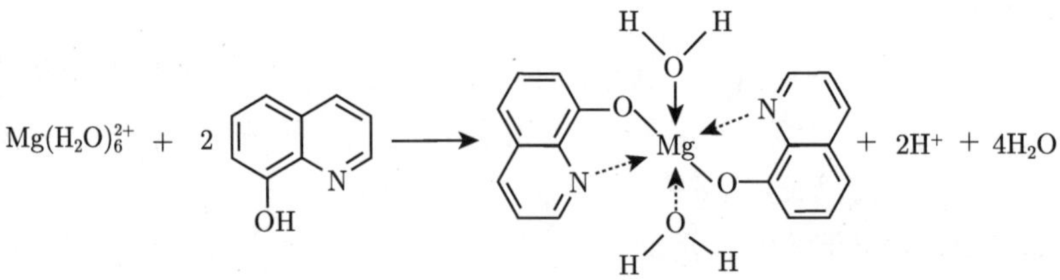

$$Mg(H_2O)_6^{2+} + 2\ \text{(8-羟基喹啉, OH)} \longrightarrow \text{(螯合物, Mg)} + 2H^+ + 4H_2O$$

生成的螯合物中虽然还有两个配位水分子，但因为整体不带电，且喹啉是疏水基团，所以生成的螯合物微溶于水。

7.4 应用举例

本节中将介绍两种比较经典的沉淀重量分析法。理解这些方法的操作过程，有助于理解沉淀重量分析法的精髓部分。

7.4.1 废水中镁离子含量测定

用沉淀重量法测定废水中的镁离子的含量是一种经典方法。该法在适当的偏酸性环境下用 $(NH_3)_2HPO_4$ 沉淀水中的镁离子，反应如下：

$$Mg^{2+}(aq) + (NH_4)_2HPO_4(aq) \longrightarrow MgNH_4PO_4 \cdot 6\,H_2O(s)$$

生成的沉淀 $MgNH_4PO_4 \cdot 6\,H_2O$ 经过滤、洗涤后进行高温灼烧，最终生成 $Mg_2P_2O_7$ 作为称量形式，反应如下：

$$MgNH_4PO_4 \cdot 6\,H_2O(s) \xrightarrow{1100^\circ C} Mg_2P_2O_7(s)$$

开始时令溶液呈现弱酸性是为了不使沉淀马上生成。如果令溶液呈现中性或偏碱性，则沉淀会很快形成，但此时也容易引入杂质。在加入 $(NH_4)_2HPO_4$ 后，再逐滴加入稀氨水使溶液的 pH 接近中性，此时才逐渐形成沉淀。滴加氨水的步骤对于本实验至关重要。如果加入的氨水不足，则沉淀的残余溶解量偏大，使得结果偏小。如果加入的氨水过量太多，则又容易部分生成 $Mg(NH_4)_4(PO_4)_2$，而该化合物经过灼烧后生成的是 $Mg(PO_3)_2$，这又会导致结果偏大。因此，在实际过程中应加入甲基红来控制氨水的量。当指示剂变为黄色时，则停止加入氨水，令沉淀自行生成。

要说明的是，沉淀剂 $(NH_4)_2HPO_4$ 的选择性不高，许多离子均可形成沉淀。例如，钙离子就容易与该试剂形成沉淀。因此，在沉淀镁离子之前，需要用草酸将钙离子沉淀下来并使其从溶液中分离。

例 7.7　用重量法测定废水中的镁离子含量。取废水试样 0.3621 g，用 $(NH_4)_2HPO_4$ 沉淀镁离子，形成的沉淀经过滤、洗涤、干燥、灼烧后得到 $Mg_2P_2O_7$ 沉淀 0.6300 g。求 $w(Mg^{2+})$。

解　镁离子的质量为

$$
\begin{aligned}
m(\mathrm{Mg^{2+}}) &= \frac{2\times M(\mathrm{Mg})}{M(\mathrm{Mg_2P_2O_7})}\times m(\mathrm{Mg_2P_2O_7}) \\
&= \frac{2\times 24.305\ \mathrm{g/mol}}{222.55\ \mathrm{g/mol}}\times 0.6300\ \mathrm{g} \\
&= 0.1376\ \mathrm{g}
\end{aligned}
$$

质量分数为

$$
w(\mathrm{Mg^{2+}}) = \frac{0.1376\ \mathrm{g}}{0.3621\ \mathrm{g}}\times 100\% = 38.00\%
$$

7.4.2　钡离子含量的测定

用沉淀重量法测定溶液中的钡离子是一种经典的定量分析方法。尽管钡离子可以与许多试剂形成沉淀，但是与硫酸形成的沉淀 $BaSO_4$ 具有晶体结构、性质稳定、摩尔质量大等特点，反应如下：

$$
\mathrm{Ba^{2+}(aq) + SO_4^{2-}(aq) \Longrightarrow BaSO_4(s)}
$$

样品溶解可以采用盐酸，并且使溶液的 pH 为 4.5 ~ 5.0。这样做的目的有两个：① 在适当酸性的溶液中，可以避免其他的钡盐 (如碳酸钡等) 的形成；② 在滴加硫酸沉淀剂时，由于酸度大，可以使得部分的 SO_4^{2-} 转化为 HSO_4^-，从而降低溶液中 SO_4^{2-} 的过饱和度，让沉淀不至于过快形成，这样有利于硫酸钡晶形颗粒的生成。

滴加硫酸沉淀剂应在加热近沸的情况下进行，这样可以减少硫酸钡表明吸附的杂质。滴加沉淀剂的速度要慢，并且要不停地搅拌，避免溶液局部沉淀剂浓度过大，使有利于晶形沉淀的生成。沉淀完成之后，还需要将沉淀留在母液中陈化一段时间，期间要将沉淀打散，消除可能存在的包埋现象，并使得沉淀的颗粒更大。

形成的硫酸钡沉淀可用定量滤纸过滤，也可以用玻璃坩埚式滤器过滤。沉淀经过干燥后，在 800 ~ 850°C 的温度下灼烧至恒量。根据沉淀的质量和称取的样品质量，就可以计算出样品的钡离子含量。

这里要强调的是，灼烧至恒量的过程是沉淀重量分析法的一个看似简单，但实际上较难掌控的步骤，操作不当会引入误差。下面来看一个例子。

例 7.8　小李采用硫酸钡重量法测定某试样中钡的含量。称取该试样若干克，将试样溶解后，用稀硫酸沉淀其中的钡离子。将沉淀分离、洗涤、干燥后进行灼烧至恒量。由于在灼烧过程控制不当，他不知道其中的部分 $BaSO_4$ 被还原为 BaS。如果 BaS 占称量质量的 8.26%，由此导致小李的定量分析误差有多大？已知 $A(\mathrm{Ba}) = 137.3$ g/mol，$M(\mathrm{BaS}) = 169.4$ g/mol，$M(\mathrm{BaSO_4}) = 233.4$ g/mol。

解　设称量形式的质量为 m，则小李将称量形式的沉淀认定为硫酸钡，并据此计算得到的钡离子质量为

$$m_{测定}(\mathrm{Ba}) = \frac{m \times A(\mathrm{Ba})}{M(\mathrm{BaSO_4})}$$

而钡离子真实的质量为

$$m_{真实}(\mathrm{Ba}) = \frac{0.0826 \times m \times A(\mathrm{Ba})}{M(\mathrm{BaS})} + \frac{(1-0.0826) \times m \times A(\mathrm{Ba})}{M(\mathrm{BaSO_4})}$$

因此，相对误差为

$$\begin{aligned}
\epsilon_r &= \frac{m_{测定}(\mathrm{Ba}) - m_{真实}(\mathrm{Ba})}{m_{真实}(\mathrm{Ba})} \times 100\% \\
&= \frac{\dfrac{m \times A(\mathrm{Ba})}{M(\mathrm{BaSO_4})} - \left[\dfrac{0.0826 \times m \times A(\mathrm{Ba})}{M(\mathrm{BaS})} + \dfrac{(1-0.0826) \times m \times A(\mathrm{Ba})}{M(\mathrm{BaSO_4})}\right]}{\dfrac{0.0826 \times m \times A(\mathrm{Ba})}{M(\mathrm{BaS})} + \dfrac{(1-0.0226) \times m \times A(\mathrm{Ba})}{M(\mathrm{BaSO_4})}} \times 100\% \\
&= \frac{0.0826 \times (169.4\ \mathrm{g/mol} - 233.4\ \mathrm{g/mol})}{0.0826 \times 233.4\ \mathrm{g/mol} + 0.917 \times 169.4\ \mathrm{g/mol}} \times 100\% \\
&= -3.0\%
\end{aligned}$$

习　　题

7.1　在重量分析法中，对沉淀的主要要求是什么？

7.2　影响沉淀溶解度的主要因素有哪些？

7.3　沉淀是怎样形成的？形成沉淀的类型与哪些因素有关？哪些因素主要由沉淀的性质决定？哪些因素由沉淀条件决定？

7.4　晶形沉淀和无定形沉淀的条件有哪些不同？为什么？

7.5　为什么要进行陈化？哪些情况不需要进行陈化？

7.6　已知 $\beta = \dfrac{[\mathrm{CaSO_4}]_{\mathrm{water}}}{[\mathrm{Ca^{2+}}][\mathrm{SO_4^{2-}}]} = 200$，忽略离子强度影响，计算 $CaSO_4$ 的固有溶解度，并计算饱和 $CaSO_4$ 溶液中，非解离形式 Ca^{2+} 的百分含量。

7.7　考虑酸效应，计算下列微溶化合物的溶解度：

(1) CaF_2 在 $\mathrm{pH} = 2.00$ 的溶液中；

(2) $BaSO_4$ 在 2.000 mol/L 的 HCl 溶液中；

(3) CuS 在 $\mathrm{pH} = 0.50$ 的饱和 H_2S 溶液 (0.1000 mol/L) 中。

7.8　称取过磷酸钙肥料 0.5000 g，经处理后得到 $Mg_2P_2O_7$ 共计 0.1245 g，计算试样中 P 和 P_2O_5 的百分含量。

7.9　现有 0.6113 g 含 Al、Mg 和其他金属成分的合金试样，将其溶解后并做相关处理以使其他金属离子不干扰后续测定。溶液中的 Al^{3+} 和 Mg^{2+} 以 8-羟基喹啉沉淀，经过过滤、干燥后的 $Al(C_9H_6NO)_3$ 和 $Mg(C_9H_6NO)_2$ 共 7.8154 g。再灼烧干燥后的混合沉淀物，得 Al_2O_3 和 MgO 混合固体粉末 1.0022 g。计算原合金中 Al、Mg 的质量分数。已知，$M[\mathrm{Al(C_9H_6NO)_3}] = 459.45$ g/mol，$M(\mathrm{Al_2O_3}) = 101.96$ g/mol，$M(\mathrm{MgO}) = 40.304$ g/mol，$M[\mathrm{Mg(C_9H_6NO)_2}] = 312.61$ g/mol。

7.10　于 100.0 mL 含有 0.1500 g 的 Ba^{2+} 溶液中，加入 50.00 mL 浓度为 0.01000 mol/L 的硫酸溶液，溶液中会析出 $BaSO_4$ 多少克？如果形成的沉淀过滤后用 100 mL 纯水洗涤，假设洗涤时达到了沉淀平衡，沉淀的损失率是多少？

第8章　沉淀滴定法

沉淀滴定法是以沉淀反应为基础的滴定方法。最早的沉淀滴定法出现在 18 世纪末期，是采用硝酸钙作为滴定剂测定钾盐中的碳酸钾和硫酸钾，根据出现的碳酸钙和硫酸钙沉淀来控制滴定的进程以及判定滴定终点。1829 年，盖 · 吕萨克 (Joseph Louis Gay-Lussac) 建立了银量法，他根据氯离子与银离子可以形成氯化银沉淀的原理，采用氯离子作为滴定剂来检测银币的含银量。1874 年，福尔哈德 (Jacob Volhard) 提出了一种方法，用 SCN^- 作为滴定剂来测定 Ag^+。银量法的建立使得沉淀滴定法在理论和技术上也达到了顶峰，并沿用至今。

银量法的反应式可表示为

$$Ag^+(aq) + X^-(aq) \xlongequal{} AgX(s)$$

式中，X 表示卤素离子 Cl^-、Br^-、I^- 和 SCN^-。常用的银量法有莫尔法、福尔哈德法和法扬斯法，这三种方法最大的区别是所选用的指示剂不同。

8.1　莫　尔　法

莫尔法是以 K_2CrO_4 为指示剂的银量法，它以 $AgNO_3$ 为标准溶液，直接滴定溶液中的 Cl^-，反应式如下：

$$Ag^+(aq) + Cl^-(aq) \xlongequal{} AgCl(s), \qquad K_{sp} = 1.8 \times 10^{-10}$$

终点时，指示剂的显色反应为

$$2Ag^+(aq) + CrO_4^{2-}(aq) \xlongequal{} Ag_2CrO_4(s)(\text{砖红色}), \qquad K_{sp} = 2.0 \times 10^{-12}$$

设 Ag^+ 和 Cl^- 的分析浓度分别为 $c(Ag^+)$ 和 $c(Cl^-)$，Cl^- 的初始体积为 V_0，当加入的 Ag^+ 的体积为 V_t 时，质量平衡如下：

$$\frac{c(Ag^+)V_t}{V_t + V_0} = [Ag^+] + [AgCl]_{aq} + [AgCl]_s \tag{8.1}$$

$$\frac{c(Cl^-)V_0}{V_t + V_0} = [Cl^-] + [AgCl]_{aq} + [AgCl]_s \tag{8.2}$$

式中，下标 aq 表示分散在溶液中的型体；s 表示凝聚成固体的型体。令 $\eta = V_t/V_0$，将式 (8.1)−式 (8.2)，整理得

$$\eta = \frac{c(Cl^-) - [Cl^-] + [Ag^+]}{c(Ag^+) + [Cl^-] - [Ag^+]} = \frac{c(Cl^-) - [Cl^-] + K_{sp}(AgCl)(c^{\ominus})^2/[Cl^-]}{c(Ag^+) + [Cl^-] - K_{sp}(AgCl)(c^{\ominus})^2/[Cl^-]} \tag{8.3}$$

式 (8.3) 就是 Ag^+ 滴定 Cl^- 的滴定方程。通过这个方程可以计算出对应的滴定曲线，如图 8.1 所示。

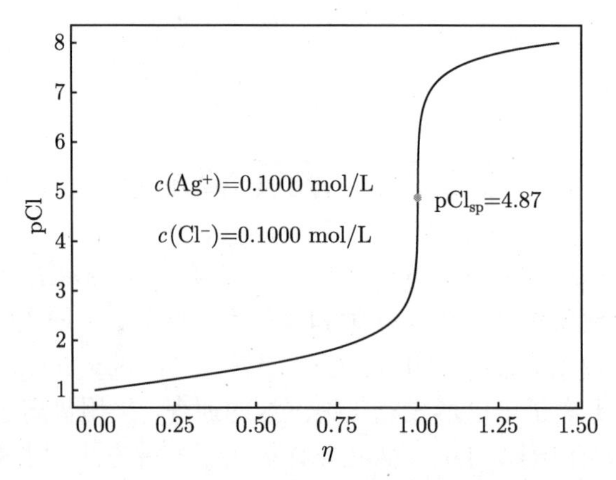

图 8.1　Ag^+ 滴定 Cl^- 的滴定曲线

为了准确地指示终点，K_2CrO_4 的浓度必须控制好，浓度太大会引起终点提前，而浓度太小又会导致终点滞后。化学计量点时，恰好析出 Ag_2CrO_4 沉淀所需 $[CrO_4^{2-}]$ 的理论值可通过下式计算：

$$\begin{aligned}[CrO_4^{2-}] &= \frac{K(Ag_2CrO_4)_{sp}(c^{\ominus})^3}{[Ag^+]_{sp}^2} \\ &= \frac{K(Ag_2CrO_4)_{sp}c^{\ominus}}{K(AgCl)_{sp}} \\ &= \frac{2.0\times10^{-12}}{1.8\times10^{-10}}\ \text{mol/L} \\ &= 1.1\times10^{-2}\ \text{mol/L}\end{aligned}$$

然而，当溶液中的 CrO_4^{2-} 浓度达到上述值时，溶液中的黄色太深，影响到终点时 Ag_2CrO_4 沉淀颜色的观察。因此，在实际分析过程中，CrO_4^{2-} 的浓度要低于上述理论值。实验证明，终点时 $[CrO_4^{2-}]=5\times10^{-3}$ mol/L 比较合适，而为了能观察到明显的色变，则需 $[Ag_2CrO_4]_s \geqslant 1.0\times10^{-5}$ mol/L。由于实际使用的指示剂的量偏离了化学计量点时的量，因此必然会产生终点误差。从质量平衡的角度来分析一下终点误差的情况，考虑在计量点附近的质量平衡如下：

$$\frac{c(Ag^+)V_t}{V_t+V_0} = [Ag^+]+[AgCl]_{aq}+[AgCl]_s+2[Ag_2CrO_4]_s \tag{8.4}$$

$$\frac{c(Cl^-)V_0}{V_t+V_0} = [Cl^-]+[AgCl]_{aq}+[AgCl]_s \tag{8.5}$$

令 $\eta=V_t/V_0$，将式 (8.4)−式 (8.5) 得

$$\frac{\eta c(Ag^+)-c(Cl^-)}{\eta+1} = [Ag^+]-[Cl^-]+2[Ag_2CrO_4]_s \tag{8.6}$$

令 (8.6) 式的右边为 B，则

$$\begin{aligned}B &= [Ag^+]-[Cl^-]+2[Ag_2CrO_4]_s \\ &= \sqrt{\frac{K(Ag_2CrO_4)_{sp}}{[CrO_4^{2-}]/c^{\ominus}}}c^{\ominus} + \frac{K(AgCl)_{sp}}{\sqrt{\dfrac{K(Ag_2CrO_4)_{sp}}{[CrO_4^{2-}]/c^{\ominus}}}}c^{\ominus} + 2[Ag_2CrO_4]_s\end{aligned}$$

将 B 代入式 (8.6) 整理得

$$\eta = \frac{B + c(\mathrm{Cl^-})}{c(\mathrm{Ag^+}) - B} \tag{8.7}$$

设 Ag^+ 和 Cl^- 的分析浓度分别为 $c(\mathrm{Ag^+}) = 0.1000\ \mathrm{mol/L}$ 和 $c(\mathrm{Cl^-}) = 0.1000\ \mathrm{mol/L}$，化学计量点时 $\eta_{\mathrm{sp}} = 1.000$。如果滴定终点时，$[\mathrm{CrO_4^{2-}}] = 5 \times 10^{-3}\ \mathrm{mol/L}$，且 $[\mathrm{Ag_2CrO_4}]_\mathrm{s} \geqslant 1.0 \times 10^{-5}\ \mathrm{mol/L}$，则可根据式 (8.7) 计算得 $\eta_{\mathrm{ep}} = 1.001$，终点误差为

$$\epsilon_{\mathrm{ep}} = \frac{\eta_{\mathrm{ep}} - \eta_{\mathrm{sp}}}{\eta_{\mathrm{sp}}} \times 100\% = \frac{1.001 - 1.000}{1.000} \times 100\% = 0.1\%$$

同理可以算得在初始浓度为 $c(\mathrm{Ag^+}) = 0.01000\ \mathrm{mol/L}$ 和 $c(\mathrm{Cl^-}) = 0.01000\ \mathrm{mol/L}$ 时，采用同样的指示剂，则终点误差为 1%。显然，莫尔法中指示剂的影响还是非常大的。除此之外，溶液的酸度对莫尔法也会有一定的影响。酸度太高，CrO_4^{2-} 的浓度将因酸效应而降低，导致 Ag_2CrO_4 沉淀出现过迟 (甚至不出现)，涉及的反应如下：

$$2\mathrm{CrO_4^{2-}(aq)} + 2\mathrm{H^+(aq)} \rightleftharpoons 2\mathrm{HCrO_4^-(aq)} \rightleftharpoons \mathrm{Cr_2O_7^{2-}(aq)} + \mathrm{H_2O(l)}$$

如果溶液的碱性太强，则会生成 Ag_2O 沉淀：

$$2\mathrm{Ag^+(aq)} + 2\mathrm{OH^-(aq)} = \mathrm{Ag_2O(s)} + \mathrm{H_2O(l)}$$

实验结果表明，莫尔法的酸度一般宜控制在 $\mathrm{pH} = 6.5 \sim 10.5$。酸度太高，铬酸根的浓度会因为酸效应而降低，导致铬酸银沉淀推迟形成；如果溶液的碱性太强，则又会生成氧化银沉淀。

莫尔法受到的干扰因素较多，许多弱酸根离子和金属离子均会对滴定过程产生影响，因此在滴定前应设法将这些离子分离出待测溶液，或者改变实验条件使它们的影响降到最低。常见的弱酸根离子有 PO_4^{3-}、AsO_4^{3-}、S^{2-}、SO_3^{2-}、CO_3^{2-}、$C_2O_4^{2-}$ 等，它们与银离子形成微溶的化合物而干扰滴定。溶液中如果存在铵盐，则滴定过程中有可能有 NH_3 形成，它会与银离子形成各级银氨配合物而干扰滴定。如果溶液中存在 Ba^{2+}、Pb^{2+} 等，它们也容易与 $Cr_2O_7^{2-}$ 形成沉淀从而干扰显色。对于更高价态的离子，如 Al^{3+}、Fe^{3+}、Bi^{3+} 等，即便在中性环境中也容易发生水解反应形成沉淀，从而干扰滴定过程。

8.2　福尔哈德法

福尔哈德法是以 KSCN 或 NH_4SCN 为滴定剂，以铁铵钒 $NH_4Fe(SO_4)_2$ 为指示剂的银量法。根据测定的对象不同，福尔哈德法又可分为直接滴定法和返滴定法。

8.2.1　直接滴定银离子

在 HNO_3 溶液中，以 $NH_4Fe(SO_4)_2$ 为指示剂，用 NH_4SCN 标准溶液滴定 Ag^+，反应如下：

$$\mathrm{Ag^+(aq)} + \mathrm{SCN^-(aq)} = \mathrm{AgSCN(s)}(\text{白色}), \qquad K_{\mathrm{sp}} = 1.0 \times 10^{-12}$$

滴定终点时指示剂的显色反应如下：

$$\mathrm{Fe^{3+}(aq)} + \mathrm{SCN^-(aq)} = \mathrm{FeSCN^{2+}(aq)}(\text{红色}), \qquad K_{\mathrm{sp}} = 1 \times 10^{3}$$

与莫尔法类似，指示剂的用量控制也是福尔哈德法的重要问题之一，现做一个简单分析。设加入指示剂后使得其初始浓度为 $c[NH_4Fe(SO_4)_2]$，则滴定终点时涉及的质量平衡方程为

$$\frac{c(KSCN)\eta_{ep}}{1+\eta_{ep}} = [SCN^-]_{ep} + [AgSCN]_{ep} + [FeSCN^{2+}]_{ep} \tag{8.8}$$

$$\frac{c(Ag^+)}{1+\eta_{ep}} = [Ag^+]_{ep} + [AgSCN]_{ep} \tag{8.9}$$

$$\frac{c[NH_4Fe(SO_4)_2]}{1+\eta_{ep}} = [Fe^{3+}]_{ep} + [FeSCN^{2+}]_{ep} \tag{8.10}$$

为讨论的简便，设 $c(NH_4SCN) = c(Ag^+) = 0.1000$ mol/L。终点时为了能够观察到明显的红色，$FeSCN^{2+}$ 的浓度达到 6×10^{-6} mol/L。如果要求滴定终点时的相对误差为 0.1%，则 $\eta = 1.001$。通过求解式 (8-8) 和式 (8-9) 可以得到 $[SCN^-]_{ep} = 4 \times 10^{-5}$ mol/L。由于还需满足如下的平衡关系式：

$$K(FeSCN^{2+}) = \frac{[FeSCN^{2+}]_{ep}}{[Fe^{3+}]_{ep}[SCN^-]_{ep}} = 10^{3.02} \tag{8.11}$$

可以求得 $[Fe^{3+}]_{ep} = 0.0001$ mol/L。通过式 (8-10)，可以求得 $c[NH_4Fe(SO_4)_2] = 0.002$ mol/L。

这里要说明的是，上述的计算是基于理想化的状态，未涉及实际滴定过程中存在的 AgSCN 白色沉淀物对颜色的干扰，也未涉及溶液的离子强度效应等。从文献报道情况看，铁铵矾指示剂的用量通常使初始体积下 $c[NH_4Fe(SO_4)_2] \approx 0.015$ mol/L。这个用量比理论计算值要高许多。

8.2.2　返滴定法测定卤素离子

采用返滴定法时，首先在含卤素离子的溶液中加入已知量的、过量的 $AgNO_3$ 标准溶液，使卤素离子生成银盐沉淀，反应如下：

$$X^-(aq) + Ag^+(aq) \xlongequal{} AgX(s)$$

以 $NH_4Fe(SO_4)_2$ 为指示剂，用 SCN^- 标准溶液滴定剩余的 Ag^+，反应如下：

$$SCN^-(aq) + Ag^+(aq) \xlongequal{} AgSCN(s)$$

当银离子被滴定完全之后，SCN^- 与 Fe^{3+} 反应生成红色配合物，指示终点：

$$SCN^-(aq) + Fe^{3+}(aq) \xlongequal{} FeSCN^{2+}(aq)\ (\text{红色})$$

采用返滴定法时，有两点需要注意：

第一，测定 Cl^- 时，由于 AgCl 的溶解度比 AgSCN 大，当剩余的 Ag^+ 被滴定完毕后，过量的 SCN^- 将与 AgCl 反应：

$$AgCl(s) + SCN^-(aq) \xlongequal{} AgSCN(s) + Cl^-(aq)$$

这一反应消耗了 SCN^-，使其与指示剂的反应延迟而不能及时指示化学计量点。为避免上述问题，可采取如下措施之一：① AgCl 沉淀完毕后将其过滤掉；② 生成 AgCl 沉淀后将试液煮沸，使 AgCl 凝聚，从而减慢其转化速率；③ 生成 AgCl 沉淀后加入少量有机溶剂，如硝基苯等，使 AgCl 表面形成一层有机膜而与溶液隔开。

第二，在测定 I^- 时，指示剂必须在加入过量 $AgNO_3$ 之后才能加入，以免发生下述氧化还原反应：

$$2I^-(aq) + 2Fe^{3+}(aq) = I_2(aq) + 2Fe^{2+}$$

福尔哈德法因为采用 $NH_4Fe(SO_4)_2$ 作为指示剂，故滴定应在酸性条件下进行，通常是在 $0.1 \sim 1$ mol/L 的 HNO_3 介质中。在酸性条件下进行滴定的另外一个好处是，一些在中性或弱碱性条件下能与 Ag^+ 形成沉淀的阴离子，如 PO_4^{3-}、CrO_4^{2-}、SO_4^{2-} 等，都不会干扰测定。

8.3 法扬斯法

用吸附指示剂指示终点的银量法称为法扬斯法。吸附指示剂通常是有色有机染料的阴离子，它容易被带正电荷的胶体沉淀所吸附，并发生颜色的改变。例如，用 $AgNO_3$ 滴定 Cl^- 时，常用荧光黄 (HFl) 作指示剂。荧光黄是一个弱酸，其解离情况如下：

$$HFl(aq) \rightleftharpoons H^+(aq) + Fl^-(aq)(\text{黄绿色})$$

化学计量点前，溶液中有剩余的 Cl^-，因此生成的 AgCl 沉淀优先吸附构晶离子 Cl^-，而不吸附荧光黄，此时溶液呈现荧光黄的绿色。化学计量点后，AgCl 沉淀吸附构晶离子 Ag^+ 而带正电，此时荧光黄被吸附在沉淀表面而呈现粉红色，指示终点到来。反应式如下：

$$(AgCl)Cl^-(aq) + Fl^-(aq)\ (\text{黄绿色}) \xrightleftharpoons{AgNO_3} (AgCl)(Ag^+)(Fl^-)(\text{粉红色})$$

荧光黄的变色是可逆的，当用 $AgNO_3$ 滴定 NaCl 溶液时，终点颜色由黄绿色变成粉红色；而当用 NaCl 溶液滴定 $AgNO_3$ 溶液时，终点颜色由粉红色变为绿色。为了使终点时吸附指示剂的颜色变化明显，应注意以下几点：

(1) 吸附指示剂是通过吸附在卤化银沉淀的表面上从而发生颜色变化的。为达到最好的变色效果，应使指示剂尽可能多地吸附到沉淀表面，为此，沉淀的比表面积应尽可能大。在滴定过程中，为了使沉淀尽可能地分散以获得大的比表面积，通常加入糊精和淀粉以防止沉淀凝聚。

(2) 吸附指示剂通常是有机弱酸，其变色形体是其共轭碱阴离子，为确保足够多的指示剂阴离子，应将溶液的酸度控制在适当的范围内。

(3) 卤化银沉淀在光照下易分解析出银，使溶液显灰色，影响滴定终点颜色的观察，因此在滴定时应避免强光照射。

(4) 胶体对指示剂的吸附能力要恰当，太大或太小都不合适。如果吸附能力太强，则容易导致提前变色，而太弱则使滴定终点推迟。

此外，指示剂的吸附性要适当，过大或过小都不利于测定。例如，曙红是测定 Br^-、I^-、SCN^- 的良好指示剂，但不适合作为测定 Cl^- 的指示剂，因为 Cl^- 的吸附性较差，在化学计量点到达之前就会有一部分指示剂的阴离子取代 Cl^- 而进入吸附层中，导致无法指示滴定终点。表 8.1 列出了一些常用的吸附指示剂。

表 8.1　常用的吸附指示剂

指示剂	被测离子	滴定剂	滴定条件
荧光黄	Cl^-	Ag^+	pH $7 \sim 8$
二氯荧光黄	Cl^-	Ag^+	pH $4 \sim 8$
曙红	Br^-, I^-, SCN^-	Ag^+	pH $2 \sim 8$
溴甲酚绿	SCN^-	Ag^+	pH $4 \sim 5$
甲基紫	Ag^+	Cl^-	酸性溶液
罗丹明 6G	Ag^+	Br^-	酸性溶液
钍试剂	SO_4^{2-}	Ba^{2+}	pH $1.5 \sim 3.5$
溴酚蓝	Hg_2^{2+}	Cl^-, Br^-	酸性溶液

8.4 应用举例

8.4.1 天然水中氯含量的测定

水中含有的氯离子通常以钠、镁、钙盐的形式存在，而这类离子均会以某种形式沉积下来，对于高压锅炉系统等存在潜在的危害。测定水中氯含量时，通常用莫尔法。若水中还含有 SO_3^{2-}、S^{2-}、PO_4^{3-} 等，可采用福尔哈德法。滴定反应如下：

$$Cl^-(aq) + Ag^+(aq) \xlongequal{\quad} AgCl(s)$$

采用莫尔法测定水中氯时，应将溶液的 pH 控制在 $6.5 \sim 10.5$。低于此范围，加入的指示剂 K_2CrO_4 会发生如下反应：

$$CrO_4^{2-}(aq) + H^+(aq) \rightleftharpoons HCrO_4^-(aq)$$

由此使得溶液中的 CrO_4^{2-} 浓度降低，为了实现生成 Ag_2CrO_4 达到显色的目的就必须加入更多的银离子，产生较大的误差。另一方面，如果 pH 高于此范围，则银离子又可能发生如下反应：

$$2Ag^+(aq) + 2OH^-(aq) \rightleftharpoons 2AgOH(s) \rightleftharpoons Ag_2O(s) + H_2O(l)$$

这不但导致误差增大，还会干扰终点的观察。在测定过程中还需要用蒸馏水做空白进行实验，所得结果作为空白值。之所以要做空白实验，是因为莫尔法的特殊性。滴定前加入的 CrO_4^{2-} 的浓度是低于形成 Ag_2CrO_4 沉淀时的浓度的，这就迫使银离子实际上需要适当过量才能最终形成 Ag_2CrO_4 砖红色沉淀。只有将实际水样的测定值减去空白值才能得到准确的结果。

8.4.2 银合金中银的测定

银合金中银的测定采用福尔哈德法。首先，将银合金溶于 HNO_3 中，制成样品溶液，反应如下：

$$Ag(s) + NO_3^-(aq) + 2H^+(aq) \xlongequal{\quad} Ag^+(aq) + NO_2(g) + H_2O(l)$$

注意，在溶解试样时，必须煮沸以除去氮的低价氧化物，以免它们在后续滴定过程中与 SCN^- 作用生成红色化合物，影响终点的观察：

$$HNO_2(aq) + H^+(aq) + SCN^-(aq) = NOSCN(aq)(\text{红色}) + H_2O(l)$$

试样溶解之后，以铁铵矾作指示剂，用 NH_4SCN 标准溶液进行滴定，反应如下：

$$Ag^+(aq) + SCN^-(aq) = AgSCN(s)$$

要强调的是，AgSCN 对银离子有强烈的吸附作用，会导致终点提前出现。因此，滴定过程中必须充分摇动溶液，使被吸附的银离子完全释放出来。

8.4.3　有机化合物中卤素的测定

有机化合物中卤素的测定采用福尔哈德法。有机试样须先经处理，使其中的卤化物转化为卤离子后，再进行测定。有机卤化物中卤素的结合方式不同，所采用的预处理方式也不同。例如，粮食中熏蒸剂溴甲烷残留量的测定中，首先利用吹风法将粮食中残留的溴甲烷吹出，用乙醇胺吸收，此时发生如下反应：

$$HOCH_2CH_2NH_2(aq) + CH_3Br(g) = HOCH_2CH_2NHCH_3(aq) + HBr(aq)$$

将反应液用水稀释，并加硝酸使之呈酸性，再加入一定量的、过量的 $AgNO_3$ 标准溶液，以铁铵矾为指示剂，用 NH_4SCN 标准溶液滴定。

又如，如果卤素在芳香环侧链上，这类卤素原子相对较活泼，可以采用 NaOH 加热回流的方式使得有机卤素转化为卤离子：

$$R—X + NaOH = R—OH + NaX$$

但是，如果有机卤素很稳定，则必须采用熔融法或预氧化处理后才能使有机卤素转化为卤离子。

习　题

8.1　什么是沉淀滴定法？它对沉淀反应有什么要求？

8.2　福尔哈德法为什么需要在酸性条件下进行滴定？在酸性条件下滴定有什么优点？用该法滴定氯离子时，如果不加入硝基苯或其他有机溶剂，分析结果会怎样？

8.3　法扬斯法中，吸附指示剂变色的原理是什么？

8.4　用银量法测定下列试样中的 Cl^- 时，选用哪一种方法更好？

(1) $CaCl_2$　(2) $BaCl_2$　(3) $FeCl_2$

(4) $NaCl + Na_3PO_4$　(5) NH_4Cl　(6) $NaCl + Na_2SO_4$

(7) $Pb(NO_3)_2 + NaCl$

8.5　在下列情况下，测量结果是准确的，还是偏低、偏高？为什么？

(1) $pH \approx 4$ 时用莫尔法测定 Cl^-；

(2) 试液中含有铵盐，在 $pH \approx 10$ 时，用莫尔法测定 Cl^-；

(3) 用法扬斯法测定 Cl^- 时，以曙红作指示剂；

(4) 用福尔哈德法测定 Cl 时，未将沉淀过滤也未加 1, 2-二氯乙烷；

(5) 用福尔哈德法测定 I^- 时，先加铁铵矾指示剂，然后加入过量 $AgNO_3$ 标准溶液。

8.6　称取某氯化物试样 0.2500g，加入 30.00 mL 浓度为 0.1100 mol/L 的 $AgNO_3$ 溶液，滴定过量的 $AgNO_3$ 消耗了浓度为 0.1021 mol/L 的 NH_4SCN 溶液 12.15 mL，计算试样中 Cl^- 的百分含量。

8.7　称取 0.3028 g KCl 与 KBr 的混合物，溶于水后用浓度为 0.1014 mol/L 的 $AgNO_3$ 溶液滴定，用去 30.20 mL，计算该混合物中 KCl 和 KBr 的质量分数。

8.8　某含碘离子 (I^-) 试样 0.6712 g，向其中加入 50.00 mL 浓度为 0.05619 mol/L 的硝酸银溶液，过量的银离子需要 35.14 mL 浓度为 0.05322 mol/L 的 KSCN 溶液才能完全滴定。求该溶液中碘离子的质量分数。

第 9 章　分光光度法

分光光度法是利用物质的分子对紫外–可见光谱区 (一般为 $200 \sim 800$ nm) 的辐射产生吸收来进行定性与定量的分析方法。通过比较有色溶液颜色深浅来测定其中有色物质的含量，如根据 MnO_4^-、CrO_4^{2-}、$Cu(NH_3)_4^{2+}$ 溶液的颜色深浅，人的眼睛可直接判断其浓度大小，这是早期 (19 世纪 $30 \sim 40$ 年代开始) 使用的方法，称为目视比色法。随着分光光度计发展为灵敏、准确、多功能的仪器，光吸收的测量从混合光的吸收进展为单波长光的吸收及其集合，可以通过有色溶液 (甚至是无色溶液) 对某一波长的光的吸收情况来测定待测组分的含量，这就是分光光度法。

分光光度法是测定低含量组分 ($< 1\%$) 的常用方法，甚至可测定 $10^{-6} \sim 10^{-7}$ mol/L 的痕量组分。它有较好的准确度，相对误差一般为 $2\% \sim 5\%$。分光光度法因为其准确度和灵敏度较高，仪器设备简单，在分析化学乃至化学领域获得了广泛的应用。几乎所有的无机离子和许多有机物都可以直接或间接地用分光光度法 (紫外或可见光) 进行测定。因此，在矿物、冶金、医药、化工、环保等部门中均得到广泛使用。

从分光光度法的发展历史来看，人们一直从两个方面对它进行不断地研究及改进。一方面是寻找更理想的显色剂以提高反应的灵敏度与选择性，并深入研究其反应机理，总结物质分子的结构与其吸收光谱间的相互关系；另一方面是不断改进测量光强度的方法，使仪器更灵敏、精确。

9.1　物质对光的选择性吸收

物质分子是由原子组成的，任何一种物质的原子或分子中的电子总是处于不断运动的状态，而且每种运动状态都具有一定的能量。原子中的电子若吸收了外来辐射的能量，则从一个能量较低的能级跃迁到另一个能量较高的能级。例如，将 NaCl 溶液喷洒到高温火焰上时，火焰将溶剂蒸发并将大部分 Na^+ 分解为气态钠原子，钠原子的最外层电子原来处于低能级 (基态)，它吸收了热能后就跃到较高的能级 (激发态)，如果它吸收了波长为 589 nm 的光子就跃到第一激发态，如果吸收了波长为 330 nm 的光子则跃到第二激发态 (光量子的能量与波长成反比)。当原子选择吸收了某些波长的电磁波后就产生电子跃迁，形成原子吸收光谱，这是一种不连续的线状光谱，如图 9.1 所示。

当原子相互结合形成分子时，原子轨道进行复杂的组合形成了分子轨道。分子吸收光谱与原子吸收光谱的形成机理相似，都是由电子跃迁所引起。与原子轨道类似，分子轨道也是量子化的。但是由于分子是由两个以上的原子组成，于是分子内部的结构以及内部运动所涉及的能级变化比较复杂。每个原子有几个不同的电子能级，在同一电子能级中又分为 $\nu = 0, 1, 2, 3, \cdots$ 振动能级，在同一电子能级和同一振动能级中，因转动能量不同又分成 $j = 0, 1, 2, 3, \cdots$ 转动能级，即在同一电子能级中有几个振动能级，而在同一振动能级中又有几个转动能级。转动能级的间距最小，振动能级的间距较大，电子能级的间距最大。

一个分子吸收了外来辐射之后，就有能量的变化。在分子中除了有电子运动外，还有分子的振动和转动。分子振动是指两个原子在它们的平衡距离 (即连接两原子核间的键) 附近进行伸缩振动；分子转动则是两个原子核间的距离不变，原子绕轴做转动。由此，分子的总能量 E 为

$$E = E_0 + E_{电子} + E_{振动} + E_{转动} \tag{9.1}$$

式中，E_0 为分子中固定的内部能量，不随运动改变。

电子运动所需能量一般为 $1 \sim 20$ 电子伏特 (eV)，分子振动所需能量 ($0.05 \sim 1$ eV) 和分子转动所需的能量 (< 0.05 eV) 均比电子运动所需的能量小得多。因此，当分子吸收光子能量而产生电子跃迁时，必然同时引起分子振动跃迁和转动跃迁，即同时得到许多条谱线，而这些谱线的波长间隔又很小 (转动能级的谱线间距只有 0.25 nm 左右)，因此这些谱线就连在一起，呈现带状，称为带状光谱。在一般情况下，分子中的电子处于分子轨道的基态，当分子受到光照射时，其中的电子将有可能从基态跃迁到能量更高的分子轨道，如图 9.2 所示。

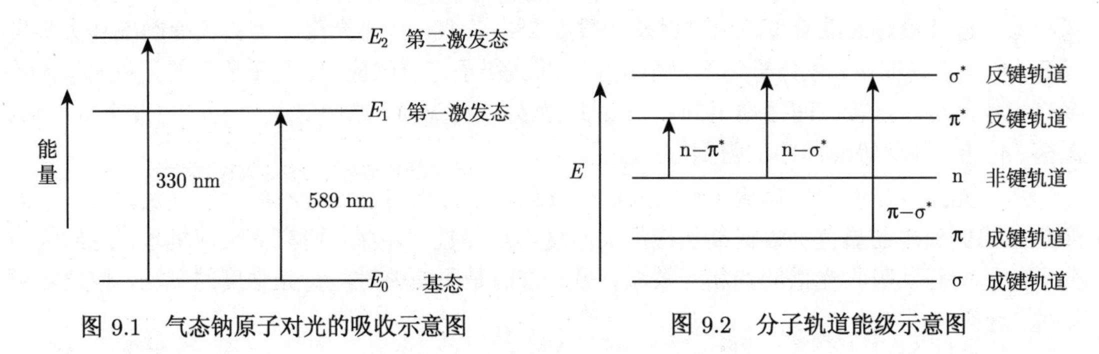

图 9.1 气态钠原子对光的吸收示意图

图 9.2 分子轨道能级示意图

分子轨道中电子的跃迁能否产生取决于两个因素，一是分子轨道之间的能级差；二是光照射所提供的能量。从量子理论知道，只有当光照射的能量恰好等于两个分子轨道之间的能量差时，电子在这两个分子轨道之间的跃迁才可以实现，此时的光辐射才会被分子吸收。

根据物理学理论，光是一种电磁波，具有波粒二象性。波动性是指光按波动形式传播，如光的折射、衍射、干涉等现象就明显地表现出波动性，于是有一定的波长 λ(cm)、频率 ν(Hz) 和速度 c (真空中为光速，3×10^{10}cm/s)，它们的关系是

$$\lambda\nu = c \tag{9.2}$$

光同时又有粒子性，光电效应就明显表现出粒子性，即光是由“光微粒子”(或称光量子、光子) 所组成，具有一定的能量，可以用普朗克方程来描述：

$$E = h\nu = h\frac{c}{\lambda} \tag{9.3}$$

式中，E 为光辐射能量；$h = 6.63 \times 10^{-34}$ J · s，为普朗克 (Planck) 常量。

因此，只要采用恰当波长的光照射物质，该物质就会对光产生吸收作用。

由于分子轨道的能级通常较多，且能级差也各不相同，当用某个波长范围的单色光依次照射某一物质时，可以得到该物质对各单色光的吸收光谱。图 9.3 为甲基红的吸收光谱曲线。

吸收光谱的形状取决于物质的结构，因而有时也用吸收光谱进行定性分析。吸收光谱中吸光度最大值处的波长称为最大吸收波长，用 $\lambda_{\max}$ 表示。由于最大吸收波长处具有最好的信噪比以及相对的稳定性，因此在传统的定量分析中通常是根据最大吸收波长处的吸光度值来建立定量校正模型。化学计量学的发展提供了直接采用全谱进行定量校正的方法，如偏最小二乘法等，有兴趣的读者可以参阅有关书籍和文献。

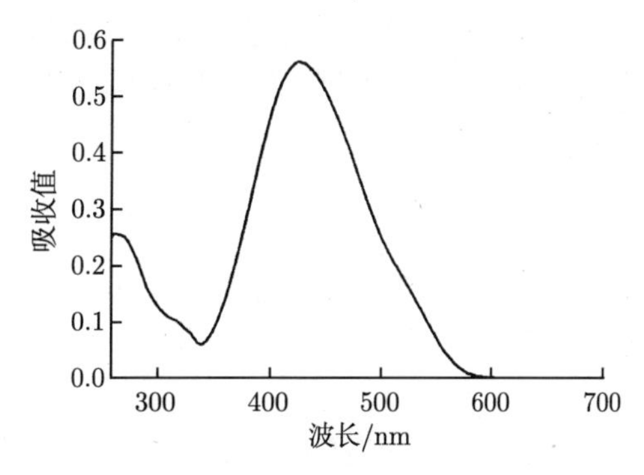

图 9.3　甲基红的吸收光谱曲线

9.2　朗伯–比尔定律

溶液中的质点吸收光波是由于电子的跃迁，光吸收的大小程度与光通过溶液的路程 (光路) 中溶液的质点 (分子或离子) 数目有关。换句话说，如果溶液浓度越高，其质点数目越多，则光吸收越多，如图 9.4 为不同浓度的 $KMnO_4$ 溶液的光吸收程度。同样地，如果光路越长，就会有更多的光子被吸收。因此，光的吸收与溶液的浓度及光路的长短密切相关，这就是光吸收定律的基础。

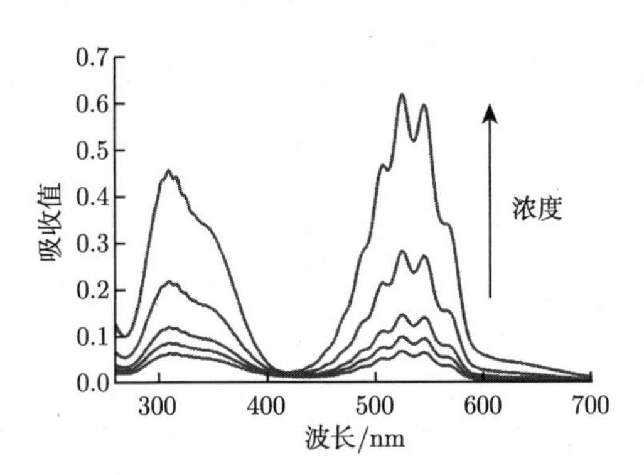

图 9.4　高锰酸钾溶液的吸收光谱曲线

1729 年和 1760 年，布给 (Bouguer) 和朗伯 (Lambert) 先后发现，物质对单色光的吸收程度与吸收层厚度成正比，用数学式表示如下：

$$A \propto b \tag{9.4}$$

式中，A 为吸光度；b 为吸收层的厚度。

1852 年，比尔 (Beer) 发现，物质对单色光的吸收程度与物质的浓度成正比，用数学式表示如下：

$$A \propto c \tag{9.5}$$

式中，c 为吸光物质的浓度。

将式 (9.4) 和式 (9.5) 相结合，就得到著名的朗伯–比尔定律：

$$A = Kbc \tag{9.6}$$

式中，K 为吸光系数，它是与物质的性质、入射光波长、温度等因素有关的量。当 c 的单位为 mol/L，b 的单位为 cm 时，吸光系数用 ε 来表示，称为摩尔吸光系数，其单位为 L/(mol · cm)，它表示物质浓度为 1 mol/L、液层厚度为 1 cm 时溶液的吸光度。这时，式 (9.6) 变为

$$A = \varepsilon bc \tag{9.7}$$

在波长、温度和溶剂等条件一定时，摩尔吸光系数的大小取决于物质的性质，是物质对某一波长的光的吸收能力的量度。对应于最大吸收波长处的摩尔吸光系数 $\varepsilon_{\max}$ 常用来衡量分光光度法的灵敏度。

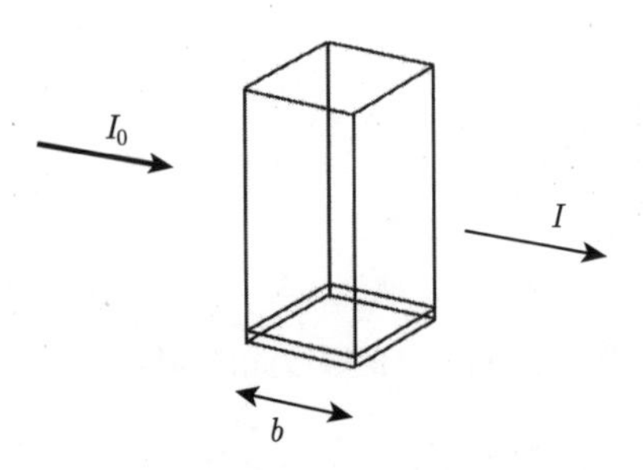

图 9.5　溶液对光的吸收示意图

在分光光度法中，另一个经常使用的量是透光度，其定义如下：

$$T = \frac{I}{I_0} \tag{9.8}$$

式中，T 为透光度；I_0 为入射光的强度；I 为透射光的强度，如图 9.5 所示。

透光度与吸光度之间有如下关系：

$$A = \lg \frac{1}{T} = \lg \frac{I_0}{I} \tag{9.9}$$

例 9.1　邻二氮菲与铁反应可以生成橘红色的配合物，分光光度法中常以此反应测定微量铁。已知溶液中 $c(\mathrm{Fe}^{2+})$ 为 1.0783 mg/L，液层厚度为 1cm，在 508 nm 处测得邻二氮菲铁配合物的吸光度为 0.208。计算吸光系数 K 和摩尔吸光系数 ε。

解

$$K = \frac{A}{bc} = \frac{0.208}{1\ \mathrm{cm} \times 1.0783 \times 10^{-3}\ \mathrm{g/L}} = 193\ \mathrm{L/(g \cdot cm)}$$

铁的摩尔浓度为

$$c = \frac{1.0783 \times 10^{-3}\ \mathrm{g/L}}{55.85\ \mathrm{g/mol}} = 1.9307 \times 10^{-5}\ \mathrm{mol/L}$$

由于 1 mol 铁可以生成 1 mol 邻二氮菲铁配合物，因此

$$\varepsilon = \frac{A}{bc} = \frac{0.208}{1\ \mathrm{cm} \times 1.9307 \times 10^{-5}\ \mathrm{mol/L}} = 1.08 \times 10^{4}\ \mathrm{L/(mol \cdot cm)}$$

9.3　影响分光光度法准确度的因素

影响分光光度法准确度的因素可以从物理因素、化学因素和仪器因素三个方面来考察。对这些因素的充分认识，有助于正确使用分光光度法。在分光光度分析中，经常出现标准曲线不成直线的情况，特别是当吸光物质浓度较高时，会出现向浓度轴弯曲的现象 (个别情况向吸光度轴弯曲)，这种情况称为朗伯–比尔定律的偏离，如图 9.6 所示。

朗伯–比尔定律的适用条件：① 单色光：应选用 $\lambda_{\max}$ 处或肩峰测定；② 吸光质点形式不变：离解、络合、缔合会破坏线性关系，应控制条件 (酸度、浓介质等)；③ 稀溶液：浓度增大，分子之间作用增强。

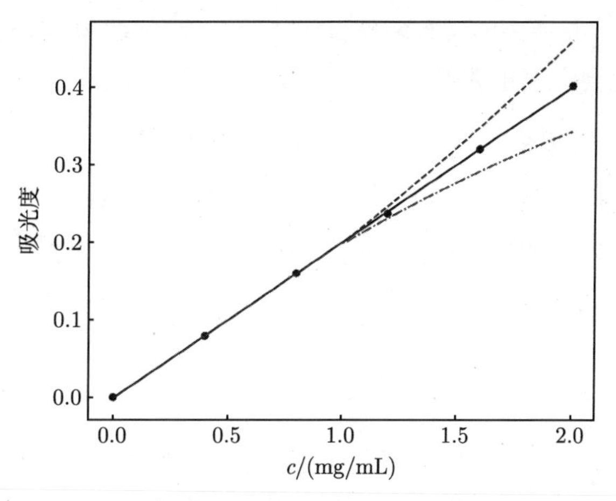

图 9.6 标准曲线及对朗伯–比尔定律的偏离

9.3.1 物理因素

1. 非单色光引起的误差

应用朗伯–比尔定律时要求入射光为单色光。然而，现有的分析仪器的分光能力只能获得具有一定波长范围的光谱带，以此作为入射光，会在一定程度上使朗伯–比尔定律产生偏差。现对此情况做一些分析。

设有一入射光由波长分别为 λ_1 和 λ_2 的两种单色光组成，两种单色光的强度分别为 I_{01} 和 I_{02}。当通过厚度为 b 和浓度为 c 的溶液后，透射光的强度分别为 I_{11} 和 I_{12}。根据朗伯–比尔定律，有

$$A_1 = \lg \frac{I_{01}}{I_{11}} = \varepsilon_1 bc \tag{9.10}$$

和

$$A_2 = \lg \frac{I_{02}}{I_{12}} = \varepsilon_2 bc \tag{9.11}$$

整理两式得

$$I_{11} = I_{01} \cdot 10^{-\varepsilon_1 bc} \tag{9.12}$$

$$I_{12} = I_{02} \cdot 10^{-\varepsilon_2 bc} \tag{9.13}$$

如果这两种单色光的波长较接近，现有的装置难以区分，则能够测定的只是入射光总强度 $(I_{01} + I_{02})$ 和透射光总强度 $(I_{11} + I_{12})$。因此，总的吸光度为

$$A_{总} = \lg \frac{I_{01} + I_{02}}{I_{11} + I_{12}} = \lg \frac{I_{01} + I_{02}}{I_{01} \cdot 10^{-\varepsilon_1 bc} + I_{02} \cdot 10^{-\varepsilon_2 bc}} \tag{9.14}$$

一般而言，$\lambda_1 \neq \lambda_2$ 时，$\varepsilon_1 \neq \varepsilon_2$，因此此时已不满足朗伯–比尔定律。当然，如果 $\lambda_1 \approx \lambda_2$ 时，$\varepsilon_1 \approx \varepsilon_2$，即 A 和 c 之间仍能保持较好的线性关系。

2. 非平行入射光产生的误差

如果入射光为非平行光，则并非所有的入射光都会经历相同的光程，不与吸收介质表面垂直的光经历的光程要长一些，此时按介质厚度计算时，所得浓度值要大于实际值，从而产生

正偏差。另一方面，不与介质表面垂直的光也容易在介质表面产生反射，使部分入射光实际上并不进入介质，此时也会产生正偏差。

3. 介质不均匀引起的误差

朗伯-比尔定律要求吸光物质是均匀的且是非散射的。当溶液产生胶体或发生混浊时，就会产生严重的光散射，使一部分入射光因散射而损失，从而导致实测的吸光度偏高，产生正偏差。

9.3.2 化学因素

1. 溶液浓度过高引起的误差

当溶液浓度较高时，吸光物质的粒子之间的接近程度也会增大，粒子之间的相互作用会影响吸光微粒的电荷分布，从而改变微粒的能级分布，这必然会改变吸光物质的摩尔吸光系数。因此，过高的浓度会使吸光度与浓度之间的线性关系被改变，从而引起误差。

2. 化学反应引起的误差

由化学反应引起的误差通常来自两个方面：一是吸光物质自身因化学反应导致的浓度变化；二是显色反应的完全程度。例如，如果采用稀释的方式配制 K_2CrO_7 标准溶液系列，则会发生如下平衡变化：

$$Cr_2O_7^{2-}(aq) + H_2O(l) \rightleftharpoons 2CrO_4^{2-}(aq) + 2H^+(aq)$$

即溶液中 $K_2Cr_2O_7$ 的浓度会因为平衡移动而减小，由此产生误差。又如，在采用显色反应的方式配制标准溶液系列时，待测物质 M 与显色剂 R 发生如下显色反应，生成有色物质 MR：

$$M + R \rightleftharpoons MR$$

设 MR 与 M 的浓度之间存在如下关系：

$$[MR] = \alpha c(M) \tag{9.15}$$

则根据朗伯-比尔定律有

$$A = \varepsilon b[MR] = \varepsilon b\alpha c(M) \tag{9.16}$$

很显然，要实现准确定量，必须 $\alpha = 1$，否则就会产生误差。实现 $\alpha = 1$ 的一个简单方法是加入过量的显色剂。

9.3.3 吸光度测量的误差

分光光度法中，仪器实际测量的是样品溶液的透光度 T。在分光光度计的标尺上，透光度 T 的标尺是均匀的，透光度的读数误差 ΔT 仅取决于仪器的状态，与透光度值无关。然而，透光度与吸光度之间存在着对数关系，ΔT 对浓度估计产生的误差将不再是固定值，而是与 T 有关的值。

根据朗伯-比尔定律，可以得到如下仪器测量的误差公式：

$$\epsilon = \frac{\Delta c}{c} \times 100\% = \frac{0.434\Delta T}{T \lg T} \times 100\% \tag{9.17}$$

式中，$\dfrac{\Delta c}{c}$ 为浓度的相对误差。

图 9.7 为测量浓度的相对误差与透光度的关系，从图中可以看到，$T=0.15\sim0.65$，浓度的相对误差基本一致，并且在 $T=0.368$ (即 $A=0.434$) 时达到最小值。因此，实际的测量中应使透光度在 $T=0.368$ (或 $A=0.434$) 附近。

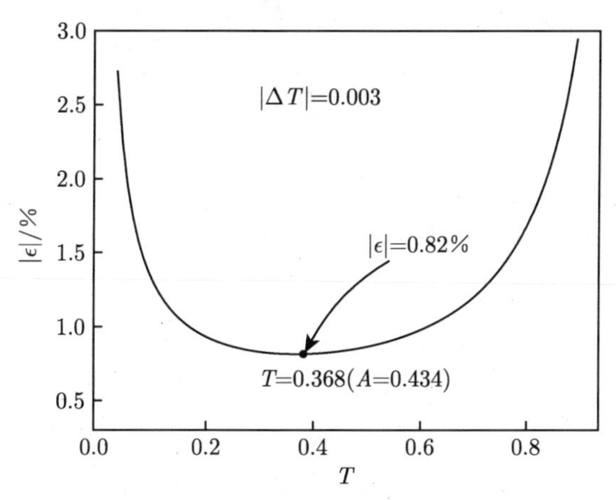

图 9.7　浓度的相对误差与透光度的关系

9.4　分光光度法的仪器结构

9.4.1　光度分析的几种方法

1. 目视比色法

目视比色法常用的方法是标准系列法，其步骤是：用一套由相同玻璃材料制成的、形状大小相同的比色管 (容积有 10 mL、25 mL、50 mL 等)，将系列不同量的标准溶液依次加入比色管中，再分别加入相同量的显色剂及其他试剂，并控制其他实验条件相同，最后稀释至同样体积，配成颜色逐渐加深的标准色阶。取定量待测试液置于另一比色管中，在相同条件下进行显色，并稀释至同样体积，然后从管口垂直向下观察并与标准色阶比较，也可以从比色管的侧面观察，若待测试液与标准系列中某溶液的颜色深度相同，说明二者浓度相等；如果待测试液颜色介于相邻两个标准溶液之间，则试液浓度也就介于两个标准溶液的浓度之间。

标准系列法的优点是：① 仪器简单，操作简便；② 比色管中的液层较厚，而人眼具有辨别很稀的有色溶液颜色的能力，故测定的灵敏度较高，适用于稀溶液中痕量物质的测定；③ 因为测定是在完全相同的条件下进行，而且可以在白光下进行，因而某些不完全符合比尔定律的显色反应也可以用目视比色法测定。目视比色法的主要缺点是准确度较差，相对误差为 $5\%\sim20\%$，而且标准系列不能久存，需在测定时同时配制。

2. 光电比色法

利用光电效应测量光线通过有色溶液后的透过光强度以求出待测物质含量的方法称为光电比色法。测量是在光电比色计中进行，如国产 581-S 型光电比色计 (图 9.8)。具体做法是：由光源发出的白光，经过滤光片后得到一定波长宽度的近似单色光，将此“单色光”通过有色溶液，让透过的光照射到光电池上，产生电流 (所产生的电流与透过光的强度成正比)，电流的大小用检流计测量。在检流计的读数标尺上可读出相应的透光度或吸光度。

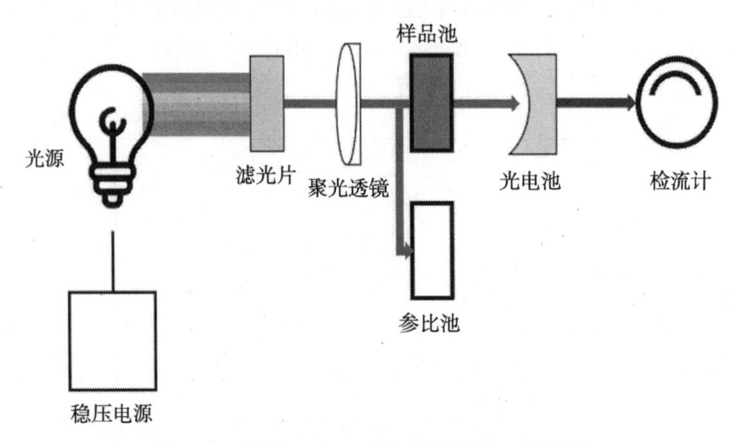

图 9.8　国产 581-S 型光电比色计工作原理

光电比色法与目视比色法的原理并不完全一样，光电比色法是比较溶液对某一波长光波的吸收程度，目视比色法是比较透过光强度。与目视比色法比较，光电比色法有如下优点：① 用光电池代替人的眼睛进行测量，准确度较高，光电比色法的相对误差一般为 5% 左右；② 当其他有色物质共存时，可选用适当的滤光片和适当的参比溶液来消除干扰，提高了选择性。

光电比色法是采用滤光片来获得“单色光”的，滤光片是各种不同颜色的玻璃片 (如蓝色、绿色、红色)。白光通过滤光片时，相当一部分的光被吸收，只允许一段波长不太宽的近似单色光通过。例如，一块蓝色滤光片 (蓝色光波的波长范围为 450 ~ 480 nm) (表 9.1)，它对波长为 470 nm 的蓝色光有最大的透光度，通常将这块滤光片标为“470 nm”。但实际上，邻近波长范围的光也有不同程度的透过，即透过的并不是纯正的单色光，而是具有一定波长范围的复合光。

表 9.1　吸收光的颜色和观察到的颜色

吸收光波长/nm	颜色	观察到的颜色
400 ~ 450	紫色	黄绿色
450 ~ 480	蓝色	黄色
480 ~ 490	绿蓝色	橙色
490 ~ 500	蓝绿色	红色
500 ~ 560	绿色	紫红色
560 ~ 580	黄绿色	紫色
580 ~ 600	黄色	蓝色
600 ~ 650	橙色	绿蓝色
650 ~ 750	红色	绿色

由于滤光片所得的“单色光”不够纯，灵敏度和准确度都不够理想，因此光电比色计已被用棱镜或光栅取得“单色光”的分光光度计所代替。

3. 分光光度法

分光光度法的基本原理与光电比色法相同，不同点仅在于获得单色光的方法，利用棱镜或光栅作为分光器，可以获得纯度较高的“单色光”，所用的仪器称为分光光度计，其测量范围比光电比色计宽很多。此外，在较好的分光光度计中，由于使用光电倍增管作检测器，灵敏度较光电比色计好。

分光光度法的特点是：① 入射光是纯度较高的“单色光”，通过选择最合适的波长进行测定，可使偏离朗伯-比尔定律的情况大为减少，标准曲线的线性范围也较大，分析结果较光电比色计准确；② 可以任意选取某种波长的“单色光”，在一定条件下，利用吸光度的加和性，可以同时测定两种以上的组分；适用范围包括紫外区、可见光区和近红外光区，即可以测定一些无色物质。

9.4.2　分光光度计的基本结构

分光光度法所采用的仪器为分光光度计。各种型号的分光光度计其基本结构都较类似，通常由光源、单色器、吸收池、检测器及信号显示五部分组成，如图 9.9 所示。

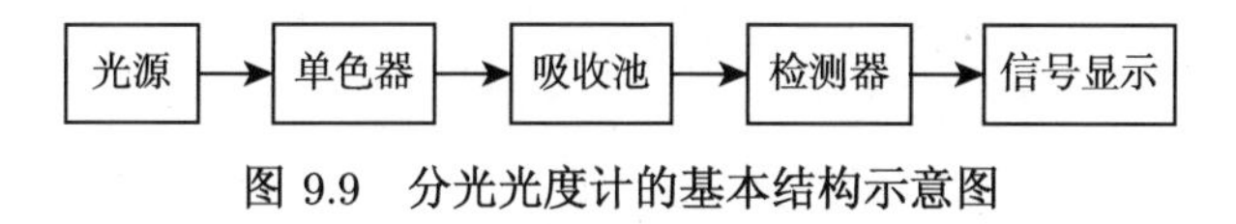

图 9.9　分光光度计的基本结构示意图

1. 光源

分光光度计中常用的光源可分为两类 (图 9.10)：一类是热辐射光源，如钨灯和碘钨灯，其波长范围为 340 ~ 2500 nm，可用于可见光区域的分析；另一类是气体放电光源，如氢灯和氘灯等，其波长范围为 160 ~ 375 nm，常用于紫外光区域的分析。由于受石英窗吸收的限制，通常紫外光区域波长的有效范围一般为 200 ~ 375 nm。

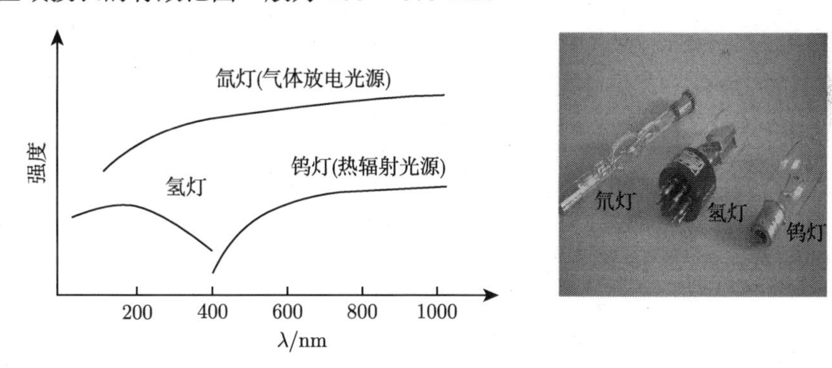

图 9.10　不同光源的波长范围及实物图

2. 单色器

单色器是能从光源发出的复合光中分出单色光的光学装置。单色器的性能直接影响入射光的单色性，从而也影响测定的灵敏度、选择性及校准曲线的线性关系等。单色器通常由入射狭缝、准光器 (使入射光变成平行光)、色散元件、聚焦元件和出射狭缝五部分组成。其中，色散元件起关键的作用，它把复合光分解为单色光。出射狭缝也起重要作用，它决定了获得谱带的宽度，狭缝宽度过大时，谱带宽度太大，入射光单色性差，狭缝宽度过小时，又会减弱光强。

常用的色散元件是棱镜和光栅。棱镜的原理是依据不同波长的光通过棱镜时有不同的折光率而将不同波长的光分开。玻璃棱镜只适用于 350 ~ 3200 nm 的可见和近红外光区波长范围，石英棱镜适用的波长范围较宽，为 185 ~ 4000 nm，可用于紫外、可见、红外三个光谱区域。光栅依据的是光的衍射和干涉作用原理，可用于紫外、可见和近红外光谱区域。光栅在整个波长区域中具有良好的、几乎均匀一致的色散率，且具有适用波长范围宽、分辨本领高、成本低、便于保存和易于制作等优点，是目前应用最多的色散元件。其缺点是不同级的光谱之间会重叠而产生干扰。图 9.11 为棱镜和光栅的简单工作示意图。

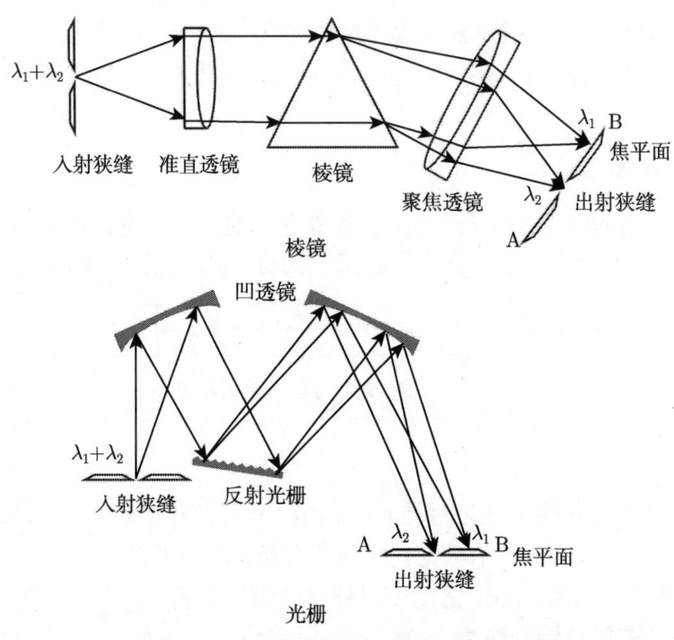

图 9.11　棱镜和光栅的简单工作示意图

3. 吸收池

吸收池也称为比色皿，是用于盛放试样溶液的容器。吸收池一般用玻璃和石英两种材料做成，用光学玻璃材料制成的吸收池因玻璃对紫外线有吸收而只能用于可见光区；而石英池适用于可见及紫外光区。吸收池的透光面相互平行，有一定的内间距 (吸收池厚度即吸收光程)。吸收池通常随仪器配给，其规格从几毫米到几厘米不等，常用吸收池厚度有 0.5 cm、1 cm 和 2 cm 等数种，可根据测量对象的吸光程度合理选择，使测得的吸光度范围在 0.20 ~ 0.80，以减小测量误差。最常用的是 1 cm 的吸收池。在高精度分析测定中，吸收池要配对，使盛放标准溶液与未知样品的吸收池有基本一致的吸光度。吸收池在放置时应使其光学面严格垂直于光束方向，以减少光的反射损失。

4. 检测器

检测器的作用是将光信号转换为电信号。在测量的光谱范围内，检测器应灵敏度高、响应快、线性范围宽、稳定性好、噪声水平低，对不同波长的辐射响应性能相同且可靠。目前分光光度计上较普遍采用的检测器是光电倍增管，其结构如图 9.12 所示。

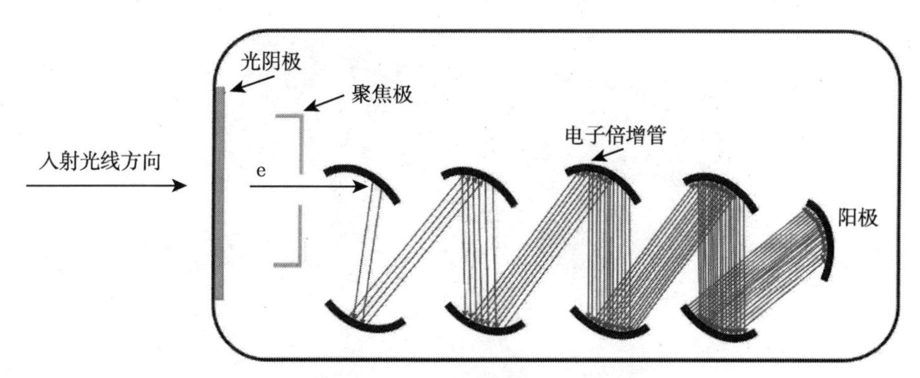

图 9.12　光电倍增管工作原理图

光电倍增管是一种具有多级倍增电极的电子器件，其阴极表面涂上了光敏物质，在阴极和阳极之间装有一系列电子倍增板，阴极和阳极之间加直流高压 (约 1000 V)。当从吸收池出来的光照射到阴极时，它会发出光电子，该电子被电场加速并撞击第一电子倍增极，产生更多的二次电子，二次电子在电场作用下打击第二倍增板，……，依此不断进行下去，像“雪崩”一样，最后阳极收集到的电子数将是阴极发射电子的 100 倍左右。光电倍增管灵敏度高，是检测微弱光最常用的光电元件，可以用较窄的单色器狭缝，对光谱的精细结构有较好的分辨能力。

除了前面介绍的光电倍增管外，硅光电二极管、光电二极管阵列和电荷转移装置 (电荷倍增和电荷注入装置) 等新型光电器件也逐渐应用于分光光度计。

5. *信号显示系统*

信号显示的作用是以适当的方式显示或记录测量信号。传统的分光光度计通常采用数字电压表、函数记录仪、示波器等来显示或记录信号。计算机技术的引入可将信号储存在计算机中，并通过显示器将信号展示出来。

9.4.3　分光光度计的类型

1. *单光束分光光度计*

典型的单光束分光光度计的光路示意图如图 9.9 所示。这类仪器多为简易的可见分光光度计，但也有一些紫外–可见分光光度计采用单光束光路。因从光源到检测器只有一条光路，使用时需手动将盛放参比溶液 (调节吸光度零点的空白溶液) 的吸收池 (参比池) 推入光路调节仪器使吸光度示值为零，再将盛放待测试样溶液的吸收池 (试样池) 推入光路读出吸光度值，操作烦琐，且不具备自动波长扫描功能，每换一次波长需要调节一次吸光度零点。而且，单光束分光光度计无法自动校正因光源发光强度变化等环境因素引起的波动。但单光束分光光度计结构简单、价格低廉、维修容易，适用于常规分析。

Spectronic20 型分光光度计是典型的单光束分光光度计，这种仪器首次出现是在 20 世纪 50 年代中期，图 9.13 是改良版本实物图，目前仍在售。此外，国产 722 型、英国 SP500 型及 BackmanDU-8 型等均属于此类光度计。

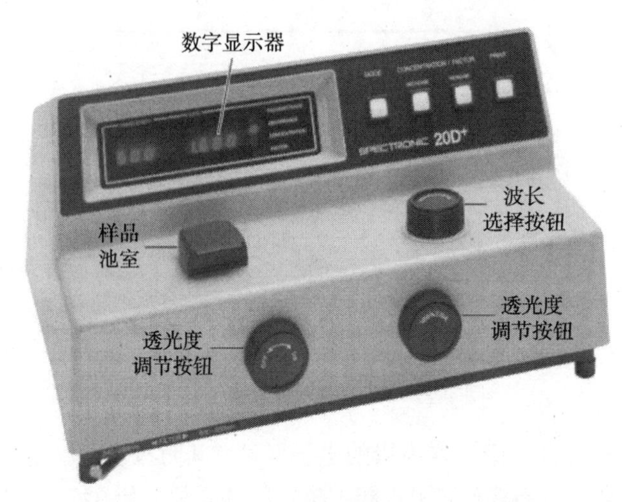

图 9.13　Spectronic20 型分光光度计实物图

2. **双光束分光光度计**

分光光度法虽是应用广泛的分析方法，但对于多组分混合物的分析 (吸收光谱重叠) 必须解联立方程，不仅计算烦琐，误差也大；对于浑浊试样及其他背景吸收大的试样，如生物组织液，由于成分复杂和化学的不均匀性 (如有悬浮粒子)，会产生背景干扰。双光束分光光度法就是用于解决这些问题的手段之一。

双光束分光光度计的光路如图 9.14 所示。从单色器里出来的单色光，经切光器 1 分解为强度相等的两束光，一束光通过参比池，另一束光经反射镜 1 进入样品池，这两束光最终经切光器 2 和反射镜 2 的作用而交替进入检测器，光度计自动比较两束光的强度，此比值即为试样的透光度，经对数变换将它转换成吸光度并作为波长的函数记录下来。由于两束光同时分别通过参比池和样品池，由此可自动消除光源强度变化所引起的误差。双光束分光光度计可以自动扣除参比，可以自动扫描得到吸收光谱，能自动消除光源强度等波动引起的误差，工作稳定性好。但双光束仪的价格比较贵。这类仪器有国产 710 型、730 型等。

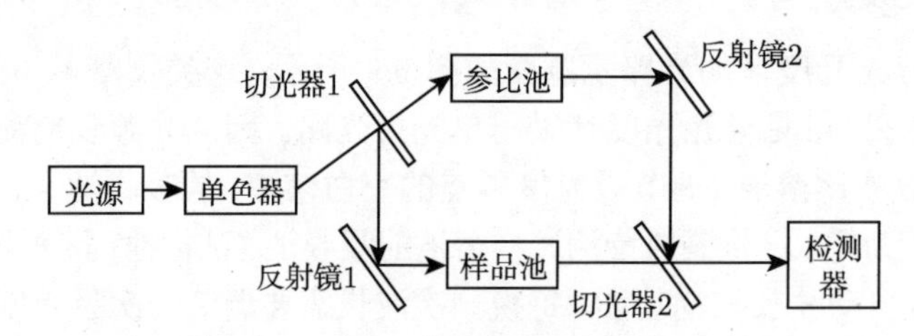

图 9.14　双光束分光光度计光路示意图

3. **双波长分光光度计**

双波长分光光度计的光路如图 9.15 所示，光源发射出来的光线分别经过两个可以自由转动的单色器，得到两道具有不同波长 (λ_1 和 λ_2) 的单色光，并利用切光器使这两道光束交替地照射到同一比色皿 (双波长光度法只用一个比色皿)，最后由检测器显示出该试液对两个波长光度的差值，如用吸光度表示则记录为吸光度的差 ΔA。

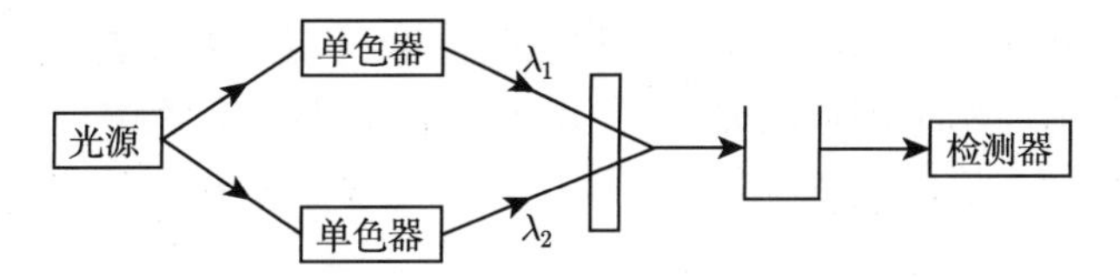

图 9.15　双波长分光光度计光路示意图

设照射到比色皿上的两道单色光的强度相等，均为 I_0，通过比色皿后的透射光强度分别为 I_1 和 I_2。根据比尔定律：

$$-\lg\frac{I_1}{I_0}=A_{\lambda_1}=\varepsilon_{\lambda_1}bc \tag{9.18}$$

$$-\lg\frac{I_2}{I_0}=A_{\lambda_2}=\varepsilon_{\lambda_2}bc \tag{9.19}$$

两式相减得

$$-\lg\frac{I_2}{I_1}=\Delta A=A_{\lambda_2}-A_{\lambda_1}=(\varepsilon_{\lambda_2}-\varepsilon_{\lambda_1})bc \tag{9.20}$$

式 (9.20) 表明，试液在两个波长下的吸光度差值与待测组分的浓度成正比，这就是双波长吸光光度法进行定量分析的理论根据。

9.5　分析条件的选择

9.5.1　显色剂的选择

显色剂的作用是使本身无色或颜色很浅的物质生成深颜色的化合物，从而提高测量的信噪比。选择显色剂时应考虑两个方面：① 显色反应的选择性要好，应只与待测离子有显色反应。显色剂与待测离子形成的化合物的组成应恒定且稳定性好，显色条件应易于控制。② 生成的有色化合物有较高的摩尔吸光系数，灵敏度足够高，适用于试样中待测物质的含量范围。由于分光光度计测定的吸光度值太高或太低都很不准确，在检流计或微安表上的吸光度值读数在 0.200 ~ 0.800 的范围可得到较高的准确度，于是可以通过下面的计算找出摩尔吸光系数最低的值来选择显色列。例如，用 1.0 cm 比色皿，待测物质浓度 1.00×10^{-5} mol/L，若要求 $A=0.200$，则

$$\varepsilon=\frac{A}{bc}=\frac{0.200}{1\ \text{cm}\times1.00\times10^{-5}\ \text{mol/L}}=2.00\times10^{4}\ \text{L/(mol}\cdot\text{cm)} \tag{9.21}$$

如果 ε 值小于 2.00×10^{4} L/(mol · cm)，也可以考虑用光程大些 (如 2 cm) 的比色皿；如果待测物质浓度只有 10^{-6} mol/L 的数量级，则应考虑选择 ε 值为 1×10^{5} L/(mol · cm) 的显色体系。

9.5.2　显色剂的用量

一般而言，显色剂适当过量有利于显色反应的进行。对于稳定常数很大的有色配合物来说，只要显色剂适当过量，显色反应都会定量完成，显色剂过量的多少对定量分析的影响不大。而对于稳定常数较小或存在逐级配位反应的有色配合物来说，显色剂的用量与有色配合物的稳定性关系较大，一般需过量较多或严格控制用量。

在实际的分析过程中，显色剂的用量要通过实验来确定，其做法是：① 固定被测组分的浓度和其他条件，分别加入不同量的显色剂，由此得到一系列有色溶液；② 测定该有色溶液的吸光度值并将吸光度与显色剂浓度作图，如图 9.16 所示；③ 确定吸光度变化比较平稳的显色剂浓度范围。

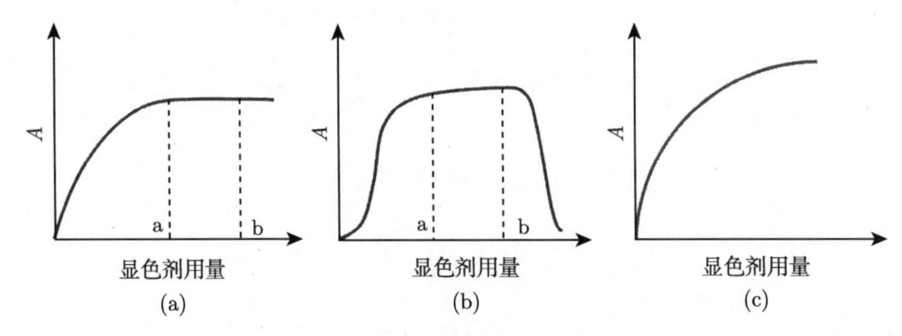

图 9.16　显色剂的用量与吸光度的关系

图 9.16 中前两种情况是比较常见的，在实际的分析过程中也较易掌握。对于第三种情况，显色剂用量的严格控制至关重要。除非特殊需要，一般不建议采用这样的体系。

9.5.3　溶液酸度的控制

大多数显色剂是有机弱酸或弱碱，酸度对它们的各种型体的浓度影响很大，因此酸度的改变通常会影响它与金属离子形成的有色配合物的浓度。与显色剂的用量确定方法类似，通常是通过作吸光度随酸度的变化图，从图中确定吸光度变化相对平稳的酸度区域作为实际的酸度范围，如图 9.17 所示。

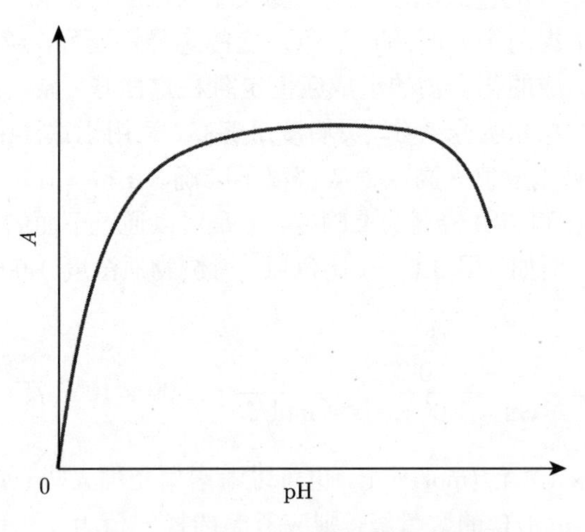

图 9.17　吸光度与酸度变化示意图

9.5.4　温度的控制

大多数的显色反应在室温下进行，温度的轻微波动对测量的影响不大。但是，有些显色反应受温度影响很大，甚至需要在加热状态下才能完成。例如，过硫酸铵氧化 Mn^{2+} 生成 MnO_4^- 的显色反应，需要在微沸情况下保持 5 min，待溶液冷却后再进行测定。当采用光度法进行热力学和动力学方面的研究时，反应温度的控制更为重要。

9.5.5　显色时间的控制

各种显色反应的速率不同，获得稳定的有色配合物所需的时间也不同，故显色反应时间的控制也很重要。此外，介质酸度、显色剂的浓度都会影响显色时间。在进行定量分析之前，应综合考虑各种因素的影响程度，通过实验的方式获得最佳的显色反应时间。

9.5.6　测量波长的选择

如果不存在其他有色物质的干扰或显色剂本身无色时，测量波长应取待测有色配合物的最大吸收波长。当待测有色配合物的最大吸收波长处存在其他物质的吸收时，选取测定波长的原则是：① 选定的波长处待测有色配合物的吸光度值应足够大；② 其他物质在此波长处的吸光度应为零或足够小。

9.5.7　参比溶液的选择

参比溶液的作用是调节仪器的零点，以此来消除比色皿器壁及溶液中其他介质对入射光的吸收或反射带来的误差。参比溶液应根据下列情况选择：① 当待测试液本身及显色剂均无色，可用蒸馏水作参比溶液；② 如果显色剂无色，但待测试液中存在其他有色物质时，可采用不加显色剂的待测试液作参比溶液；③ 如果显色剂有色，则采用试剂空白 (不加待测试样) 溶液作参比溶液；④ 如果显色剂和待测试样都有色，则可取一份试液，在其中加入适当的掩蔽剂掩蔽待测组分，然后将此试液作为参比溶液。

9.6　分光光度法的定量分析技术

分光光度法是测定低含量组分的一种很好的方法，随着分光光度计的普及，该法也已成为一种常规分析方法。朗伯–比尔定律是光吸收的基本定律，是分光光度法进行定量分析的理论依据。传统的方法通常利用最大吸收波长进行单一组分的定量分析，分析效率并不高，适用性也受到一定的限制。

化学计量学的出现逐渐改变了这一状况，实验结果表明，在一定的波长范围内，含有多种吸光物质的混合溶液中，吸光物质对某一波长单色光的吸光度满足线性加和。根据这一结果，可采用多元校正方法，如多元回归分析、偏最小二乘法等实现多组分的同时定量分析，从而大大提高了分析效率。

9.6.1　单组分的定量分析

单组分的定量分析通常采用一元线性回归法 (图 9.18)，其一般步骤为：① 分别移取不同量被测物质的标准溶液于一系列相同体积的容量瓶中，加入适量的显色剂和其他辅助试剂，在最佳的显色条件下进行显色反应，然后定容；② 配制相应的参比溶液；③ 在选定的波长处测量各标准溶液的吸光度值并绘制吸光度与浓度的标准曲线，或者通过线性回归方法建立吸光度与浓度的回归方程；④ 将未知试液按标准溶液的显色步骤显色后测定其吸光度，然后根据标准曲线或回归方程求得其浓度。

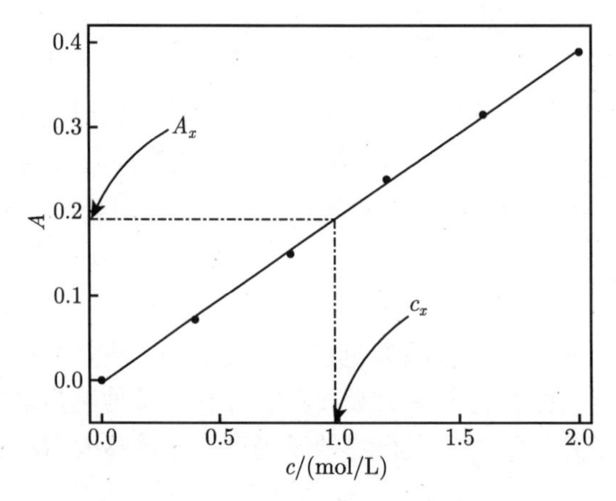

图 9.18　一元线性回归法 (校准曲线)

9.6.2　多组分的同时定量分析

实验表明，在一定的波长范围内，含有多种吸光物质的混合溶液中，吸光物质对某一波长的单色光的吸光度满足线性加和。根据这一结果，可采用多元校正方法，如多元回归分析、偏最小二乘法等实现多组分的同时定量分析，从而大大提高了分析效率。

现代的分光光度计一般都可以获得某一样品的吸光光谱图，而此光谱图实际上包含了该样品中各组分的定量方面的信息，故借助谱图就有可能实现多组分的同时定量分析。要实现此目标，还需满足如下两个条件：① 单一组分的响应符合朗伯–比尔定律；② 体系的总响应是各组分响应的线性加和。实验结果表明，在一定条件下，上述两个条件是成立的。

图 9.19 为四种西药的吸光光谱图。现配制这四种物质的浓度分别为 16.5800 mg/L、141.0600 mg/L、11.5920 mg/L 和 2.6400 mg/L 的混合溶液，测得其光谱曲线示于图 9.20 (实线)。同时，按以上浓度及各组分的纯光谱曲线，可以计算出理论上的混合物光谱曲线，如图 9.20 (虚线) 所示。由图 9.20 可以看到，在 220 ~ 300 nm 的波长范围内，计算值与测定值完全相符。这表明，在一定的波长范围内，上述两个条件都可满足。

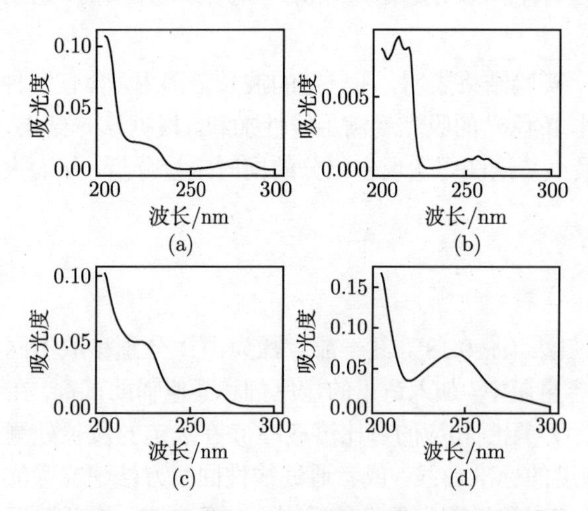

图 9.19　扑尔敏 (a)、对乙酰氨基酸 (b)、盐酸伪麻黄碱 (c) 和溴酸右美沙芬 (d) 的吸光光谱图

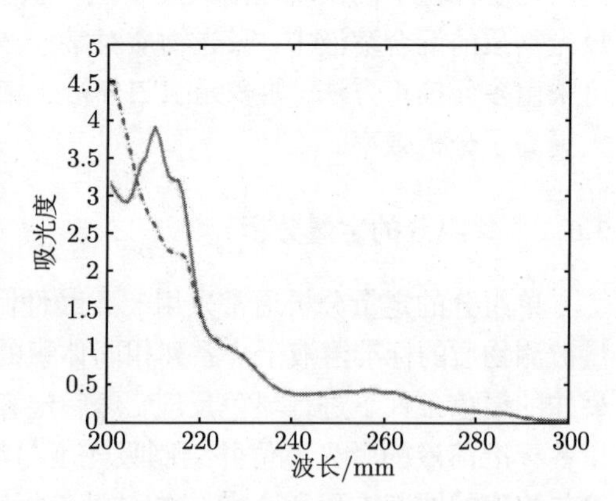

图 9.20　测量 (实线) 和计算 (虚线) 的混合物光谱图

基于上述结果，可以建立多组分的同时定量分析模型。如果体系中有 p 个组分，根据条件②，可得在波长 λ 处的吸光度为

$$A_{\lambda} = \varepsilon_{1,\lambda} bc_1 + \varepsilon_{2,\lambda} bc_2 + \cdots + \varepsilon_{i,\lambda} bc_i + \varepsilon_{p,\lambda} bc_p \tag{9.22}$$

式中，$\varepsilon_{i,\lambda}$ 为各组分在波长 λ 处的吸光系数；c_i 为各组分的浓度；A_{λ} 为混合物在波长 λ 处的吸光度。

很显然，要想对 p 个组分同时定量，必须构造 p 个方程，这可以通过在 p 个波长点处进行测量来实现：

$$A_{\lambda_1} = \varepsilon_{1,\lambda_1} bc_1 + \varepsilon_{2,\lambda_1} bc_2 + \cdots + \varepsilon_{p,\lambda_1} bc_p \tag{9.23}$$

$$A_{\lambda_2} = \varepsilon_{1,\lambda_2} bc_1 + \varepsilon_{2,\lambda_2} bc_2 + \cdots + \varepsilon_{p,\lambda_2} bc_p \tag{9.24}$$

$$\vdots$$

$$A_{\lambda_p} = \varepsilon_{1,\lambda_p} bc_1 + \varepsilon_{2,\lambda_p} bc_2 + \cdots + \varepsilon_{p,\lambda_p} bc_p \tag{9.25}$$

通过解上述线性方程组，可以求得各组分的浓度。在实际分析过程中，可以很容易地获得选定测量波长范围内的吸光光谱，故通常采用此波长范围内的全谱进行定量分析。此时上述方程组可表述如下：

$$A_{\lambda_1} = \varepsilon_{1,\lambda_1} bc_1 + \varepsilon_{2,\lambda_1} bc_2 + \cdots + \varepsilon_{p,\lambda_1} bc_p \tag{9.26}$$

$$A_{\lambda_2} = \varepsilon_{1,\lambda_2} bc_1 + \varepsilon_{2,\lambda_2} bc_2 + \cdots + \varepsilon_{p,\lambda_2} bc_p \tag{9.27}$$

$$\vdots$$

$$A_{\lambda_m} = \varepsilon_{1,\lambda_m} bc_1 + \varepsilon_{2,\lambda_m} bc_2 + \cdots + \varepsilon_{p,\lambda_m} bc_p \tag{9.28}$$

式中，m 为波长点数，且 $m \geqslant p$。

上述线性方程组通常以矩阵的形式来表示：

$$\boldsymbol{a} = \boldsymbol{E}\boldsymbol{c} \tag{9.29}$$

式中，$\boldsymbol{a}$ 为吸光度向量；$\boldsymbol{E}$ 为吸光系数矩阵；$\boldsymbol{c}$ 为浓度向量。关于多组分的同时定量分析的内容，可以参阅化学计量学的相关文献。

9.6.3　示差光度法

示差分光光度法简称示差光度法。普通的分光光度法通常只适用于微量或痕量组分的测定，当用于高含量组分测定时，由于吸光度过大，会导致较大的测量误差。示差光度法可以克服这一点。示差光度法是将高浓度体系的吸光度调整到适当的范围，从而使测量误差减小到可接受的范围。

示差光度法的原理如图 9.21 所示，它实际上是用一个浓度比待测试液浓度稍低的标准溶液作为参比溶液，调节仪器的 $T = 100\%$，从而提高待测样品的透光度，使其落在浓度估计误差较小的透光度范围内。

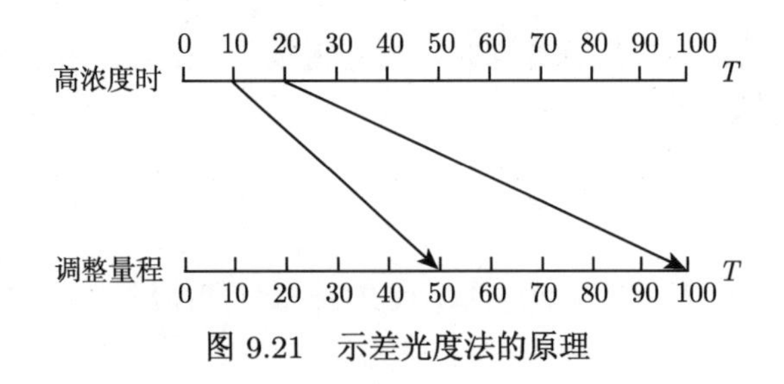

图 9.21 示差光度法的原理

设参比溶液的浓度为 c_s，待测试样的浓度为 c_x，根据比尔定律：

$$A_s = \varepsilon b c_s \tag{9.30}$$

和

$$A_x = \varepsilon b c_x \tag{9.31}$$

将两式相减，得

$$A_x - A_s = \Delta A = \varepsilon(c_x - c_s) = \varepsilon b \Delta c \tag{9.32}$$

式 (9.32) 中的 $A_x - A_s$ 也称相对吸光度，它与浓度差 $(c_x - c_s)$ 成正比，这是示差光度法进行定量测定的基本原理，是 1949 年由希士凯首先提出的用于测定高含量组分的示差光度法。其后，1955 年和 1963 年雷顿等又进一步提出适用于低含量组分的示差光度法和全差示法，它们的基本原理相同。因此，目前主要有三种示差光度法。

1. 高吸收示差光度法

设一个高浓度试样的浓度为 c_x，按一般吸光光度法测量其吸光度时是先用试剂空白调零，使其透光度 $T = 100\%(A = 0)$，然后测量该试液的透光度 (或吸光度)，假设测得 $T_x = 7\%$。这样低的透光度所对应的吸光度读数误差比较大。一般试液的透光度范围在 $15\% \sim 65\%$ 时，其测量误差较小。

若用一个浓度比试液稍稀的标准溶液 c_s 作参比，这个标准溶液如用一般分光光度法测量，假设其透光度为 10% (因 $c_s < c_x$，故 c_s 透光度稍大些)。进行示差光度法测量时，先调节仪器工作零点，然后用浓度为 c_s 的标准溶液作为参比，调其透光度为 100%，再测 c_x 的透光度，则 c_x 落在 $T = 70\%$ 处，如图 9.22 所示。

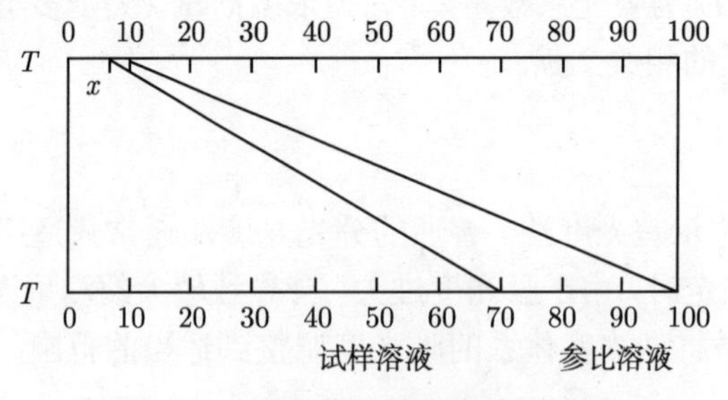

图 9.22 高吸收示差光度法原理图

透光度读数 70% (相应吸光度为 0.15) 的测量相对误差不大。采用 c_s 作参比，即令其透光度从标尺上的 $T = 10\%$ 调至 $T = 100\%$ 处，相当于把检流计上的标尺扩展了 10 倍，此时试液的 T 读数落入适宜的读数范围内，从而提高测量的准确度。

测量时的具体做法是：先用已知浓度的标准溶液 c_s 加入各种试剂后作为参比，调节其吸光度为零 (透光度 100%)，然后测量试液 c_x 的吸光度。这时测得的吸光度 A 实际上是两种溶液吸光度的差值 ΔA，它与两者的浓度差 Δc 成正比。制作标准曲线时也是以含有 c_s 并加入各种试剂的溶液作参比，测量不同标准溶液 (浓度较 c_s 大) 的吸光度 (实际上是一系列的 ΔA)，标准溶液的浓度与参比溶液的浓度之差实际上是 Δc。于是，以 ΔA 对 Δc 作图制成标准曲线 (因 ΔA 与 Δc 成正比)，由测得试液的 ΔA 找出相应的 Δc，再由 $c_x = c_s + \Delta c$ 求得试液的浓度。

进行高吸收示差光度测量时，因为参比溶液的浓度较大，只有入射光很强，或适当加大狭缝宽度，且光电管的灵敏度足够高时才可能调节参比溶液 c_s 的吸光度为零 (透光度为 100%)。

2. 低吸收示差光度法

对于浓度为 c_x 的低含量组分试液，如果按一般分光光度法测量其透光度，假设 $T = 93\%$，这样的透光度读数导致浓度测量误差也很大。进行示差光度法测量时，先用试剂空白调透光度为 $T = 100\%$，再用一个浓度较 c_x 稍大的标准溶液 c_s (如用一般分光光度法测其透光度为 90%) 作参比，调节其透光度 $T = 0\%$，然后测量 c_x 的透光度，得 30%。这也是由刻度标尺的放大作用所致，如图 9.23 所示。

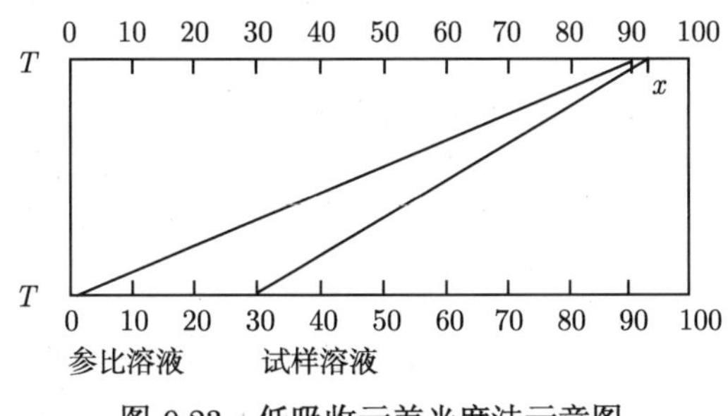

图 9.23　低吸收示差光度法示意图

3. 全示差光度法

全示差光度法也称最精确法。选择两个组成相同而浓度不同的溶液 c_1 和 c_2 作参比。待测试液浓度 c_x 则介于此两种溶液的浓度之间 ($c_1 < c_x < c_2$)。调节仪器时，用浓度较大的参比溶液将透光度调为 0%，以浓度较小的参比溶液调透光度为 100%，则 c_x 的透光度必然落在透光度为 $0 \sim 100\%$。两个参比溶液浓度之差越小，测量越准确。因溶液浓度在透光度 36.8% 或吸光度为 0.434 时测量误差最小，故选择此参比溶液时应使得透光度为 36.8% 或吸光度为 0.434 附近为最佳。用这种方法，在整个透光度读数范围内都是适宜的，如图 9.24 所示，国内已有全差示光度计生产。可根据测定对象的准确度和灵敏度的不同要求测定高、中、低、微或痕量。

三种示差光度法的测量相对误差都比一般分光光度法小，因为测量的是两个溶液的浓度差 ($c_x - c_s$)。如果测量误差为 $x\%$，则所得结果为 $c_x \pm (c_x - c_s) \times \dfrac{x}{100}$，而一般分光光度法的结果则为 $c_x \pm \dfrac{c_x x}{100}$。只要选择合适的参比溶液，参比溶液与待测溶液的浓度越接近，误差越小，最小误差可达 $0.25\% \sim 0.3\%$。

一般分光光度法对试液较浓的样品常通过稀释后进行测定，稀释操作既烦琐又会导致误差，而且稀释次数也不宜太多。用高吸收示差光度法可直接进行高含量的测定，操作简便且准确度较高。

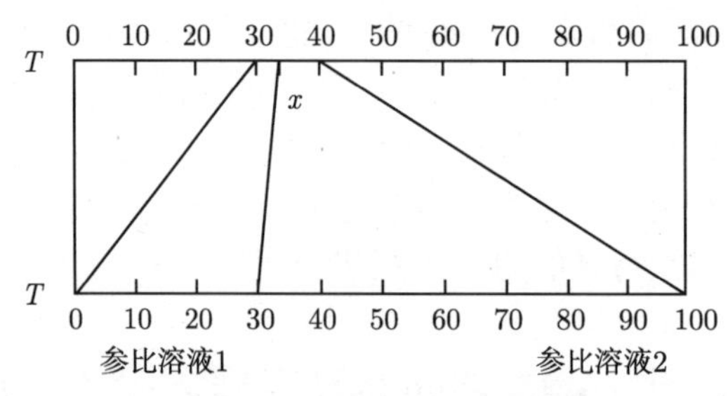

图 9.24 全示差光度法示意图

采用高吸收示差光度法测定过的金属和非金属元素有 W、Ti、Si、Cu、Fe 等 20 多种。曾有生产单位用改装过的 72 型分光光度计 (增加光强和改善单色性) 分析钨精矿中的钨 (WO_3 含量 60% ~ 80%)，误差控制在 0.3% 以内，显色反应是用硫氰酸盐法 (三氯化钛还原)，4 h 即可完成 20 个试样的分析，比重量法快得多。对于工厂等生产单位的一般分析，用高吸收示差光度法测定高含量的钨或硅 (如水泥分析) 是比较方便的。

9.7 应用举例

9.7.1 痕量金属分析

对痕量金属进行分析是分光光度法的一个重要应用领域。几乎所有的金属离子都能与特定的化学试剂作用形成有色化合物，因此根据待测定的金属离子，选择适当的显色剂，控制显色条件，确定测定波长和恰当的测定条件，利用标准曲线，即可对金属元素进行定量测定。例如，磺基水杨酸 OO 型配位剂，可与 Fe^{3+} 高价金属离子生成稳定的配合物；丁二酮肟 NN 型螯合显色剂，可用于测定 Ni^{2+}；1,10-邻二氮菲 NN 型螯合剂，可测定微量 Fe^{2+}。

9.7.2 临床分析

传统的比色反应技术，如血清中的尿素或葡萄糖、酶或胆甾醇的比色反应等, 正在临床分析中得到越来越广泛的应用。图 9.25(a) 为 Kodak Ektachem 脲载片，一滴试样 (如血清) 被涂在多层载片的顶层。在这个载片的不同层装有脲的酶催化分析所需的全部试剂，显色原理如下：

$$\text{尿素} + H_2O \longrightarrow NH_3 + CO_2$$

$$NH_3(aq) + \text{氮指示剂} \longrightarrow \text{染料}$$

在分析过程中如果出现特征颜色则表明待测物质的存在。

其他物质也可用不同的酶以类似的方法加以测定。例如，葡萄糖氧化酶用于葡萄糖的分析就可以通过图 9.25(b) 的方式间接实现：

$$\text{葡萄糖} + O_2 \xrightarrow{\text{葡萄糖氧化酶}} \text{葡萄糖酸} + H_2O_2$$

$$H_2O_2 + \text{TMB (3, 3', 5, 5'-四甲基联苯胺)} \xrightarrow{\text{过氧化酶}} \text{oxTMB} + H_2O$$

如果试样中含有葡萄糖，就会在较低层出现蓝色，并可用分光光度法自动测量和定量。类似的实验也可以在试纸条上用于筛选尿和血清，试纸上最终的颜色变化可以用色阶进行比较鉴别。虽然实验结果是半定量的，但在数分钟内就可以测定很多试样。

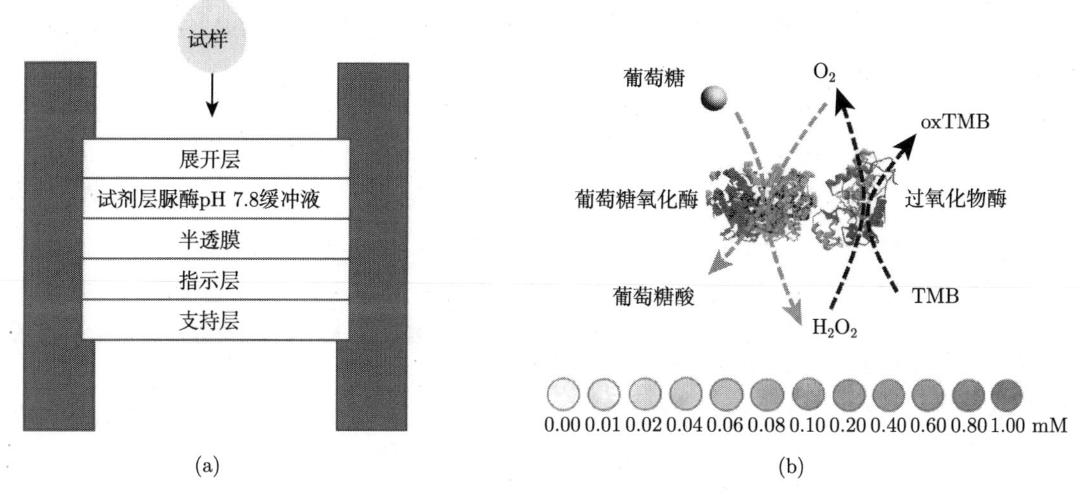

图 9.25　Kodak Ektachem 脲载片 (a) 和葡萄糖的显色原理 (b)

9.7.3　食品分析

分光光度法在食品分析中的应用相当广泛，是一种简单可靠的分析方法。特别是近年来与生物免疫技术相结合，使分光光度法得到了更大的发展，以酶联免疫法测定食品中的氯霉素含量为例说明这种方法的应用。

氯霉素是一种广谱抗菌药，具有极好的抗菌作用和药物代谢动力学特性，已被广泛用于动物源性食品。由于它具有引起人类血液中毒的副作用，特别是氯霉素作为治疗药物可导致再生障碍性贫血时的有效剂量关系还没有建立。这就导致了食用动物饲养过程禁止使用氯霉素。因此，需要高灵敏度的方法对动物源性食品中的氯霉素进行检测。

酶联免疫法测定食品中氯霉素含量的原理如图 9.26 所示。酶联免疫法是利用免疫学抗原抗体特异性结合酶的高效催化作用，通过化学方法将植物辣根过氧化物酶 (HRP) 与氯霉素结合，形成酶偶联氯霉素。将固相载体上已包被的抗体 (羊抗兔 IgG 抗体) 与特异性的兔抗氯霉素抗体结合，然后加入待测氯霉素和酶偶联氯霉素，它们竞争性地与兔抗氯霉素抗体结合，没有结合的酶偶联氯霉素被洗去，再向相应孔中加入过氧化氢和邻苯二胺，作用一定时间后，结合后的酶偶联氯霉素将无色的邻苯二胺转化为蓝色的产物，加入终止液后颜色由蓝变黄，用分光光度计在波长 450 nm 处进行检测，吸光度值与试样中氯霉素的含量成反比。

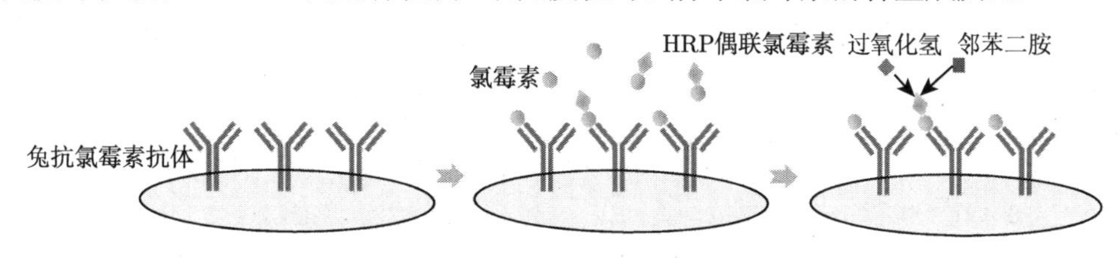

图 9.26　酶联免疫法测定食品中氯霉素的示意图

利用酶联免疫法测定农产品和水产品等动物源性食品中氯霉素的含量已经成为认可的行业标准，在这些领域的产品分析和质量监测中发挥着巨大的作用。

9.7.4　配合物组成与稳定常数的测定

分光光度法是测定配合物组成及稳定常数的有效方法，常用的有摩尔比法和等摩尔连续变化法。

1. 摩尔比法

设配位反应为

$$M + nR \rightleftharpoons MR_n$$

随着配位剂 R 的加入，MR_n 的浓度不断增加，其吸光度也不断增加。当配位剂 R 的加入量恰好与离子 M 完全反应时，理论上 MR_n 的吸光度要达到最大值。基于这一原理，可以设计一个实验来测定配合物的组成及稳定常数。

设 M 与 R 的分析浓度分别为 $c(\mathrm{M})$ 和 $c(\mathrm{R})$。如果 M 与 R 在 MR_n 的测量波长处均无吸收，则当金属离子 M 的浓度一定时，改变配位剂 R 的浓度时，可得到具有不同 $c(\mathrm{R})/c(\mathrm{M})$ 值的系列溶液。在选定的波长下测定各溶液的吸光度，然后以吸光度 A 对 $c(\mathrm{R})/c(\mathrm{M})$ 作图，如图 9.27 所示。

图 9.27 中的曲线部分是由配合物的解离所造成的，其幅度取决于稳定常数的大小。当配位剂 R 适当过量时，吸光度将不再改变。通过作切线的方式可以确定配合物的组成。图 9.28 中的 A_0 表示形成的配合物不产生解离时的吸光度，A_1 为配合物解离时的吸光度，其减小的程度就反映了配合物的稳定程度。设配合物不解离时在转折点处的浓度为 c，配合物的解离度为 α，则达到平衡时：

$$[\mathrm{MR}_n] = (1-\alpha)c \tag{9.33}$$

$$[\mathrm{M}] = \alpha c \tag{9.34}$$

$$[\mathrm{R}] = n\alpha c \tag{9.35}$$

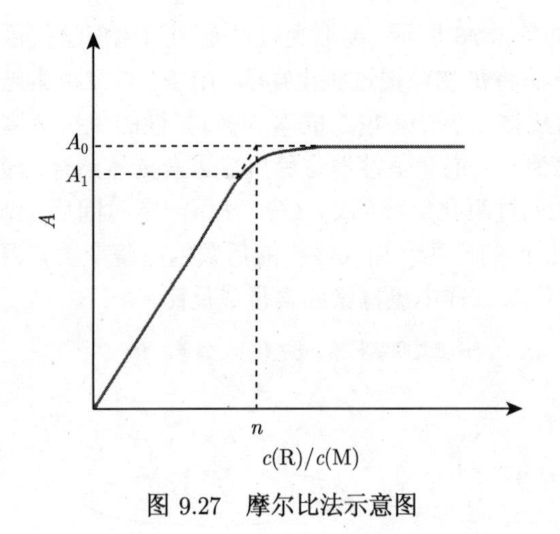

图 9.27　摩尔比法示意图

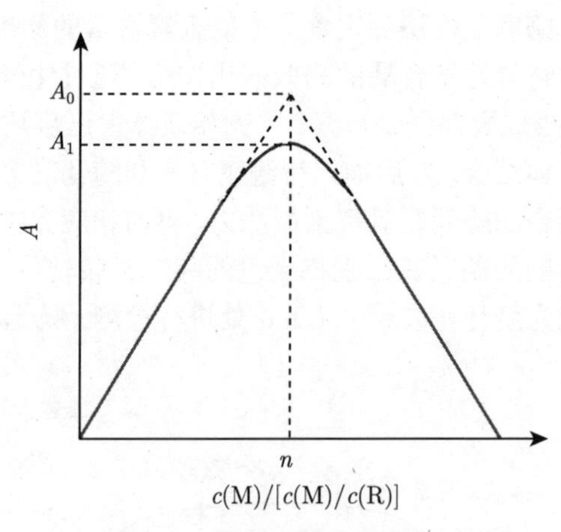

图 9.28　等摩尔连续变化法示意图

配合物的稳定常数为

$$K = \frac{\frac{[\mathrm{MR}_n]}{c^\ominus}}{\frac{[\mathrm{M}]}{c^\ominus}\left(\frac{[\mathrm{R}]}{c^\ominus}\right)^n} = \frac{(1-\alpha)\frac{c}{c^\ominus}}{\alpha\frac{c}{c^\ominus}\left(n\alpha\frac{c}{c^\ominus}\right)^n} = \frac{1-\alpha}{n^n\alpha^{(n+1)}\left(\frac{c}{c^\ominus}\right)^n} \tag{9.36}$$

由于解离度可用下式衡量：

$$\alpha = \frac{A_0 - A_1}{A_0} \tag{9.37}$$

式中，A_0 和 A_1 分别为无解离时和解离时的吸光度。

由此，稳定常数如下：

$$K = \frac{1 - \frac{A_0 - A_1}{A_0}}{n^n\left(\frac{A_0 - A_1}{A_0}\right)^{(n+1)}\left(\frac{c}{c^\ominus}\right)^n} \tag{9.38}$$

2. 等摩尔连续变化法

在保持溶液中 $c(\mathrm{M}) + c(\mathrm{R})$ 为常数的情况下，连续改变 $c(\mathrm{M})$ 和 $c(\mathrm{R})$ 的比值，由此可以得到一系列的有色溶液。测量此有色溶液系列的吸光度 A 并对 $c(\mathrm{M})/[c(\mathrm{M}) + c(\mathrm{R})]$ 作图，其中的转折点即为配合物的络合比。通常情况下，配合物的解离导致转折点不明显，此时可作切线外推找出转折点，如图 9.28 所示。此法仅适用于测定低络合比且具有较高稳定性的配合物。

等摩尔连续变化法计算配合物稳定常数的公式与式 (9.38) 相同。

3. 酸碱解离常数的测定

以一元弱酸 HB 为例，在溶液中有下列解离平衡：

$$\mathrm{HB(aq)} \rightleftharpoons \mathrm{H^+(aq)} + \mathrm{B^-(aq)}, \quad K_\mathrm{a} = \frac{\frac{[\mathrm{H^+}]}{c^\ominus}\frac{[\mathrm{B^-}]}{c^\ominus}}{\frac{[\mathrm{HB}]}{c^\ominus}}$$

由上式可得

$$\mathrm{p}K_\mathrm{a} = \mathrm{pH} + \lg\frac{\frac{[\mathrm{HB}]}{c^\ominus}}{\frac{[\mathrm{B^-}]}{c^\ominus}} \tag{9.39}$$

因此，只要求得弱酸溶液中某一 pH 情况下 HB 和 $\mathrm{B^-}$ 的浓度，就可以求得 HB 的解离常数。具体的做法如下：

首先，配制 HB 的分析浓度为 c 的溶液，其 pH 在 $\mathrm{p}K_\mathrm{a}$ 附近，在某一波长处测得的吸光度为

$$\begin{aligned} A &= A(\mathrm{HB}) + A(\mathrm{B^-}) \\ &= \varepsilon(\mathrm{HB})[\mathrm{HB}] + \varepsilon(\mathrm{B^-})[\mathrm{B^-}] \\ &= \varepsilon(\mathrm{HB})\frac{[\mathrm{H^+}]c}{[\mathrm{H^+}] + K_\mathrm{a}c^\ominus} + \varepsilon(\mathrm{B^+})\frac{K_\mathrm{a}c^\ominus c}{[\mathrm{H^+}] + K_\mathrm{a}c^\ominus} \end{aligned} \tag{9.40}$$

其次，配制 HB 的分析浓度为 c 的高酸度溶液，此时溶液中的主要存在型体为 HB，在上述波长处测得的吸光度为

$$A(\mathrm{HB}) = \varepsilon(\mathrm{HB})[\mathrm{HB}] \approx \varepsilon(\mathrm{HB})c \tag{9.41}$$

因此

$$\varepsilon(\mathrm{HB}) = \frac{A(\mathrm{HB})}{c} \tag{9.42}$$

最后，配制 HB 的分析浓度为 c 的高碱度溶液，此时溶液中的主要存在型体为 $\mathrm{B^-}$，在上述波长处测得的吸光度为

$$A(\mathrm{B^-}) = \varepsilon(\mathrm{B^-})[\mathrm{B^-}] \approx \varepsilon(\mathrm{B^-})c \tag{9.43}$$

因此

$$\varepsilon(\mathrm{B^-}) = \frac{A(\mathrm{B^-})}{c} \tag{9.44}$$

将式 (9.42) 和式 (9.44) 代入式 (9.40)，经整理得

$$\mathrm{p}K_\mathrm{a} = \mathrm{pH} + \lg\frac{A - A(\mathrm{B^-})}{A(\mathrm{HB}) - A} \tag{9.45}$$

习　　题

9.1　请阐述吸收光谱和标准曲线的含义。

9.2　试说明分光光度法中标准曲线不通过原点的原因。

9.3　在分光光度法中，影响显色反应的因素有哪些?

9.4　某试液用 2.0 cm 的比色皿测量时，$T = 60\%$，若改用 1.0 cm 或 3.0 cm 比色皿，T 及 A 各等于多少?

9.5　测定血清中的磷酸盐含量时，取血清试样 5.00 mL 于 100 mL 的容量瓶中，加显色剂显色后，稀释至刻度。吸取该试液 25.00 mL，测得吸光度为 0.582；另取该试液 25.00 mL，加 1.00 mL 0.0500 mg/L 磷酸盐，测得吸光度为 0.693。计算每毫升血清中含磷酸盐的质量。

9.6　测定废水中的酚，利用加入过量的有色显色剂形成有色配合物，并在 575 nm 处测量吸光度。若溶液中有色配合物的浓度为 1.00×10^{-5} mol/L，游离试剂的浓度为 1.00×10^{-4} mol/L，测得吸光度为 0.657：在同一波长下，仅含 1.00×10^{-4} mol/L 游离试剂的溶液，其吸光度只有 0.018，所有测量都在 2.0 cm 吸收池和以水作空白下进行，计算在 575 nm 时，

(1) 游离试剂的摩尔吸光系数；

(2) 有色配合物的摩尔吸光系数。

9.7　在光度分析中由于单色光不纯，在入射光 λ_2 中混入杂散光 λ_1。λ_1 和 λ_2 组成强度比为 $I_{0,\lambda_1}:I_{0,\lambda_2} = 1:5$，吸光化合物在 λ_1 处 $\varepsilon_{\lambda_1} = 5.00 \times 10^3$ L/(mol · cm)，在 λ_2 处 $\varepsilon_{\lambda_2} = 1.00 \times 10^4$ L/(mol · cm)。用 2 cm 吸收池进行吸光度测定。

(1) 若吸光物质浓度为 5.00×10^{-6} mol/L，计算其理论吸光度 A；

(2) 若浓度为 1.00×10^{-5} mol/L，A 又为多少? 该吸光物溶液是否服从朗伯–比尔定律?

9.8　已知 $\mathrm{ZrO^{2+}}$ 的总浓度为 1.48×10^{-5} mol/L，某显色剂的总浓度为 2.96×10^{-5} mol/L，用等摩尔法测得最大吸光度 $A = 0.320$，外推法得到 $A_\mathrm{max} = 0.390$，配比为 1:2，求其 $\lg K_{稳}$。

9.9　$\mathrm{NO_2^-}$ 在波长 355 nm 处 $\varepsilon_{355} = 23.3$ L/(mol · cm)，$\varepsilon_{355}/\varepsilon_{302} = 2.50$；$\mathrm{NO_3^-}$ 在波长 355 nm 处的吸收可忽略，在波长 302 nm 处 $\varepsilon_{302} = 7.24$ L/(mol · cm)。有一含 $\mathrm{NO_2^-}$ 和 $\mathrm{NO_3^-}$ 的试液，用 1 cm 吸收池测得 $A_{302} = 1.010$，$A_{355} = 0.730$。计算试液中 $\mathrm{NO_2^-}$ 和 $\mathrm{NO_3^-}$ 的浓度。

9.10　某含铁约 0.2% 的试样，用邻二氮杂菲亚铁光度法 [$\varepsilon = 1.1 \times 10^4$ L/(mol · cm)] 测定。试样溶解后稀释至 100.0 mL，用 1.00 cm 比色皿，在 508 nm 波长下测定吸光度。

(1) 为使吸光度测量引起的浓度相对误差最小，应当称取试样多少克？

(2) 如果说使用的光度计透光度最适宜读数范围为 $0.200 \sim 0.650$，测定溶液应控制的含铁的浓度范围为多少？

第10章　分离与富集方法

10.1　概　　述

分析测定中，实际样品的组成是比较复杂的，在样品测定时会受到其他组分的干扰，使得测定的结果不准确或者无法测量。在测定时控制合适的分析测定条件或者使用掩蔽剂可以有效消除干扰，在前面的章节中已经做了详细的介绍，但是，很多情况下只用这些简单的方法还不能彻底消除这些干扰，需要进一步的分离样品才能进行后续的测量，因此需要系统的发展分离分析的方法。分离的最终效果是：一种是把被测组分分离提取出来进行分析测定，另一种是分离各干扰组分，然后进行分别测定。在分离的同时，可对样品进行浓缩和富集，使这些组分达到被准确测量的要求。分离和富集要达到的目的是：① 分离除去共存的干扰物质，消除它们对测定的干扰，提高测定方法的选择性和灵敏度；② 从大量待测样品中将待测的痕量组分富集，提高检测的灵敏度；③ 提纯测定所需的高纯试剂或者试样，如高纯水、液相色谱流动相、极谱底液等。

分离的效果一般用分离因素 S 来描述。对两组分 A、B 之间的分离，其分离因素 $S_{\mathrm{B/A}}$ 定义为

$$S_{\mathrm{B/A}}=\frac{R_{\mathrm{B}}}{R_{\mathrm{A}}} \tag{10.1}$$

式中，R 为回收率。对于组分 A，待测组分回收的量与样品中待测组分总含量的比值就是回收率，用 R_{A} 表示。

$$R_{\mathrm{A}}=\frac{\text{分离后测得的 A 的总量}}{\text{样品中 A 的总量}}\times 100\% \tag{10.2}$$

若 A 的回收率为 100%，则 $S_{\mathrm{B/A}}=R_{\mathrm{B}}$；若分析物 A 与干扰物 B 的量相当，$S_{\mathrm{B/A}}\leqslant 10^{-3}$ 就可以认为是理想的分离。一般情况下，回收率越高越好，但是待测组分含量不同时，对回收率的要求也不同。一般情况下，对质量分数大于 1% 的组分，回收率应大于 99.9%；质量分数在 0.01% ~ 1% 的组分，回收率应大于 99%，质量分数低于 0.01% 的组分，回收率可以是 90% ~ 95%，即使更低也是允许的。

10.2　沉淀与共沉淀分离法

10.2.1　沉淀分离法

沉淀分离法是利用沉淀反应分离的方法。通过在溶液中加入适宜的沉淀剂使被测组分沉淀，或将共存组分沉淀、过滤，从而达到分离的目的。被沉淀物一般可分为常量组分和微量组分。常量组分采用基体沉淀分离。对于无机阳离子，可使其形成氢氧化物、硫化物、氯化物、硫酸盐和磷酸盐等无机盐沉淀以及有机沉淀物。对于微量或者痕量组分的沉淀可采用共沉淀分离法。沉淀分离法包括无机沉淀和有机沉淀分离法。

1. 利用无机沉淀剂实现沉淀分离

常用的无机沉淀剂有氢氧化物、氨水、硫化物、卤化物、硫酸盐、磷酸盐等。氢氧化物沉淀与溶度积和 pH 有关，以氢氧化铁为例，由于 $Fe(OH)_3$ 的 $K_{sp} = 4 \times 10^{-38}$，要析出 $Fe(OH)_3$ 则要求 $[OH^-] > 1.6 \times 10^{-12}\,mol/L$，即 $pH \geqslant 12.2$。要沉淀得更完全，需要 pH 更高一些。当溶液中 99.9% 的 Fe^{3+} 沉淀，即 $[Fe^{3+}] = 1.0 \times 10^{-5}\,mol/L$ 时，可以认为 Fe^{3+} 沉淀完全，此时 $pH = 3.7$。因为实际溶液中还存在多种铁的型体，如 $Fe(OH)^{2+}$、$Fe(OH)_2^+$ 和 $Fe(OH)_2^{4+}$ 等，实际溶解度要大一些，所以 pH 也要大一些，通常要求 $pH > 4$，实际分离中要根据溶液的情况由实验验证确定。氢氧化物沉淀剂也可使两性与非两性的物质分离，当溶液中加入过量氢氧化钠时，Al^{3+}、Cr^{3+}、Zn^{2+}、Pb^{2+}、Sn^{2+}、Sn^{4+}、Be^{2+}、Ge^{4+}、Ga^{3+} 等两性金属离子以含氧酸根阴离子的形式存在于溶液中，非两性元素则生成氢氧化物沉淀，在过量 NaOH 中溶解的两性氢氧化物在 pH 降低时将重新生成沉淀。

以氨水作为沉淀剂时通常是通过它调节溶液的 pH，可使高价金属离子生成氢氧化物沉淀，从而与大部分一、二价金属离子分离。由于 NH_3 是一种配体，它也可以与 Ag^+、Cu^{2+}、Cd^{2+}、Co^{2+}、Ni^{2+}、Zn^{2+} 形成配离子溶解在溶液中，从而与 Ca^{2+}、Sr^{2+}、Ba^{2+}、Mg^{2+} 等氢氧化物沉淀分离。

常用的硫化物沉淀剂是 H_2S，它与许多金属离子生成的硫化物的溶度积相差很大，从而可以通过控制硫离子浓度使金属离子彼此分离。溶液中 $[S^{2-}]$ 与 $[H^+]$ 的关系为

$$[S^{2-}] \approx \frac{c(H_2S)}{[H^+]} K_{a_1} K_{a_2} \tag{10.3}$$

在常温常压下，H_2S 饱和溶液的浓度大约是 0.1 mol/L，因此可通过控制溶液酸度的方法来控制溶液中的硫离子浓度，以实现分离的目的。在利用硫化物分离时，大多用缓冲溶液控制酸度。例如，向氯代乙酸缓冲溶液 ($pH \approx 2$) 中通入 H_2S，则使 Zn^{2+} 沉淀为 ZnS 而与 Fe^{2+}、Co^{2+}、Ni^{2+}、Mn^{2+} 分离；向六亚甲基四胺缓冲溶液 (pH 为 $5 \sim 6$) 中通入 H_2S，则 ZnS、CoS、NiS、FeS 等会沉淀而与 Mn^{2+} 分离。要注意的是，硫化物共沉淀现象严重，分离效果往往不理想，而且 H_2S 是有毒并且有臭味的气体，因此硫化物作沉淀剂时需慎重操作。

卤化物作沉淀剂时是利用卤素离子可以在酸性溶液中与多种金属离子形成沉淀的特性。例如，Ag^+、Ba^{2+}、Cd^{2+}、Ce^{3+}、Cu^{2+}、Hg^{2+}、In^{3+}、La^{3+}、Pb^{2+}、Sr^{2+} 等的碘酸盐沉淀即使在高浓度的硝酸中也不溶解，这对消除干扰离子十分有利。

硫酸盐沉淀剂是消除大量 Ba^{2+}、Pb^{2+}、Sr^{2+} 等干扰离子的主要方法，这些离子的硫酸盐可在酸性溶液中析出。硫酸作沉淀剂时，浓度不能太高，以避免形成 $MHSO_4$ 盐，增大其溶解度。另外，可以加入乙醇降低某些硫酸盐溶液的溶解度。

磷酸盐沉淀剂具有较宽的应用范围。在弱碱性溶液中，它与 Ag^+、Ba^{2+}、Bi^{3+}、Ca^{2+}、Ce^{4+}、Co^{3+}、Hg^{2+}、Li^+、Mg^{2+}、Mn^{2+} 等的磷酸盐溶解度较小；在稀酸溶液中，它与 Zr^{4+}、Hf^{4+}、Th^{4+}、Bi^{3+} 生成的磷酸盐不溶；在弱酸溶液中，它与 Fe^{3+}、Al^{3+}、U^{4+}、Cr^{3+} 等生成的磷酸盐不溶。

2. 有机金属离子配位沉淀法

有机沉淀剂种类繁多，具有选择性高、共沉淀不严重以及沉淀晶形好等优点。有机沉淀剂分为有机配位化合物沉淀剂与离子缔合物沉淀剂。这里主要介绍草酸、8-羟基喹啉、铜铁试

剂、丁二酮肟、苦杏仁酸、四苯硼酸钠等常用的有机沉淀剂。

草酸可以与 Ba^{2+}、Ca^{2+}、Sr^{2+}、稀土 (III)、Th(IV) 等生成不溶沉淀，从而能够与 Al^{3+}、Fe^{3+}、Nb(V)、Ta(V)、Zr(IV) 的可溶性草酸配合物分离。

8-羟基喹啉可以和多种金属离子生成难溶的螯合物。但是 8-羟基喹啉的选择性很差，因此通常用调整酸度或掩蔽的方法提高其选择性。例如，8-羟基喹啉与 Al^{3+} 在乙酸溶液中定量沉淀，与 Mg^{2+} 则不生成沉淀。8-羟基喹啉与 Mg^{2+} 则在氨性条件下才能定量沉淀，从而实现选择性沉淀。8-羟基喹啉均能与 Al^{3+}、Zn^{2+} 生成沉淀，若 8-羟基喹啉芳环上引入一个甲基，形成 2-甲基-8-羟基喹啉，可选择性沉淀 Zn^{2+}，而 Al^{3+} 不沉淀，达到 Al^{3+} 与 Zn^{2+} 的分离；在含有酒石酸盐的碱性溶液中，Fe^{3+}、Al^{3+}、Cr^{3+}、Pb^{2+}、Sn^{2+} 等离子不沉淀，而 Cu^{2+}、Cd^{2+}、Zn^{2+}、Mg^{2+} 可以形成沉淀。

铜铁试剂 (*N*-亚硝基苯基羟铵) 可在强酸溶液中沉淀 Ce^{4+}、Cu^{2+}、Fe^{3+}、Nb(V)、TiO^{2+}、Th(IV)、VO_3^-、Ta(V)、U(IV)、Zr(IV) 等离子，使其与 Al^{3+}、Cr^{3+}、Co^{3+}、Mn^{2+}、Mg^{2+}、Ni^{2+}、UO_2^{2+}、Zn^{2+} 等分离；在弱酸溶液中则可以沉淀 Al^{3+}、Zn^{2+}、Mn^{2+}、Co^{3+}、Th(IV)、Be^{2+}、Ga^{3+}、Tl^{3+} 等离子。

铜试剂 (二乙基二硫代氨基甲酸钠) 可以沉淀 Cu^{2+}、Cd^{2+}、Ag^+、Co^{3+}、Ni^{2+}、Hg^{2+}、Pb^{2+}、Bi^{3+}、Zn^{2+} 等重金属离子，使它们与稀土、碱土金属及铝等分开。在 $pH = 0 \sim 4$ 时，二苄基二硫代氨基甲酸盐和 Mo 形成稳定的配位化合物沉淀，用于分离富集海水中的钼，高浓度的盐不影响测定。

丁二酮肟在氨性或弱酸性溶液中 ($pH > 5$)，与 Ni^{2+} 形成红色的配位化合物沉淀，与它的 Co^{3+}、Cu^{2+}、Fe^{2+}、Zn^{2+} 水溶性配位化合物分离。

苦杏仁酸在 $pH = 2.5 \sim 3$ 和 $pH = 1.5 \sim 4.5$ 的盐酸介质中分别沉淀 Zr(IV) 和 Sc^{3+}，与大多数常见元素分离，但稀土元素有干扰。对溴苦杏仁酸-Th 配位化合物在 $pH = 3.1$ 时开始定量沉淀，Zr 离子相应在 1.8 mol/L 的 HCl 溶液中沉淀，从而使 Zr(IV) 与 Th(IV) 分离。

四苯硼酸钠与 K^+ 反应生成难溶的缔合物沉淀，可依此用重量法来测定钾。

10.2.2　共沉淀分离法

痕量物质的分离在近代分析分离中越来越重要。因为沉淀的溶解，或形成过饱和溶液，或形成胶体溶液，要使痕量组分沉淀下来，常常是很困难的。如果在溶液中加入一种载体，利用载体沉淀时，把痕量组分共沉淀下来，则可达到与干扰组分和基体分离的目的。例如，测定水中痕量的 Pb^{2+}，若在水中加入适量的 Ca^{2+}，再加入沉淀剂 Na_2CO_3，当生成 $CaCO_3$ 沉淀时，痕量的 Pb^{2+} 共沉淀下来。这里的 $CaCO_3$ 称为载体或共沉淀剂。又如，某处海水中含有 $0.5 \sim 0.9$ ng/L 的痕量镱，同时还存在钠、镁、钙、铝等离子及其他各种阴离子。若在 10 L 海水中加入 150 mg 的 Fe^{3+} 作载体，用 $Fe(OH)_3$ 共沉淀的方法可将镱和海水及基体分离，再用等离子体发射光谱法测定其含量。

1. 无机共沉淀剂

无机共沉淀剂常用的载体有氢氧化物，如 $Fe(OH)_3$、$Al(OH)_3$、$MnO(OH)_2$，以及硫化物和磷酸盐等。它们大多数是无定形沉淀，比表面积大，吸附能力强，有利于痕量组分的共沉淀。例如，以 $Fe(OH)_3$ 作载体时，在 $pH = 8 \sim 9$ 的环境下，可以共沉淀痕量的 Al^{3+}、Bi^{3+}、Sn^{4+}、In^{3+} 等离子；当用 $Al(OH)_3$ 作载体时，在同样的 pH 条件下，可以共沉淀 Fe^{3+}、TiO^{2+} 等离子；而

以 $MnO(OH)_2$ 作载体时，则可在弱酸性溶液中共沉淀饮用水中痕量的 Pb^{2+} 等。

微量组分形成难溶或难解离的化合物易被吸附载带，但吸附共沉淀剂的溶解度对其吸附载带微量组分的能力影响不大。例如，用 $Fe(OH)_3$ 共沉淀海水中微量元素时，由于 $Zr(OH)_4$ 的溶解度远低于 $Zn(OH)_2$，因此 $Zr(OH)_4$ 的回收率高达 97%，而 $Zn(OH)_2$ 的回收率为 76%。但使用 $Fe(OH)_3(K_{sp} = 1.097 \times 10^{-36})$ 作载体或使用 $Fe(OH)_2$ $(K_{sp} = 1.660 \times 10^{-14})$ 作载体，共沉淀 Bi^{3+} 的百分数相差不大，均在 95% 以上。应该指出，这种共沉淀分离方法的选择性不好。

利用形成混晶共沉淀。当载体 M 形成晶形沉淀 MX 时，微量组分 N 生成的 NX 与 MX 形成混晶 MX-NX 共同沉淀下来，如 $BaSO_4$-$RaSO_4$。MX 与 NX 是否发生混晶共沉淀，取决于离子 M 和 N 的相对大小、MX 和 NX 的相对溶解度以及 MX 和 NX 的晶格。离子半径越接近，NX 的溶解度越小于 MX，MX 和 NX 的晶格相同，则 N 越易以显著的量进入沉淀中。常见的混晶有 $SrSO_4$-$PbSO_4$、$SiCO_3$-$CdCO_3$、$MgNH_4PO_4$-$MgMH_4AsO_4$、$ZnHg(SCN)_4$-$CoHg(SCN)_4$ 等。

2. *有机共沉淀剂*

有机共沉淀剂具有良好的选择性。得到的沉淀较纯净，沉淀经灼烧可除去有机沉淀剂，因此既富集了待测元素，又消除了沉淀剂对待测元素测定的干扰。有机共沉淀剂的优点：选择性好，富集能力强，易于纯化。利用胶体凝聚的共沉淀，有些元素如 W、Mo、Sn、Nb、Ta 等的含氧酸在酸性溶液中常以带负电荷的胶体形态存在，不易凝聚。若加入单宁、辛可宁、动物胶等带正电荷的有机试剂，它们与带负电荷的含氧酸胶体共同聚沉。例如，在 20% ~ 25% HCl 介质中，用单宁水解法可使 Nb(Ⅴ)、Ta(Ⅴ) 沉淀，从而与 Ba^{2+}、Mn^{2+}、Al^{3+}、Sr^{2+} 等离子分离；硅酸盐分析中，$SiO_2 \cdot xH_2O$ 常形成胶状沉淀，加入动物胶使 $SiO_2 \cdot xH_2O$ 聚沉，与 Fe^{3+}、Al^{3+}、Ca^{2+}、Mg^{2+} 等离子分离。

形成离子缔合物的共沉淀。当溶液中含有某些阴离子如 Cl^-、Br^-、I^- 或 SCN^- 等时，许多金属离子能与它们形成配阴离子，如 $HgCl_4^{2-}$、HgI_4^{2-}、$Zn(SCN)_4^{2-}$、$InCl_4^-$ 等。在溶液中若加入大量阳离子沉淀剂 (R^+)，如甲基紫、亚甲基蓝、罗丹明 B、结晶紫等，当 R^+ 与溶液中过量的 Cl^-、SCN^- 等生成沉淀析出时，它们也与金属配阴离子生成离子缔合物共同沉淀下来。例如，在痕量 Zn^{2+} 的弱酸性溶液中，加入 NH_4SCN 和甲基紫，发生下列反应：

$$Zn^{2+}(aq) + 4\,SCN^-(aq) \rightleftharpoons Zn(SCN)_4^{2-}(aq)$$

$$R^+(aq) + SCN^-(aq) = RSCN(s)(\text{载体})$$

$$2\,R^+(aq) + Zn(SCN)_4^{2-}(aq) = R_2Zn(SCN)_4(s)$$

沉淀经过滤、洗涤、灰化后，痕量的 Zn^{2+} 富集在残渣里。据报道，此法可富集低至 1 ng/mL 的 Zn^{2+}，回收率达 90%。

惰性共沉淀剂的共沉淀。在稀酸溶液中 Bi^{3+} 能与 4,5-二羟基荧光黄生成配合物。当 Bi^{3+} 含量低时，沉淀不能析出。若在溶液中加入萘或蒽的乙醇溶液，萘或蒽不溶于水，当它们析出时，Bi-4,5-二羟基荧光黄共同沉淀下来。在一定条件下，Bi^{3+} 的回收率达 99%。萘和蒽与 Bi^{3+} 及其螯合物都不发生反应，这类载体称为惰性共沉淀剂。利用惰性共沉淀剂的共沉淀分离选择性好，杂质沾污少。常用的惰性共沉淀剂还有 α-萘酚、β-萘酚、酚酞等。

10.3 萃取分离技术

萃取分离技术是将目标分析物从复杂的样品基质中分离，避免样品中干扰成分影响目标分析物的检测。此外，萃取分离技术往往能起到富集分析物的效果。因此，萃取分离技术既有助于提高分析的准确度，也有助于提高分析的灵敏度。目前，常用的萃取分离技术包括液相萃取、超临界萃取、固相萃取、固相微萃取和液相微萃取。

10.3.1 液相萃取

1. 液–液萃取

液相萃取技术主要有液–液萃取和液–固萃取两种方法，是使用溶剂萃取样品中目标分析物的方法。液–液萃取通常是将与水不相混溶的有机溶剂与含有目标分析物的水相样品一起振荡，促使目标分析物从水相进入有机相。而当水溶液被用于从有机相中除去其中的干扰成分时，这一过程称为反萃取。液–液萃取基于相似相容原则，针对极性强的分析物选用极性溶剂，反之选用低极性溶剂。

衡量液–液萃取效率的指标有分配系数、分配比和萃取率。如果目标分析物 A 在水相和有机相中的存在形式相同，当目标分析物 A 在两相间达到分配平衡时，A 在有机相中的浓度 $[\mathrm{A}]_\mathrm{O}$ 及其在水相中的浓度 $[\mathrm{A}]_\mathrm{W}$ 在给定温度下是一个常数：

$$K_D = \frac{[\mathrm{A}]_\mathrm{O}}{[\mathrm{A}]_\mathrm{W}} \tag{10.4}$$

式中，K_D 为分配系数，式 (10.4) 也称为分配定律。从严格意义上讲，K_D 等于 A 在有机相和水相间的活度之比，当 A 在有机相和水相中的浓度较低时，K_D 近似等于 A 在有机相和水相中的浓度比。

在一些情况下，目标分析物在有机相和水相中都可能以多种形式存在。这是因为目标分析物在某一相或两相中可能发生解离、质子化、缔合、配位、聚合或离子聚集等，此时用一个称为分配比的指标来描述 A 在两相的分配情况，其定义如下：

$$D = \frac{c(\mathrm{A})_\mathrm{O}}{c(\mathrm{A})_\mathrm{W}} = \frac{[\mathrm{A}_1]_\mathrm{O} + [\mathrm{A}_1]_\mathrm{O} + \cdots + [\mathrm{A}_i]_\mathrm{O}}{[\mathrm{A}_1]_\mathrm{W} + [\mathrm{A}_1]_\mathrm{W} + \cdots + [\mathrm{A}_j]_\mathrm{W}} \tag{10.5}$$

式中，$c(\mathrm{A})_\mathrm{O}$ 和 $c(\mathrm{A})_\mathrm{W}$ 分别为目标分析物 A 在有机相和水相中的总浓度；$[\mathrm{A}_i]_\mathrm{O}$ 和 $[\mathrm{A}_j]_\mathrm{W}$ 分别为 A 的各种型体在有机相和水相中的平衡浓度。分配比不是常数，它会随着体系参数的变化而变化，如溶液的 pH、溶液中的配位剂等的浓度等。因此，通过改变萃取条件来改变分配比，能够实现最优分离。

萃取率是指有机相中 A 的量占其在两相中的总量的百分数，定义如下：

$$E = \frac{c(\mathrm{A})_\mathrm{O} V_\mathrm{O}}{c(\mathrm{A})_\mathrm{O} V_\mathrm{O} + c(\mathrm{A})_\mathrm{W} V_\mathrm{W}} \times 100\% \tag{10.6}$$

式中，V_O 和 V_W 分别为有机相和水相的体积。根据式 (10.5)，式 (10.6) 也可以写成：

$$E = \frac{D}{D + \dfrac{V_\mathrm{W}}{V_\mathrm{O}}} \times 100\% \tag{10.7}$$

由此可见，萃取率取决于分配比及有机相和水相的体积比。当分配比以及有机相与水相间的体积比越大时，萃取率越高。当分配比足够大时，使用较少的有机相就能够获取较理想的萃取率。而当分配比一定时，使用有机相的体积越大，萃取率越高，然而有机相的过多使用既不经济也不环保。此时，采用连续多次萃取的方法能够取得较高的萃取率，同时也可减少有机相的使用。使用体积为 V_O 的有机相萃取多次后，水相中 A 剩余的百分数可以表示为

$$R = \left(\frac{\dfrac{V_W}{V_O}}{D + \dfrac{V_W}{V_O}} \right)^n \times 100\% \tag{10.8}$$

为了表示液–液萃取方法分离目标分析物和样品中其他成分的能力，引入分离率的概念，它表示为目标分析物的分配比及干扰成分的分配比的比值：

$$\beta = \frac{D_A}{D_B} \tag{10.9}$$

式中，D_A 为目标分析物的分配比；D_B 为干扰成分的分配比。当且仅当 $\beta \gg 1$ 时，液–液萃取方法才能将目标分析物与干扰成分有效分开。

常见的液–液萃取体系有螯合物萃取体系、离子缔合物萃取体系、溶剂化合物萃取体系及共价化合物萃取体系。螯合物萃取体系是萃取金属离子的主要方式，它以螯合剂为萃取剂。金属离子 M^{n+} 与螯合剂 HL 生成中性螯合物 ML_n，它能溶于有机溶剂而被萃取。螯合物萃取的平衡方程式为

$$M^{n+}_{(W)} + n\text{HL}_{(O)} \rightleftharpoons \text{ML}_{n(O)} + n\text{H}^+_{(W)}$$

萃取的平衡常数为

$$K_{ex} = \frac{\dfrac{[\text{ML}_{n(O)}]}{c^\ominus}\left(\dfrac{[\text{H}^+_{(W)}]}{c^\ominus}\right)^n}{\dfrac{[\text{M}^{n+}_{(W)}]}{c^\ominus}\left(\dfrac{[\text{HL}_{(O)}]}{c^\ominus}\right)^n} \tag{10.10}$$

当没有副反应发生，并忽略水相中的 ML_n，且金属元素有机相只以 ML_n 形式存在时，$[ML_{n(O)}]$ 与 $[M^{n+}_{(W)}]$ 的比值近似等于分配比。此时有如下关系：

$$D = \frac{[\text{ML}_{n(O)}]}{[\text{M}^{n+}_{(W)}]} = K_{ex}\frac{\left(\dfrac{[\text{HL}_{(O)}]}{c^\ominus}\right)^n}{\left(\dfrac{[\text{H}^+_{(W)}]}{c^\ominus}\right)^n} \tag{10.11}$$

由于萃取所使用的萃取剂的量往往远大于水相中金属离子的含量，进入水相和参与配位反应所消耗的萃取剂也可以忽略不计，则 $[HL_{(O)}]$ 近似等于有机相中萃取剂的起始浓度 $c(HL)_{(O)}$。因此，式 (10.11) 又可写成：

$$\lg D = \lg K_{ex} + n\lg\frac{[\text{HL}_{(O)}]}{c^\ominus} + n\text{pH}_{(W)} \tag{10.12}$$

由此可见，萃取剂的用量和水相的 pH 均是影响萃取效率的重要因素。

在离子缔合物体系中，阳离子和阴离子通过静电力相结合而形成电中性的离子缔合物。许多金属配阳离子和金属配阴离子以及某些酸根离子能与相应的对离子形成疏水性的离子缔合物，从而被有机溶剂萃取。例如，使用乙醚从酸性水溶液中萃取 Fe^{3+}，乙醚分子先与 H^+ 形成氧鎓离子 $(CH_3CH_2)_2OH^+$，再与 $FeCl_4^-$ 形成离子缔合物 $[(CH_3CH_2)_2OH^+]\cdot(FeCl_4^-)$ 而溶入乙醚。此时乙醚既是萃取剂，也是溶剂。常见的含氧有机溶剂形成氧鎓盐的能力大小顺序为

$$R_2O > ROH > RCOOH > RCOOR' > RCOR' > RCHO$$

在溶剂化合物萃取体系中，一些中性有机溶剂分子可通过其配位原子与金属离子键合，形成的配合物可溶于该有机溶剂中。例如，当使用磷酸三丁酯萃取酸性溶液中的 Fe^{3+} 时，Fe^{3+} 是以其与磷酸三丁酯配合物形式被萃取的。(注：这里最好指明与哪个配位原子键合。)

在共价化合物萃取体系中，目标分析物在水相和有机相中均以分子形式存在。例如，用己烷萃取水溶液中微量的苯就是典型的共价化合物萃取体系。

2. 液–固萃取

有机溶剂也被用于固体样品和半固体样品中目标分析物的萃取。由于有机溶剂需要渗透到固体样品基质中对目标分析物进行萃取，固体样品通常需要切碎或研磨处理，以方便有机溶剂渗透到样品中。加热也可以促进有机溶剂渗透到样品中。同时，加热还可以增加目标分析物在有机溶剂中的溶解度。在日常生活中，中药的煎煮过程就是一个典型的例子。在实验室中，索氏提取方法被广泛用于萃取固体样品中的目标成分。

加速溶剂萃取是在较高的温度和较大的压力下用溶剂萃取固体或半固体样品中目标分析物的方法。较高的温度可以增大目标分析物在溶剂中的溶解度，而较高的压力可以提高溶剂的沸点，保证溶剂在较高的温度下仍然保持在液态。加速溶剂萃取能在较短的时间内以极少的溶剂实现较高的萃取率。

另外，超声辅助萃取和微波辅助萃取均有利于加快固体样品中目标分析物的萃取并提高萃取率。

10.3.2　超临界萃取

超临界流体是温度、压力高于临界状态的流体，其黏度和扩散系数接近气体，而密度和溶剂化能力接近液体。使用超临界流体对固体样品中的分析物进行萃取，能够有效提高萃取效率且不致引发分析物的热分解。CO_2、NH_3 乙烯、乙烷、丙烯、丙烷和水的超临界流体常被用于萃取分离。其中，CO_2 无毒、廉价易得且其超临界状态容易达到，CO_2 的超临界流体常被用于非极性的烃类和醚、酯、酮等的萃取。

压力、温度和改性剂的加入能够对超临界流体的萃取能力造成影响。一般压力越大，超临界流体的溶解能力越强，逐渐增加压力能够实现样品中不同目标分析物的分离。而超临界流体在低温区的萃取能力随温度的升高而降低，在高温区的萃取能力则随着温度的升高而升高。在超临界流体中加入少量的其他溶剂能够改变其溶解性能。例如，在 CO_2 的超临界流体中加入甲醇或异丙醇能够增加超临界流体对极性较大的化合物的萃取能力。

近年来，超临界流体萃取技术发展迅速，已经实现了与多种色谱、质谱和光谱仪的在线联用，包括气相色谱仪、液相色谱仪、质谱仪、红外光谱仪和核磁共振波谱仪等。

10.3.3 固相萃取

固相萃取采用固态萃取剂萃取目标分析物，然后用适当的溶剂洗去干扰物之后，用有机溶剂洗脱萃取剂萃取到的目标分析物。固相萃取柱是最经典的固相萃取装置，该装置已经商品化并得到广泛的应用。目前固相萃取也发展出多种新形式，包括分散固相萃取和管内固相萃取等，其中管内固相萃取方便与液相色谱实现了在线联用。

样品溶液和有机溶剂一般依靠重力流过固相萃取柱，当有阻力时，可把注射器和微收集器连接在固相萃取柱上抽气，使样品溶液和有机溶剂缓慢流过固相萃取柱。

10.3.4 固相微萃取

固相微萃取采用极少量的固体萃取剂萃取样品中的目标分析物，萃取到的分析物可以直接在气相色谱仪的热进样口脱附下来分析，也可以用有机溶剂洗脱下来进行分析。固相微萃取装置多种多样，除了最早采用的纤维式装置外，还有管式、容器式、悬浮颗粒式、搅拌叶式和片式等多种装置，如图 10.1 所示。商品化的纤维式固相微萃取装置设计巧妙，其金属外管可以起到保护纤维上涂敷的萃取剂的作用，如图 10.2 所示。

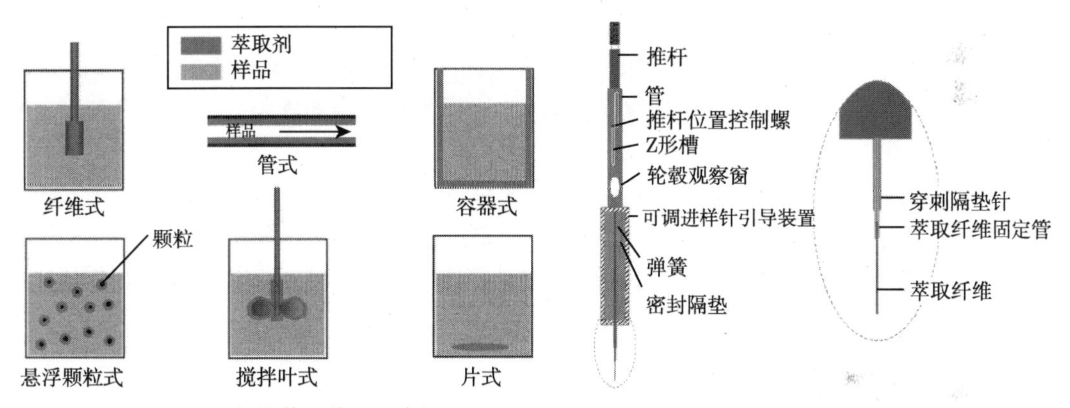

图 10.1 固相微萃取装置示意图

图 10.2 两种商品化的固相微萃取装置示意图

固相微萃取使用的萃取剂的体积极小，萃取体积 V_f 与目标分析物在萃取剂和样品基质间的分配系数 K_{fs} 的乘积通常远小于样品的体积 V_s。因此，固相微萃取过程从样品中分离出的目标分析物的量占其在样品中的起始的总量微乎其微。当目标分析物在萃取剂和样品中达到分配平衡时，萃取剂中目标分析物的萃取量 n_e 可以表示为

$$n_e = \frac{K_{fs}V_f V_s c_0}{V_s + K_{fs}V_f} \tag{10.13}$$

式中，c_0 为目标分析物在样品中的起始浓度。考虑分析物在萃取剂和样品基质中都只以分子的形式存在。由于 $K_{fs}V_f \ll V_s$，式 (10.13) 又可写作：

$$n_e = K_{fs}V_f c_0 \tag{10.14}$$

式 (10.14) 表明萃取剂中分析物的平衡萃取量与样品中分析物的起始浓度正相关，且与样品的体积无关。式 (10.14) 也是平衡固相微萃取技术的定量基础。同时，基于该式还可以看出，

固相微萃取并不能认为是微型化的固相萃取，固相微萃取是一种非完全的萃取方法，而固相萃取则追求尽可能高的萃取率。

固相微萃取达到萃取平衡的过程被认为遵从一级动力学，但假设的前提是萃取过程分析物的传质阻力基本恒定，即样品基质中的机械扰动情况较为稳定。一级动力学的固相微萃取过程可表示如下：

$$n(t) = (1 - \mathrm{e}^{-at})n_{\mathrm{e}} \tag{10.15}$$

式中，$n(t)$ 为萃取开始后经时间 t 后，萃取剂中分析物的量；a 为萃取动力学常数，它与分析物在萃取剂和样品基质中的分配系数以及萃取剂的尺寸和样品基质的扰动情况相关。由式 (10.15) 可知，任意给定时间的萃取量都与分析物在样品基质中的起始浓度正相关。且由于达到萃取平衡通常需要较长的时间，基于式 (10.15) 的非平衡固相微萃取方法在强调分析效率的情况下被应用得更广。

需要指出的是，在实际的固相微萃取过程中，样品基质的机械扰动情况往往不恒定，萃取动力学因此而发生变化。此时，基于分析物被萃取剂萃取和从萃取剂上脱附的动力学常数一样，在萃取剂中预先加载目标分析物的结构相似物，结构相似物在萃取剂萃取分析物的同时从萃取剂上脱附，利用结构相似物的脱附能够校正萃取条件变化对萃取动力学的影响。

另外，在半固体样品 (如动植物组织、水体沉积物) 中，由于分析物的传质方式以扩散为主，不同于气、液样品中分析物的传质以对流为主，半固体样品中的固相微萃取过程理论上也不遵从一级动力学。

由于固相微萃取使用萃取剂的体积小，萃取的分析物量少，固相微萃取对样品中分析物的分配影响几乎可以忽略，因此也被用于样品中游离浓度的测定、分析物与蛋白质的结合常数等。另外，纤维式的固相微萃取装置尺寸小，对动植物活体的损伤小，也被用于动植物活体中分析物的测定或其动态变化情况的研究。

10.3.5 液相微萃取

液相微萃取与固相微萃取相似，也是非完全萃取方法，不同之处是前者使用有机溶剂萃取样品中的目标分析物。液相微萃取的形式多种多样，常见的形式包括单滴微萃取、分散液相微萃取和膜保护液相微萃取。用于萃取的有机溶剂在萃取结束后可以直接注入分析仪器 (如气相色谱仪) 中进行检测，但有机溶剂在萃取过程中也容易损失。

液相微萃取的热力学和动力学都可以对照固相微萃取。使用更大体积的有机溶剂进行液相微萃取有助于提高分析灵敏度，但过大进样体积容易造成色谱峰展宽。另外，对于单滴微萃取，大体积的有机溶剂不易稳定悬挂在注射器尖端而容易掉落。

10.4 离子交换分离法

离子交换分离法是通过离子交换剂与溶液中的离子发生交换反应而实现分离的一种方法。不同离子与离子交换剂之间的交换能力有差异，通过选用适当的洗脱剂对被交换到离子交换剂上的离子进行洗脱时，可实现离子间彼此分离的目的。这种方法特别适用于无机离子的分离与富集，也可用于有机化合物和生化物质的分离，具有设备简单易操作、分离效果好、选择性高和适用性强等突出优点，目前已被广泛应用于科学研究、化工生产、环境保护、湿法冶金和食品医药工业等领域。

10.4.1　离子交换剂的种类

离子交换剂有无机离子交换剂和有机离子交换剂两大类。其中，无机离子交换剂以泡沸石、黏土、某些金属氧化物等无机材料为骨架，而有机离子交换剂以离子交换树脂等有机材料负载活性交换基团。本节主要讨论在分析化学中使用最多的一类有机高分子聚合物离子交换剂，即离子交换树脂，按其性能可分为阳离子交换树脂、阴离子交换树脂和螯合树脂。

1. 阳离子交换树脂

阳离子交换树脂表面活性基团解离产生的 H^+ 可与溶液中的阳离子进行交换。根据活性基团酸性的强弱，可分为强酸型和弱酸型两类。强酸型树脂含有磺酸基 ($—SO_3H$)，在酸性、中性和碱性条件下均可使用，应用广泛。而弱酸型树脂的活性基团通常为羧基 (—COOH) 或酚羟基 (—OH)，在强酸性的洗脱液中通常难以电离出 H^+，因而只能在中性甚至碱性条件下才能与目标离子发生交换作用，但其选择性较好。

2. 阴离子交换树脂

阴离子交换树脂的基本结构与阳离子交换树脂类似，不同之处是其骨架上连接的活性基团是碱性基团。根据活性基团碱性的强弱，可分为强碱型和弱碱型两类。强碱型树脂含有活性基团季铵基 [$—N(CH_3)_3X$]，其中 X 可以是 OH^-、Cl^-、NO_3^- 等，可在很宽的 pH 范围内使用。而弱碱型树脂的活性基团通常为伯胺基 ($—NH_2$)、仲胺基 (R_2NH) 或叔胺基 (R_3N) 基团，因其对 OH^- 的亲和力大，故不宜在碱性溶液中使用，只能在中性或酸性条件下使用。

3. 螯合树脂

螯合树脂内含有可与某些特定金属离子相互作用形成螯合物的特殊活性基团，在一定条件下能够实现某种金属离子的特异性交换，具有非常高的选择性，对化学分离具有重要的意义。目前，氨羧基 $—(CH_2COOH)_2$ 螯合树脂已经商品化。

10.4.2　离子交换剂的结构

离子交换树脂是一种具有网状结构的高分子固体化合物，具有很好的化学稳定性，不易受强酸、强碱、氧化剂或者还原剂的影响，也不易与其他化学试剂反应。例如，聚苯乙烯磺酸基型交换树脂是广泛应用的阳离子交换树脂，它是由苯乙烯和二乙烯苯聚合后经硫酸磺化反应制成，反应如图 10.3 所示。

网状结构的树脂表面富含大量的活性基团磺酸基 $—SO_3H$，$—SO_3^-$ 不能进入溶液，但 H^+ 却可以解离，并与溶液中的阳离子发生交换反应：

$$R—SO_3—H^+ + K^+ \rightleftharpoons R—SO_3—K^+ + H^+$$

式中，R 为树脂相。由于磺酸基在水中表现为强酸性，因此这类树脂属强酸型阳离子交换树脂，在酸性、中性和碱性溶液中都可以使用。

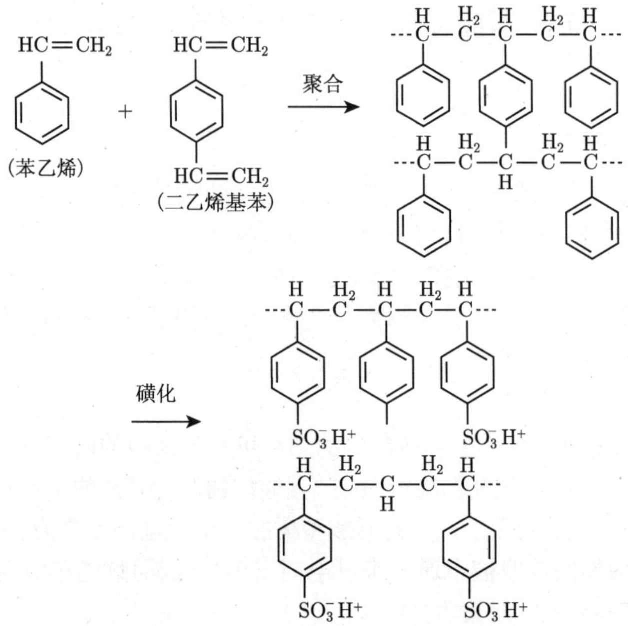

图 10.3　离子交换树脂制备过程示意图

10.4.3　离子交换剂的性质

1. 交联度

在合成离子交换树脂的过程中，链状聚合物分子相互连接而形成网状结构的过程称为交联。例如，前述的聚苯乙烯树脂是由二乙烯苯将聚苯乙烯的链状分子连接成网状结构的，故二乙烯苯也称为交联剂。树脂中交联剂所占的质量分数称为树脂的交联度：

$$\text{交联度} = \frac{\text{交联剂质量}}{\text{干树脂总质量}} \times 100\% \tag{10.16}$$

树脂的交联度越大，网状结构的孔径越小，网眼越密，在离子交换过程中只允许小体积的离子进入，故选择性较高。交联度大的树脂结构紧密，机械强度高，但是对水的溶胀性能较差，交换反应的速率较慢。但是，当树脂的交联度过小时，离子交换速度快，但选择性较差。通常树脂的交联度为 4% ~ 14%，在不影响分离效果的情况下，应当选择交联度尽量大的树脂以提高工作效率。例如，分离多肽时，一般选择交联度为 2% ~ 4% 的树脂为宜，但是，当研究对象变为相对分子质量较小的氨基酸时，可切换为交联度为 8% 的树脂以加快分离速度。

2. 交换容量

交换容量指每克干树脂所能交换的离子相当于一价离子 (H^+ 或者 OH^-) 的物质的量，是表征树脂交换能力大小的指标。交换容量的大小取决于一定量树脂中所含活性基团的数目，可通过酸碱滴定的方式进行测定，以阳离子交换树脂为例，具体做法如下：① 准确称取一定质量干燥的阳离子交换树脂，置于锥形瓶中；② 加入过量的 NaOH 标准溶液，充分振荡后放置约 24 h，使活性基团中的 H^+ 全部被 Na^+ 交换；③ 用 HCl 标准溶液返滴定剩余的 NaOH，按下式计算交换容量：

$$\text{交换容量} = \frac{c(\text{NaOH})V(\text{NaOH}) - c(\text{HCl})V(\text{HCl})}{\text{干树脂质量}}$$

式中，$c(\text{NaOH})$ 和 $V(\text{NaOH})$ 分别为加入的氢氧化钠的浓度和体积；$c(\text{HCl})$ 和 $V(\text{HCl})$ 分别为返滴定过量氢氧化钠所消耗的盐酸的浓度和体积。

3. 溶胀性

离子交换树脂因其表面富含极性活性基团而表现出亲水性质，遇水则膨胀，其溶胀性质受树脂交联度、表面基团极性及溶液中电解质浓度共同影响。一般说来，交联度大，溶胀性差；表面基团容易解离 (如强酸性、强碱性)，溶胀程度高；电解质浓度低，溶胀程度高。

10.4.4　离子交换平衡

离子交换树脂与电解质水溶液接触时发生离子交换反应，主要包括以下步骤：① 溶液中的离子向树脂表面扩散；② 离子通过树脂表面向树脂内部扩散；③ 离子在树脂内部进行交换；④ 交换下来的离子从树脂内部向外扩散至树脂表面；⑤ 交换下来的离子从树脂表面扩散到溶液中。其中，① 和 ⑤ 两个步骤是外扩散，其速度受溶液浓度和温度的影响，浓度越大，温度越高，则外扩散速度越大；② 和④两个步骤是内扩散，速度较慢，受到的影响因素较多，是离子交换过程的速度决定步骤；第③步是活性基团上的离子交换过程，速度很快。为了加快离子交换过程的速度，应尽量使用小颗粒、低交联度的离子交换树脂。

以阳离子交换树脂和含阳离子的电解质溶液为例，它们之间的离子交换反应如下：

$$n\text{R—SO}_3^-\text{H}^+(\text{s}) + \text{M}^{n+}(\text{aq}) \rightleftharpoons (\text{R—SO}_3^-)_n\text{M}^{n+}(\text{s}) + n\text{H}^+(\text{aq})$$

此交换反应属可逆反应，达到平衡时有如下关系：

$$K = \frac{\dfrac{[(\text{R—SO}_3^-)_n\text{M}^{n+}]}{c^\ominus}\left(\dfrac{[\text{H}^+]}{c^\ominus}\right)^n}{\dfrac{[\text{M}^{n+}]}{c^\ominus}\left(\dfrac{[\text{R—SO}_3^-\text{H}^+]}{c^\ominus}\right)^n} \tag{10.17}$$

K 值的大小表示树脂对金属离子交换能力的强弱，称为树脂对离子的亲和力或树脂对离子的选择性系数。离子交换树脂对不同离子的亲和力大小与其水合半径及所带电荷数有关。一般而言，离子的价态越高，水合半径越小，越容易进入树脂相。实验表明，在常温稀溶液中，树脂对离子的亲和力顺序如下。

1) 强酸型阳离子交换树脂

一价阳离子：$\text{Tl}^+ > \text{Ag}^+ > \text{Cs}^+ > \text{Rb}^+ > \text{K}^+ > \text{NH}_4^+ > \text{Na}^+ > \text{H}^+ > \text{Li}^+$

二价阳离子：$\text{Ba}^{2+} > \text{Pb}^{2+} > \text{Sr}^{2+} > \text{Ca}^{2+} > \text{Ni}^{2+} > \text{Cd}^{2+} > \text{Cu}^{2+} > \text{Co}^{2+} > \text{Zn}^{2+} > \text{Mg}^{2+}$

稀土元素离子：$\text{La}^{3+} > \text{Ce}^{3+} > \text{Pr}^{3+} > \text{Nd}^{3+} > \text{Sm}^{3+} > \text{Eu}^{3+} > \text{Tb}^{3+} > \text{Lu}^{3+} > \text{Sc}^{3+}$

不同价态离子：$\text{Th}^{4+} > \text{Fe}^{3+} > \text{Ca}^{2+} > \text{Na}^+$

2) 强碱型阴离子交换树脂

$\text{SO}_4^{2-} > \text{CrO}_4^{2-} > \text{ClO}_4^- > \text{I}^- > \text{Br}^- > \text{CN}^- > \text{NO}_3^- > \text{Cl}^- > \text{OH}^- > \text{F}^-$

既然树脂对不同离子的亲和力强弱不同，进行离子交换时，就有一定的选择性。当溶液中各种离子的浓度大致相同时，总是亲和力大的离子优先被交换到树脂相上；而在洗脱时，亲和力较小的离子总是先被洗脱而进入洗脱液中。

10.4.5　离子交换分离操作方法

1. 树脂的选择和处理

树脂类型的选择应根据分离的对象和要求进行。购买来的树脂粒径大小往往不够均匀，在使用前应当将其过筛以除去粒径太大和太小的颗粒。一般市售树脂含有一定量的杂质，在使用前需进行净化处理。对于强酸型阳离子交换树脂和强碱型阴离子交换树脂，通常用浓度为 4 mol/L 的 HCl 溶液浸泡 1 ～ 2 天，以溶解各种杂质，然后用蒸馏水洗涤至中性，浸泡于水中备用。这样就得到在活性基团上含有可被交换的 H^+ 的氢型阳离子交换树脂或可被交换的 Cl^- 的氯型阴离子交换树脂。

2. 装柱

离子交换树脂通常填入下端带旋塞的空心玻璃柱中使用。在柱的下段放置一层玻璃纤维，然后向柱中加满蒸馏水，再倒入经过预处理的树脂，使树脂自动下沉而均匀地填充空心柱。树脂的高度约为柱高的 90%，其上端也应放置一层玻璃纤维，并保持蒸馏水的液面略高于树脂层，防止树脂干裂而混入气泡影响分离效果。

3. 柱上分离

将待分离的试液缓缓倒入交换柱内，试液将从上到下流经交换柱，其中的离子将与树脂上的活性基团进行离子交换，亲和力大的离子先被交换到柱上，亲和力小的离子后被交换。交换完成后，用蒸馏水或不含试样的空白溶液洗去柱中残留的试液以及交换出来的离子，然后再进行洗脱，因此洗脱过程往往也是再生过程。

4. 洗脱

对于阳离子交换树脂通常采样盐酸溶液作为洗脱液，洗脱完成之后，树脂转化为氢型；对于阴离子交换树脂通常采用氯化钠或氢氧化钠作为洗脱液，洗脱完成后，树脂转化为 Cl 型或 OH 型。洗脱完毕后树脂也已得到再生，用蒸馏水洗涤干净后即可再次使用。

10.4.6　离子交换分离法的应用

1. 去离子水的制备

在工业上和实验室中，通常采用离子交换树脂由蒸馏水或自来水制备去离子水。该方法使用强酸型阳离子交换树脂电离出的 H^+ 去除水中的阳离子，再利用强碱型阴离子交换树脂电离出的 OH^- 去除水中的阴离子，交换出的 H^+ 和 OH^- 进一步结合生成水，并不引入新的杂质。目前，制备去离子水的装置普遍采用复柱法，即第一根柱装有阳离子交换树脂，第二根柱装有阴离子交换树脂，第三根是混合柱 (阳离子与阴离子树脂按 1∶2 体积混合装柱)。经过这三根柱出来的水称为去离子水，其纯度用电阻表示，一般能达到 10 MΩ 以上。

离子交换树脂使用一段时间后会失去净化能力，要进行再生以恢复其离子交换的能力。阳离子交换树脂用 2 mol/L 的 HCl 溶液，阴离子交换树脂用 1 mol/L 的 NaOH 溶液处理后用水洗至中性。混合柱中的阳离子和阴离子交换树脂需分开后再分别进行再生。

2. 电解质与非电解质的分离

要测定牛奶中的重金属，可使牛奶通过 H^+ 型阳离子交换树脂柱，以收集牛奶中的重金属离子。离子交换完成后，用 HCl 溶液作为洗脱液将重金属离子从树脂上洗脱下来，然后再进行后续的测定。

3. 微量组分的富集

铁矿石中钯、铂含量很低，要准确定量需先进行富集。首先将试样用王水溶解，再加入浓 HCl 溶液，使钯和铂形成 $PdCl_6^{2-}$ 和 $PtCl_6^{2-}$ 配阴离子。试液稀释后通过强碱型阴离子交换树脂，即可将钯和铂离子与其他离子分离，并富集到树脂上。交换完后将树脂灰化，再用王水浸取残渣，获得含钯和铂浓度较高的试液，用光度法进行定量分析。

4. 天然产物的分离和提取

随着分离科学与技术的进步，离子交换树脂在氨基酸的分离富集、生物碱的提取分离和富集、糖类物质的分离纯化、抗生素和蛋白质的提取纯化等天然产物提取分离领域中的应用日益增加。例如，Moore 和 Stein 使用 Dowex50 交换树脂，选取 pH 递增的柠檬酸盐缓冲溶液 ($pH = 3.4 \sim 11.0$) 作为梯度洗脱剂，成功地从一试液中分离出多达 15 种以上的氨基酸。

10.5　色谱分离法

色谱分离法是利用组分在不相混溶的两相中分配能力不同而进行分离的一类分离方法。色谱分离中的两相分别称为固定相和流动相，待分离组分在流动相中流动，同时与固定相作用，从而在两相间进行反复的分配，当分配次数足够多时，可使各组分分离开来。色谱分离方法有多种归类方式。按分离的机理可将色谱法分为吸附色谱法、排阻色谱法、分配色谱法、凝胶色谱法和离子交换色谱法；按照流动相的状态可分为气相色谱法和液相色谱法；如果以固定相的形状和操作方式分类，又可分为柱色谱法、纸色谱法和薄层色谱法。本节中只简要介绍经典色谱法，在工业生产中广泛应用的气相色谱和高效液相色谱法将在仪器分析课程中另作详细介绍。

10.5.1　柱色谱法

柱色谱法是最早出现的色谱分析方法，于 1903 年由俄国植物学家茨维特 (Tsweet) 提出。他将植物叶子的石油醚提取液通过一个装有 $CaCO_3$ 吸附剂的玻璃管柱，随着提取液流经 $CaCO_3$ 吸附剂，叶子中的几种色素被固定在管柱上，如图 10.4 所示。当用石油醚进一步淋洗吸附剂后，玻璃柱中出现层次分明的几条色带，这些色带是由叶绿素的不同成分形成的。色素分离的原因主要是它们在 $CaCO_3$ 表面的亲和力存在差异。在这个实验中，淋洗液石油醚称为流动相，而 $CaCO_3$ 称为固定相。现今广泛使用的柱色谱都是在此基础上演变发展而来的。

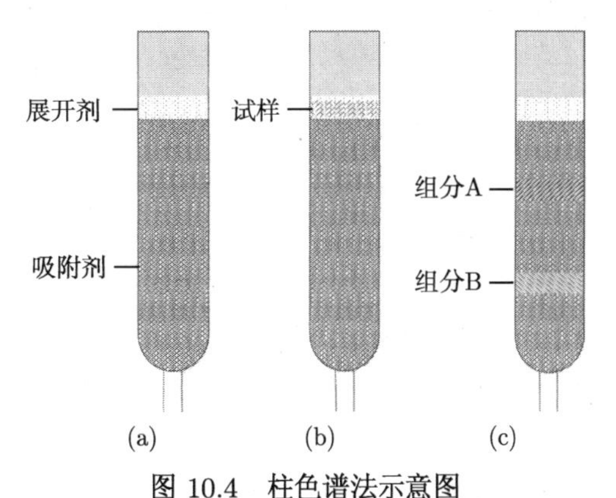

图 10.4　柱色谱法示意图

(a) 填充柱；(b) 加入样品柱；(c) 色谱分离后柱

为了利用柱色谱实现不同组分的分离，需要将吸附剂 (固定相，如氧化铝、硅胶等) 装入柱中，然后从柱的顶部注入样品溶液。如果样品中含有 A 和 B 两种组分，它们都将被吸附在柱子的上端，共同形成一个环带。然后用一种洗脱剂 (流动相) 淋洗，样品中的 A 和 B 两组分将随着淋洗液的流动逐渐下移。事实上，在洗脱剂淋洗时，柱内连续不断地发生溶解、吸附、再溶解和再吸附的过程。由于吸附剂和洗脱剂对 A、B 组分的吸附能力和溶解能力不同，吸附能力弱和溶解度大的组分 (如 B) 移动的速度更快，经过一段时间的淋洗后，两种组分在柱中的移动距离产生明显差异，形成两个环带，每一环带对应一种纯净的组分。如果两种组分均有颜色，则能清楚地看见色带，如前述叶绿素分离中的各色带。如果继续淋洗，则 B 组分先从柱内流出，若用容器收集则可进行进一步的分析测试。

柱色谱法实质上是利用物质在固定相和流动相之间的分配能力不同来实现组分的分离。某一组分在固定相和流动相之间分配的多少用分配系数来表示，其定义如下：

$$K=\frac{c_{\mathrm{s}}/c^{\ominus}}{c_{\mathrm{m}}/c^{\ominus}} \tag{10.18}$$

式中，K 为分配系数，在一定条件下它是常数；c_{s} 和 c_{m} 分别为某组分在固定相和流动相中的浓度。

当固定相和流动相一定时，不同组分的分配系数不同，K 值大的组分在固定相中停留的时间长，移动速度慢，不易被洗脱。K 值小的组分在固定相中吸附得不牢固，移动速度快，容易被洗脱。当 $K=0$ 时，表明该组分不进入固定相。待分离组分 K 值相差越大，则分离效果越好。在实际工作中，应当根据被分离物质的结构和理化性质合理选择固定相和流动相，使分配系数适当，实现多组分的快速有效分离。

10.5.2　纸色谱法

纸色谱法是以层析滤纸为载体，又称为纸层析色谱。层析滤纸中的纤维素通常能吸附大约 20% 的水分，生成的水合纤维素固定在滤纸表面构成了纸色谱中的固定相。该方法的流动相既可以选择与水互不相溶的有机溶剂，也可以选择与水相溶的有机溶剂 (如乙醇和丙酮等)，这是因为层析滤纸表面纤维素富含大量的羟基，可与水形成氢键，从而有效限制了固定相的脱去。

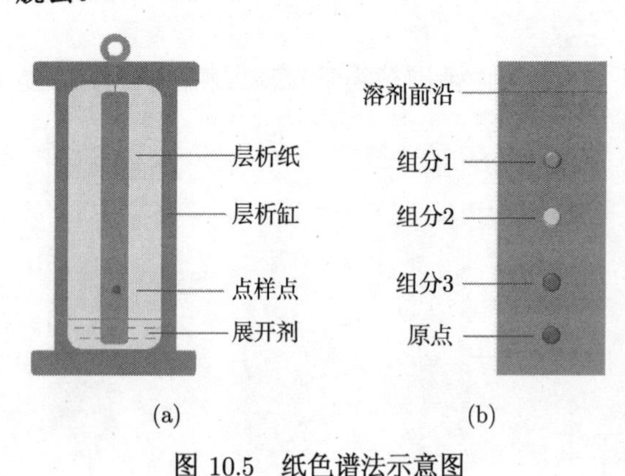

图 10.5　纸色谱法示意图

图 10.5 为纸色谱分离法的原理。将样品点在层析滤纸一端，待晾干后放置于盛有有机溶剂的层析筒中。先使滤纸被有机溶剂的蒸气饱和，再将其点有样品的一端浸入到流动相中，在滤纸的毛细作用下，流动相将沿滤纸上升并通过样品点，并带动样品中的组分在固定相中向上展开。由于样品中的组分在两相间的分配能力不同，易被固定相吸附的物质展开得快些，难被吸附的物质展开得慢些，移动中的样品组分在固定相和流动相之间进行反复分配，最终使样品中的各组分得到分离。

组分在滤纸上的迁移距离用比移值 R_{f} 来表示，其定义如下：

$$R_{\mathrm{f}}=\frac{\text{原点至斑点中心的距离}}{\text{原点至溶剂前沿的距离}} \tag{10.19}$$

比移值 R_f 为 $0 \sim 1$，当 $R_f = 0$ 时，表示该组分在原点并不随展开剂未发生移动，当 $R_f = 1$ 时，表示该组分随展开剂移动到溶剂前沿，在固定相中的浓度为 0。在所用的滤纸和有机溶剂等条件都一定的情况下，不同的物质都有其特定的 R_f 值，可以用作定性鉴定。但是，由于 R_f 值受很多因素影响，最好与标准品进行比对后定性。根据各物质的 R_f 值，可粗略判断组分之间是否可以分离，一般来说，R_f 相差 0.02 以上便可利用纸色谱法分离。

10.5.3　薄层色谱法

薄层色谱法又称薄层层析法，是一种将柱色谱与纸色谱相结合的分离方法。这种方法采用玻璃板、铝箔等作为载体，将吸附剂 (如硅胶、中性氧化铝、纤维素粉、聚酰胺等) 均匀地涂抹在其表面形成一个薄层作为固定相，样品组分的分离在这个薄层上进行。当待分离样品点在薄层板的一端并浸入流动相时，在薄层的毛细作用下，流动相将沿逐渐上升并通过样品点，并带动样品中的组分在固定相中向上展开。由于样品中的组分在两相间的分配能力不同，移动中的样品组分在固定相和流动相之间进行反复分配，最终使样品中的各组分得到分离，如图 10.6 所示。

当前常用的薄层板已经商业化，能满足一般实验的要求。但是，因不同厂家的薄层板固定相的粒度和黏合剂不同，其薄层行为和色谱分离效果存在差异，因此实验时需要明确品牌。当需要对薄层板进行特别处理或者化学改性时，也可以使用实验室自制的薄层板。最常用的固定相有硅胶 G、硅胶 GF254、硅胶 H、硅胶 HF254 和微晶纤维素等，其粒径大小一般为 $10 \sim 40\,\mu m$。无论商业化还是自制薄层板表面都应当均匀、平整、光滑、无麻点、无气泡、无破损、无污染，在临使用前一般应先在 $60 \sim 70°C$ 预干燥，然后升温至 $105 \sim 110°C$ 干燥 30 min，保存在干燥器中备用 (注意：聚酰胺薄膜使用前无须活化)。

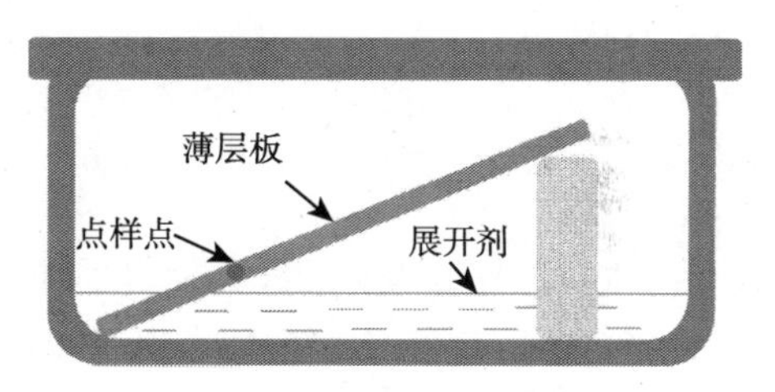

图 10.6　薄层色谱法示意图

点样可以采用接触式点样或喷雾点样。接触式点样将吸有样品溶液的微升毛细管或者针头以垂直方向小心接触薄层板表面，从而使样品在薄层板上形成圆点状的点。喷雾点样必须采用仪器进行，点样针针杆匀速向下推，针头部形成的小液滴被喷头喷出的气流垂落在薄层板上，机械推动薄层板匀速摆动，则形成均匀的条状原点，点样过程中点样器并不与样品接触，减少了物理薄层板的损伤。

样品展开有上行展开、下行展开、水平展开和环形展开几种方式。有些难分离的样品也可以进行二次展开或双向展开。以上行展开为例，将点样后的薄层板放入加有展开剂 (流动相) 的展缸中，浸入展开剂的深度一般要求溶剂的液面距点样原点约 5 mm，密闭展开至规定的展距后取出薄层板，晾干后进行检测。

如果组分本身有颜色，薄层上会出现对应的有色斑点。如果试液中的组分在紫外光照射下发光，可直接在 365 nm 的紫外灯下直接观察其荧光。对于在可见光下无色，而在紫外光区有吸收的组分可使用本身带有荧光剂的硅胶板 (如硅胶 GF254 板)，在 254 nm 的紫外灯下观察荧光面板上的暗区。对于需要加入其他辅助试剂后才能显色或者发光的物质，需要将辅助试剂均匀地喷洒在薄层表面后直接观察或者加热显色后观察。与纸色谱类似，样品各组分分离情况也用比移值来衡量，确定各组分的 R_f 值后，可再选用合适的方法对各组分进行进一步的定性或定量测试。

薄层色谱法是一种高效、简便的分离方法，既适用于只有 0.01 μg 的样品分离，又能分离大于 500 mg 的样品作制备用，而且还可以使用如浓硫酸、浓盐酸之类的腐蚀性显色剂。这种方法展开速度较快，一般仅需 10 ~ 50min(纸色谱法需几小时到几十小时)，其分辨力一般比以往的纸层析高 10 ~ 100 倍，且具有操作方便、设备简单、显色容易等优点，其缺点是对生物高分子的分离效果不甚理想。随着薄层层析胶片、旋转薄层层析仪等的使用，以及自动进样技术、光谱扫描技术等的发展，薄层色谱的应用将更加广泛。

习　题

10.1　某一金含量为 0.10 μg/L 的试液共 20 L，加入足够的 Pb^{2+} 并在一定条件下通入 H_2S，得沉淀并经处理后测得 Au 的量为 1.8 μg，该沉淀分离富集方法的回收率是多少？

10.2　在 50 mL 水溶液中含 Fe^{3+} 10.0 mg，每次用 25 mL 某有机溶剂连续萃取两次，已知 $D = 99$，萃取率 E 等于多少？若在两次萃取后合并有机相，并用等体积的水洗一次，铁会损失多少？

10.3　将 100.0 mL 中性水样通过强酸型阳离子交换树脂，流出液用 0.1000 mol/L 的 NaOH 溶液滴定，用去 41.00 mL。若水样中总金属离子的含量用钙离子含量表示，则每升水中含钙为多少毫克？

10.4　称取 1.5 g 氢型阳离子交换树脂作为交换柱，净化后，用 NaCl 溶液洗至甲基橙显橙色为止，收集流出液，用甲基橙作指示剂，以 0.1000 mol/L NaOH 标准溶液滴定，用去 24.51 mL，计算该树脂的交换容量 (mmol/g)。

10.5　取 25.00 mL 含有 $MgCl_2$ 和 HCl 的试液，用 0.02000 mol/L 的 NaOH 溶液滴定至溴甲酚绿终点，消耗 22.76 mL 的 NaOH 溶液；另取 10.00 mL 试液用蒸馏水稀释至 50.00 mL，流经强碱型阴离子交换树脂后，流出液及洗涤液用 0.02000 mol/L 的 HCl 溶液滴定至终点，耗去 33.2 mL，计算样品中 HCl 及 $MgCl_2$ 的浓度。

10.6　对于液–液萃取，考虑萃取剂在两相间的分配、金属离子的水解及其与其他配体的副反应，方程式 (10.10) 应该怎样修正？

10.7　温度怎样影响超临界流体的萃取效率？

10.8　试讨论分配系数、分配比、回收率与检测的灵敏度之间的联系。

10.9　管式固相微萃取的动力学过程怎样从数学上进行描述？

10.10　试了解固相萃取和固相微萃取常用的萃取剂。

10.11　怎样利用固相微萃取测定分析物的游离浓度以及分析物与蛋白质的结合常数？

10.12　用氯仿萃取 100 mL 水溶液中的 OsO_4，分配比为 10。欲两次萃取达到不低于 99% 的萃取率，每次使用的溶剂体积一样，每次需要多少体积的溶剂？

10.13　用己烷萃取稻草中残留的农药，并浓缩到 5 mL，加入 10 mL 的二甲基亚砜，发现 80% 的农药留在己烷相，求农药在己烷和二甲基亚砜间的分配比。

10.14　胆固醇在乙酸乙酯和水相间的分配比为 3.6，每次使用 50 mL 乙酸乙酯萃取 20 mL 水溶液中的胆固醇，需要萃取几次达到 99% 的萃取率？

10.15　使用聚二甲基硅氧烷的商用固相微萃取探针萃取水体中的苯，10 min 和 20 min 的萃取量分别为 1.0 ng 和 1.6ng，试求探针在该水体中达到萃取平衡的萃取量。

部分习题参考答案

第 2 章

2.3 (1) 正误差；(2) 不能确定；(3) 不能确定；(4) 负误差。

2.6 (1) 0.750 mol/L；(2) 0.02000 mol/L；(3) 0.200 mol/L；(4) 0.0365 mol/L。

2.7 15.6 mol/L。

2.8 3.028%。

2.9 0.1000 mol/L。

2.10 0.1002 mol/L。

2.11 0.1001 mol/L。

2.12 0.3457 g。

第 3 章

3.3 (1) 2；(2) 5；(3) 2；(4) 1；(5) 4；(6) 4。

3.4 均不正确。原因略。

3.5 (1) 15.48；(2) 0.816；(3) 346.2；(4) 1.7×10^{-5}；(5) 3.3×10^{-9}；(6) 4.14×10^{9}；(7) 0.56 mol/L。

3.6 (1) 33.29%；(2) 0.36%。

3.7 100 mg。

3.8 成人片剂 950.80 mg，4.27 mg，0.45%。幼儿片剂 449.96 mg，3.12 mg，0.69%。

3.9 (1) 0.2；(2) 0.8%；(3) 23.8(±0.2)。

3.10 两均值之间存在显著性差异。

3.11 有 95% 的把握说此人血糖不正常。

3.13 采用第二种做法。

3.14 计算结果为：$1.54(\pm0.02)\times10^{-4}$。

第 4 章

4.1 $H_2PO_4^-$，HPO_4^{2-}，NH_3，OH^-，CO_3^{2-}，$HCOO^-$。

4.2 $[H_2PO_4^-] > [HPO_4^{2-}] > [H_3PO_4] > [PO_4^{3-}]$。

4.3 体系中的主要成分是 HCO_3^-。

4.4 (1) 2.12，4.66，7.20，9.78，12.36；(2) 0.000，0.000，0.003，0.500。

4.8 $pH = 0.96$ 。

4.10 选择一氯乙酸，因为其 $pK_a = 2.86 \approx 3$。

4.11 1.2 g。

4.12 9.07。

4.13 12.50 mL。

4.14 −0.6%。

4.15 (1) $pH = 7.59$；(2) 2.1% 的 NH_4Cl 参与了反应。

4.16 0.80%。

4.17 $\eta = \dfrac{c(HCl) - \Delta}{c(NaOH) + \delta(HAc)c(NaAc) + \Delta}$。

第 5 章

5.4　$\lg cK > 6$。

5.7　可以。

5.8　$c(Fe^{3+}) = 3.294 \times 10^{-3}$ mol/L；$c(Fe^{2+}) = 3.816 \times 10^{-3}$ mol/L。

5.10　7.970×10^{-6}，1.484×10^{-4}，3.247×10^{-3}，8.155×10^{-2}，9.150×10^{-1}。7.970×10^{-7}，1.484×10^{-5}，3.247×10^{-4}，8.155×10^{-3}，9.150×10^{-2}。$[Zn(NH_3)_4]^{2+}$ 和 $[Zn(NH_3)_3]^{2+}$。

5.11　10.05。

5.12　0.8%。

5.13　滴定 Cd^{2+} 的酸度范围为：$4.00 \sim 8.20$。

5.14　(1) $w(Mg) = 19.44\%$；(2) $m(HCl) = 385.7$ mg/片。

5.15　(1) $\lg K'(CdY) = 11.40$；(2) 可以；(3) $\epsilon_{ep} = -0.1\%$；(4) $\epsilon_{ep} = -3.0\%$。

5.16　5.242×10^{-3} mol/L。

第 6 章

6.8　不能。

6.9　0.87V。

6.10　7.586×10^{20}，8.912×10^{56}。

6.11　$K = 1.26 \times 10^{47}$。

6.12　0.14V，0.23V，0.32V，0.50V，0.69V。

6.13　$w(Pb_3O_4) = 91.41\%$。

6.14　$w(V) = 1.274\%$，$w(Mn) = 1.483\%$。

6.15　$c(HCOOH) = 0.03125$ mol/L，$c(CH_3COOH) = 0.09375$ mol/L。

6.16　40.43%。

第 7 章

7.6　1.8×10^{-3}，38%。

7.7　(1) 1.2×10^{-3} mol/L；(2) 1.5×10^{-4} mol/L；(3) 6.5×10^{-15} mol/L。

7.8　6.930%，15.88%。

7.9　$\rho(Al) = 2.91\%$，95.55%。

7.10　0.1167 g，0.2098%。

第 8 章

8.6　29.21%。

8.7　34.10%，65.90%。

8.8　17.76%。

第 9 章

9.6　(1) 90L/(mol·cm)；(2) 3.20×10^{-4} L/(mol·cm)。

9.7　(1) 0.092；(2) 服从朗伯–比尔定律。

9.8　1.54×10^{-11}。

9.9　$c(NO_2^-) = 0.0313$ mol/L, $c(NO_3^-) = 0.0992$ mol/L。

9.10　(1) 0.110g；(2) $1.70 \sim 6.35$ mol/L。

第 10 章

10.1 90%。

10.2 0.1 mg。

10.3 821.6 mg。

10.4 1.6 mmol/g。

10.5 0.01821 mol/L，0.0231 mol/L。

10.6 $\lg D = \lg K_{\mathrm{ex}} - n\lg\alpha(\mathrm{M}) - n\lg\alpha(\mathrm{HL}) + n\lg[c(\mathrm{HL})_{\mathrm{o}}] + n\mathrm{pH}_{\mathrm{w}}$。

10.12 $V = 90$ mL。

10.13 $D = 8$。

10.14 2。

10.15 $n_{\mathrm{e}} = 2.5$ ng。

参 考 文 献

闭凤丽, 尹华勤, 甘峰. 2015. 滴定分析终点误差计算公式之探讨. 化学通报, 78(9): 859-863.

甘峰. 2007. 分析化学基础教程. 北京: 化学工业出版社.

甘峰. 2007. 基于 EDTA 的配位滴定通式. 大学化学, 22(5): 54-58.

黎朝. 2013. 氧化还原滴定计算新思路. 大学化学, 28(6): 66-70.

李莲云, 余惠娟, 尹华勤, 等. 2015. 酸碱滴定中指示剂浓度的影响. 大学化学，30(6)：79-82.

茆诗松, 程依明, 濮晓龙. 2015. 概率论与数量统计教程. 北京：高等教育出版社.

武汉大学. 2016. 分析化学 (上、下册). 6 版. 北京: 高等教育出版社.

de Levie R. 1996. General expressions for acid-base titrations of arbitrary mixtures. Analytical Chemistry, 68(4): 585-590.

de Levie R. 1999. A general simulator for acid-base titrations. Journal of Chemical Education, 76(7): 987.

Hage D S, Carr J D. 2011. 分析化学和定量分析 (英文版). 北京：机械工业出版社.

Harvey D. 2000.Modern Analytical Chemistry. New York: McGraw-Hill Higher Education.

Kellner R. 1994. Education of analytical chemists in Europe: The WPAC Eurocurriculum on analytical chemistry. Analytical Chemistry, 66(2): 98A-101A.

Ringbom A, 戴明. 1987. 分析化学中的络合作用. 北京: 高等教育出版社.

Skoog D A, West D M, Holler F J, et al. 2014. Fundamentals of Analytical Chemistry. Belmont: Cengage Learning, Inc.

Tellinghuisen J. 2019. Calibration: Detection, quantification, and confidence limits are (almost) exact when the data variance function is known. Analytical Chemistry, (14):8715-8722.

Woolley A T, Mathies R A. 1995. Ultra-High-Speed DNA sequencing using capillary electrophoresis chips. Analytical Chemistry, 67: 3676-3680.

Woolley A T, Sensabaugh G F, Mathies R A. 1997.High-Speed DNA genotyping using microfabricated capillary array electrophoresis chips. Analytical Chemistry, 69: 2181-2186.

附录A 基本常数

附表 A.1 常用基准物质的干燥条件和应用

名称	分子式	干燥后的组成	干燥条件	标定对象
碳酸钠	Na_2CO_3	Na_2CO_3	270～300℃	酸
硼砂	$Na_2B_4O_7·10H_2O$	$Na_2B_4O_7·10H_2O$	放在装氯化钠和蔗糖饱和溶液的密闭容器中	酸
碳酸氢钾	$KHCO_3$	$KHCO_3$	270～300℃	酸
二水合草酸	$H_2C_2O_4·2H_2O$	$H_2C_2O_4·2H_2O$	室温空气干燥	碱或 $KMnO_4$
邻苯二甲酸氢钾	$KHC_8H_4O_4$	$KHC_8H_4O_4$	110～120℃	碱
重铬酸钾	$K_2Cr_2O_7$	$K_2Cr_2O_7$	140～150℃	还原剂
溴酸钾	$KBrO_3$	$KBrO_3$	130℃	还原剂
碘酸钾	KIO_3	KIO_3	130℃	还原剂
铜	Cu	Cu	室温干燥器中保存	还原剂
三氧化二砷	As_2O_3	As_2O_3	室温干燥器中保存	氧化剂
草酸钠	$Na_2C_2O_4$	$Na_2C_2O_4$	130℃	氧化剂
碳酸钙	$CaCO_3$	$CaCO_3$	110℃	EDTA
锌	Zn	Zn	室温干燥器中保存	EDTA
氧化锌	ZnO	ZnO	900～1000℃	EDTA
氯化钠	NaCl	NaCl	500～600℃	$AgNO_3$
氯化钾	KCl	KCl	500～600℃	$AgNO_3$
硝酸银	$AgNO_3$	$AgNO_3$	220～250℃	氯化物

附表 A.2 弱酸在水中的解离常数 (25℃)

弱酸	分子式	K_a	pK_a
砷酸	H_3AsO_4	$6.3 \times 10^{-3}(K_{a_1})$ $1.0 \times 10^{-7}(K_{a_2})$ $3.2 \times 10^{-12}(K_{a_3})$	2.20 7.00 11.49
亚砷酸	$HAsO_2$	6.0×10^{-10}	9.22
硼酸	H_3BO_3	5.8×10^{-10}	9.24
焦硼酸	$H_2B_4O_7$	$1.0 \times 10^{-4}(K_{a_1})$ $1.0 \times 10^{-9}(K_{a_2})$	4.00 9.00
碳酸	H_2CO_3	$4.2 \times 10^{-7}(K_{a_1})$ $5.6 \times 10^{-11}(K_{a_2})$	6.38 10.25
氢氰酸	HCN	6.2×10^{-10}	9.21

续表

弱酸	分子式	K_a	pK_a
铬酸	H_2CrO_4	$1.8\times10^{-1}(K_{a_1})$ $3.2\times10^{-7}(K_{a_2})$	0.74 6.49
氢氟酸	HF	6.6×10^{-4}	3.18
亚硝酸	HNO_2	5.1×10^{-4}	3.29
过氧化氢	H_2O_2	1.8×10^{-12}	11.74
磷酸	H_3PO_4	$7.6\times10^{-3}(K_{a_1})$ $6.3\times10^{-8}(K_{a_2})$ $4.4\times10^{-13}(K_{a_3})$	2.12 7.20 12.36
焦磷酸	$H_4P_2O_7$	$3.0\times10^{-2}(K_{a_1})$ $4.4\times10^{-3}(K_{a_2})$ $2.5\times10^{-7}(K_{a_3})$ $5.6\times10^{-10}(K_{a_4})$	1.52 2.36 6.60 9.25
亚磷酸	H_3PO_3	$5.0\times10^{-2}(K_{a_1})$ $2.5\times10^{-7}(K_{a_2})$	1.30 6.60
氢硫酸	H_2S	$1.3\times10^{-7}(K_{a_1})$	6.88
亚硫酸	H_2SO_3	$1.3\times10^{-2}(K_{a_1})$ $6.3\times10^{-8}(K_{a_2})$	1.89 7.20
硫酸	H_2SO_4	$1.0\times10^{-2}(K_{a_2})$	2.00
偏硅酸	H_2SiO_3	$1.7\times10^{-10}(K_{a_1})$ $1.6\times10^{-12}(K_{a_2})$	9.77 11.80
甲酸	$HCOOH$	1.8×10^{-4}	3.74
乙酸	CH_3COOH	1.8×10^{-5}	4.74
一氯乙酸	$CH_2ClCOOH$	1.4×10^{-3}	2.85
二氯乙酸	$CHCl_2COOH$	5.0×10^{-2}	1.30
三氯乙酸	CCl_3COOH	0.23	0.64
氨基乙酸盐	$^+NH_3CH_2COOH$ $^+NH_3CH_2COO^-$	$4.5\times10^{-3}(K_{a_1})$ $2.5\times10^{-10}(K_{a_2})$	2.35 9.60
乳酸	$CH_3CH(OH)COOH$	1.4×10^{-4}	3.85
苯甲酸	C_6H_5COOH	6.2×10^{-5}	4.21
草酸	$H_2C_2O_4$	$5.9\times10^{-2}(K_{a_1})$ $6.4\times10^{-5}(K_{a_2})$	1.23 4.19
d-酒石酸	$[CH(OH)COOH]_2$	$9.1\times10^{-4}(K_{a_1})$ $4.3\times10^{-5}(K_{a_2})$	3.04 4.37
邻苯二甲酸	$C_6H_4(COOH)_2$	$1.1\times10^{-3}(K_{a_1})$ $3.9\times10^{-6}(K_{a_2})$	2.96 5.41
柠檬酸	$C_6H_8O_7$	$7.4\times10^{-4}(K_{a_1})$ $1.7\times10^{-5}(K_{a_2})$ $4.0\times10^{-7}(K_{a_3})$	3.13 4.77 6.40
苯酚	C_6H_5OH	1.1×10^{-10}	9.96

续表

弱酸	分子式	K_a	pK_a
乙二胺四乙酸	H_6-$EDTA^{2+}$	0.13 (K_{a_1})	0.89
	H_5-$EDTA^{+}$	$3.0 \times 10^{-2}(K_{a_2})$	1.52
	H_4-EDTA	$1.0 \times 10^{-2}(K_{a_3})$	2.00
	H_3-$EDTA^{-}$	$2.1 \times 10^{-3}(K_{a_4})$	2.68
	H_2-$EDTA^{2-}$	$6.9 \times 10^{-7}(K_{a_5})$	6.16
	H-$EDTA^{3-}$	$5.5 \times 10^{-11}(K_{a_6})$	10.26
铵离子	NH_4^+	5.6×10^{-10}	9.26
联氨离子	$^+H_3NNH_3^+$	3.3×10^{-9}	8.48
羟胺离子	NH_3^+OH	9.1×10^{-9}	8.04
甲胺离子	$CH_3NH_3^+$	2.4×10^{-11}	10.62
乙胺离子	$C_2H_5NH_3^+$	1.8×10^{-11}	10.75
二甲胺离子	$(CH_3)_2NH_2^+$	8.5×10^{-11}	10.07
二乙胺离子	$(C_2H_5)_2NH_2^+$	7.8×10^{-12}	11.11
乙醇胺离子	$HOCH_2CH_2NH_3^+$	3.2×10^{-10}	9.49
三乙醇胺离子	$(HOCH_2CH_2)_3NH^+$	1.7×10^{-8}	7.77
六亚甲基四胺离子	$(CH_2)_6NH^+$	7.1×10^{-6}	5.15
乙二胺离子	$^+H_3NCH_2CH_2NH_3^+$	1.4×10^{-7}	6.85
	$H_2NCH_2CH_2NH_3^+$	1.2×10^{-10}	9.93
吡啶离子	$C_5H_5NH^+$	5.9×10^{-6}	5.23

附表 A.3 常用缓冲溶液

缓冲溶液	酸	共轭碱	pK_a
氨基乙酸 -HCl	$^+NH_3CH_2COOH$	$^+NH_3CH_2COO^-$	2.35(pK_{a_1})
一氯乙酸 -NaOH	$CH_2ClCOOH$	CH_2ClCOO^-	2.85
邻苯二甲酸氢钾 -HCl	$C_6H_4(COOH)_2$	$C_6H_4(COO)_2H^-$	2.96(pK_{a_1})
甲酸 -NaOH	HCOOH	$HCOO^-$	3.74
HAc-NaAc	HAc	Ac^-	4.74
六亚甲基四胺 -HCl	$(CH_2)_6N_4H^+$	$(CH_2)_6N_4$	5.15
NaH_2PO_4-Na_2HPO_4	$H_2PO_4^-$	HPO_4^{2-}	7.20(pK_{a_2})
三乙醇胺 -HCl	$^+HN(CH_2CH_2OH)_3$	$N(CH_2CH_2OH)_3$	7.76
$Na_2B_4O_7$-HCl	H_3BO_3	$H_2BO_3^-$	9.24(pK_{a_1})
$Na_2B_4O_7$-NaOH	H_3BO_3	$H_2BO_3^-$	9.24(pK_{a_1})
NH_3-NH_4Cl	NH_4^+	NH_3	9.26
乙醇胺 -HCl	$^+NH_3CH_2CH_2OH$	$NH_2CH_2CH_2OH$	9.50
氨基乙酸 -NaOH	$^+NH_3CH_2COO^-$	$NH_2CH_2COO^-$	9.60(pK_{a_2})
$NaHCO_3$-Na_2CO_3	HCO_3^-	CO_3^{2-}	10.25(pK_{a_2})

附表 A.4 酸碱指示剂

指示剂	变色范围 pH	颜色		pK(HIn)	浓度
百里酚蓝(第一次变色)	1.2～2.8	红	蓝	1.6	0.1%(20%乙醇溶液)
甲基黄	2.9～4.0	红	黄	3.3	0.1%(90%乙醇溶液)
甲基橙	3.1～4.4	红	黄	3.4	0.05%水溶液
溴酚蓝	3.1～4.6	黄	紫	4.1	0.1%(20%乙醇溶液)，或指示剂钠盐的 0.1%水溶液
溴甲酚绿	3.8～5.4	黄	蓝	4.9	0.1%水溶液，每 100 mg 指示剂加 0.05 mol/L NaOH 溶液 2.9 mL
甲基红	4.4～6.2	红	黄	5.2	0.1%(60%乙醇溶液)，或指示剂钠盐的 0.1%水溶液
溴百里酚蓝	6.0～7.6	黄	蓝	7.3	0.1%(20%乙醇溶液)，或指示剂钠盐的 0.1%水溶液
中性红	6.8～8.0	红	黄橙	7.4	0.1%(60%乙醇溶液)
酚红	6.7～8.4	黄	红	8.0	0.1%(60%乙醇溶液)，或指示剂钠盐的 0.1%水溶液
酚酞	8.0～9.6	无	红	9.1	0.1%(90%乙醇溶液)
百里酚蓝(第二次变色)	8.0～9.6	黄	蓝	8.9	0.1%(20%乙醇溶液)
百里酚酞	9.4～10.6	无	蓝	10.0	0.1%(90%乙醇溶液)

附表 A.5 混合酸碱指示剂

指示剂溶液的组成	变色点 pH	颜色		备注
		酸色	碱色	
一份 0.1%甲基黄乙醇溶液 一份 0.1%亚甲基蓝乙醇溶液	3.25	蓝紫	绿	pH 3.4 绿色；pH 3.2 蓝紫色
一份 0.1%甲基橙水溶液 一份 0.25%靛蓝二磺酸钠水溶液	4.1	紫	黄绿	
三份 0.1%溴甲酚绿乙醇溶液 一份 0.2%甲基红乙醇溶液	5.1	酒红	绿	
一份 0.1%溴甲酚绿钠盐乙醇溶液 一份 0.1%氯酚红钠盐水溶液	6.1	黄绿	蓝紫	pH 5.4 蓝紫色，pH 5.8 蓝色 pH 6.0 蓝带紫，pH 6.2 蓝紫
一份 0.1%中性红乙醇溶液 一份 0.1%亚甲基蓝乙醇溶液	7.0	蓝紫	绿	pH 7.0 蓝紫
一份 0.1%甲酚红钠盐水溶液 三份 0.1%百里酚蓝钠盐水溶液	8.3	黄	紫	pH 5.4 玫瑰红色 pH 8.4 清晰的紫色
一份 0.1%百里酚蓝 50%乙醇溶液 三份 0.1%酚酞 50%乙醇溶液	9.0	黄	紫	从黄到绿再到紫
两份 0.1%百里酚酞乙醇溶液 一份 0.1%茜素黄乙醇溶液	10.2	黄	紫	

附表 A.6　配合物的形成常数 (18～25℃)

金属离子	I/(mol/L)	n	$\lg\beta_n$
氨配合物			
Ag^+	0.5	1, 2	3.24, 7.05
Cd^{2+}	2	1, ⋯, 6	2.65, 4.75, 6.19, 7.12, 6.80, 5.14
Co^{2+}	2	1, ⋯, 6	2.11, 3.74, 4.79, 5.55, 5.73, 5.11
Co^{3+}	2	1, ⋯, 6	6.7, 14.0, 20.1, 25.7, 30.8, 35.2
Cu^+	2	1, 2	5.93, 10.86
Cu^{2+}	2	1, ⋯, 5	4.31, 7.98, 11.02, 13.32, 12.86
Ni^{2+}	2	1, ⋯, 6	2.80, 5.04, 6.77, 7.96, 8.71, 8.74
Zn^{2+}	2	1, ⋯, 4	2.37, 4.81, 7.31, 9.46
溴配合物			
Ag^+	0	1, ⋯, 4	4.38, 7.33, 8.00, 8.73
Bi^{3+}	2.3	1, ⋯, 6	4.30, 5.55, 5.89, 7.82, —, 9.70
Cd^{2+}	3	1, ⋯, 4	1.75, 2.34,3.33, 3.70
Cu^+	0	2	5.89
Hg^{2+}	0.5	1,⋯,4	9.05, 17.32, 19.74, 21.00
氯配合物			
Ag^+	0	1, ⋯, 4	3.04, 5.04, 5.04, 5.30
Hg^{2+}	0.5	1, ⋯, 4	6.74, 13.22, 14.07, 15.07
Sn^{2+}	0	1, ⋯, 4	1.51, 2.24, 2.03, 1.48
Sb^{3+}	4	1, ⋯, 6	2.26, 3.49, 4.18, 4.72, 4.72, 4.11
氰配合物			
Cd^{2+}	3	1, ⋯, 4	5.48, 10.60, 15.23, 18.78
Co^{2+}		6	19.09
Fe^{2+}	0	6	35
Fe^{3+}	0	6	42
Hg^{2+}	0	4	41.4
Ni^{2+}	0.1	4	31.3
Zn^{2+}	0.1	4	16.7
氟配合物			
Al^{3+}	0.5	1, ⋯, 6	6.13, 11.15, 15.00, 17.75, 19.37, 19.84
Th^{4+}	0.5	1, ⋯, 3	7.65, 13.46, 17.97
TiO_2^{2+}	3	1, ⋯, 4	5.4, 9.8, 13.7, 18.0
碘配合物			
Ag^+	0	1, ⋯, 3	6.58, 11.74, 13.68
Cd^{2+}	0	1, ⋯, 4	2.10, 3.43, 4.49, 5.41
Pb^{2+}	0	1, ⋯, 4	2.00, 3.15, 2.92, 4.47
Hg^{2+}	0.5	1, ⋯, 4	12.87, 23.82, 27.60, 29.83
磷酸配合物			
Ca^{2+}	0.2	CaHL	1.7
Mg^{2+}	0.2	MgHL	1.9
Mn^{2+}	0.2	MnHL	2.6
Fe^{3+}	0.66	FeL	9.35

续表

金属离子	I/(mol/L)	n	$\lg\beta_n$
硫氰酸根配合物			
Co^{2+}	1	1	1.0
Fe^{3+}	0.5	1, 2	2.95, 3.36
硫代硫酸根配合物			
Ag^{+}	2.2	1, ···, 3	8.82, 13.46, 14.15
Cu^{+}	0.8	1, ···, 3	10.35, 12.27, 13.71
Pb^{2+}	0	1, 2	5.1, 6.4
草酸根配合物			
Al^{3+}	0	1, ···, 3	7.26, 13.0, 16.3
Cd^{2+}	0.5	1, 2	2.9, 4.7
Co^{2+}	0.5	CoHL	5.5
		CoH_2L	10.6
		1, ···, 3	4.79, 6.7, 9.7
Co^{3+}	0	3	约 20
Cu^{2+}	0.5	CuHL	6.25
Fe^{2+}	0.5~1	1, 2, 3	2.9, 4.52, 5.22
Fe^{3+}	0	1, 2, 3	9.4, 16.2, 20.2
Mg^{2+}	0.1	1, 2	2.76, 4.38
Mn(III)	2	1, 2, 3	9.98, 16.57, 19.42
Ni^{2+}	0.1	1, 2, 3	5.3, 7.64, 8.5
Zn^{2+}	0.5	ZnH_2L	5.6
		1, 2, 3	4.89, 7.60, 8.15
乙二胺配合物			
Ag^{+}	0.1	1, 2	4.70, 7.70
Cd^{2+}	0.5	1, 2, 3	5.47, 10.09, 12.09
Co^{2+}	1	1, 2, 3	5.91, 10.64, 13.94
Co^{3+}	1	1, 2, 3	18.70, 34.90, 48.69
Cu^{+}		2	10.8
Cu^{2+}	1	1, 2, 3	10.67, 20.00, 21.00
Fe^{2+}	1.4	1, 2	3.24, 7.05
Hg^{2+}	0.1	1, 2	14.30, 23.3
Mn^{2+}	1	1, 2, 3	2.73, 4.79, 5.67
Ni^{2+}	1	1, 2, 3	7.52, 13.80, 18.06
Zn^{2+}	1	1, 2, 3	5.77, 10.83, 14.11
羟基配合物			
Al^{3+}	2	1, 2	33.3
Bi^{3+}	3	1	12.4
Fe^{2+}	1	1	4.5
Fe^{3+}	3	1, 2	11.0, 21.7
Mg^{2+}	0	1	2.6

附表 **A.7 氨羧配位剂类配合物的稳定常数** (18~25℃，$I = 0.1\,\text{mol/L}$)

金属离子	lg K						
	EDTA	DCyTA	DTPA	EGTA	HEDTA	NTA	
						lgβ_1	lgβ_2
Ag^+	7.32	—	—	6.88	6.71	5.16	—
Al^{3+}	16.3	19.5	18.6	13.9	14.3	11.4	—
Ba^{2+}	7.86	8.69	8.87	8.41	6.3	4.82	—
Be^{2+}	9.2	11.51	—	—	—	7.11	—
Bi^{3+}	27.94	32.3	35.6	—	22.3	17.5	—
Ca^{2+}	10.69	13.20	10.83	10.97	8.3	6.41	—
Cd^{2+}	16.46	19.93	19.2	16.7	13.3	9.83	14.61
Co^{2+}	16.31	19.62	19.27	12.39	14.6	10.38	14.39
Cr^{3+}	23.4	—	—	—	—	6.23	—
Cu^{2+}	18.80	22.00	21.55	17.71	17.6	12.96	—
Fe^{2+}	14.32	19.0	16.5	11.87	12.3	8.33	—
Fe^{3+}	25.1	30.1	28.0	20.5	19.8	15.9	—
Ga^{3+}	20.3	23.2	25.54	—	16.9	13.6	—
Hg^{2+}	21.7	25.00	26.70	23.2	20.30	14.6	—
In^{3+}	25.0	28.8	29.0	—	20.2	16.9	—
Li^+	2.79	—	—	—	—	2.51	—
Mg^{2+}	8.7	11.02	9.30	5.21	7.0	5.41	—
Mn^{2+}	13.87	17.48	15.60	12.28	10.9	7.44	—
Na^+	1.66	—	—	—	—	—	1.22
Ni^{2+}	18.04	20.3	20.32	13.55	17.3	11.53	16.42
Pb^{2+}	18.5	—	—	—	—	—	—
Sc^{3+}	23.1	26.1	24.5	18.2	—	—	24.1
Sn^{2+}	22.11	—	—	—	—	—	—
Sr^{2+}	8.73	1059	9.77	8.50	6.9	4.98	—
Th^{4+}	23.2	25.6	28.78	—	—	—	—
Tl^{3+}	37.8	38.3	—	—	—	20.9	32.5
U^{4+}	25.8	27.6	7.69	—	—	—	—
VO^{2+}	18.8	20.1	—	—	—	—	—
Y^{3+}	18.09	19.85	22.13	17.16	14.78	11.41	20.43
Zn^{2+}	16.50	19.37	18.40	12.7	14.7	10.67	14.29
Zr^{4+}	29.5	—	35.8	—	—	20.8	—
稀土元素	16~20	17~22	19	—	13~16	10~12	—

注：EDTA：乙二胺四乙酸；DCyTA(或 DCTA,CyDTA)：1,2-二胺基环己烷四乙酸；DTPA：二乙基三胺五乙酸；EGTA：乙二醇二乙醚二胺四乙酸；HEDTA：*N*-β-羟基乙基乙二胺三乙酸；NTA：氨三乙酸。

附表 A.8 EDTA 的酸效应系数

pH	lg α	pH	lg α	pH	lg α	pH	lg α
0.0	23.64	3.2	10.14	6.4	4.06	9.6	0.75
0.1	23.06	3.3	9.92	6.5	3.92	9.7	0.67
0.2	22.47	3.4	9.70	6.6	3.79	9.8	0.59
0.3	21.89	3.5	9.48	6.7	3.67	9.9	0.52
0.4	21.32	3.6	9.27	6.8	3.55	10.0	0.45
0.5	20.75	3.7	9.06	6.9	3.43	10.1	0.39
0.6	20.18	3.8	8.85	7.0	3.32	10.2	0.33
0.7	19.62	3.9	8.65	7.1	3.21	10.3	0.28
0.8	19.08	4.0	8.44	7.2	3.10	10.4	0.24
0.9	18.54	4.1	8.24	7.3	2.99	10.5	0.20
1.0	18.01	4.2	8.04	7.4	2.88	10.6	0.16
1.1	17.49	4.3	7.84	7.5	2.78	10.7	0.13
1.2	16.98	4.4	7.64	7.6	2.68	10.8	0.11
1.3	16.49	4.5	7.44	7.7	2.57	10.9	0.09
1.4	16.02	4.6	7.24	7.8	2.47	11.0	0.07
1.5	15.55	4.7	7.04	7.9	2.37	11.1	0.06
1.6	15.11	4.8	6.84	8.0	2.27	11.2	0.05
1.7	14.68	4.9	6.65	8.1	2.17	11.3	0.04
1.8	14.27	5.0	6.45	8.2	2.07	11.4	0.03
1.9	13.88	5.1	6.26	8.3	1.97	11.5	0.02
2.0	13.51	5.2	6.07	8.4	1.87	11.6	0.02
2.1	13.16	5.3	5.88	8.5	1.77	11.7	0.02
2.2	12.82	5.4	5.69	8.6	1.67	11.8	0.01
2.3	12.50	5.5	5.51	8.7	1.58	11.9	0.01
2.4	12.19	5.6	5.33	8.8	1.48	12.0	0.01
2.5	11.90	5.7	5.15	8.9	1.38	12.1	0.01
2.6	11.62	5.8	4.98	9.0	1.28	12.2	0.005
2.7	11.35	5.9	4.81	9.1	1.19	13.0	0.0008
2.8	11.09	6.0	4.65	9.2	1.10	13.9	0.0001
2.9	10.84	6.1	4.49	9.3	1.01		
3.0	10.60	6.2	4.34	9.4	0.92		
3.1	10.37	6.3	4.20	9.5	0.83		

附表 A.9 一些配位剂的酸效应系数

pH	DCTA	EGTA	ATPA	氨三乙酸	乙酰丙酮	草酸盐	氰化物	氟化物
0	23.77	22.96	28.06	16.80	9.0	5.45	9.21	3.18
1	19.79	19.00	23.09	13.80	8.0	3.62	8.21	2.18
2	15.91	15.31	18.45	10.84	7.0	2.26	7.21	1.21
3	12.54	12.48	14.61	8.24	6.0	1.23	6.21	0.40
4	9.95	10.33	11.58	6.75	5.0	0.41	5.21	0.06
5	7.87	8.31	9.17	5.70	4.0	0.06	4.21	0.01
6	6.07	6.31	7.10	4.70	3.0	0.00	3.21	0.00
7	4.75	4.32	5.10	3.70	2.0	—	2.21	—
8	3.71	2.37	3.19	2.70	1.04	—	1.23	—
9	2.70	0.78	1.64	1.71	0.30	—	0.42	—
10	1.71	0.12	0.62	0.78	0.04	—	0.06	—
11	0.78	0.01	0.12	0.18	0.00	—	0.01	—
12	0.18	0.00	0.01	0.02	—	—	0.00	—

附表 A.10 金属离子的 lg α(M · OH)

金属离子	I	pH													
	mol/L	1	2	3	4	5	6	7	8	9	10	11	12	13	14
Ag^+	0.1											0.1	0.5	2.3	5.1
Al^{3+}	2					0.4	1.3	5.3	9.3	13.3	17.3	21.3	25.3	29.3	33.3
Ba^{2+}	0.1													0.1	0.5
Bi^{3+}	3	0.1	0.5	1.4	2.4	3.4	4.4	5.4							
Ca^{2+}	0.1													0.3	1.0
Cd^{2+}	3									0.1	0.5	2.0	4.5	8.1	12.0
Ce^{4+}	1~2	1.2	3.1	5.1	7.1	9.1	11.1	13.1							
Cu^{2+}	0.1								0.2	0.8	1.7	2.7	3.7	4.7	5.7
Fe^{2+}	1									0.1	0.6	1.5	2.5	3.5	4.5
Fe^{3+}	3			0.4	1.8	3.7	5.7	7.7	9.7	11.7	13.7	15.7	17.7	19.7	21.7
Hg^{2+}	0.1			0.5	1.9	3.9	5.9	7.9	9.9	11.9	13.9	15.9	17.9	19.9	21.9
La^{3+}	3										0.3	1.0	1.9	2.9	3.9
Mg^{2+}	0.1											0.1	0.5	1.3	2.3
Ni^{2+}	0.1									0.1	0.7	1.6			
Pb^{2+}	0.1							0.1	0.5	1.4	2.7	4.7	7.4	10.4	13.4
Th^{4+}	1				0.2	0.8	1.7	2.7	3.7	4.7	5.7	6.7	7.7	8.7	9.7
Zn^{2+}	0.1									0.2	2.4	5.4	8.5	11.8	15.5

附表 A.11 EDTA 配合物的条件稳定常数

pH	0	1	2	3	4	5	6	7	8	9	10	11	12	13	14
Ag^+					0.7	1.7	2.8	3.9	5.0	5.9	6.8	7.1	6.8	5.0	2.2
Al^{3+}			3.0	5.4	7.5	9.6	10.4	8.5	6.6	4.5	2.4				
Ba^{2+}						1.3	3.0	4.4	5.5	6.4	7.3	7.7	7.8	7.7	7.3
Bi^{3+}	1.4	5.3	8.6	10.6	11.8	12.8	13.6	14.0	14.1	14.0	13.9	13.3	12.4	11.4	10.4
Ca^{2+}					2.2	4.1	5.9	7.3	8.4	9.3	10.2	10.6	10.7	10.4	9.7
Cd^{2+}		1.0	3.8	6.0	7.9	9.9	11.7	13.1	14.2	15.0	15.5	14.4	12.0	8.4	4.5
Co^{2+}		1.0	3.7	5.9	7.8	9.7	11.5	12.9	13.9	14.5	14.7	14.1	12.1		
Cu^{2+}		3.4	6.1	8.3	10.2	12.2	14.0	15.4	16.3	16.6	16.6	16.1	15.7	15.6	15.6
Fe^{2+}			1.5	3.7	5.7	7.7	9.5	10.9	12.0	12.8	13.2	12.7	11.8	10.8	9.8
Fe^{3+}	5.1	8.2	11.5	13.9	14.7	14.8	14.6	14.1	13.7	13.6	14.0	14.3	14.4	14.4	14.4
Hg^{2+}	3.5	6.5	9.2	11.1	11.3	11.3	11.1	10.5	9.6	8.8	8.4	7.7	6.8	5.8	4.8
La^{3+}			1.7	4.6	6.8	8.8	10.6	12.0	13.1	14.0	14.6	14.3	13.5	12.5	11.5
Mg^{2+}						2.1	3.9	5.3	6.4	7.3	8.2	8.5	8.2	7.4	
Mn^{2+}			1.4	3.6	5.5	7.4	9.2	10.6	11.7	12.6	13.4	13.4	12.6	11.6	10.6
Ni^{2+}		3.4	6.1	8.2	10.1	12.0	13.8	15.2	16.3	17.1	17.4	16.9			
Pb^{2+}		2.4	5.2	7.4	9.4	11.4	13.2	14.5	15.2	15.2	14.8	13.9	10.6	7.6	4.6
Sr^{2+}						2.0	3.8	5.2	6.3	7.2	8.1	8.5	8.6	8.5	8.0
Th^{4+}	1.8	5.8	9.5	12.4	14.5	15.8	16.7	17.4	18.2	19.1	20.0	20.4	20.5	20.5	20.5
Zn^{2+}		1.1	3.8	6.0	7.9	9.9	11.7	13.1	14.2	14.9	13.6	11.0	8.0	4.7	1.0

附表 A.12　铬黑 T 与金属离子的形成常数

	红	$pK_{a_2}=6.4$	蓝	$pK_{a_3}=11.5$	橙	
pH	6.0	7.0	8.0	9.0	10.0	11.0
$\lg\alpha(\text{In}\cdot\text{H})$	6.0	4.6	3.6	2.6	1.6	0.7
pCa_{ep}(至红)			1.8	2.8	3.8	4.7
pMg_{ep}(至红)	1.0	2.4	3.4	4.4	6.4	6.3
pMn_{ep}(至红)	3.6	6.0	6.2	7.8	9.7	11.6
pZn_{ep}(至红)	6.9	8.3	9.3	10.5	12.2	13.9

附表 A.13　二甲酚橙与金属离子的形成常数

		黄			$pK_{a_4}=6.4$			红	
pH	0	1.0	2.0	3.0	4.0	4.5	5.0	5.5	6.0
$\lg\alpha(\text{In}\cdot\text{H})$	35.0	30.0	25.1	20.7	17.3	15.7	14.2	12.8	11.3
pBi_{ep}(至红)		4.0	5.4	6.8					
pCd_{ep}(至红)						4.0	4.5	5.0	5.5
pHg_{ep}(至红)							7.4	8.2	9.0
pLa_{ep}(至红)						4.0	4.5	5.0	5.6
pPb_{ep}(至红)				4.2	4.8	6.2	7.0	7.6	8.2
pTh_{ep}(至红)		3.8	4.9	6.3					
pZn_{ep}(至红)						4.1	4.8	6.7	6.5
pZr_{ep}(至红)	7.5								

附表 A.14　常用金属指示剂的逐级解离常数

指示剂	解离常数	滴定元素	颜色变化	配制方法
酸性铬蓝 K	$pK_{a_1}=6.7$ $pK_{a_2}=10.2$ $pK_{a_3}=14.6$	Mg(pH 10) Ca(pH 12)	红 ~ 蓝	0.1% 乙醇溶液
钙指示剂	$pK_{a_1}=3.8$ $pK_{a_2}=9.4$ $pK_{a_3}=13$	Ca(pH 12~13)	酒红 ~ 蓝	与 NaCl 按 1:100 的质量比混合
铬黑 T	$pK_{a_1}=3.9$ $pK_{a_2}=6.4$ $pK_{a_3}=11.5$	Ca(pH 10) Mg(pH 10) Pb(pH 10，加入酒石酸钾) Zn(pH 6.8~10)	蓝 ~ 红 红 ~ 蓝 红 ~ 蓝	与 NaCl 按 1:100 的质量比混合
二甲酚橙	$pK_{a_2}=2.6$ $pK_{a_3}=3.2$ $pK_{a_4}=6.4$ $pK_{a_5}=10.4$ $pK_{a_6}=12.3$	Bi(pH 1~2) La(pH 5~6) Pb(pH 5~6) Zn(pH 5~6)	红 ~ 黄	0.5%乙醇溶液
O-PAN	$pK_{a_1}=3.9$ $pK_{a_2}=6.4$	Cu(pH 6) Zn(pH 5~7)	红 ~ 黄 粉红 ~ 黄	0.1%乙醇溶液

附表 A.15 微溶化合物的溶度积

微溶化合物	K_{sp}	pK_{sp}	微溶化合物	K_{sp}	pK_{sp}
AgAc	2.0×10^{-3}	2.7	$Co_3(PO_4)_2$	2×10^{-35}	34.7
Ag_3AsO_4	1.0×10^{-22}	22.0	$Cr(OH)_3$	6×10^{-31}	30.2
AgBr	5.0×10^{-13}	12.30	CuBr	5.2×10^{-9}	8.28
Ag_2CO_3	8.1×10^{-12}	11.09	CuCl	1.2×10^{-3}	5.92
AgCl	1.8×10^{-10}	9.75	CuCN	3.2×10^{-20}	19.49
Ag_2CrO_4	2.0×10^{-12}	11.71	CuI	1.1×10^{-12}	11.96
AgCN	1.2×10^{-16}	15.92	CuOH	1×10^{-14}	14.0
AgOH	2.0×10^{-8}	7.71	Cu_2S	2×10^{-48}	47.7
AgI	9.3×10^{-17}	16.03	CuSCN	4.8×10^{-15}	14.32
$Ag_2C_2O_4$	3.5×10^{-11}	10.46	$CuCO_3$	1.4×10^{-10}	9.86
Ag_3PO_4	1.4×10^{-16}	15.84	$Cu(OH)_2$	2.2×10^{-20}	19.66
Ag_2SO_4	1.4×10^{-5}	4.84	CuS	6×10^{-36}	35.2
Ag_2S	2.0×10^{-49}	48.7	$FeCO_3$	3.2×10^{-11}	10.50
AgSCN	1.0×10^{-12}	12.00	$Fe(OH)_2$	8×10^{-16}	15.1
$Al(OH)_3$(无定形)	1.3×10^{-33}	32.9	FeS	6×10^{-18}	17.2
$As_2S_3^a$	2.1×10^{-22}	21.68	$Fe(OH)_3$	4×10^{-38}	37.4
$BaCO_3$	5.1×10^{-9}	8.29	$FePO_4$	1.3×10^{-22}	21.89
$BaCrO_4$	1.2×10^{-10}	9.93	$Hg_2Br_2^c$	5.8×10^{-23}	22.24
BaF_2	1.0×10^{-5}	6.0	Hg_2CO_3	8.9×10^{-17}	16.5
$BaC_2O_4 \cdot H_2O$	2.3×10^{-8}	7.64	Hg_2Cl_2	1.3×10^{-18}	17.88
$BaSO_4$	1.1×10^{-10}	9.96	$Hg_2(OH)_2$	2.0×10^{-24}	23.7
$Bi(OH)_3$	4×10^{-31}	30.4	Hg_2I_2	4.5×10^{-29}	28.35
$BiOOH^b$	4×10^{-10}	9.4	Hg_2SO_4	7.4×10^{-7}	6.13
BiI_3	8.1×10^{-19}	18.09	Hg_2S	1.0×10^{-47}	47.0
BiOCl	1.8×10^{-31}	30.75	$Hg(OH)_2$	3.0×10^{-25}	25.52
$BiPO_4$	1.3×10^{-23}	22.89	HgS(红色)	4.0×10^{-53}	52.4
Bi_2S_3	1.0×10^{-97}	97.0	HgS(黑色)	2.0×10^{-52}	51.7
$CaCO_3$	2.9×10^{-9}	8.54	$MgNH_4PO_4$	2.0×10^{-13}	12.7
CaF_2	2.7×10^{-11}	10.57	$MgCO_3$	3.5×10^{-3}	7.46
$CaC_2O_4 \cdot H_2O$	2×10^{-9}	8.70	MgF_2	6.4×10^{-9}	8.19
$Ca_3(PO_4)_2$	2.0×10^{-29}	28.70	$Mg(OH)_2$	1.8×10^{-11}	10.74
$CaSO_4$	9.1×10^{-6}	5.04	$MnCO_3$	1.8×10^{-11}	10.74
$CaWO_4$	8.7×10^{-9}	8.06	$Mn(OH)_2$	1.9×10^{-13}	10.74
$CdCO_3$	5.2×10^{-12}	11.28	MnS(无定形)	2.0×10^{-10}	9.7
$Cd_2[Fe(CN)_6]$	3.2×10^{-17}	16.49	MnS(晶形)	2.0×10^{-13}	12.7
$Cd(OH)_2$(新析出)	2.5×10^{-14}	13.60	$NiCO_3$	6.6×10^{-9}	8.18
$CdC_2O_4 \cdot 3H_2O$	9.1×10^{-8}	7.04	$Ni(OH)_2$(新析出)	2.0×10^{-15}	14.7
CdS	8.0×10^{-27}	26.1	$Ni_3(PO_4)_2$	5.0×10^{-31}	30.3
$CoCO_3$	1.4×10^{-13}	12.84	α-NiS	3.0×10^{-19}	18.5
$Co_2[Fe(CN)_6]$	1.8×10^{-15}	14.74	β-NiS	1.0×10^{-24}	24.0
$Co(OH)_2$(新析出)	2×10^{-15}	14.7	γ-NiS	2.0×10^{-26}	25.7
$Co(OH)_3$	2.0×10^{-44}	43.7	$PbCO_3$	7.0×10^{-14}	13.13
$Co[Hg(SCN)_4]$	1.5×10^{-8}	14.74	$PbCl_2$	1.6×10^{-5}	4.79
α-CoS	4.0×10^{-21}	20.4	$PbCrO_4$	2.8×10^{-13}	12.55
β-CoS	2×10^{-25}	24.7	PbF_2	2.7×10^{-8}	7.57

续表

微溶化合物	K_{sp}	pK_{sp}	微溶化合物	K_{sp}	pK_{sp}
$Pb(OH)_2$	1.2×10^{-15}	14.92	$SrCO_3$	1.1×10^{-10}	9.96
PbI_2	7.1×10^{-9}	8.15	$SrCrO_4$	2.2×10^{-5}	4.65
$PbMoO_4$	1.0×10^{-13}	13.0	SrF_2	2.4×10^{-9}	8.61
$Pb_3(PO_4)_2$	8.0×10^{-43}	42.10	$SrC_2O_4 \cdot H_2O$	1.6×10^{-7}	6.80
$PbSO_4$	1.6×10^{-8}	7.79	$Sr_3(PO_4)_2$	4.1×10^{-28}	27.39
PbS	8.0×10^{-28}	27.9	$SrSO_4$	3.2×10^{-7}	6.49
$Pb(OH)_4$	3.0×10^{-66}	65.5	$Ti(OH)_3$	1×10^{-40}	40.0
$Sb(OH)_3$	4.0×10^{-42}	41.4	$TiO(OH)_2^d$	1×10^{-29}	29.0
Sb_2S_3	2.0×10^{-93}	92.8	$ZnCO_3$	1.4×10^{-11}	10.84
$Sn(OH)_2$	1.4×10^{-23}	22.85	$Zn_2[Fe(CN)_6]$	4.1×10^{-16}	15.39
SnS	1.0×10^{-25}	25.0	$Zn(OH)_2$	1.2×10^{-17}	16.92
$Sn(OH)_4$	1.0×10^{-56}	56.0	$Zn_3(PO_4)_2$	9.1×10^{-33}	32.04
SnS_2	2.0×10^{-27}	26.7	ZnS	2×10^{-22}	21.7

a 为下列平衡的平衡常数：$As_2S_3 + 4H_2O \rightleftharpoons 2HAsO_2 + 3H_2S$；

b BiOOH: $K_{sp} = [BiO^+][OH^-]$；

c Hg_2Br_2：$K_{sp} = [Hg_2^{2+}][Br^-]^2$；

d $TiO(OH)_2$：$K_{sp} = [TiO^{2+}][OH^-]^2$。

附表 A.16 标准电极电势 (18 ~ 25℃)

半反应	$E^\ominus$/V
F_2(气) $+ 2H^+ + 2e^- \rightleftharpoons 2HF$	3.06
$O_3 + 2H^+ + 2e^- \rightleftharpoons O_2 + H_2O$	2.07
$S_2O_8^{2-} + 2e^- \rightleftharpoons 2SO_4^{2-}$	2.01
$H_2O_2 + 2H^+ + 2e^- \rightleftharpoons 2H_2O$	1.77
$MnO_4^- + 4H^+ + 3e^- \rightleftharpoons MnO_2$(固)$+2H_2O$	1.695
PbO_2(固)$+SO_4^{2-} + 4H^+ + 2e^- \rightleftharpoons PbSO_4$(固)$+2H_2O$	1.685
$HClO_2 + 2H^+ + 2e^- \rightleftharpoons HClO + H_2O$	1.64
$HClO + H^+ + e^- \rightleftharpoons \frac{1}{2}Cl_2 + H_2O$	1.63
$Ce^{4+} + e^- \rightleftharpoons Ce^{3+}$	1.61
$H_5IO_6 + H^+ + 2e^- \rightleftharpoons IO_3^- + 3H_2O$	1.60
$HBrO + H^+ + e^- \rightleftharpoons \frac{1}{2}Br_2 + H_2O$	1.59
$BrO_3^- + 6H^+ + 5e^- \rightleftharpoons \frac{1}{2}Br_2 + 3H_2O$	1.52
$MnO_4^- + 8H^+ + 5e^- \rightleftharpoons Mn^{2+} + 4H_2O$	1.51
Au(Ⅲ) $+3e^- \rightleftharpoons$ Au	1.50
$HClO + H^+ + 2e^- \rightleftharpoons Cl^- + H_2O$	1.49
$ClO_3^- + 6H^+ + 5e^- \rightleftharpoons \frac{1}{2}Cl_2 + 3H_2O$	1.47
$PbO_2 + 4H^+ + 2e^- \rightleftharpoons Pb^{2+} + 2H_2O$	1.455
$HIO + H^+ + e^- \rightleftharpoons \frac{1}{2}I_2 + H_2O$	1.45
$ClO_3^- + 6H^+ + 6e^- \rightleftharpoons Cl^- + 3H_2O$	1.45
$BrO_3^- + 6H^+ + 6e^- \rightleftharpoons Br^- + 3H_2O$	1.44
Au(Ⅲ) $+2e^- \rightleftharpoons$ Au(Ⅰ)	1.41
Cl_2(气) $+2e^- \rightleftharpoons 2Cl^-$	1.3595
$ClO_4^- + 8H^+ + 7e^- \rightleftharpoons \frac{1}{2}Cl_2 + 4H_2O$	1.34

续表

半反应	$E^{\ominus}$/V
$Cr_2O_7^{2-} + 14H^+ + 6e^- = 2Cr^{3+} + 7H_2O$	1.33
MnO_2(固)$+ 4H^+ + 2e^- = Mn^{2+} + 2H_2O$	1.23
O_2(气)$+ 4H^+ + 4e^- = 2H_2O$	1.229
$IO_3^- + 6H^+ + 5e^- = \frac{1}{2}I_2 + 3H_2O$	1.20
$ClO_4^- + 2H^+ + 2e^- = ClO_3^- + H_2O$	1.19
Br_2 (水) $+ 2e^- = 2Br^-$	1.087
$NO_2 + H^+ + e^- = HNO_2$	1.07
$Br_3^- + 2e^- = 3Br^-$	1.05
$HNO_2 + H^+ + e^- = NO$(气)$+ H_2O$	1.00
$VO_2^+ + 2H^+ + e^- = VO^{2+} + H_2O$	1.00
$HIO + H^+ + e^- = I^- + H_2O$	0.99
$NO_3^- + 3H^+ + 2e^- = HNO_2 + H_2O$	0.94
$ClO^- + H_2O + 2e^- = Cl^- + 2OH^-$	0.89
$H_2O_2 + 2e^- = 2OH^-$	0.88
$Cu^{2+} + I^- + e^- = CuI$(固)	0.86
$Hg^{2+} + 2e^- = Hg$	0.845
$NO_3^- + 2H^+ + e^- = NO_2 + H_2O$	0.80
$Ag^+ + e^- = Ag$	0.7995
$Hg_2^{2+} + 2e^- = 2Hg$	0.793
$Fe^{3+} + e^- = Fe^{2+}$	0.771
$BrO^- + H_2O + 2e^- = Br^- + 2OH^-$	0.76
O_2(气)$+ 2H^+ + 2e^- = H_2O_2$	0.682
$AsO_2^- + 2H_2O + 3e^- = As + 4OH^-$	0.68
$2HgCl_2 + 2e^- = Hg_2Cl_2$(固)$+ 2Cl^-$	0.63
Hg_2SO_4(固)$+ 2e^- = 2Hg + SO_4^{2-}$	0.6151
$MnO_4^- + 2H_2O + 3e^- = MnO_2$(固)$+ 4OH^-$	0.588
$MnO_4^- + e^- = MnO_4^{2-}$	0.564
$H_3AsO_4 + 2H^+ + 2e^- = HAsO_2 + 2H_2O$	0.559
$I_3^- + 2e^- = 3I^-$	0.545
I_2(固)$+ 2e^- = 2I^-$	0.5345
Mo(Ⅵ)$+ e^- =$ Mo(Ⅴ)	0.53
$Cu^+ + e^- = Cu$	0.52
$4SO_2$ (水)$+ 4H^+ + 6e^- = S_4O_6^{2-} + 2H_2O$	0.51
$HgCl_4^{2-} + 2e^- = Hg + 4Cl^-$	0.48
$2SO_2$(水)$+ 2H^+ + 4e^- = S_2O_3^{2-} + H_2O$	0.40
$Fe(CN)_6^{3-} + e^- = Fe(CN)_6^{4-}$	0.36
$Cu^{2+} + 2e^- = Cu$	0.337
$VO^{2+} + 2H^+ + e^- = V^{3+} + H_2O$	0.337
$BiO^+ + 2H^+ + 3e^- = Bi + H_2O$	0.32
Hg_2Cl_2 (固)$+ 2e^- = 2Hg + 2Cl^-$	0.2676
$HAsO_2 + 3H^+ + 3e^- = As + 2H_2O$	0.248
$AgCl$ (固)$+ e^- = Ag + Cl^-$	0.2223
$SbO^+ + 2H^+ + 3e^- = Sb + H_2O$	0.212
$SO_4^{2-} + 4H^+ + 2e^- = SO_2$(水)$+ 2H_2O$	0.17
$Cu^{2+} + e^- = Cu^+$	0.159
$Sn^{4+} + 2e^- = Sn^{2+}$	0.154

续表

半反应	$E^{\ominus}$/V
$S + 2H^+ + 2e^- \rightleftharpoons H_2S$(气)	0.141
$Hg_2Br_2 + 2e^- \rightleftharpoons 2Hg + 2Br^-$	0.1395
$TiO^{2+} + 2H^+ + e^- \rightleftharpoons Ti^{3+} + H_2O$	0.1
$S_4O_6^{2-} + 2e^- \rightleftharpoons 2S_2O_3^{2-}$	0.08
$AgBr$ (固)$+e^- \rightleftharpoons Ag + Br^-$	0.071
$2H^+ + 2e^- \rightleftharpoons H_2$	0.000
$O_2 + H_2O + 2e^- \rightleftharpoons HO_2^- + OH^-$	−0.067
$TiOCl^+ + 2H^+ + 3Cl^- + e^- \rightleftharpoons TiCl_4^- + H_2O$	−0.09
$Pb^{2+} + 2e^- \rightleftharpoons Pb$	−0.126
$Sn^{2+} + 2e^- \rightleftharpoons Sn$	−0.136
AgI (固)$+e^- \rightleftharpoons Ag + I^-$	−0.152
$Ni^{2+} + 2e^- \rightleftharpoons Ni$	−0.246
$H_3PO_4 + 2H^+ + 2e^- \rightleftharpoons H_3PO_3 + H_2O$	−0.276
$Co^{2+} + 2e^- \rightleftharpoons Co$	−0.277
$Tl^+ + e^- \rightleftharpoons Tl$	−0.3360
$In^{3+} + 3e^- \rightleftharpoons In$	−0.345
$PbSO_4$(固)$+2e^- \rightleftharpoons Pb + SO_4^{2-}$	−0.3553
$SeO_3^{2-} + 3H_2O + 4e^- \rightleftharpoons Se + 6OH^-$	−0.366
$As + 3H^+ + 3e^- \rightleftharpoons AsH_3$	−0.38
$Se + 2H^+ + 2e^- \rightleftharpoons H_2Se$	−0.40
$Cd^{2+} + 2e^- \rightleftharpoons Cd$	−0.403
$Cr^{3+} + e^- \rightleftharpoons Cr^{2+}$	−0.41
$Fe^{2+} + 2e^- \rightleftharpoons Fe$	−0.440
$S + 2e^- \rightleftharpoons S^{2-}$	−0.48
$2CO_2 + 2H^+ + 2e^- \rightleftharpoons H_2C_2O_4$	−0.49
$H_3PO_3 + 2H^+ + 2e^- \rightleftharpoons H_3PO_2 + H_2O$	−0.50
$Sb + 3H^+ + 3e^- \rightleftharpoons SbH_3$	−0.51
$HPbO_2^- + H_2O + 2e^- \rightleftharpoons Pb + 3OH^-$	−0.54
$Ga^{3+}\ 3e^- \rightleftharpoons Ga$	−0.56
$TeO_3^{2-} + 3H_2O + 4e^- \rightleftharpoons Te + 6OH^-$	−0.57
$2SO_3^{2-} + 3H_2O + 4e^- \rightleftharpoons S_2O_3^{2-} + 6OH^-$	−0.58
$SO_3^{2-} + 3H_2O + 4e^- \rightleftharpoons S + 6OH^-$	−0.66
$AsO_4^{3-} + 2H_2O + 2e^- \rightleftharpoons AsO_2^- + 4OH^-$	−0.67
Ag_2S (固)$+2e^- \rightleftharpoons 2Ag + S^{2-}$	−0.69
$Zn^{2+} + 2e^- \rightleftharpoons Zn$	−0.763
$2H_2O + 2e^- \rightleftharpoons H_2 + 2OH^-$	−0.828
$Cr^{2+} + 2e^- \rightleftharpoons Cr$	−0.91
$HSnO_2^- + H_2O + 2e^- \rightleftharpoons Sn + 3OH^-$	−0.91
$Se + 2e^- \rightleftharpoons Se^{2-}$	−0.92
$Sn(OH)_6^{2-} + 2e^- \rightleftharpoons HSnO_2^- + H_2O + 3OH^-$	−0.93
$CNO^- + H_2O + 2e^- \rightleftharpoons CN^- + 2OH^-$	−0.97
$Mn^{2+} + 2e^- \rightleftharpoons Mn$	−1.182
$ZnO_2^{2-} + 2H_2O + 2e^- \rightleftharpoons Zn + 4OH^-$	−1.216
$Al^{3+} + 3e^- \rightleftharpoons Al$	−1.66
$H_2AlO_3^- + H_2O + 3e^- \rightleftharpoons Al + 4OH^-$	−2.35

续表

半反应	$E^{\ominus}$/V
$Mg^{2+} + 2e^- == Mg$	−2.37
$Na^+ + e^- == Na$	−2.714
$Ca^{2+} + 2e^- == Ca$	−2.87
$Sr^{2+} + 2e^- == Sr$	−2.89
$Ba^{2+} + 2e^- == Ba$	−2.90
$K^+ + e^- == K$	−2.925
$Li^+ + e^- == Li$	−3.042

附表 A.17 某些氧化还原电对的条件电势 ($E^{\ominus'}$)

半反应	$E^{\ominus'}$/V	介质
$Ag(II) + e^- == Ag^+$	1.927	4 mol/L HNO_3
$Ce(IV) + e^- == Ce(III)$	1.74	1 mol/L $HClO_4$
	1.44	0.5 mol/L H_2SO_4
	1.28	1 mol/L HCl
$Co^{3+} + e^- == Co^{2+}$	1.84	3 mol/L HNO_3
$Co(乙二胺)_3^{3+} + e^- == Co(乙二胺)_3^{2+}$	−0.2	0.1 mol/L KNO_3+ 0.1mol/L 乙二胺
$Cr(III) + e^- == Cr(II)$	−0.4	5 mol/L HCl
$Cr_2O_7^{2-} + 14H^+ + 6e^- == 2Cr^{3+} + 7H_2O$	1.08	3 mol/L HCl
	1.15	4 mol/L H_2SO_4
	1.025	1 mol/L $HClO_4$
$CrO_4^{2-} + 2H_2O + 3e^- == CrO_2^- + 4OH^-$	−0.12	1 mol/L NaOH
$Fe(III) + e^- == Fe^{2+}$	0.767	1 mol/L $HClO_4$
	0.71	0.5 mol/L HCl
	0.68	1 mol/L H_2SO_4
	0.68	1 mol/L HCl
	0.46	2 mol/L H_2SO_4
	0.51	1 mol/L HCl + 0.25 mol/L H_3PO_4
$Fe(EDTA) + e^- == Fe(EDTA)^{2-}$	0.12	0.1 mol/L EDTA, pH = 4~6
$Fe(CN)_6^{3-} + e^- == Fe(CN)_6^{4-}$	0.56	0.1 mol/L HCl
$FeO_4^{2-} + 2H_2O + 3e^- == FeO_2^- + 4OH^-$	0.55	10 mol/L NaOH
$I_3^- + 2e^- == 3I^-$	0.5446	0.5 mol/L H_2SO_4
I_2(水) + $2e^- == 2I^-$	0.6276	0.5 mol/L H_2SO_4
$MnO_4^- + 8H^+ + 5e^- == Mn^{2+} + 4H_2O$	1.45	1 mol/L $HClO_4$
$SnCl_6^{2-} + 2e^- == SnCl_4^{2-} + 2Cl^-$	0.14	1mol/L HCl
$Sb(V) + 2e^- == Sb(III)$	0.75	3.5 mol/L HCl
$Sb(OH)_6^- + 2e^- == SbO_2^- + 2OH^- + 2H_2O$	−0.428	3 mol/L NaOH
$SbO_2^- + 2H_2O + 3e^- == Sb + 4OH^-$	−0.675	10 mol/L KOH
$Ti(IV) + e^- == Ti(III)$	−0.01	0.2 mol/L H_2SO_4
	0.12	2 mol/L H_2SO_4
	−0.04	1 mol/L HCl
	−0.05	1 mol/L H_3PO_4
$Pb(II) + 2e^- == Pb$	−0.32	1 mol/L NaAc

附表 A.18　一些氧化还原指示剂的 $E^{\ominus}$ 及颜色变化

指示剂	$E^{\ominus}$/V	颜色变化	
	$[H^+] = 1\,mol/L$	氧化态	还原态
亚甲基蓝	0.53	蓝	无色
二苯胺	0.76	紫色	无色
二苯胺磺酸钠	0.84	紫红	无色
邻苯胺基苯甲酸	0.89	紫红	无色
邻二氮菲-亚铁	1.06	浅蓝	红
硝基邻二氮菲-亚铁	1.25	浅蓝	紫红

附录B　程 序 示 例

本附录中包含本书中有关计算的 Octave 程序。读者在使用这些代码之前需安装 Octave 计算环境，下载地址为 www.octave.org。如果读者购买了 Matlab 程序，也可以运行本附录中的程序，只是在运行前需要对程序的注释部分做些修改。Octave 的注释用 # 号，将其修改为 % 号即可。某些指令会有不同，也需同时修改。例如，octave 中 if ... endif 修改为 if ... end。其余的指令也类似。

附录 B.1　Octave 安装

在 Octave 的官方主页 http://www.octave.org 的下方提供了一个 Windows 环境下最新版本的链接。你也可以从 http://www.gnu.org/software/octave/download.html 下载所需要的其他版本，这里同时提供了相应的安装指南。

Octave 的安装非常简单，在此我们展示出其中的主要信息，如附图 B.1 所示。在此次安装过程中，选择了一个选项 Octave Forge，这是各种工具包的目录。安装过程中还要注意的是安装路径不能有空格，并且路径名必须采用英文字符。安装完成之后会自动打开 Octave，如附图 B.1 所示。输入 quit 或者 exit，可退出 Octave 的运行环境。

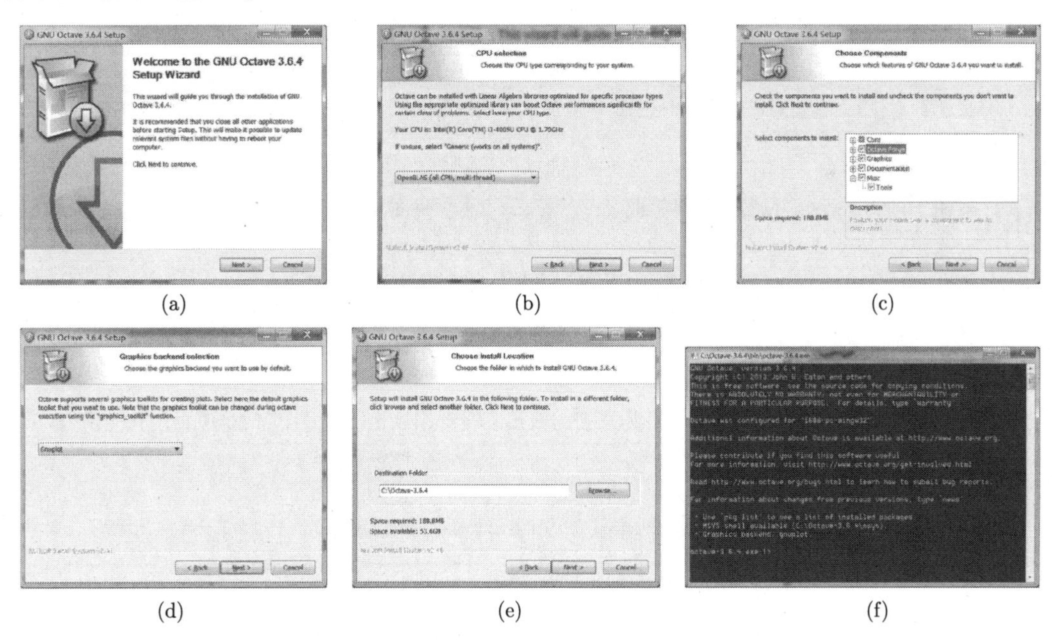

附图 B.1　Octave 的安装步骤图示

安装完之后，可以通过双击桌面上的 Octave 图标启动程序，启动界面如附图 B.2 所示。通常在启动后会显示各种信息，占据工作空间的大部分区域，如果觉得影响视觉，可以在双箭头 >> (这是 Octave 命令位置提示符) 后输入 clc 命令清空显示的信息。附图 B.3 是执行酸碱滴定的命令及计算结果。

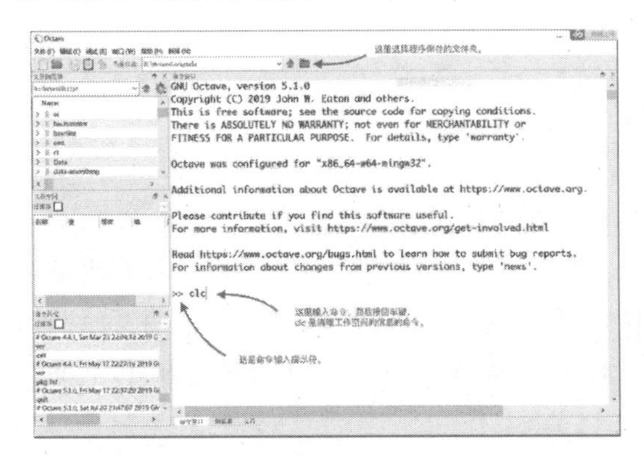

附图 B.2　Octave 启动后主界面及工作区

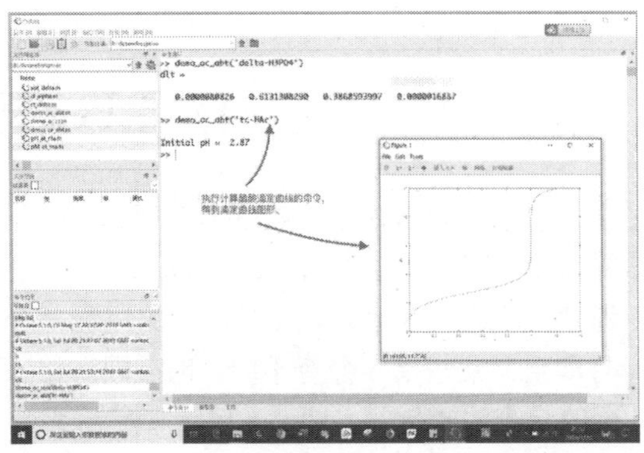

附图 B.3　执行酸碱滴定程序运算示例

附图 B.4 是程序编辑界面，可以在这里建立新程序或者修改已有程序。不过，在编辑或修改之前，最好先设置编码格式，如附图 B.5 所示，否则一些符号会显示乱码。

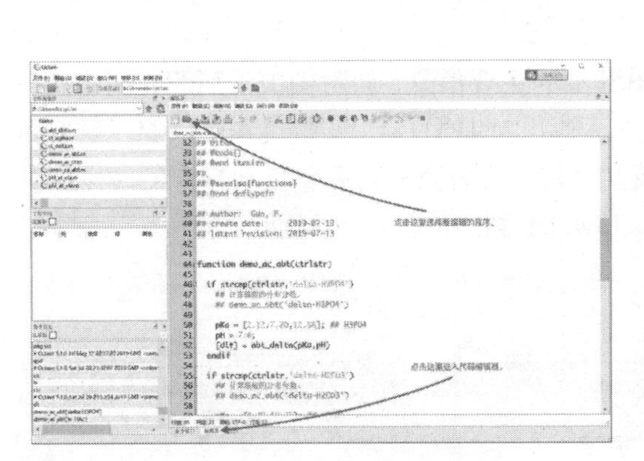

附图 B.4　Octave 的程序编辑界面

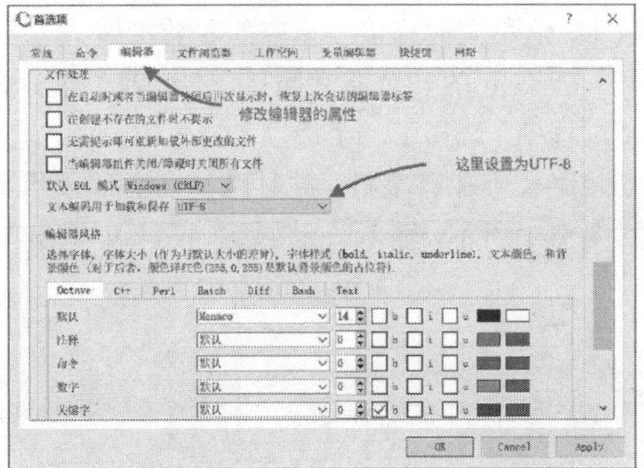

附图 B.5　Octave 的界面参数设置

附录 B.2　定量分析数据处理

1. 剔除离群值

格鲁布斯检验法剔除离群值程序为 del_outliers_grubbs.m，详细的代码如程序示例 B.1 所示。

程序示例 B.1　del_outliers_grubbs.m

```
1
2  ## Copyright (C)  2017 <cesgf@mail.sysu.edu.cn;sysucesgf@163.com>
3  ##
4
5  ## This program is free software; you can redistribute it and/or modify
6  ## it under the terms of the GNU General Public License as published by
```

```
7  ## the Free Software Foundation; either version 2 of the License, or
8  ## (at your option) any later version.
9  ##
10 ## This program is distributed in the hope that it will be useful,
11 ## but WITHOUT ANY WARRANTY; without even the implied warranty of
12 ## MERCHANTABILITY or FITNESS FOR A PARTICULAR PURPOSE.  See the
13 ## GNU General Public License for more details.
14 ##
15 ## You should have received a copy of the GNU General Public License
16 ## along with this program; If not, see <http://www.gnu.org/licenses/>.
17
18 ## -*- texinfo -*-
19 ## @deftypefn {Function File} {[@var{y},@var{otlrs}]} =
       del_outlier_grubbs ([@var{x},@var{alpha}])
20 ## Delete outliers using Grubbs rule. (del otlrs grubbs)
21 ##
22 ## This function delete one outlier at a time. When an outlier is
23 ## deleted, recalculation of the existing data set for another run.
24 ## The data set needs at least 6 numbers.
25 ##
26 ## Input arguments:
27 ##
28 ## @itemize
29 ## @item
30 ## @code{x}       --- the data might contain outliers.
31 ## @item
32 ## @code{alpha}  ---  significance level.
33 ## @Enditemize
34 ##
35 ## Return values
36 ##
37 ## @itemize
38 ## @item
39 ## @code{y}       --- outlier(s) deleted data.
40 ## @item
41 ## @code{otlrs}  --- outlier(s) .
42 ## @end itemize
43 ##
44 ## @seealso{functions G_crit}
45 ## @end deftypefn
46
47 ## Author:  Gan, F.
48 ## create date:     2019-05-02
```

```
49  ## latest revision: 2019-07-08
50
51  function [y,otlrs] = del_outliers_grubbs(x,alpha)
52
53    if (nargin < 2)
54      error('You need input two parameters.')
55    endif
56
57    n = length(x);
58    outliers = [];
59
60    while (n > 6)
61      n = length(x);
62      x_mean = mean(x);
63      x_std  = std(x);
64      [x_dub,locat] = max(abs(x - x_mean));
65      G_dub = x_dub / x_std;
66      G = G_crit(alpha,n);
67      if (G_dub > G)
68        outliers = [outliers;x(locat)];
69        x(locat) = [];
70      else
71        break;
72      endif
73    endwhile
74
75    y = x;
76
77  endfunction
78
79  %!demo
80  %! x = [69.95,71.12,65.41,70.26,69.63,69.91,68.66,69.26,68.76,69.21];
81  %! [y,otlrs] = del_outliers_grubbs(x,0.05)
```

在程序的末尾部分有如下内容:

```
%!demo
%! x = [69.95,71.12,65.41,70.26,69.63,69.91,68.66,69.26,68.76,69.21];
%! [y,outliers] = del_outliers_grubbs(x,0.05)
```

这部分内容是一段演示代码，在 Octave 命令窗口中运行如下指令即可得到运算结果。

```
>> demo del_outliers_grubbs
```

如果使用其他的数据，则可以按照如下方式进行计算：

```
>> x = [691.95,711.12,655.41,701.26,693.63,691.91,685.66,693.26];
>> [y,outliers] = del_outliers_grubbs(x,0.05)
```

格鲁布斯临界值可以用程序计算，如程序示例 B.2 所示。

程序示例 B.2 G_crit.m

```
1
2  ## Copyright (C)  2016 <cesgf@mail.sysu.edu.cn;sysucesgf@163.com>
3  ##
4  ## This program is free software; you can redistribute it and/or modify
5  ## it under the terms of the GNU General Public License as published by
6  ## the Free Software Foundation; either version 2 of the License, or
7  ## (at your option) any later version.
8  ##
9  ## This program is distributed in the hope that it will be useful,
10 ## but WITHOUT ANY WARRANTY; without even the implied warranty of
11 ## MERCHANTABILITY or FITNESS FOR A PARTICULAR PURPOSE.  See the
12 ## GNU General Public License for more details.
13 ##
14 ## You should have received a copy of the GNU General Public License
15 ## along with this program; If not, see <http://www.gnu.org/licenses/>.
16
17 ## -*- texinfo -*-
18 ## @deftypefn {Function File} {[@var{G}]} = G_crit ([@var{alpha},@var{n
     }])
19 ## Grubbs critical values (G crit)
20 ##
21 ## You need install statistics package at first. The packages can be
22 ## found from the website of Octave sourceforge
23 ## https://octave.sourceforge.io/packages.php.
24 ## In Octave command window, implement following command:
25 ##      pkg install -forge statistics
26 ##
27 ## And then load the package:
28 ##      pkg load statistics
29 ##
30 ## Input varibles
31 ##
32 ## @itemize
33 ## @item
34 ## @code{alpha}  --- significance level.
```

```
## @item
## @code{n}      --- size of a sample.
## @end itemize
##
## Return values
##
## @itemize
## @item
## @code{G}      --- critical value of Grubbs test.
## @end itemize
##
## @seealso{functions}
## @end deftypefn

## Author:  Feng GAN
## create date:      2017-03-05
## latest revision:  2019-05-02

function [G] = G_crit(alpha,n)
  t = tinv(alpha /(2 *n), n - 2);
  G = ((n - 1) / sqrt(n)) * sqrt( (t * t) / (n - 2 + t * t));
endfunction

%!demo
%! alpha = 0.05;
%! n = 5;
%! [G] = G_crit(alpha,n)
```

2. 一元线性回归

一元线性回归程序为 linearfit.m，其详细代码如程序示例 B.3 所示。本程序仅包含建立模型及统计检验，不包含由 y 计算 x。

程序示例 B.3　linearfit.m

```

## Copyright (C) Feng Gan <cesgf@mail.sysu.edu.cn; sysucesgf@163.com>
##
## This program is free software; you can redistribute it and/or modify
## it under the terms of the GNU General Public License as published by
## the Free Software Foundation; either version 2 of the License, or
## (at your option) any later version.
##
## This program is distributed in the hope that it will be useful,
```

```
## but WITHOUT ANY WARRANTY; without even the implied warranty of
## MERCHANTABILITY or FITNESS FOR A PARTICULAR PURPOSE.  See the
## GNU General Public License for more details.
##
## You should have received a copy of the GNU General Public License
## along with this program; If not, see <http://www.gnu.org/licenses/>.

## -*- texinfo -*-
## @deftypefn {Function File} {[@var{a}, @var{b}, @var{stat}, @var{hat_y
    }] = } linearfit (@var{x}, @var{y},@var{p},@var{x0})
## Linear fit
##
## Input
## @itemize
## @item
## @code{x} is the independent variable.
## @item
## @code{y} is the dependent variable.
## @item
## @code{p} is significant level, such as p = 0.99
## @item
## @code{x0} is the predict variable
## @end itemize
##
## Return values
## @itemize
## @item
## @code{beta_0} --- the intercept of the line.
## @item
## @code{beta_1} --- the slope of the line.
## @item
## @code{stat}   --- statistic parameters.
## @item
## @code{hat_y}  --- calculated value(s) from the model.
## @item
## @code{y0_prd} --- predicted value(s) based on x0.
## @end itemize
## @end deftypefn

## Author:  Feng Gan
## Lastest Revision: 2019-07-08
## Create date:      2015-06-30

```

```
52 function [beta_0,beta_1,stat,hat_y,y0_prd] = linearfit(x,y,p,x0);
53
54   if nargin < 4
55     error('See demo.');
56   endif
57
58   if length(x) ~= length(y)
59     error('\nx and y should have same size!\n');
60   endif
61
62   ## establishing a linear regression equation
63   n = length(x);
64   x_mean = mean(x);
65   y_mean = mean(y);
66   sum_x = sum(x);
67   sum_x2 = sum(x.*x);
68   sum_y = sum(y);
69   sum_y2 = sum(y.*y);
70   l_xy = sum(x.*y)-sum_x*sum_y/n;
71   l_xx = sum_x2-sum_x*sum_x/n;
72   l_yy = sum_y2-sum_y*sum_y/n;
73   beta_1 = l_xy/l_xx;
74   beta_0 = y_mean-beta_1*x_mean;
75   hat_y = beta_0+beta_1*x;
76   res = y-hat_y;
77   s_res = sqrt(sum(res.*res)/(n-2));
78
79   printf('\nThe linear regression equation is: y = %5.3f  + %5.3f x \n'
       ,...
80         beta_0,beta_1);
81   printf('The standard error of regression = %5.3f\n',s_res);
82
83   ## implementing significant test
84   S_T = l_yy;
85   S_R = beta_1^2*l_xx;
86   S_e = S_T-S_R;
87   F = S_R/(S_e/(n-2));
88   F_crit = finv(p,1,n-2);
89   if (F > F_crit)
90     disp('The regression equaiton is significant.');
91   else
92     display('The regression equation is not significant.');
93     return;
```

```
94     endif
95
96     ## prediction
97     alpha = 1 - p;
98     t_crit = abs(tinv(alpha/2, n-2));
99     hat_sigma = sqrt(S_e/(n-2));
100    num = length(x0);
101    y0_prd = zeros(num,2);          ## prediction intervals
102    for i = 1:num
103      delta_pi = t_crit*hat_sigma*sqrt(1+1/n+(x0(i)-x_mean)^2/l_xx);
104      y0_prd(i,1) = hat_y(i)-delta_pi;
105      y0_prd(i,2) = hat_y(i)+delta_pi;
106    endfor
107
108    stat.S_T = S_T;
109    stat.S_R = S_R;
110    stat.S_e = S_e;
111    stat.s_res = s_res;
112    stat.hat_sigma = hat_sigma;
113    stat.R2 = S_R/S_T;
114
115  endfunction
116
117  %!demo
118  %! load ./Data/alloydata.txt
119  %! [beta_0,beta_1,stat,hat_y,y0_prd] = linearfit(alloydata(:,1),
         alloydata(:,2),0.99,alloydata(:,1));
```

附录 B.3 酸碱滴定有关的程序

本节包含与酸碱滴定相关的程序，每个程序单独运行的方式见该程序后面的 demo 开始的部分。此外，我们还提供了一个 demo_ac_abt.m 程序，演示了相关程序的运行方式。

程序示例 B.4 abt_delta.m

```
1
2  ## Copyright (C) Feng Gan <cesgf@mail.sysu.edu.cn;sysucesgf@163.com>
3  ##
4  ## This program is free software; you can redistribute it and/or modify
5  ## it under the terms of the GNU General Public License as published by
6  ## the Free Software Foundation; either version 2 of the License, or
7  ## (at your option) any later version.
```

```
8   ##
9   ## This program is distributed in the hope that it will be useful,
10  ## but WITHOUT ANY WARRANTY; without even the implied warranty of
11  ## MERCHANTABILITY or FITNESS FOR A PARTICULAR PURPOSE.  See the
12  ## GNU General Public License for more details.
13  ##
14  ## You should have received a copy of the GNU General Public License
15  ## along with this program; If not, see <http://www.gnu.org/licenses/>.
16
17  ## -*- texinfo -*-
18  ## @deftypefn {Function File} {[@var{Delta}]} = abt_delta (@var{pKa},
        @var{pH})
19  ## Calculate the distribution coefficients, delta, of a species.
20  ##
21  ##
22  ## Input arguments:
23  ##
24  ## @itemize
25  ## @item
26  ## @code{pKa}  --- logrithmic values of acid dissociation constants. A
27  ## row vector.
28  ## @item
29  ## @code{pH}   --- pH value.
30  ## @end itemize
31  ##
32  ## Return values
33  ##
34  ## @itemize
35  ## @item
36  ## @code{delta} --- distribution coefficients. A row vector.
37  ## @end itemize
38  ##
39  ## @seealso{functions}
40  ## @end deftypefn
41
42  ## Author:  Feng GAN
43  ## create date:     2006-03-28
44  ## latest revision: 2019-07-12
45
46  function [delta] = abt_delta(pKa,pH)
47
48    if (nargin < 2)
49      error('You need two input parameters!');
```

```
50    endif
51
52    Hn=[];
53    delta=[];
54    n = length(pKa);
55    Ka = ones(1,n);
56    for i = 1:n
57      Ka(i) = 10^(-pKa(i));
58    endfor
59    H = 10^(-pH);
60    Kdemon = [1.0];
61    for i = 1:n
62      Kdemon(i+1) = [Kdemon(i) * Ka(i)];
63    end
64    for i = n:-1:1
65      Hn = [Hn H^i];
66    end
67    Hn=[Hn 1.0];
68    Denor = Hn .* Kdemon;
69    sumDenor = sum(Denor);
70    dn = length(Kdemon);
71    for k=1:dn
72      delta = [delta Denor(k)/sumDenor];
73    end
74  endfunction
75
76  %!demo
77  %! pKa = [2.12,7.20,12.36]; ## H3PO4
78  %! pH = 7.0;
79  %! [dlt] = abt_delta(pKa,pH)
80  %! pKa = [-100];
81  %! pH = 2;
82  %! [dlt] = abt_delta(pKa,pH)
83  %! pKa = [100];
84  %! pH = 2;
85  %! [dlt] = abt_delta(pKa,pH)
```

程序示例 B.5 pH_at_eta.m

```
1
2  ## Copyright (C)  2019 <cesgf@mail.sysu.edu.cn;sysucesgf@163.com>
3  ##
4  ## This program is free software; you can redistribute it and/or modify
```

```
5  ## it under the terms of the GNU General Public License as published by
6  ## the Free Software Foundation; either version 2 of the License, or
7  ## (at your option) any later version.
8  ##
9  ## This program is distributed in the hope that it will be useful,
10 ## but WITHOUT ANY WARRANTY; without even the implied warranty of
11 ## MERCHANTABILITY or FITNESS FOR A PARTICULAR PURPOSE.  See the
12 ## GNU General Public License for more details.
13 ##
14 ## You should have received a copy of the GNU General Public License
15 ## along with this program; If not, see <http://www.gnu.org/licenses/>.
16
17 ## -*- texinfo -*-
18 ## @deftypefn {Function File} {[@var{pH}]} = pH_at_eta ([@var{ca},@var{
       cb},@var{Ka},@var{rho}])
19 ## Calculate the pH while titrating a monoacid using sodium hydroxide.
20 ##
21 ## The acid-base titration equation for a monoacid is established using
22 ## the formula developed by Robert de Levie (Anal. Chem. 1996, 68,
23 ## 585-590).The expansion of the equation gives a cubic equation. This
24 ## program calculates the real root using roots function and positive
25 ## solution is kept.
26 ##
27 ## Input arguments:
28 ##
29 ## @itemize
30 ## @item
31 ## @code{ca}   (1,1) concentration of a monoacid.
32 ## @item
33 ## @code{cb}   (1,1) concentration of sodium hydroxide.
34 ## @item
35 ## @code{Ka}   (1,:) acid dissociation constant.
36 ## @item
37 ## @code{eta}  (1,1) volume ratio of base over acid.
38 ## @end itemize
39 ##
40 ## Return values
41 ##
42 ## @itemize
43 ## @item
44 ## @code{pH}   (1,1) negative log of the concentrtion of hydrogen ion.
45 ## @end itemize
46 ##
```

```
47  ## @seealso{None}
48  ## @end deftypefn
49
50  ## Author:  Gan, F.
51  ## create date:     2019-03-27
52  ## latest revision: 2019-07-13
53
54  function [pH] = pH_at_eta(ca,cb,pKa,eta)
55    if (nargin < 4)
56      error('See demo.');
57    endif
58    Ka = 10^(-pKa);
59    ## original coefficients
60    a = eta + 1;
61    b = eta * cb + (eta + 1) * Ka;
62    c = eta * cb * Ka - (eta + 1) * 1e-14 - Ka * ca;
63    d = - (eta + 1) * Ka * 1e-14;
64    ## obtain the roots of the cubic equation
65    H_conc = roots([a,b,c,d]);
66    ## find the positive solution
67    locat = find(H_conc >= 0);
68    H = H_conc(locat);
69    ## negative log of the concentrtion of hydrogen ion.
70    pH = -1.0 * log10(H);
71  endfunction
72
73  %!demo
74  %! ca = 0.1;        ## mol/L
75  %! cb = 0.05;        ## mol/L
76  %! pKa = -10;       ## strong acid
77  %! eta = 2.0;
78  %! [pH] = pH_at_eta(ca,cb,pKa,eta)
```

程序示例 B.6 demo_ac_abt.m

```
1
2  ## Copyright (C)  2019 <cesgf@mail.sysu.edu.cn;sysucesgf@163.com>
3  ##
4  ## This program is free software; you can redistribute it and/or modify
5  ## it under the terms of the GNU General Public License as published by
6  ## the Free Software Foundation; either version 2 of the License, or
7  ## (at your option) any later version.
```

```
8   ##
9   ## This program is distributed in the hope that it will be useful,
10  ## but WITHOUT ANY WARRANTY; without even the implied warranty of
11  ## MERCHANTABILITY or FITNESS FOR A PARTICULAR PURPOSE.  See the
12  ## GNU General Public License for more details.
13  ##
14  ## You should have received a copy of the GNU General Public License
15  ## along with this program; If not, see <http://www.gnu.org/licenses/>.
16
17  ## -*- texinfo -*-
18  ## @deftypefn {Function File} {[@var{}]} demo_ac_abt ([@var{ctrlstr}])
19  ## demonstration of some calculations in acid-base titration part.
20  ##
21  ##
22  ## Input arguments:
23  ##
24  ## @itemize
25  ## @item
26  ## @code{ctrlstr}  --- control string.
27  ## @end itemize
28  ##
29  ## Return values
30  ##
31  ## @itemize
32  ## @item
33  ## @code{}
34  ## @end itemize
35  ##
36  ## @seealso{functions}
37  ## @end deftypefn
38
39  ## Author:  Gan, F.
40  ## create date:     2019-07-13
41  ## latest revision: 2019-07-13
42
43  function demo_ac_abt(ctrlstr)
44
45    if strcmp(ctrlstr,'delta-H3PO4')
46
47      ## 计算磷酸的分布分数。
48      ## demo_ac_abt('delta-H3PO4');
49
```

```
50      pKa = [2.12,7.20,12.36]; ## H3PO4
51      pH = 7.0;
52      [dlt] = abt_delta(pKa,pH)
53
54    endif
55
56    if strcmp(ctrlstr,'delta-H2CO3')
57
58      ## 计算碳酸的分布分数。
59      ## demo_ac_abt('delta-H2CO3')
60
61      pKa = [6.35,10.33]; ## H2CO3
62      pH = 7.0;
63      [dlt] = abt_delta(pKa,pH)
64
65    endif
66
67    if strcmp(ctrlstr,'pHsp')
68
69      ## 计算 NaOH 滴定乙酸计量点处的 pH。
70      ## demo_ac_abt('pHsp');
71
72      ca = 0.1;
73      cb = 0.1;
74      pKa = 4.74;
75      eta = 1.0;
76      [pH_sp] = pH_at_eta(ca,cb,pKa,eta);
77      printf('The pH at stoichiometric point = %0.2f',pH_sp);
78
79    endif
80
81    if strcmp(ctrlstr,'tc-HAc')
82
83      ## 计算氢氧化钠滴定乙酸的滴定曲线。
84      ## demo_ac_abt('tc-HAc')
85
86      ca = 0.1;
87      cb = 0.1;
88      pKa = 4.74;
89      eta = 0.000:0.001:1.200;
90      eta = eta';
91      n = length(eta);
```

```
    pH = zeros(n,1);
    for i = 1:n
      pH(i) = pH_at_eta(ca,cb,pKa,eta(i));
    endfor

    figure(1),clf('reset');
    plot(eta,pH);
    xlabel('\eta')
    ylabel('pH')
    printf('\nInitial pH = %5.2f\n',pH(1));

  endif

endfunction
```

氢氧化钠滴定混合酸参数文件，如程序示例 B.7 所示。

程序示例 B.7　氢氧化钠滴定混合酸参数文件

```
ACABT
Mode:                0
Acid_Number:         3
Base_Number:         1
Max_pK_Number:       3
Acid_List:
HCl:                 0.100, 1, 1, -10.0, 0.0, 0.0
HAc:                 0.100, 1, 1, 4.74 ,0.0, 0.0
H3PO4:               0.100, 3, 3, 2.12, 7.2, 12.36
Base_List:
NaOH:                0.100, 0, 0,  0, 0, 0
Equivalence_Point: 4.0
End_Point_pH:        12.00
```

附图 B.6 为 Kapok 程序运行界面。

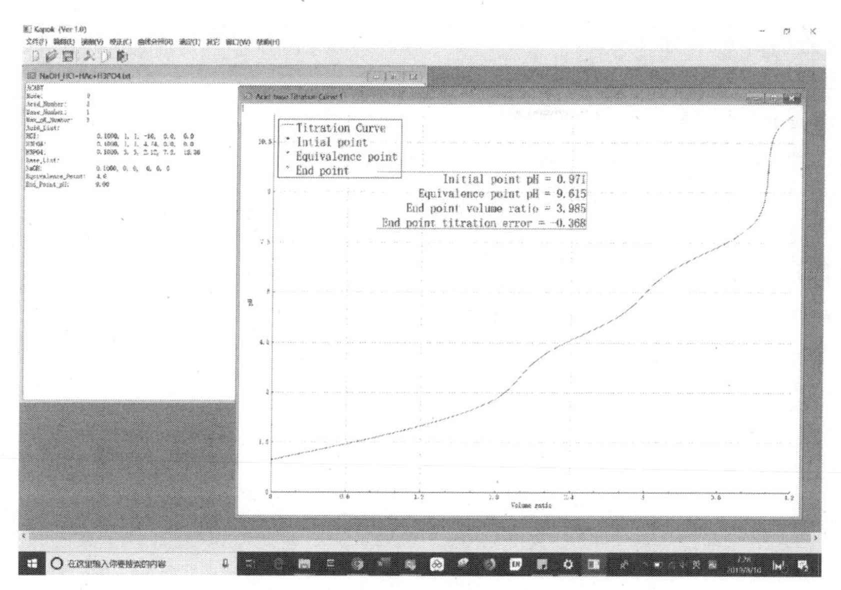

附图 B.6 Kapok 程序运行界面

附录 B.4 配位滴定有关的程序

程序示例 B.8 ct_delta.m

```
## Copyright (C)  Feng Gan <cesgf@mail.sysu.edu.cn; sysucesgf@163.com>
##
## This program is free software; you can redistribute it and/or modify
## it under the terms of the GNU General Public License as published by
## the Free Software Foundation; either version 2 of the License, or
## (at your option) any later version.
##
## This program is distributed in the hope that it will be useful,
## but WITHOUT ANY WARRANTY; without even the implied warranty of
## MERCHANTABILITY or FITNESS FOR A PARTICULAR PURPOSE.  See the
## GNU General Public License for more details.
##
## You should have received a copy of the GNU General Public License
## along with this program; If not, see <http://www.gnu.org/licenses/>.

## -*- texinfo -*-
## @deftypefn {Function File} {[@var{delta}]} = ct_delta (@var{logbeta}, @var{L})
## complexation titration delta values
##
##
```

```
21 ## @end deftypefn
22 ## @itemize
23 ## @item
24 ## @code{logbeta} --- logrithmic value of the cumulated stability
       constants.
25 ## @item
26 ## @code{L}        --- the equilibrium concentration of the ligand L.
27 ## @end itemize
28 ##
29 ## Return values
30 ##
31 ## @itemize
32 ## @item
33 ## @code{delta}    --- distribution coefficient of all species.
34 ## @end itemize
35 ## @end deftypefn
36 ##
37 ## Author:  Feng Gan
38 ## Create date:     2006-06-28
39 ## Latest revision: 2019-07-15
40
41
42 function [delta,ML_i] = ct_delta(logbeta,L)
43
44   if (nargin <2 )
45     error('See demo.');
46   endif
47
48   n = length(logbeta);
49   ML_i = [];
50   delta = [];
51   beta = 10.^logbeta;
52   delta = zeros(1,n);
53
54   tmp = 0.0;
55   for i = 1:n
56     tmp = tmp + beta(i)*L^(i-1);     %% i = 1 时，恰好对应1
57   end
58
59   for i = 1:n
60     delta(i) = beta(i)*L^(i-1) / tmp;
61   end
62
```

```
63  endfunction
64
65  %!demo
66  %! logbeta = [0.00, 4.31, 7.98, 11.02, 13.32]
67  %! L = 0.001
68  %! [delta] = ct_delta(logbeta,L)
```

程序示例 B.9 pM_at_eta.m

```
1
2   ## Copyright (C)  2017 <cesgf@mail.sysu.edu.cn;sysucesgf@163.com>
3   ##
4   ## This program is free software; you can redistribute it and/or modify
5   ## it under the terms of the GNU General Public License as published by
6   ## the Free Software Foundation; either version 2 of the License, or
7   ## (at your option) any later version.
8   ##
9   ## This program is distributed in the hope that it will be useful,
10  ## but WITHOUT ANY WARRANTY; without even the implied warranty of
11  ## MERCHANTABILITY or FITNESS FOR A PARTICULAR PURPOSE.  See the
12  ## GNU General Public License for more details.
13  ##
14  ## You should have received a copy of the GNU General Public License
15  ## along with this program; If not, see <http://www.gnu.org/licenses/>.
16
17  ## -*- texinfo -*-
18  ## @deftypefn {Function File} {[@var{pM},@var{M}]} = pM_at_eta([@var{cY},
        @var{cM},@var{K},@var{aM},@var{aY},@var{eta}])
19  ## pM at a epscial volume ratio eta
20  ##
21  ## This script can only be used to the situation that EDTA titrates
22  ## one metal ion.
23  ##
24  ## Input arguments:
25  ##
26  ## @itemize
27  ## @item
28  ## @code{cY}    --- initial concentration of EDTA.
29  ## @item
30  ## @code{cM}    --- initial concentration of metal ion.
31  ## @item
32  ## @code{K}     --- formation constant.
33  ## @item
```

```
34  ## @code{aM}   --- side reaction coefficient of metal ion.
35  ## @item
36  ## @code{aY}   --- side reaction coefficient of EDTA.
37  ## @item
38  ## @code{eta}  --- volume ratio.
39  ## @end itemize
40  ##
41  ## Return values
42  ##
43  ## @itemize
44  ## @item
45  ## @code{M}    --- concentration of metal ion.
46  ## @item
47  ## @code{pM}   ---  negative logarithmic value of M.
48  ## @end itemize
49  ##
50  ## @seealso{functions}
51  ## @end deftypefn
52
53  ## Author:  Gan, F.
54  ## create date:     2019-06-12
55  ## latest revision: 2019-07-16
56
57  function [pM,M] = pM_at_eta(cY,cM,K,aM,aY,eta)
58    if (nargin < 6)
59      error('See demo.');
60    endif
61    a = (eta + 1) * aM * K;
62    b = eta * aM * aY + eta * K * cY - cM * K + aM * aY;
63    c = - cM * aY;
64    M = (-1.0*b + sqrt(b*b - 4*a*c))/(2*a);
65    pM = -log10(M);
66  endfunction
67
68  %!demo
69  %! cY = 0.01;
70  %! cM = 0.01;
71  %! K = 4.0e10;
72  %! pH = 10;
73  %! lg_beta = [10.26, 16.42, 19.09, 21.09, 22.69 23.59];
74  %! aM = 1;
75  %! aY = ct_alpha(lg_beta,H);
76  %! eta = 1.00;
```

```
%! [pM,M] = pM_at_eta(cY,cM,K,aM,aY,eta)
```

程序示例 B.10 demo_ac_ct.m

```

## Copyright (C)  2017 <cesgf@mail.sysu.edu.cn;sysucesgf@163.com>
##
## This program is free software; you can redistribute it and/or modify
## it under the terms of the GNU General Public License as published by
## the Free Software Foundation; either version 2 of the License, or
## (at your option) any later version.
##
## This program is distributed in the hope that it will be useful,
## but WITHOUT ANY WARRANTY; without even the implied warranty of
## MERCHANTABILITY or FITNESS FOR A PARTICULAR PURPOSE.  See the
## GNU General Public License for more details.
##
## You should have received a copy of the GNU General Public License
## along with this program; If not, see <http://www.gnu.org/licenses/>.

## -*- texinfo -*-
## @deftypefn {Function File} {[@var{}]} Function Name ([@var{}])
## demonstration of complexometric titration.
##
## Long Description
##
## Input arguments:
##
## @itemize
## @item
## @code{}
## @end itemize
##
## Return values
##
## @itemize
## @item
## @code{}
## @end itemize
##
## @seealso{functions}
## @end deftypefn

```

```
40 ## Author:  Gan, F.
41 ## create date:      2019-06-12
42 ## latest revision: 2019-06-12
43
44 function demo_ac_ct(ctrlstr)
45
46   if strcmp(ctrlstr,'Y-Ca-pH11')
47     ## titrate of Ca with EDTA.
48     ## demo_ac_ct('Y-Ca-pH11');
49
50     cY = 0.01;
51     cCa = 0.01;
52     lg_beta = [10.26, 16.42, 19.09, 21.09, 22.69 23.59];
53     K_CaY = 4.90e10;
54     pH = 11.00;
55     H = 10^(-11.0);
56     alpha_M = 1.0;
57     alpha_Y = ct_alpha(lg_beta,H);
58
59     eta = 0.001:0.001:1.20;
60     eta = eta';
61     n = length(eta);
62     pCa = zeros(n,1);
63     for i = 1:n
64       [tmp1,tmp2] = pM_at_eta(cY,cCa,K_CaY,alpha_M,alpha_Y,eta(i,1));
65       pCa(i,1) = tmp1;
66     endfor
67
68     figure(1),clf('reset');
69     plot(eta,pCa)
70
71     eta_1 = 0.999;
72     eta_2 = 1.000;
73     eta_3 = 1.001;
74
75     [pM1,tmp] = pM_at_eta(cY,cCa,K_CaY,alpha_M,alpha_Y,eta_1);
76     [pM2,tmp] = pM_at_eta(cY,cCa,K_CaY,alpha_M,alpha_Y,eta_2);
77     [pM3,tmp] = pM_at_eta(cY,cCa,K_CaY,alpha_M,alpha_Y,eta_3);
78
79     printf('\nTitration jump range is %0.2f ~ %0.2f\n', pM1,pM3);
80     printf('Stoichiometric point is %0.2f\n\n', pM2);
81
82   endif
```

```
83
84  if strcmp(ctrlstr,'Y-Ca-pH9')
85    ## titrate of Ca with EDTA.
86    ## demo_ac_ct('Y-Ca-pH9');
87
88    cY = 0.01;
89    cCa = 0.01;
90    lg_beta = [10.26, 16.42, 19.09, 21.09, 22.69 23.59];
91    K_CaY = 4.90e10;
92    pH = 9.00;
93    H = 10^(-pH);
94    alpha_M = 1.0;
95    alpha_Y = ct_alpha(lg_beta,H);
96
97    eta = 0.001:0.001:1.200;
98    eta = eta';
99    n = length(eta);
100   pCa = zeros(n,1);
101   for i = 1:n
102     [tmp1,tmp2] = pM_at_eta(cY,cCa,K_CaY,alpha_M,alpha_Y,eta(i,1));
103     pCa(i,1) = tmp1;
104   endfor
105
106   figure(1),clf('reset');
107   plot(eta,pCa)
108
109   eta_1 = 0.999;
110   eta_2 = 1.000;
111   eta_3 = 1.001;
112
113   [pM1,tmp] = pM_at_eta(cY,cCa,K_CaY,alpha_M,alpha_Y,eta_1);
114   [pM2,tmp] = pM_at_eta(cY,cCa,K_CaY,alpha_M,alpha_Y,eta_2);
115   [pM3,tmp] = pM_at_eta(cY,cCa,K_CaY,alpha_M,alpha_Y,eta_3);
116
117   printf('\nTitration jump range is %0.2f ~ %0.2f\n', pM1,pM3);
118   printf('Stoichiometric point is %0.2f\n\n', pM2);
119
120 endif
121
122 if strcmp(ctrlstr,'Y-Mg-acideffect')
123
124   ## demo_ac_ct('Y-Mg-acideffect');
125
```

```
126     cY = 0.01;
127     cMg = 0.01;
128     K = 5.01e8;
129     pH = 2.0;
130     lg_beta = [10.26, 16.42, 19.09, 21.09, 22.69 23.59];
131
132     H = 10^(-pH);
133     alpha_M = 1.0;
134     alpha_Y = ct_alpha(log10(K),H);
135
136     eta = 0.001:0.001:1.200;
137     eta = eta';
138     n = length(eta);
139     pMg = zeros(n,1);
140     for i = 1:n
141       [tmp1,tmp2] = pM_at_eta(cY,cMg,K,alpha_M,alpha_Y,eta(i,1));
142       pMg(i,1) = tmp1;
143     endfor
144
145     figure(1),clf('reset');
146     plot(eta,pMg)
147
148   endif
149
150 endfunction
```